中国设计
环境空间设计

刘学文 等 编著

Chinese Design: Design for Environment Design
Liaoning Fine Arts Publishing House

辽宁美术出版社

图书在版编目（ＣＩＰ）数据

环境空间设计 / 刘学文等编著． —— 沈阳：辽宁美术出版社，2014.2
（中国设计）
ISBN 978-7-5314-5776-3

Ⅰ．①环…　Ⅱ．①刘…　Ⅲ．①环境设计 Ⅳ．①TU-856

中国版本图书馆CIP数据核字（2014）第025027号

出 版 者：辽宁美术出版社
地　　址：沈阳市和平区民族北街29号　邮编：110001
发 行 者：辽宁美术出版社
印 刷 者：沈阳市博益印刷有限公司
开　　本：889mm×1194mm　1/16
印　　张：28
字　　数：600千字
出版时间：2014年2月第1版
印刷时间：2014年2月第1次印刷
责任编辑：李　彤　郭　丹
装帧设计：范文南　彭伟哲
技术编辑：鲁　浪
责任校对：徐丽娟
ISBN 978-7-5314-5776-3
定　　价：218.00元

邮购部电话：024-83833008
E-mail：lnmscbs@163.com
http://www.lnmscbs.com
图书如有印装质量问题请与出版部联系调换
出版部电话：024-23835227

Contents
总目录

《中国设计》系列丛书是超大型的重点出版工程。它汇集了全国顶尖高校数百位设计精英从现实出发整理出的具有前瞻性的教学研究成果，是设计学科建设不可或缺的基础理论书籍。

我国的设计领域正处于迅猛发展的时期，设计以其独特的表现手段覆盖了社会各个领域，成为综合国力迅速增长的重要推力。设计以其复杂的多学科背景和先进的系统整合功能成为当今全球发展最快的前沿交叉学科。从某种意义上说，设计改变了人类的生产和生活方式，成为当代文化的一种重要形态。

随着创意经济时代的到来，今天的艺术领域发生了飞速的变化。在工业化、全球化、城市化的大背景下，各类艺术不断拓展出新，社会经济发展对艺术、设计、创意人才的需求也在日益增加。2011 年，国务院学位委员会、教育部对我国高等院校的学科门类作出了重要的调整，将艺术学从文学门类中分离出来，成为新的独立的学科门类。由此，美术学、设计学升为艺术学门类下的一级学科。这是艺术学科自身发展的必然结果，也是时代发展对艺术学科的要求。它将极大改变我国艺术教育的整体格局，直接关系到中华民族伟大复兴所必需的自主创新能力培养的大问题。

近两年来，根据艺术学学科设置的此项变化，为适应普通高等院校艺术专业教育发展的需要和社会人员对艺术学习和欣赏的需求，建构艺术学的学术框架和科学规范教学用书，我们组织编辑了《中国设计》大型丛书。本套书涵盖设计学下设的主要分级学科的内容，是大设计的概念，是针对中国人学习和认识艺术设计的需要所配备的图书。它的出版将有力地推动中国设计教育事业的发展，不论在理论界、设计界、教育界都具有里程碑的意义。

设计是一种把计划、规划、设想通过视觉的形式传达出来的活动过程，是一种为构建有意义的秩序而付出的有意识的努力。最简单的关于设计的定义就是"一种有目的的创作行为"。设计学包含的内容非常宽泛，凡与设计相关的所有基础学科和应用均可列入其中。

进入 20 世纪 80 年代，中国的艺术设计教育开始引入由德国包豪斯开创的现代设计体系，如平面构成、色彩构成、立体构成等课程。通过不断的探索和实践，包豪斯设计教育理论与我国的艺术教育实际相融合，逐渐形成了我国设计基础教学体系。目前，设计基础的基本构建点是培养学生艺术设计的创造性。在教学方法上主要通过案例式教学加以分析和启发，通过大量的理论结合实践的训练使学生对设计的基础知识从感性认识升华到更高、更广、更科学的审美境界即理性的思维方式中去，使学生了解设计艺术的特殊性，从而掌握其规律，并在设计中能够合理地运用设计基础理论和方法，发挥创造精神，最终达到满足符合功能和审美的设计要求。

本套丛书共分 31 种，主要围绕基础理论、创作、欣赏、研究四个方面展开。具体书目有：《构成基础》《设计素描》《平面构成》《色彩构成》《设计原理》《图案设计》《图形设计》《视觉识别系统设计》《VI 设计》《广告设计》《POP 设计》《环境空间设计》《公共空间设计》《园林景观设计》《室内设计》《展示设计》《建筑设计与表现》《包装设计》《书籍装帧设计》《字体设计》《工业产品设计》《家具设计》《工艺品设计》《材料应用》《计算机应用与设计》等。

设置艺术学门类为我国艺术类人才的培养提供了更大的空间和自主性。在新的学科门类体系下，针对设计学科的特性，有系统、有计划、有新意地推出设计学范畴的图书，以供社会广大美术爱好者学习者、高等院校师生之用，对繁荣和发展我国高等艺术教育事业有积极的作用。

The *Chinese Design* series is a huge publishing project, which contains the forward—looking teaching and research result of design elites from China's top universities. It is an indispensible theoretical book for the discipline construction of design.

China's design field is in the period of rapid development. With the unique way of expression, design covers almost all the aspects of society and has become the important driving force for enhancement of the overall national power. With its complex multi—discipline background and the advanced system integration function, design has become the fastest growing frontier cross—disciplinary branch. In a sense, design has revolutionized people's way of production and lifestyle and has become an import form of modern culture.

With the arrival of the creative economy, the art has witnessed rapid development. With the industrialization, globalization and urbanization, various kinds of art have come into being and the social and economic development has greater need for talent in art, design and creativity. In 2011, the State Council Academic Degrees Committee and the Ministry of Education made major adjustment on the discipline of colleges, separating the study of art from literature as an independent discipline. As a result, artistic theory, fine arts and design science has become the first—level discipline of art. It is the inevitable result of the development of art and the requirement of age on art. It will greatly change the pattern of China's art education and is directly related to the cultivation of independent creativity of the Chinese nation.

For the past two years, based on the change of the art discipline and to accommodate to the development of art major of university and the need for art learning and appreciation, we compiled the large series of *Chinese Design* with the aim of establishing the academic framework and standardizing teaching books. The series covers the major part of the hierarchical subjects of art. It is the ideal book for Chinese to learn about the art design. The publication of the book will bring benefit to the Chinese art and has milestone significance in theoretical circle and the educational circle.

Design is the active process which conveys plan, program and imagination through the form of visual. It is the conscious effort made to establish meaningful orders. The simplest definition of design is the purposeful creative behaviour. Discipline of design covers a wide range. All the basic subjects and application related with design and application can be included.

After 1980s, the education of China's art design began to introduce the modern design system by Bauhaus from Germany, including courses such as plane composition, colour composition and three—dimentional composition. With constant exploration and practice, the design instruction theory of Bauhaus has integrated with China's art education practices, which gradually forms fundamental design teaching system. Currently, the starting point of design fundamentals is to cultivate the creativity of students' art design. Case study and analysis as well as inspiration are adopted as the instruction method. With the intensive training of combining theories with practices, the perpetual knowledge of design could be developed into the rational way of thinking, which is a higher, wider and scientific aesthetic realm. Students are required to learn about the particularity of art design and grasped the rules to put the theories and methods into practices rationally. With creative spirit, the students are expected to meet the requirement of function and aesthetic design.

There are 31 kinds of books in the series, which centered on basic theory, creation, appreciation and research. Specifically the books are as follows: *The Basis of Composition*, *Design Sketching*, *Plane Composition*, *The Composition of Color*, *The Principle of Design*, *Pattern Design*, *Figure Design*, *The Visual Identification System Design*, *VI Design*, *The Aduertisement Design*, *POP Design*, *Design for Environment Space*, *Design for Public Space*, *Landscape Design*, *Indoor Design*, *Design and Display*, *Architectural Design and Expression*, *Package Design*, *Design for Binding and Layout of Book*, *Font Design*, *Design for Industrial Product*, *Furniture Design*, *Design for Artwork*, *Applicatior of Material*, *Computer Application and Design and so on.*

The establishment of art provides larger space and autonomy for China's art talents. Based on the characteristics of the art discipline, to promote artistic books in a systematic, planned and creative way for art lovers and universities students and teacher has significance to the prosperity and development of China's higher art education.

01

刘学文 等 编著

环境空间
设计基础

目录
CONTENTS

概　述

环境艺术设计是一门新兴的建立在现代科学研究基础之上的边缘性学科。环境艺术设计是为人创造生存和生活空间的活动，是有意识有目的的行为。自从人类诞生以来，人们不断地改造、协调自然来处理人与自然的关系，完善提高自身的生存环境，这充分体现出人自身的能动性。其宗旨就是以人这个主体为核心，创造一个能够符合人们生活的，具有一定便利性、舒适性和安全性，既能满足功能需求，又能带给人以愉悦的心理感受和激发健康灵性的家园。在满足精神需求的空间环境的同时，也能够沟通人与社会、自然和谐的欢愉的情感。

按照人工环境与自然环境融会的程度来区分环境艺术的发展阶段。以界面装饰为空间形象特征的第一阶段，开放的室内形态与自然保持最大限度的交融，贯穿于过去的渔猎采集和农耕时期；以空间设计作为整体形象表现的第二阶段，自我运行的人工环境系统造就了封闭的室内形态，体现于目前的工业化时期；以科技为先导真正实现绿色设计的第三阶段，在满足人类物质与精神需求高度统一的空间形态下，实现诗意栖居的再度开放，成为未来的发展方向。

环境艺术作为一个系统，是一个综合多元的复杂构成，由许多相互关联、相互作用的要素所组成，是一个具有一定结构和功能的有机整体。环境艺术总体来说是由物质形态要素、意识形态要素以及技术形态要素、艺术形态要素所构成。物质形态包括家具、陈设、公共设施、景观、雕塑等人工要素，以及植物、阳光、空气、水等自然要素；意识形态包括文化传统、经济形式、社会结构和时代精神等要素。此外，还有作为物质生产手段的技术形态要素和作为精神生产手段的艺术形态要素。所有这些都是环境艺术构成的要素，这些不同形态的各要素，在语义功能上都有一定的含义和独立的价值。

环境艺术设计的专业内容是以建筑的内外空间来界定的，其中以室内、家具、陈设等诸要素进行的空间组合设计，称之为内部环境艺术设计，即室内设计；以建筑、雕塑、绿化等诸要素进行的空间组合设计，称之为外部环境艺术设计，即景观设计。为此，本书作为环境艺术设计的基础研究，在介绍室内设计和景观设计之前，首先在介绍环境艺术设计概念、内容和含义的基础上，通过空间形态、属性以及与场所的关系来阐述环境空间设计的基本原理。接着从创意设计与表达方法的关系入手，在介绍环境空间表达方法、类型的同时，也阐述了构思的过程和表达对空间设计思维的影响，最后分别系统地论述室内空间设计和景观空间设计的含义、构成要素、空间类型和造型设计的原则。

第 1 章

本章要点
● 本章在介绍环境艺术设计概念、内容和含义的基础上，通过空间形态、属性以及与场所的关系来阐述环境空间设计的基本原理。

环境空间设计原理

第一节 环境艺术设计的含义

一、基本概念

环境艺术作为现代艺术设计学科中的一种，是通过艺术设计的方式对室内外环境进行规划、设计的一门实用艺术。

从"环境"这个概念的词源来看，"环境"一词在我国很早就有，有"环绕全境"和"被围绕包围的境域"的意思，后来又有"个体的整个外界"的解释。进入20世纪以来，随着人类文明的推进，环境也逐渐被各个领域所重视而成为各学科的研究对象。而不同的学科对环境有不同的认识，当然就有各自的定义。在生物学中是指围绕和影响生物体周边的一切外在状态；生态学认为是对于环境有机体生存所必需的各种外部条件的总和；地理学范畴是指构成地域要素的自然环境的总体；而物理学则理解为物质在运动时所通过的物质空间。那么，到现代《辞海》中的两种解释是"周围的境况"和"环绕所辖的区域"，而建筑师富勒基于人的主体性来看是这样的"All that except me"（"我以外所有的东西"），即服装、家具、家庭、近邻、城市乃至地球等都称为"环境"。

环境一般包括物质环境和非物质环境。物质环境包括人工环境与自然环境。非物质环境包括政治、法律、经济、文化、艺术等环境。然而，我们更关注的是从设计的角度理解环境，那么依据设计的本质，也就是从人与物的关系来看环境的概念应该是：指人们在现实生活中所处的各种空间场所，也就是说由若干自然因素和人工因素组成的，并与生活在其中的人相互作用的物质空间，是以人为核心的人类生存的环境。在这个概念下，环境涵盖的范围也是比较宽泛的，从广义来看应该包括以山川、河流等地理地貌为特征的自然环境，也包括依靠人的力量在原生自然界中建成的物质实体的人工环境。

接下来关注一下"环境艺术"这一概念的确立。"环境艺术"一词是近二十年才出现的，通常的定义"对环境进行艺术设计"只是狭义的指称。虽然冠以"艺术"二字，但仍然是以设计的角度来命名的，因为它不仅不同于绘画艺术、书法艺术、雕塑艺术等纯欣赏意义上的艺术，而且也不等同于环境的点缀和美化，它是与人的生活息息相关的，通过环境的构成来满足人们功能（生理）需求和精神（心理）需求而创造的一种空间艺术。因此，环境艺术的概念便可以确立：是以原在先存的自然环境为立足点，以各种艺术手段和技术手段，充分满足人的需求，并协调自然、社会和人之间的关系，为人提供一个至高无上的生存生活时空环境。环境艺术的系统中，从一把椅子，到一座城市所包含的家具、陈设、室内空间、室外景观、广场街道、风景园林等等，都是整个环境艺术的有机组成部分。至此，作为一个学科或专业方向的"环境艺术设计"，其概念应这样阐述：是许多学科

图1

的交汇，包括建筑学、城市设计学、景观建筑学、室内设计学、人体工程学、行为科学、环境心理学、设计美学、经济学等等，是交叉性、边缘性的学科，是关于自然环境、人工环境与人的生活整合的系统学科，集成性和跨学科是其本质特征。因此，环境艺术设计是一门创造人类生活环境的综合的艺术和科学（见图1）。

二、设计主旨

环境艺术设计是为人创造生存和生活空间的活动，是有意识有目的行为。自从人类诞生以来，人们就不断地改造、协调自然来处理人与自然的关系，完善提高自身的生存环境，这充分体现出人自身的能动性。其主旨就是以人这个主体为核心，创造一个能够符合人们生活的，具有一定便利性、舒适性和安全性，既能满足功能需求，又能带给人以愉悦的心理感受和激发健康灵性，既满足精神需求的空间环境，同时也能够沟通人与社会、自然和谐的欢愉的情感，建立起一个美好的人类生存家园。因此，满足人的需求已成为环境艺术设计的目的和归宿，从哲学意义上讲，人有自然属性和社会属性。人的自然属性决定了有衣、食、住、行等物质功能需求，人的社会属性决定了有审美、文化、自尊和自我实现等精神心理需求。

环境艺术设计首先是解决基本的功能需求，是以目的机能和效用价值为前提的。环境的设计应尽可能适应人的生活活动规律，充分提高活动效率，满足基本的生活需要，如住宅家居中的客厅、卧室、厨房、卫生间的空间划分；各种家具、橱柜、陈设的比例尺度；灯光、空调、通风的布置处理等等，都应首先满足日常起居的要求。又如室外环境中，硬质景观、铺地、街灯、休息椅、垃圾箱等设施；各种安全系列设备、无障碍的盲道、坡道等等，都应首先满足步行环境的活动特点和人的空间的行为要求。功能的需求实际上就是符合目的性的原则，因为设计的目的就是设计的母题，这一点毫无疑问，早在公元前5世纪苏格拉底就曾留下这样一句名言："任何一件东西或事物如果它能够很好地实现它在功用方面的目的，它就同时是善的和美的"。可见功能需求在环境艺术设计中是第一位的，是主要解决的问题和矛盾。事实上环境艺术设计不仅要解决物与物，即环境的本身问题，也要解决人与物，即人与环境关系的问题，因而，也必须考虑功能以外的需求，那就是心理的需求。人们都有追求高质量的生活要求，自然就希望生存、栖身的环境有较高的审美特征和艺术品位，从而获得美感和享受，这就是审美需求，试想，一间居室或一条街道，空间组织简单无序、界面处理平淡乏味，材质配置单调呆板，色彩组合灰暗沉闷，如此等等，不可能让人产生愉悦的心情。美国当代建筑美学家哈姆林说得明白："纯物质的功

图2

能主义决不能创造出完全令人满意的建筑物来"，当然美的形式必须同功能有机地结合，同时依据对比与统一、重复与韵律、比例与尺度等美学法则，构建富有创意的美学空间环境。

环境艺术设计不是带有一定功能价值单纯的艺术品，也不是仅仅追求表面的形式美感，而是越来越需要兼容文化意义的表现和意境的创造，是一个具有文化属性的空间环境序列整体，是文化意识的物化形态和载体，它是通过空间和形态传达、表述特定的文化。环境艺术如果单纯地追求表面上的形式美感，而没有风格，缺乏地域特色，割断历史文脉，不考虑时代精神就是严重的文化缺失，因为文化背景、人文积淀是一切艺术与设计的深层原动力。人的心理需求还远不只如此，正如美国心理学家马斯洛从人本主义立场出发，提出的"需求理论"，认为人的需求从低级发展到高级依次是：生理需要，安全需要，归属和爱的需要，尊重的需要，自我实现的需要。假如做一个家居室内设计，设计师没有细致地去了解主人的个性习惯，没有完全从他们的需要出发，作品即使多么完美，从某种意义上来说都是失败的，因为每个人由于民族、地域、文化背景、生活阅历、职业习惯

等因素的不同，他们的价值观和审美观也有很大差异，所以设计师只有去悉心倾听业主的需求，使其能够按照自己的意愿去生活，从而在精神上也找到一种归属感，同时也让主人感受到一种理解和尊重，以及自我实现需要的满足。综上所述，环境艺术设计的意义就是以实现人类的生活行为和思想心理全面的认识和尊重，创造一个具有较高品质的生存空间（见图2）。

三、设计内容

环境的内容可分为自然环境和人工环境，自然环境经设计改造而成为人工环境。作为人工环境的环境艺术的基本内容，大致是以空间的形式存在，可分为建筑内部环境和建筑外部环境。然而，环境艺术是人类生存环境中从宏观到微观的一个系统工程，设计的对象涉及自然生态环境与人文社会环境的各个领域，是一个综合各相关学科门类的完整体系，包含的学科很广泛，主要有建筑学、城市设计、景观建筑学、城市规划、环境心理学、设计美学、人类工程学、社会学、文化学、行为科学、历史学、考古学等方面。因此，环境艺术涵盖范围非常广，它是许多学科的交汇，是一门既边缘、又综合的学科。从环境艺术构成要素来看，环境主要有以下基本内容：

1.城市规划要素

城市是由人工环境构成的，是人类生存的大环境，城市中建筑是主体，由此便形成了街道、城镇乃至城市。城市规划的内容一般包括：研究和计划城市发展的性质、人口规模和用地范围、拟定建设的规模、标准和用地要求，制定城市各组成部分的用地规划和布局，以及城市的形态和风貌等。城市规划必须依照国家的建设方针、经济计划、城市原有的自然条件和基础，以及经

图3

图4

济的可能条件，进行合理的规划和设计（见图3、4）。

2.建筑设计要素

建筑作为城市空间的主体和人工环境中的基本要素，在环境艺术这个大概念下占有相当大的比重，建筑设计是指对建筑物的空间布局，外观造型，功能以及结构等方面进行设计。建筑同绘画、雕塑、工艺美术一样，历来被当作造型艺术的一个分类，然而事实上，建筑又同其他设计学科一样，并非单纯的艺术创作或技术工程，而是两者密切的结合，也是多学科综合交叉的设计。建筑设计不仅要满足人们的物质需要（功能需要），也要满足人们的精神需要（心理需要）。

建筑设计作为环境艺术的要素之一，其空间形象，建筑装饰艺术造型风格对城市环境和面貌影响巨大。

建筑是环境设计的主体，它反映人民生活物质文明的程度，同时也是精神文明的载体。

"从古到今，建筑都是人类文明的重要物质载体，一个建筑作品其文化内涵的多、寡、深、浅，又首先取决于建筑师的修养及付出的劳动。""环境、技术与艺术都是构成建筑文化的重要组成部分……"这段话的意思与格罗皮乌斯所提倡的"三位一体"和反对各学科之间独立存在的观点是一致的，只是所取的角度不同而已，二者都说明了建筑与艺术的不可分割性。如果说建筑是凝固的音乐，那么建筑造型本身就是艺术的体现。布鲁塞尔博览馆的"原子结构"与纽约航空站的"TWA"，悉尼歌剧院的"泛泛白帆"与上海黄浦江畔的"东方明珠"等等，都是完美的艺术体现。

3.室内设计要素

室内设计就是对建筑内部空间进行的设计，不仅是建筑设计的继续和深化，也是建筑空间的灵魂。其设计主要是依据建筑物的性质、所处环境和相应的标准、运

图5

用物质技术手段和美学原则，创造出能够充分满足人们物质和精神双重需求理想的内部空间环境。这里所说的内部空间虽然主要指建筑内部空间，但也包括火车、轮船、飞机等的内部空间。室内设计具体内容包括：室内空间设计、室内装修设计、室内陈设设计和室内物理环境设计等四个方面。

室内环境是生活环境中最接近人这个生活主体的，它的档次直接反映出人的生活水平的质量，它是生活环境的基础单元。

室内艺术设计主要解决实用设备的平面放置(平面构成)与家具造型，空间组织(立体构成)和陈设装饰的色相配合(色彩构成)之间的序列关系问题。美术上的"三大构成"在室内设计中最能得到集中体现。艺术设计的成败，直接影响人们生活的心理情绪。视觉与触觉都是人作为环境主体必不可少的生理感觉，作为主体对象的客体，"美观"与"舒适"同样重要。人体工程学研究"触觉"和"舒适"的关系，美术则可使"三大构成"在"视觉"上获得"美观"。实际上人体工程学上最基本的"可容空间"的"尺度"问题，是根据对人体的准确把握，而对人体结构的研究与表现，对这门学科的掌握是每一个艺术工作者应有的最基本的素质（见图5）。

4.景观设计要素

景观设计就是对建筑的外部空间进行的设计，所谓外部空间是泛指由实体构件围合的室内空间之外的一切活动场所，如街道、广场、庭院、游园、绿地等可供人们日常活动的空间。从环境构成的角度来看，人既要有舒适的室内环境进行工作和学习，又要有良好的室外环境扩展活动空间和自然结合，为此，作为室外环境的景观设计是人与自然和社会直接接触并相互作用的活动天地，虽然也是人为限定的，但在界域上是连续绵延，上接蓝天，下接地势的连贯的不定性空间，比室内空间更

具有广延性和无限性的特点。景观设计也是一门多学科的、综合的涵盖面非常广的边缘学科，直接涉及到城市规划学、建筑学、园林美学等各个领域。它不仅涉及到环境艺术这一学科所涉及到的众多学科，还引入地理学研究的自然景观和人文景观的许多概念和方法。同时还需了解市政、经济地理、心理学等相关知识。

5.公共艺术设计

公共艺术设计是指在开放性的公共空间中进行的艺术创作，它不同于作为整体外部空间设计的景观设计，而是相对独立的艺术设计创作，如雕塑、壁画、主题艺术等作品，它不仅能美化城市环境，还体现着城市的精神文化面貌。

以上诸要素是环境艺术内容的组成部分。然而环境艺术从狭义上讲，其内容仍然可以理解为是建筑的内外空间环境来界定的，即室内环境和室外环境，它们是整个环境系统中的两个分支，它们是彼此相互依托、相辅相成的互补性空间。

四、设计含义

对于环境艺术的含义，可以从两个方面来理解：一方面是环境艺术存在的整体有机性，另一方面是环境艺术传播与认知的内在体验性。

环境艺术作为一个系统，是一个综合多元的复杂构成，是由许多相互关联、相互作用的要素所组成，是一个具有一定结构和功能的有机整体。这里的整体是哲学意义上的整体，有机是内在的。正如现代主义建筑大师赖特 "有机建筑"的解释，是"一种由内而外的建筑：它的目标是整体性，有机表示内在的，在这里总体属于局部，局部属于整体"。

环境艺术总体来说是由物质形态要素、意识形态要素以及技术形态要素、艺术形态要素构成。物质形态包

图6

括家具、陈设、公共设施、景观、雕塑等人工要素，以及植物、阳光、空气、水等自然要素；意识形态包括文化传统、经济形式、社会结构和时代精神等要素。此外，还有作为物质生产手段的技术形态要素，和作为精神生产手段的艺术形态要素。所有这些都是环境艺术构成的要素，这些不同形态的各要素，在语义功能上都有一定的含义和独立的价值。这众多的要素联结、组合，形成构筑一个庞杂而稳定的体系，这就是环境艺术的整体合一性。这里的整体不仅是指各形态要素内部之间的整体合一性（如物质形态中家具与陈设的关系，意识形态中文化传统与时代精神的关系，技术形态中材料与结构的关系，艺术形态中对比与统一的关系）；还包括不同形态要素之间交叉的整体合一性（如艺术与技术的关系，艺术与物质的关系，艺术与意识的关系等）。而且这些诸要素不论是显性还是隐性的，都不是简单搭配、浅层渗透、机械的叠加组合，而是被有机地组织起来，通过编辑、调控使各要素相互协调，相互依存，彼此补充，成为一个密切关联的整体。然而，环境艺术又是一个比较复杂的系统，诸要素在系统中并非都处于相同的地位和起到相同的作用，某些要素能起到支配和影响其他要素而成为决定性的要素，而且各要素之间互相制约、互相矛盾，因此，就更要有一个系统的原则和整体的观念来平衡协调。

最后从人对环境认知的角度来探讨一下环境艺术的含义。法国美学家迈耶在他的《视觉美学》中写道："艺术作品不是独白，而是对话。"那么作为多维时空的环境艺术就更不能是设计师的个人独白了，而是需要使用者和公众来体验，只有体验才能感受到空间和艺术的魅力，也只有通过体验，才能使作为主体的人与作为客体的物质环境互动而产生意义。环境艺术同其他艺术一样，不是简单的观察，而是通过感知、理解、想象、情感与所呈现的环境融为一体。如当人置身于"虽由人作，宛若天然"的我国江南园林中，面对宛然如画的景致，触景生情，人们不自觉地将回忆、想象、统统融入这咫尺山林的意象之中，进而使人的灵性与环境同构，产生审美体验（见图6）。

人体验环境艺术的过程实质上就是感知和接受信息的过程。感知是人和环境联系最基本的方式。人对环境认识的结合点就是知觉。知觉主要是视觉、听觉，其次是嗅觉、触觉、热觉，但是接受外界信息中绝大部分是经过视觉获得，因此，感知一个物体及空间的存在，视觉对信息的接受是大部分的。但是视觉也是有局限的，那么体验一个完整的空间环境还需借助于运动，从而产生不同的空间体验，因为，人在行进中不断变换视点和角度，才能得到连续、完整的空间体验。

然而，知觉只是一个无意识地被动地机械记录过程，最后就是把通过知觉输送来的资料进行解释、分类并依据联想赋予涵义，这就进入到认知阶段。认知可分为形式、意象和意义三个层面。形式层面是指人通过直觉感知到环境所具有的外显形态，包括形状、色彩、肌理、尺度、位置及表情等。它可以直接对人产生刺激，形成反应，成为对深层认知的一个先导；意象层面是形式层面所包容和涵盖的深层次形态，是通过具有典型特征的符号语义表现出来的内涵，并通过理性的辨认引起的知觉反应；意义层面是指隐藏在形象结构中的内在文化涵义，是通过环境中象征性的人文要素，向欣赏者和使用者施加影响和刺激，或者通过欣赏者和使用者依据自身的文化素养、审美意识及当时的心境来理解和体验的。由此，我们可以看出，人对环境艺术的体验是从感官知觉开始，再通过理性认知的形式、意象和意义三个层面来完成的，最终产生身体、情绪与情感的体验。

总之，体验不仅是各种知觉的综合，而且是情感活动与物质空间环境的一种对话，体验是内在的、是一个起伏发展的动态过程。

综上所述，环境艺术作为一种存在方式，是系统整体的空间；作为生活的栖息地，是内在体验的空间（见图7）。

图7

五、设计的表现特征

1.环境艺术是艺术与技术的结合

设计活动作为社会的实践活动，往往是艺术与技术相结合的。技术属于物质生产领域，它的主要目的是通过对自然物的改造和利用，发挥其物质效用；而艺术属于精神生产领域，它的主要目的是通过物质媒介发挥对人的精神效用。同样环境艺术设计也是艺术与技术相结合的产物。它始终与使用联系在一起，并与工程技术密切相关，是功能、艺术与技术的统一体。因此，环境艺术不是纯欣赏意义上的艺术，而是一门具有实用功能与审美功能结合统一、在艺术和技术方面密切相连的学科。在一定意义上，也可以把它看作是广义建筑学的一部分，因为和建筑一样，具有大空间、大体量的特征。作为建筑物，离不开建筑材料。其中，既有传统技术制作的砖、瓦、水泥、陶瓷，也有现代新技术的产品如金属材料（铝合金、不锈钢、铜、铁等）、各类塑料、玻璃、织物等。环境艺术中展现物质材料本身的特性，也就表现了一种物质技术美。在空间的建构，还要有相应的技术和材料，环境艺术的设计与制作，必须和建筑材料、结构技术、装修构造技术以及建造技术结合起来，这是环境艺术赖以实施的必要条件。离开了工程技术就没有完整的、真正的环境艺术。

2.环境艺术是自然与人工的结合

自然环境是个极其复杂丰富的自然综合体，包括山川、河流等一切自然地理地貌特征。自然环境本身就具有独立的审美意义，"大漠孤烟直，长河落日圆"、"明月松间照，清泉石上流"等描写都给人以丰富的美的享受。但人们并不满足于此，还要通过人工艺术创造出更为丰富多样的欣赏对象。这个创造以自然环境的存在为前提，它或者只是对自然进行的加工提炼，或者是在自然的基础上又进行了人工的艺术创造，从而达到了自然美和艺术美的有机结合。

在环境艺术中的人工艺术作品不仅仅是建筑（房屋、广场、纪念碑、建筑小品），此外还有环境景观（道路铺装、绿地、园林、水体以及各种环境设施）。这些人工的作品除了每个单体自身都具有艺术品的特征，和单体与单体之间必须具有的和谐外，它们又都与所处的自然环境密切相关。

环境中的自然，常常不仅只是自然物的体、形和色，还包括自然物的声和香，都应该纳入环境艺术的综合体中。它们与环境中的其他构成因素一道，通过统觉和通感效应，融听觉、嗅觉、触觉等人体其他感受器官形成一种综合的知觉感受，进而产生综合的美感，同样也成为环境艺术的因素。

环境艺术中自然与人工结合的手法较多，有的注重对自然的加工，所谓人工天成；有的注重巧为因借，借自然之景，是对自然的取引；也有单纯的人工的创造。但无论如何侧重，都以自然与人工的结合而见长。

3.环境艺术是物境与人文的结合

环境艺术是对特定空间环境的设计创作，为此进行环境艺术设计时还应该考虑到与所在地域的人文历史条件的结合，即把该地区的民族和乡土的文化因素、历史文脉和民情风俗，以至神话传说，以至于人们的服饰仪容、精神风貌等都融入到环境总体中来，或者说把物质的环境融化进入人文的环境中去。这样结合从环境设计的开始就应密切予以关注，大到环境整体的旨趣、格调，小到环境中的局部和片断，某一个别艺术品的内容与形式以至许多细节如家具、用具、灯具的选材和造型、人员的服装仪表……都应该与所处地区的人文环境和谐呼应。使得这个后来就设就的物化环境，仿佛本来就是原有的人文环境中的一个天造地设般的不可或缺的一部分，使人为的创造更赋予了历史的延续性的品质，更具风采、更富魅力（见图8）。

历史的延续性和空间的广延性对于具体的环境艺术工作来说，实际结合在一起的，中国古代的环境艺术作品，例如塔和园林常有很优秀的范例。华北的塔，雄健浑厚；江南的塔，秀丽轻灵；北方皇家园林，华采雍容；江南私家园林，素雅清丽。它们都是特定的自然地理、历史人文的产物。

图8

图9

4.环境艺术是空间与时间的结合

环境艺术虽与一般狭义的"美术"所指称的独立存在的绘画和雕刻同属于空间的造型艺术，但与它们的欣赏方式又有区别，而却与音乐不期而遇，也具有时间艺术的性质。

人们通过视觉，感知一个静止而连续的空间，并不是瞬间的事，而是同音乐艺术一样需要持续性时间。正是因为建筑同音乐一样具有旋律和节奏，德国哲学家谢林才认为"建筑是凝固的音乐"，他是仅仅从建筑存在方式和外部特征来看。如果是从主体感知对象的方式来看，也可以说"建筑是流动的视觉音乐"。这是因为建筑的灵魂是空间，而空间的感知需要视点的持续移动。这种视觉所接受的空间信息的形式与音乐的行进相似，是一种展示过程，是在时间中依次展开的。在时间的进程中凝固的空间变成流动的空间，因此，室内空间艺术同音乐一样，也是时间艺术，不同的是音乐的审美体验是对处于时间过程中声音的持续性体验，是随时间量的作用而依次感知，因此，在环境空间序列中，人们在时间延续过程中，连续不断感知和体验着空间序列，于是就整条序列而言，就有了引导、铺垫、激发、高潮、收束和尾声的依次出现。

时间与空间是两个相对应的概念，但借助于以上分析，便可以发现两个特征是相互联系的。在三维空间中，已经纳入时间的流程变成具有流动性质的四维时空。这是因为，时间包含着它自己特有的与空间完全不同的一种维度——流逝与连续性，只有加上这一特征才可以真正描绘出空间的真实，空间也因时间而获得活力。

综上所述，环境艺术不是单纯的空间艺术，也不是单纯的时间艺术，它是空间与时间的结合（见图9）。

第二节　空间形态的概念

一、空间释义

"空间"这个词汇，它可以有多种不同的理解。广义地讲是指我们生活着的地球表面之上的空域，即"天空"，以及大气层之外脱离地球甚至太阳引力场影响的"宇宙空间"。狭义地看，可以指自然物或者人造物内外的空域所在，也可以指一个物体之中或者多个物体之间的空隙和间隔。

空间的意义，首先从中文字面来理解，所谓"空"就是能够容纳物质的一种物质，"间"指在有限范围中的间隔，这种间隔就是有限的空间。那么《辞海》中的解释是"物质存在的一种形式，是物质存在的广延性和伸张性的表现……"。空间是无限和有限的统一，就宇宙而言，空间是无限的，无边无际；就每一个具体的个别事物而言，则是有限的。由此看来，首先，空间同木材、石头一样也是一种客观物质，但它是不定形的物质。

空间作为物理学的基本概念，那么，我们再从物理学的角度来了解一下这个概念，空间是"被物体占有或者充实着，也可以是不被任何物体充实而空置着的。换言之，每一个具体的物体总是占着一部分空间区域，而其余的空间区域对它来说是空的"（见图10）。

图10

图 11

二、空间的形成

如上所述，空间是一种无形的且弥漫扩散的一种客观物质存在，然而在空间中，一旦放置了一个或若干个物体，马上就会建立起一种关系，这就是物体与物体、物体与空间的关系，空间由此而形成，就这样为我们所察觉。这里可以看出要把无限的空间变成有限的空间，就必须进行物理性实体限制，通过限制才能从无限中构成有限，使无形化为有形(见图 11)。

图 12

三、空间的作用

"埏埴以为器，当其无，有器之用；凿户牖以为室，当其无，有室之用，故有之以为利，无之以为用"。中国古代哲学家老子的这句名言十分精辟地论述了实体与空间的关系，并道破了空间的真正意义。在老子看来"室"之有"无"，才成其为室。"无"这里指空间。空间是依实体而存在的，实体确立、划分自然空间的结果就是人为空间，那么以建筑方式确立建筑实体的目的，就是形成实体所围合的区域——室内空间(见图 13)。

图 13

四、空间的形态

形态意为"形象和状态"，是事物在一定条件下的表现形式和组成关系。由实体所限制或包围的具有长、宽、高三维容积感的中空形态，我们将这种有形的现象空间称为空间形态。然而就形态而言空间形态不同于实体形态，因为，依附于实体而存在的空间是消极被动的，试想实体建筑倒掉了，建筑实体的材料还在，而围合的空间却消失了，为此，相对于积极形态的实体，空虚的空间形态是消极形态（见图 12）。

第三节 室内环境的实体设计

"空间是建筑的灵魂"，虽然说室内空间是绝大部分建筑必须要达到的最终目的和结果，但空间是无限无形而且弥漫扩散的东西，其形态须借助于实体要素才能够得以存在和显形，实体要素可以被我们看到和触摸到，是直接作用于感官的"积极形态"，是形成和感知空间的媒介，空间形态的创造无法离开实体要素，从这一角度来讲，这些包括界面、家具、陈设以及灯光等等在内的积极形态则可以认为是建筑空间依托的肉体或躯壳，是成就一个空间的重要手段，建筑空间的限定和营造总要依赖于实体的相互组合、承接、呼应而得以实现，空间与实体要素是不可分割的整体，两者有无相依，虚实相生。

室内空间是由建筑的结构构件和围护构件等实体要素限定而成（这里的实体要素，除了墙面、隔断、地面、天花外，还应包括柱子、护栏以及家具、灯具和绿化等等），这些限定空间的实体要素统称界面。界面的设计就是对这些围合和划分空间的实体要素进行设计，包括根据空间的使用功能和形式、风格特点，来设计界面实体的形态、大小、色彩、质感和虚实程度，选择用材，以及解决界面的技术构造，与建筑结构、水、暖、电、排风、消防、音响、监控等管线和设备、设施的协调及配合等等的关系问题。

界面设计既包含功能技术要求，也有造型美观要求，因此，这里不但涉及艺术、结构、材料，还包括设备、施工、经济等多方面的因素，综合性极强。

一、界面的设计原则

（1）满足使用功能。除了根据空间的不同使用要求，来分隔、组织空间，确定空间形状及限定程度，形成不同的私密性，还要根据具体情况满足保温、隔热、防潮、声学和采光（反光、透光）等物理要求，弥补原有界面

图15

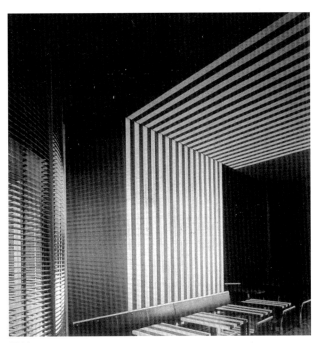

图14

图16

功能的不足。

（2）保护主体结构。室内空间的使用会有不可避免的污损，比如，人的活动、室内物体的碰撞以及相对较高的湿度，都有可能对界面形成破坏。所以，界面设计无论是选材还是构造，都应根据建筑物的类型、使用性质、主体结构所用材料、装修部位、环境条件及人的活动与装饰部位的接触情况，具体考虑坚固耐久及隔潮、耐燃、防火等等保护界面的作用和要求。中国传统建筑中的木构表面施以油漆彩绘，既起到保护木材，又起到装饰的作用。

（3）装饰及美观要求。室内空间应是实用与艺术的结合，仅仅满足功能要求，显然无法体现其精神内涵，作品也会缺乏感染力，不能实现功能与美感兼备。空间是从限定它们的实体要素中获得存在的依据和特点的，从空间的角度讲，实体表面实际也是空间的表面，实体要素的形态、色彩、材质、图案、比例、尺度、位置、虚实以及相互关系等因素，均会影响到空间的表情和性格，正是这些可变的因素，造就了室内空间的环境气氛和风格，确定了空间的基本形式。界面的设计重心，既可以表现结构体系与构成构件的技术美，也可以表现界面材料的色彩、质地纹理，以及界面凹凸及镂空与照明结合而形成的光影变化。

（4）经济性原则。设计中应根据实际情况确定相应标准，应避免不必要的浪费，避免形式主义和盲目追求所谓

图17

图18

的豪华，这对于我国目前经济现状尤为重要。

5.可行性原则。即兼顾技术条件、场地条件、季节条件等因素来综合考虑施工的可行性，力求施工方便及易于制作等因素。这对工程质量、工期、造价都具重要意义（见图14—18）。

二、墙面

墙是建筑物的重要组成部分，是建筑的开始，是室内外空间的侧界面，是围合建筑的必要手段。

墙面除了最初的遮风挡雨、保温隔热、抵御自然界中潜在的危险，以及承担结构荷载的功能外，还会在视觉上、听觉上可为室内空间提供围护感和私密性，墙面具有的吸声隔音以及反射光线等物理性还能够使我们的视觉、听觉更为舒适，直到今天绝大多数建筑仍然会有墙。墙体是分隔、围合空间的最积极因素，是我们限定空间的基本部件，正是靠着墙，建筑实现了对空间的分隔与围合。墙体可用来控制房间的大小及形状，限制我们的行动，并通过开洞使空间产生连续，允许人体、光线、热量和声音通过，使空间之间产生联系，使空间能够正常采光、换气。另外，墙体在室内还会支持诸多家具，如座椅、搁架、壁柜以及照明等，可将这些家具、灯具与墙体相结合，使墙体成为其中的一员。

传统建筑中，墙体多作为支撑的角色出现，因而空间封闭而单一，也给建筑物以极大束缚，同时这种相对厚重的墙体也占用了相当数量的室内面积。现代结构技术、材料的应用（如框架结构的梁柱体系），使其得以解放，墙体也变得轻、薄，布局灵活，由于不再完全依赖墙体承受结构重量，其形式也可呈现出多样化倾向，甚至可以移动，可以根据实际需要相对自由地对空间进行围合和限定（中国传统建筑的木构架体系，只靠构架承

图19

图20

图21

重，墙体不承重，"墙倒屋不塌"）。

由于墙体多会以垂直形式出现，因此，是室内空间中人们视觉及触觉所及的面积最大部位，在确定空间的风格时会扮演重要角色，其形态、色彩、质感、图案和虚实、比例、尺度、体量等因素对人的视觉感官影响至关重要，进而还会引起人们的生理和心理变化。

大多数的墙体会以直线的形式出现，这时室内空间会呈现出简洁利落、硬朗感；若采用曲线，则室内会柔和、动感、活泼。

色彩上，墙体多会选择白色或中性灰调，为它前面的家具、陈设等部件提供静默背景，并容易与天花和地面相谐调。浅色墙面会有效反射光线，增加室内亮度，这对于需要光线的空间非常重要；深色墙虽然不利于房间的照明，却会表达一种亲切感、安静感；墙体也可选择鲜艳的纯色以及恰当的纹理图案，营造对比，吸引注意力，创造空间的视觉中心和焦点（见图19-21）。

1.隔墙与隔断

隔断与隔墙是用于围合、分隔建筑内外空间的非承重墙体，由于不起结构或支撑作用，只承受自重，因此，在形状及围合方式上具更多可能性，可以用来调整和弥补原有建筑空间的缺陷和不足。既可用来划分空间，还

图22

可增加空间层次感，组织人流路线，增加可依托边界，是一种既具功能、又有装饰作用的建筑构件（见图22）。

隔墙——隔墙是到顶的一种建筑构件，通常用于较永久的分隔室内空间，一经设置，将不会轻易改动。隔墙既能在很大程度上限定空间，又能在一定程度上满足隔声、遮挡视线等要求，有些隔墙还能满足防火、隔潮等特殊要求。

按其构造方式可分三大类：

(1) 立筋式隔墙：立筋式隔墙主要是由龙骨（常用木龙骨或金属龙骨）及各种板材（如纸面石膏板、木夹板、玻璃、金属薄板等）组成，板材可镶嵌于龙骨中间或贴于骨架两侧，墙体中间若留有空腔还可暗设各种管线及根据需要填充岩棉或玻璃棉等隔音材料。立筋式隔墙厚度小、自重轻，几乎全是干作业，因而施工方便、快捷，尤其是轻钢龙骨纸面石膏板隔墙，质量轻、强度高、防火、拆装容易、施工效率高，是目前室内装饰工程中采用较多的隔墙形式。

(2) 砌块式隔墙：多用粘土砖隔墙、加气混凝土块、空心砖隔墙、玻璃砖隔墙等砌筑而成。虽然需要使用水泥砂浆等进行湿作业，同时自重和厚度也相对较大，但耐久性较好，尤其可以满足防火及防潮要求。

(3) 板材式隔墙：指不依赖骨架而以约为室内净高高度的单板拼装成的隔墙，通常只通过连接件与地面和天花固定，必要时，也会按一定间距设竖向龙骨，以提高刚性，具有防火、防潮能力，同时施工方便、快捷。如碳化石灰板、加气混凝土条板、空心石膏板隔墙等。

隔断——一般认为，隔断不到顶，在隔声、遮挡视线方面往往并无严格要求，有时甚至会采取空透形式，对空间的限定程度较小，在两个分隔空间之间容易建立视觉等方面的交流和联系；有的隔断还容易移动和拆装，以使空间分隔、使用灵活、多变。

隔断种类和分类方法很多。从限定程度来讲，有虚的空透式和实体式；从固定方式来讲，有固定式和移动式；从材料讲，可分竹隔断、木隔断、水泥隔断、砖瓦隔断、玻璃隔断、金属隔断以及织物隔断等。

采用实体隔断，分隔感强；空透式隔断则可使空间虚实兼具，空间似断非断，似隔又隔，既分又合，视线、声音均不会受太多阻隔，能够增强空间的层次感和深度感。传统建筑中的"罩"、"漏窗"、"博古架"等都属此类。

固定式隔断一旦形成，基本不变；而移动式相对灵活，可根据需要随意开启或闭合，变更空间的使用及分隔形式，其类型很多，大致可分为拼装式、推拉式（折叠式、直滑式）及帷幕式等等。其轨道既可以直线，也可以转弯或分岔，出于美观考虑，其隔扇往往一侧或双侧收拢于两边的专门小室或夹壁中。

拼装式隔断是由若干独立的隔扇拼成，隔扇可一扇扇装上或拆下，用T形或槽形上、下槛固定。

折叠式隔断由隔扇安装于隔扇顶部或底部的滑轮和轨道组成。按其使用材料性质不同，可分为硬质和软质两类，前者用木质或金属等制成，后者则用棉麻等织物或橡胶、塑料制成，其内部一般有木制或金属制的伸缩框架。

直滑式的隔扇沿各自或共用轨道的滑行来实现对空间的划分与围合，隔扇可独立或使用铰链连接在一起，滑动中并不改变自身角度。

帷幕式隔断是最简单的隔断方式，多使用棉、麻、丝、竹等织物制成软质隔断。

还有使用家具作为隔断，分隔与储藏功能相结合，节省面积且分隔灵活。

2.墙面的装饰做法

墙面的装修组成：

(1) 檐口线(天花线)：在墙面与天花交界处，具有连接过渡作用，特别是天花与墙面不同材质时，使墙面视觉效果更加丰富和精致，还会利于掩饰施工中的误差及裂缝等缺憾。

(2) 挂镜线：除了挂画、挂镜等功能外，还具有檐口线的装饰作用，也有不少空间只做挂镜线，而不做檐口线。

（3）护墙板：可看作是踢脚板的延伸（亦称墙裙、木台度），主要起防污、防撞等保护墙体作用，其高度多与窗台平齐，也有到顶的做法，这时则应称其为木墙面更为恰当。低矮房间应慎用护墙板，因其横向分割易使空间更显低矮。

（4）踢脚板：设于室内地面与墙面交接处，遮盖地面与墙面的接缝。一方面保护墙体根部，使其免受外力冲撞而损坏或清洗地面时被污损；另一方面也是分隔地面和墙面作用，创造层次等美观要求。踢脚板的选材一般应与地面材料相同，如石材地面一般会选用石材踢脚，木地面会选用木踢脚。

以上的各种线脚应根据室内装饰要求和风格的不同而尺度、简繁不一。

墙面的选材及做法，一方面出于审美考虑，还要兼顾对墙体的保护，以及防火等安全问题。内墙虽然不会受风霜、雨雪的侵袭和剧烈的温度变化，但使用时的污损、室内物体的撞击，以及特殊环境中相对较高的湿度等因素都会对其形成破坏。故选材及构造上应考虑强度、耐久性以及容易保养，尤其是经常会被接触的位置。

有些墙体结构本身就充当装饰作用，如清水砖墙、清水混凝土墙、石材墙面等，它们往往具有动人的凝重色彩和肌理，仅做勾缝和涂透明色浆即可，同时耐久性好，便宜而又无须保养，常作为最终的竣工墙面对其进行裸露处理（如：以英国史密森夫妇为代表的粗野主义设计的一系列清水混凝土墙面，墙面不加任何装饰，而通过挑选模板来获得表面特殊肌理）。而多数情况则是在基底上再作其他覆盖性的附加面层，墙面装饰按所用材料不同和施工方法不同，可分为抹灰、涂刷、裱糊、贴面等工艺。

（5）抹灰：抹灰类饰面是指在各种砂浆的底灰上，使用麻刀灰、纸筋灰、石膏灰等材料做成的各种饰面抹灰层，其表面平滑细腻，且造价低廉、施工简便，在墙体装饰中应用较多。通常是作为涂料和卷材类饰面的抄平基层。

（6）涂刷：在处理平整的基层上，涂刷选定的材料即为涂刷类饰面。虽然耐久性较差，相对有效使用年限较短，但造价较低、自重轻、工期短、工效高、便于维修更新，是目前各种饰面做法中最为经济、最为简便的一种方式，也是目前采用比较广泛的室内墙面装饰手段。

涂刷材料几乎可以配制成任何一种需要的颜色，现阶段的乳胶型、水溶型涂料由于以水为分散介质，无毒无味，不污染环境，遮盖力强，并可简单洗刷，易于保持清洁。

涂刷方法基本可分为：刷涂、滚涂和喷涂等。

（刷涂，是用毛刷、排笔等工具在被涂饰表面进行装饰。滚涂，是利用涂料辊进行涂饰。喷涂，利用压力或压缩空气将涂料涂于物体表面的施工方法。）

（7）裱糊：在我国，利用纸张、绫罗、锦缎等裱糊墙面和棚面，已有悠久历史，据文字记载，唐、宋时代的宫廷建筑中，用绢布之类裱贴墙面已非罕见，民间则开始采用手工印花墙纸，明朝学者李笠翁在其著作《一家言·居室器玩部》中就有关于用洒金或绘制的纸张裱糊装饰室内墙面的论述。现代室内装修中，壁纸、墙布是最常用的裱糊类饰面材料。色彩、图案、花纹有很大选择性，施工简便，曲面、弯曲处可连续裱糊，花纹比拼较严密，整体性好。壁纸有纸质壁纸、塑料壁纸，还有织物壁纸、金属壁纸等；墙布往往用棉、麻等天然纤维或涤、腈等合成纤维制成。

（8）镶贴：将天然或人造材料，通过一定构造连接或直接镶贴固定于墙体表面，由此，而形成的墙体饰面方式称镶贴类饰面。镶贴材料多为预制，材料选择余地较大，施工方便，并能够充分满足不同的使用要求。常见贴面材料如：木板、石板、石膏板、陶瓷片、金属薄板、玻璃等。

3.门窗

门窗即为在建筑墙体等处开的洞口，是建筑物维护结构的重要组成部分，门窗主要由槛框和门窗扇组成，槛为水平横向构件，框为垂直的竖向构件，槛框是门窗扇的依附构架；扇为门窗构成的主体，具有"封闭"和"遮断"功能，扇有开启扇和固定扇之分。不装门扇，只有门洞的通道口叫空门洞，俗称"哑巴口"。不装窗扇，只有窗洞的墙体洞口叫空窗洞，装上花格等装饰构件就会成为漏花窗。作为立面的一部分，门窗的造型，以及色彩、质地、比例及位置、隐显关系等因素对室内外的立面形态及空间的性格等因素还具有很大影响，因此，应与立面设计统筹考虑（见图23）。

门窗洞口可将相邻空间进行连接，起交通、观景和通风等"透过"作用，有助于建立视觉、声音等方面的联系，其位置、大小和数量不但会使空间产生不同程度的连续和流动，还会影响到室内空间的采光、换气，因此，进行规划、设计时应给予充分考虑；门窗扇则具有遮挡、防范、隔音、保温及不同程度抵御各种气候变化和灾害等"遮断"功能。

门窗的生产制造，尤其是窗，多为预制成型，现场安装即可，为适应工业化生产需要，目前已逐步走向标准化、规格化。我国目前建筑物所使用的门窗，主要有钢、木、塑、铝（合金）四大类。（塑料门窗的研制和生产于20世纪50年代始于联邦德国，具有造型美观，防腐、密封、隔热及无须进行涂饰和维护等优点。）

（1）门：《释名》说"门，扪也，为扪幕障卫也；户，

图23

护也，所以谨护闭塞也。"门洞是人和物体进出空间的通道口，主要功能是联系空间，门扇则是用于封闭通道口的重要构件，主要功能是分隔空间，根据洞口的宽度，可能由一扇、两扇或多扇相等或不等的门扇来填充门洞，较高的门还可设门亮子（又称腰头窗），以利采光和通风。空间中门的开设数量、位置、尺寸及开启方向会影响到我们在空间中的活动形式，还会影响到我们如何布置家具陈设，主要应根据相应设计规范中人流的交通疏散及防火要求来确定，以便通行流畅，符合安全要求，另外，还取决于室内相关家具、设备（如轮椅）的大小等要求，此外，还应兼顾私密性问题，决定门的位置还应考虑到进入门洞时对景的藏露状况，尤其是更衣间、卫浴空间。门的高度一般在2000-2100mm之间，大型公共空间可适当提高。门开启后宽度，单扇门一般为800-900mm，辅助房间（如浴厕）可为600-800mm，双开门一般为1200-1600mm。门拉手高度一般以离地900—1000 mm为宜，门较重时应略高此值；门镜以1450 mm以下为宜；门铃高度一般不应超过人的肩高。

门的组成与构造：常规的门一般由槛框、门扇及五金配件组成。

槛框：也称门樘，一般由两根边框和上槛组成，有的门出于保温、防水、防风等考虑还设有下槛，有亮子的门还需有中槛，多扇门往往还有中竖框。门框与门扇之间要开启方便，还要有一定密闭性，因此，门框上设有裁口，为使门开启角度较大，门框通常在开门方向与墙面齐平。为掩盖门框与墙体之间的裂缝及美观等要求，门框四周还要做贴脸木条盖缝，还要在门窗洞口两侧及过梁底部用筒子板来包住墙洞的上、左、右三面。

门扇：是一个可以活动的屏障，各种门的主要区别即在门扇，门的分类方式很多。

若从用材上来看，目前建筑外门大多采用玻璃、不锈钢、铜、铝合金等金属以及塑料等制作，木门在室内应用普遍。

①木门：镶板门：又称肚板门或滨子门，是造型变化余地较大的一种门。主要由上、下冒头和两根边梃组成框子（有时中间也会根据需要设一条或几条冒头或中梃），以及在其中镶装的门芯板（多为木板，有时会根据需要换成玻璃、百页等）组成，外观结实、厚重，并富于层次感。

夹板门：采用木方（或人造板）作骨架，双面粘贴薄板（木夹板、防火板等），根据需要，局部亦可做玻璃或百页，门周边应使用木条镶边，以防损坏，装锁处须另加木砖。此门重量轻、隔音、节省木材且不易变形。

拼板门：包括由厚板拼成的实拼门和由薄板单面或双面拼成的拼板门。拼板门虽坚固耐用，但较费料且重量较大，室内空间较少使用，常用于外门。

②玻璃门：包括局部镶嵌玻璃的镶板门或夹板门，以及无框全玻璃门。无框玻璃门一般会用10mm左右厚的整片钢化玻璃作为门扇，既可使用清玻璃，也可使用毛玻璃等，上部有转轴铰链，下部装有地弹簧，还有光电感应的自动门。玻璃门可最大限度地保持通透效果，但密闭性较差，由于玻璃透明，使人不易察觉或对门的距离判断失误，因此，应贴不干胶等明显标识，防止磕碰事故的发生。

③金属门：常用铜、钢、铝合金等材料制成，多为工厂预制，现场装配（见图24）。

若从开启方式来看，门可分为以下几种：

①平开门：即水平方向开启的门，门扇与门框间使用安装于边梃的铰链（合页）连接（玻璃地弹门弹簧铰链在地上），按一般习惯，门的位置一般宜设于墙的一端，而不在墙体中间，其开启方向应向实墙，以利节省空间，由于开启时会占用空间，多为内开，但外门和居留人数较多的内门则应外开，而安全疏散门则必须外开。因为开启灵活，构造简单，制作、安装和维修较为方便，为一般建筑空间中应用最广泛的门。可双向开启的为自由门，使用弹簧铰链即为弹簧门，可单向或双向开启，开启后可自动关闭，适于过厅、走廊等人流进出频繁的地

图24

方，以及需要保温和遮挡气味的房间，如厨房、厕所等等，但幼儿园、托儿所不宜使用弹簧门，为避免人流出入的碰撞，一般门上需装玻璃。

②推拉门：亦称扯门，分悬挂式和下承两种，门扇由滑轮悬吊于门洞口上部轨道或支承于下部轨道（下滑式）来左右推拉滑行，门扇分单扇、双扇和多扇式，可隐藏于夹墙内或贴露于墙外。最大优点是节省空间，但构造较复杂，且耐久性常常不好。

③转门：由两个弧形固定门套及围绕一根竖轴转动的若干门扇组成。有两翼、三翼或四翼，门扇可为固定式或折叠式，由于构造复杂，造价较高。转门可在一定程度上隔绝室外气候对室内的影响，保温、卫生条件好，多用于公共建筑的入口，根据规范，外门使用转门，可以不设二道门，尤其适于寒冷地区及有空调的建筑外门，由于只能供少数人通过，不能作为疏散门使用，必须另有安全出口，一般在转门两侧另设平开门。

④折叠门：由两扇以上的门使用铰链连接在一起，或导轨、滑轮连接而成，分侧挂、侧悬及中悬三种，开启时门扇可相互折叠在一起，可节省空间，以及适于宽

度较大的门洞或狭窄空间等处。

此外，还有由镀锌钢板、铝合金、不锈钢板轧制成型的条形或空格形帘板连接而成的卷帘门，以及翻板门、升降门等，这些门一般适用于较大的公共空间，如车库、车间、商店等处的外门使用，此处从略。

门的五金配件：包括把手、门锁、铰链、插销、门碰、闭门器、门镜、防盗扣等。

（2）窗："窗，聪也，于内窥外为聪明也。"窗洞的主要功能是采光、通风换气以及观景，而窗扇的功能则是保温隔热、隔声、防风雨、防风沙等，古诗中"窗含西岭千秋雪，门泊东吴万里船"就清楚地表明门窗的框景作用，若窗外无理想景色，还可以造园作景来丰富室内效果。窗的大小、数量、位置、式样对室内采光影响很大，并可改变室内的开放性，进而影响人的心理。窗的大小应满足窗地面积比的要求（窗地面积比是指窗洞面积与房间净面积的比值，不同使用功能，窗地比也不同，各国都有相应的标准来控制建筑物中窗的设计），近年来，由于人工照明的不断完善以及空调的普及，窗的采光、换气意义已开始下降，视觉功能正逐渐被重视（见图25）。

窗的组成与构造：窗户一般由窗框（窗樘）、窗扇、五金配件（铰链、风钩、拉手、插销、滑轮、导轨、转轴

图25

等）以及窗台板，根据不同要求，窗框和墙连接处还可设贴脸板、筒子板、披水条等。

因为使用材料的不同，可分为木窗、钢窗、铝合金窗、塑料窗等，按镶嵌材料的不同，又可分为玻璃窗、纱窗、百叶窗。由于玻璃是很差的绝热材料，可用双层或多层玻璃（中空玻璃），使玻璃间形成空气夹层，减少热量的耗损。

按所开位置不同，可分为侧窗和天窗，设置在墙面上的窗是侧窗，设置在屋顶的窗是天窗，当侧窗不能满足采光、通风的要求，天窗可起到加强采光和通风的作用。

侧窗有利于开启、防雨、透风、容易施工及维护等优点。

侧窗类型以开启方式来区分：

①固定窗：玻璃直接镶嵌在窗框上，不能开启和通风换气，可获得大面积玻璃窗，容易取得开敞、通透的效果，但一般只适于有空调的空间。

②平开窗：将窗扇边框与窗框用铰链连接的水平开启的窗。分单扇、双扇及多扇，内开、外开等不同形式，构造简单，开启灵活，制作、安装、维修方便，应用比较普遍。

③转窗：转窗是绕水平或垂直轴旋转开启窗扇的窗。水平方向的转窗可分为上悬窗、下悬窗、中悬窗和立转窗，垂直旋转的立转窗可配合风向旋转到有利位置，利于加强室内的通风。

④推拉窗：亦称扯窗，按推拉方向分水平推拉和垂直推拉（也叫提拉窗）两种形式，分单扇、双扇、多扇，上滑和下滑式。开启后不占用室内面积，利于节省空间，窗扇受力状态好，适于安装大块玻璃。

（3）窗帘：不仅具有遮蔽、调节自然光线和遮挡视线的作用，保证室内的私密性，还有隔音、调温、防尘等作用，由于在室内很容易成为视觉焦点，其造型、质地、图案、色彩以及悬挂方式等因素还对室内气氛的营造起重要作用，应与室内其他因素统筹考虑。常见的有垂挂帘、百页帘（横百页、竖百页）、卷帘、折叠帘等等，常用材料有布艺、铝合金、竹木、珠帘等。

窗帘盒：窗帘盒是用来掩蔽和吊挂窗帘轨道（一般为金属、塑料、木制品，可手动、电动）等附件的构件。窗帘盒可分为明装和暗装两种，有时还可加装灯光来进行装饰。

明装窗帘盒多与墙面连接，外露无遮掩，应与室内其他部分谐调统一；

暗装窗帘盒是将窗帘盒隐藏在天棚吊顶内，视觉效果干净、利落。

暖气罩：暖气多设于窗前，所以，暖气罩多与窗台板相结合，既要美观，又要不影响散热及维修。材料上多采用木材及金属等。随着暖气制造工艺的进步，明装暖气将越来越为人所接受。

三、地面

地面是室内空间的基础平面，需要支持承托人体、家具及设备设施，是室内空间中与人体接触最紧密、使用最频繁的部位，因此，要比墙面、天花等其他表面受到更多的磨损，其选材和构造必须足够坚实和耐久，足以经受持续的磨损、磕碰及撞击，根据实际需要还要满足抑制声音、防火、防水、防静电，以及耐酸碱、防腐蚀等要求。又由于会与人体直接接触，地面的质地，包括软硬、冷暖（即导热性能）以及防滑，其表面的平整程度（根据经验，超过3mm的高差往往会有绊脚和挡鞋的感觉），都会直接影响到行走时脚感的舒适性以及发出的噪音大小，另外，容易清洁和维护等因素也要综合考虑。

地面往往由承担荷载的结构层和满足使用、装饰要求的饰面层组成，有时为了找坡、隔音、弹性、保温、铺设线管，中间还要加设垫层。

虽然多数空间的地面由于受家具、人体及室内设备设施的遮挡，在室内显露面积有限，但其色彩、图案、材质等还是会或多或少的影响室内气氛，可使空间产生整体的开阔感，或依据功能将整体空间划分为若干区域，以及避免因面积较大带来的空洞和单调。地面的设计，应从整体观念出发，与整体空间形态、人的活动状况、该建筑使用性质、墙面、天花、家具饰物等统一考虑（见图26）。

1.地面装饰图案

图案的运用会使地面成为室内空间的支配要素，还可界定区域，暗示行动路线。地面装饰图案大致分以下几种：

（1）集中式图案：图案独立完整，既可以是自然纹样，也可以是几何纹样，此类图案往往会强调空间的向心性、稳定性，空间呈停滞或停顿性格。多设在大堂、大厅、过厅等空旷处，不适于家具密集的空间。

（2）线式图案：尤如二方连续图案，可无限伸展，强调方向性、导向性强，可以重复使用某种母题，创造韵律、节奏感，也可充满变化。多设于交通区域，如走廊或在大空间中划分出的交通区。

（3）网格式图案：尤如四方连续图案，将点、线、面等要素进行规律的网格组合，整体统一，虽然无中心，无主次，但适应性较强，适合不同形状空间，与周围空间的地面衔接也容易，不会受地面物体的干扰而失去完整性，尤其适合于宴会厅、会议室等家具密集的空间。

（4）自由式图案：无规律、随意、活跃而动感，甚至疯狂。

2.地面装饰手法

（1）抹灰类：包括水泥砂浆地面、细石混凝土地面等等，常作为基层满足抄平、找坡要求。

（2）涂刷类：以水泥砂浆等作为地面，固然是最为简捷的方法，但水泥砂浆地面在使用和装饰质量方面都存在明显的不足，为对其加以改善，往往在地面上加各种饰面。而采用涂层作为饰面，具有施工简便、造价较低、整体性好、自重轻等优点。目前，使用较多的是涂布无缝地面，可在地面涂刷各种图案和色彩，涂层较厚，硬化后可形成整体无接缝地面，并耐磨、耐腐、易清洁、弹韧、抗渗，近年来在地面装饰中得到广泛的应用。如环氧树脂涂布地面、不饱和聚酯涂布地面、聚氨酯涂布地面及聚醋酸乙烯乳胶水泥涂布地面、聚乙烯醇甲醛胶水泥涂布地面等。多用于厂房、车间、医院、实验室等处。

（3）铺贴类：我国古人就因"茅茨土阶，……尝苦其湿，又易生尘"而选择使用砖来铺地，形式上"或作冰裂，或肖龟纹"，称为"ZHOU地"。现代室内空间常用铺贴材料更为丰富：包括陶瓷地面砖、石材、地板类、地毯等。地砖、石材耐磨，易清洁，维护保养容易，外观也容易传达精密、华贵的视觉效果；地毯，脚感舒适，温暖防滑，但耐用性不高，维护、保养也较麻烦；地板性质介于两者之间，包括木地板、竹地板、复合地板、塑料地板、活动夹层地板等。

图26

通过标高变化还会加强室内的层次感和领域的划分，抬高地面会加强一个场所的重要性，地面下沉会使该场所宁静、私密。高差边缘部分须加以强调，以防跌倒等危险

条木地板宜平行光线方向铺设，走道应平行行走方向铺设，这样可使凹凸不平处不显露，并方便清扫和减少磨损，铺设中还应兼顾地板中的线性元素，会夸大或缩小空间某方向尺寸。

地毯的铺法可分为固定与不固定式两种。固定式可以使用倒刺钉条，将地毯钩在倒刺上加以固定，以免松弛，接缝处用胶带粘接，此法使用较多。也可以用胶粘接固定，透气性差，采用较少。根据具体情况，可以满铺或使用块毯局部铺装。

满铺地毯——使用钉条或粘结剂来固定地毯。可使室内具有宽敞感，整体感，但不易清洁，地毯磨损不均匀，且难于移动。

地毯贴片——有橡胶底垫和自贴胶，可排列出微妙含蓄或强烈的明显图案，有的直接摊铺地面即可，不需与地面粘贴。容易裁出各种形状，损耗小，易于更换和移动。

块毯——铺在已完成的地面材料上，并不覆盖房间整个地面，可因保洁等需要而移动，可界定一个区域，形成房间中的焦点和支配要素。

四、顶棚

顶棚是室内空间顶界面，又称天花、天棚，是通过各种材料及形式的组合，形成具有功能和美感的装修组成部分，是室内整体环境中的重要组成部分。

顶棚是室内空间中最大的未经占用的界面，由于与人接触较少，较多情况下只受视觉的支配，造型和材质的选择上可以相对自由，但由于顶棚与结构关系密切，受其制约较大，顶棚又是各种灯具、设备相对集中的地方，处理时不能不考虑这些因素的影响。

1.设计要求

（1）满足空间的审美要求：虽然顶棚不会与人直接接触，却会对人的心理产生影响，选择的材料、色彩及造型对室内风格、效果有很大影响。恰当的高度和尺度会对空间尺度及性格有重要的影响，高顶棚会给人开阔、庄严感，同时会使空间平面尺度趋于缩小，低顶棚则会突出其掩蔽、保护作用，建立一种亲切、温暖的氛围，但过低顶棚会使人产生沉闷、压抑心理，并会降低空气质量，利用变换顶棚高度、材质等手法还会划分空间领域及实现空间的导向作用。

浅色顶棚会使人感到开阔、高远，深而鲜艳的颜色会降低其高度。墙面材料和装修内容延至顶棚会增加其高度，顶棚材料延至墙面及与墙面发生对比会降低其高度。

坡顶空间要较等高的平顶空间更加亲切，并与拱顶空间一样，具有导向性，而穹顶、攒尖顶则强调向心性，会将人的注意力集中在其下方。

图 27
剧院采用折线天花，以形成反射面，取得良好声学效果

（2）满足空间的功能要求：利用顶棚可以改善室内声、光及热等物理环境，从这一角度考虑，顶棚又会充当功能性部件。顶棚会作为反射面，反射来自下方以及侧面的光线；有些空间还会选用光滑坚硬材料来反射声音，而有些顶棚则需要选用吸音材料以减少噪音（见图 27）。

（3）安全性要求：顶棚上方会隐藏大量设备管线，散热、短路都会首先殃及顶棚，故在选材等方面必须选择防火材料或具有相应的防火措施。如木龙骨应刷防火涂料。有些场合还要考虑防水要求。对于需上人检修设备的顶棚，应考虑安全、牢固等因素。

因此，应从建筑功能、建筑声学、建筑照明、建筑热工、设备安装、管线敷设、维护检修、防火安全等各方面综合考虑。

2.顶棚形式

我国传统建筑的顶棚有两种做法，一种是露明做法，即不带顶棚，将建筑的梁、枋、檩、椽都暴露于室内，各构件自然成为室内空间的装饰和分隔手段；还有天花做法，即做夹层，有保暖、防尘、调节室内高度和美化、装饰作用。因此，我国古籍论述中称其为"承尘"，《释名》解释："承尘施于上，以承尘土也。"天花做法也可粗分为三类：一是软性天花，用秫秸或木材做骨架，下面裱糊，称为"海墁天花"；二是硬性天花，由木龙骨作成支条，上钉天花板，表面有彩画和雕饰，称"井口天花"；三是藻井，多用于尊贵建筑中天花最尊贵的位置，属天花中的最高等级。

顶棚的分类方式很多，按顶棚装饰层面与结构等基层关系可分直接式和悬吊式（无空间顶棚、有空间顶棚）（见图 28）。

（1）直接式顶棚：在建筑空间上部的结构底面直接作抹灰、涂刷、裱糊等工艺的饰面处理，不同于悬吊式顶棚，内部无须预留空间，因此，不会牺牲原有的建筑室内高度，且构造简单、造价低廉，但受原有的结构及材料的限制及制约较大，由于无夹层结构及面层的遮挡，顶部结构和设备暴露在外，只会通过色彩等手段来进行虚化和统一。事实上，有些天花为充分展现其结构美、技术美，甚至干脆将其涂上鲜艳颜色予以强调，如网架结构的顶棚、采光顶棚就无须遮掩。另外，习惯上还将不使用吊挂构件，而直接在结构底层设置格栅、面层而作成的顶棚也归属此类（见图 29）。

（2）悬吊式顶棚：吊顶系统基本由吊筋、龙骨、装饰面层三部分组成，在建筑主体下方利用吊筋吊住的吊

图 28

图29
直接式顶棚，将照明设备、消防系统和空调风筒配置与用色纳入到设计元素之中

顶系统，吊顶的面层与结构底层之间留有一定距离而形成空腔，里面可起容纳、隐藏作用。板材与龙骨均可工厂预制，悬吊式顶棚可以遮掩、隐藏空间上部的建筑结构构件及照明、通风空调、音响、消防等各种管网设备，可摆脱结构条件的约束，形式感、高度更加灵活和丰富，还有保温隔热、吸声隔音等作用，对于有空调、暖气的建筑，还可以节约能耗。

吊筋——多为木吊筋或金属吊筋，是承重传力构件，主要作用是将龙骨、吊顶面层及上面的灯具、风口等设施的重量传递给屋顶结构部分，并可根据需要调整顶棚空间高度。

龙骨——一般为金属和木材制作，包括主龙骨、次龙骨、主格栅、次格栅等形成的吊顶系统中的骨架，其主要作用是承受吊顶及其上面悬挂物的负荷载，上人吊顶，还要考虑检修时人体重量的荷载，龙骨、格栅多为工厂预制，规格化、标准化程度高，会兼顾灯具、风口等预留问题，连接工艺简单，可大大加快施工进度。有些经烤漆处理，还可当作暴露骨架。

装饰面层——可掩盖结构、电力、防火等设备管线，还有吸声、反射光线和声音等改善室内空间物理要求的作用，通常采用石膏板、矿棉板、金属板、木夹板、玻璃等材料。有些还考虑到灯具、风口的预留问题而规格化、标准化，以方便施工。

悬吊式顶棚按面层性质又可分为开敞式及掩蔽式。

开敞式：虽然会在结构层下方形成夹层，但其表面却是开口的，使其内部结构和设备既遮又露，并常常通过灯光和涂刷灰暗颜色等方式来模糊内部夹层，还可结合自然采光使用。开敞式顶棚会有效减少吊顶后层高降低的压抑感，并可在一定角度内避免眩光，其中较常见的格栅式吊顶系统，由一种或多种的金属、木材或塑料单位构件（格栅、垂片）通过插接、挂接、榫接组成，安装简便、施工容易，视觉上还会形成韵律、整齐划一等视觉美感。

遮掩式：可起到遮掩室内设备、管网及结构等作用，内部夹层隐蔽、不可见，用于此类顶棚的饰面材料很多，如石膏板、矿棉板、木夹板、铝板、塑料板、玻璃、织物等等。根据空间立意，结合结构等客观条件，既可以平棚，也可以叠级分层，以及坡顶、穹顶、拱顶等多种形式，增加立体感，内部夹层往往隐蔽、不可见。可以整空间满铺，也可以进行局部处理。

第四节　室内空间的虚体设计

虽然有的建筑物仅有内部空间（如石窟、窑洞、隧道），有的仅有外部体量（如堤坝），绝大多数的整体建筑空间形态还是包括实体形态和由其围合、辐射而成的虚体形态两部分，实体和虚体的形态是一个有机的整体，两者相互依存，人们不仅可以感受到实体形态的厚实凝重，也会感受到虚体空间形态的流转往复、回环无穷，对于实体形态，如墙、地等界面，以及家具、绿化等等，人们的感觉产生于它的外部；而对于虚体形态，由于是不得触知的存在，人们的感知产生在实体之间，这里的"空间"，指的是不包括实体在内的负的形态，所谓"虚"，是实体间的间隙，它依靠积极形态相互作用而成，由实的形体暗示而感知，是一种心理上的存在，需要大脑思考、联想而推知，这种感觉时而清晰，时而模糊。

人类是近代才建立起空间的意识，才意识到创造合适的空间才是建筑活动的主要目的和基本原则。在此之前，由于实体的直观性，人们理解建筑更习惯于注重其实体本身(部分原因也由于当时人类活动主要在建筑外部进行)，把建筑的外壳、外部轮廓及装饰细节等实体部分作为构思、设计和评价的主要对象，或为实现其外部的完美以牺牲内部空间的合理性为代价，如：古埃及金字塔、古希腊的建筑、缅甸寺院，主要只是当作雕塑来处理，并没有更多的顾及其内部空间的适宜和完善。

空间是由实体(包括墙、地、棚、柱、隔断、家具、绿化等)占据、围合、扩展并通过视知觉的推理、联想和"完形化"(注：格式塔心理学认为这种趣合心理可填补空缺，产生整体知觉，使形态完形。这有点像我们打电话，虽然有噪声或其他的干扰，多数情况下我们仍可以通过一些间断的、不完整的语言暗示去填补中断的信息而大致领会对方传达的意义)倾向而形成的三度虚体，虽然土木工程完成后形成的固定空间改变的余地有限，但还是可利用隔墙、隔断、家具等对其进行更细致的二次划分或有限度的改造，尤其是运用新型结构技术的现代空间环境。根据后天的具体功能和形式特征，室内设计师无非两种选择：延续建筑师的原有设计，体现原建筑空间的逻辑关系；或是另辟蹊径，对其加以改变。对建筑原有结构和维护体所形成的内部空间进行更细致的调整、完善和再创造，始终是室内设计的重要内容。

围隔空间主要有两种目的，即实用性和艺术性：

实用性是为满足使用功能，即创造使生活更加便利的环境，如满足遮风雨、避寒暑等最基本要求。以及根据空间的功能特点和人类的行为模式进行相应的区域划分和空间组合，还要有一定的面积、容量、适宜的形状，同时还能够采光、通风等要求。

艺术性是满足一定精神和审美要求的，否则，建筑

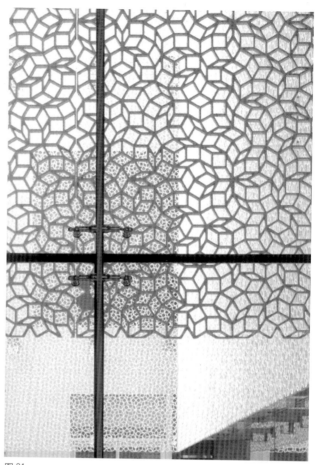

图 31

只能是简单的"居住机器"。在满足功能前提下，利用空间的各种艺术处理手法，利用空间形态对人的心理反馈作用，使其具有深刻表现性，无论是单一空间还是群体空间的序列组织，其构成不但应符合形式美法则，还应符合心理要求，使人获得精神上的愉悦，满足安全及个性要求。室内空间是由点、线、面、体等虚实形态以不同的方式占据、扩展或包含而成的三度虚体，空间环境虽然不是人们有意识的注意对象，却比积极形态更生动和富于感染力，会对我们的情绪、精神产生很大影响，空间的尺度、形状、光线、温度、声音、开合程度等都会反作用于人，影响室内空间给人的心理感受，有的空间会使人感觉舒展、开朗、亲切，有的却是压抑、恐怖、冷漠（见图30、31）。

一、空间的限定

空间需经物理性限定才可显形，任何一个客观存在的三维空间都是人类利用物质材料和技术手段从自然环境中分离出来的，由不同虚实的界面限定和围合，并由视知觉参与推理、联想，使其有形化而形成的三次元空间。空间一般由顶界面、底界面、侧界面围合而成，其中有无顶界面，还是区分内、外空间的重要标志。限定要素本身的不同特点和限定元素的不同组合方式，所形

图 30

成的空间限定感也不尽相同，空间边界实体的材料、形状、尺度、比例、虚实关系以及组合形式都会很大程度决定空间的性格，对空间环境的气氛、格调起关键作用。空间的具体限定手法包括设置、围合、覆盖、凸起、下沉，及材质、色彩、肌理变化等多种手段（见图32、33）。

1．限定方式

从方向上讲主要有水平和垂直方向的限定，水平要素限定度较弱，利于加强空间的连续感，垂直要素则更容易划定空间界限并会提供积极的围合感。而实际上，每一座建筑物的室内空间形成，往往不是依靠单一的方式，而是综合运用多种不同方式共同营造的结果。

（1）水平限定：水平限定是一种象征性的限定手段，往往只有与地面平行的限定界面，几乎没有实际意义的竖向围合、分隔界面，不能实现空间的明确界定，仅用抽象的提示作用划分出一块有别于周围环境的相对独立区域。

用以限定空间的水平实体，因其所处位置不同，可分底面及顶面两种。通过变换形态、材质、色彩、肌理等变化，以及抬高、下降地面或天花等改变标高手段的暗示性划分，使空间的区域界限得到强调和区分，虽然空间限定度较弱，但视线流通，空间连续性好，这样形成的空间，又称虚拟空间。这种手法不但可划分界限，还可造成空间的视觉中心、强调重点，以及产生空间的导向作用（抬高——空间外向、具有扩张性和展示性，容易成为视觉的中心和焦点；降低——内向、收敛、维护感，空间安定、含蓄）。

对于体量高大的空间，还可通过设立夹层来进行空间的划分（包括跳台、跑马廊、天桥等），以提高空间的利用率，还可使空间产生交错、穿插、贯通、渗透，打破空间的绝对界限概念，空间模糊多变、富于变化和层次，也为室内环境增添动态和活跃气氛，商场、展览馆

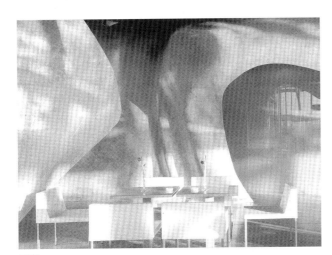

图32

图33

等人流活动频繁地带多会采用此种空间手法。

（2）垂直限定：空间分隔体大致与地面垂直，垂直要素会提供强烈的围合感，限定度积极、活跃。垂直实体形式的不同，如形状、虚实、尺度以及与地面所成的角度等方面的存在差异，限定产生的围合感强弱亦会发生变化。有的可中断空间连续性，约束室内视线、声音、温度等（如：实墙）。有的只会隔断人的行为，却不会隔断视线、声音，空间之间得以相互渗透，空间流通性良好（如：矮隔断、列柱）。

若根据空间限定实体的形态，与人的对应关系上来看，空间限定可分为两种，即中心限定和分隔限定，中心限定形成的空间是消极的空间，而分隔限定形成的是积极的空间。

（3）中心限定：空间中单一实体会向周围辐射扩张，形成支配要素，如果从外部感受，会在其周围形成一个界限不明的环形空间，或称作"空间场"（场，就是事物向周围辐射或扩展的范围），因此，应属于一种虚拟的限定形式。中心限定是一种视觉心理的限定，不能划分具体肯定的空间和提供明确形状和度量，越靠近限定物体，这种空间感越强，如：空间中的吊灯、雕塑、柱子等往往会成为聚集停留的场所。虽然不能起到分隔空间的作用，或分隔作用很弱，但却可以暗示出一种边界模糊的灰色空间，由于这种空间感只是一种心理感觉，所以它的大小、强弱由限定要素的造型、位置、肌理、色彩、体量等客观因素和人的主观心理等多方面综合决定。

（4）分隔限定：是对单一空间的再次限定，通过使用实面或虚面，在垂直和水平方向对空间进行分隔、包围和联系，分隔限定是对空间限定的最基本形式，构成的空间界限较明确，通过虚实变化还可实现空间之间的交融。空间分隔的目的，无非是出于使用功能的考虑，对空间进行竖向或横向分隔处理；以及基于精神功能，借以丰富空间层次，使空间虚实得宜，"隔则深，畅则浅"，有隔才会有层次变化，空间才会感觉景致无穷、意味深长。

2.空间的分隔方式

根据空间的限定程度，可分为绝对分隔、局部分隔和虚拟分隔，另外，还可以通过弹性分隔来实现对空间的灵活区划。

（1）绝对分隔：也称通隔，分隔空间的界面多为到顶的实体界面，而少有虚面，限定程度较高，空间界限明确，独立感、封闭感强，空间呈静态，安静、私密、内向，声音、视线、温度等均不受外界干扰，与外界流动性也较差。

（2）局部分隔：也称半隔，分隔空间的界面只占空间界限的一部分，分隔面往往片断、不完整，空间界限不十分明确，空间并不完全封闭，限定度也较低，抗干扰性要差于前者，但空间隔而不断，层次丰富，流动性好。可以使用实面，也可以是通过开洞等方式或使用透射材料形成的围合感较弱的虚面，限定度的强弱主要取决于界面的大小、材质、形态等因素，局部分隔不会同时阻隔交通、视线、声音，如玻璃隔断，虽然会阻隔交通和声音，却不会阻隔视线。

（3）虚拟分隔：也叫象征性分隔，是限定度最低的一种分隔形式，其空间界面模糊、含蓄，甚至无明显界面，主要通过部分形体来暗示、推理和联想，通过"视觉完形化"现象而感知空间，常通过色彩、材质、高差的变化，以及光线、音响甚至气味等非实体因素来分隔空间，侧重心理效应和象征意味，空间随具体情况呈现清晰或模糊，空间开敞、通透，流动性强。虚拟分隔能够最大限度地维持空间的整体感，这样形成的空间也称虚拟空间，或"心理空间"（虚拟空间：即不以实体界面作为限定要素，空间无明显界限，而依靠局部形体的暗示以及视知觉推理、联想来划分空间，空间界限模糊不定，似是而非，模棱两可，并形成所谓的"灰色空间"，

图34

是开放感最强的一种空间)（见图34）。

（4）弹性分隔：根据空间不同，使用要求能够随时移动或启闭界面的空间分隔形式，可以随时改变空间的大小、尺度、形状而适应新的空间形式或气氛，具有较大的机动性和灵活性。如拼装式、折叠式、升降式等活动隔断、帘幕，以及活动地面、活动顶棚和活动家具等都是常用的弹性分隔手段。

3.空间的限定要素的形态

空间限定要素的不同，包括形态、数量、大小等差异，都会影响到空间的基本气势、特征，通过这些基本要素的变动来变换各种组织方式。一般说来空间的分隔与限定主要通过面来实现，分隔感强烈积极，分隔形式轻巧单纯；线和体块也常常通过排列成面等方式来限定空间，但限定程度相对较弱，空间既分又合；单线、单块体则主要以中心限定方式出现，并不太容易实现对空间的分隔。

（1）线要素：一根线无方向性，容易成为空间的中心、焦点而形成中心限定；两根或两根以上在同一条直线上排列、编织的线可限定一个消极的虚面，可用于空间的划分，且会使空间产生流通感；三根和三根以上不在同一条直线上的线可排列、编织形成若干虚面，可产生限定和划分作用，产生围合感，形成各种空间体积。另外，这些线的数量、粗细、疏密都会对限定程度的强弱造成影响。

（2）面要素

①直面：直面限定的空间，表情严肃、简洁、单纯，容易与多数的矩形建筑空间相适应，空间的利用率也较高。

（一个面）I形垂直实体：只具中心限定作用，不会产生围合感，离得越近，空间感越强。局部墙面的色彩、肌理以及灯光、图案也可限定空间。属极弱的限定，空间的连续性超过独立性。

（两个面）L形垂直实体：空间会产生内外之分，角内安静，有强烈围护感、私密性，滞留感强，角外流动性强，且具导向作用。

②平行垂直面：朝向开放端，面有很强的流动感、方向感，空间导向性很强，由于开放端容易引人注意，可在此设置对景，使空间言之有物，避免空洞；另外，空间体的前凸和后凹可产生相应的次空间，利于消除长而不断的夹持空间所产生的单调感。

（三个面）U形：U形底部具有拥抱、接纳、驻留的动势，开放端具有强烈方向感和流动性。三个面的长短比例不同，驻留感亦会不同。

（四个面）限定度最强的一种形式，可完整的围合空间，界限明确，私密性强。

③曲面：立面为曲面，限定的空间也会使人感到柔和、活泼、富于动感，并会产生内外之分。

④单片：内侧具有欢迎、接纳、包容感，安静、私密；外侧具有导向性、扩张感。

⑤相向：空间具向心性，闭合感和驻留感，容易产生聚集、团圆感。

⑥相背：可引导人流迅速通过，驻留性差。

⑦平行：会造成各段的空间、对景时隐时现，空间趣味性强，并具有强烈导向性和良好流动感。

另外，面的围合程度除了与形状、数量以及虚实程度有关外，还与分隔面的高度有关，其高低绝对值以人的视觉高度为标准。高度越低，其封闭性、拦截性均相应地减弱，甚至只起形式上的分隔作用，视觉空间仍是连续的。

二、空间的组合

虽然有时空间是独立存在的单一空间，但单一空间往往难以满足复杂多样的功能和使用要求，因此，多数情况是由多个空间组合在一起，从而形成多种复合空间。各组合空间之间使用功能上并非彼此孤立，而是相互联系，人们对空间的利用，多数情况也并非仅仅局限在一个空间内不牵涉别的空间。

空间组合不仅要求功能合理，还要根据其功能特点、人流活动状况及行为心理选择恰当的空间组合形式，哪些空间应相互毗邻，哪些应隔离，哪些主要，哪些次要，设计中应具体分析、区别对待，以形成不同的群化形式。如学校、医院按照功能特点，各空间的独立性较强，因此，一般适于以一条公共走廊来连接各空间；而对于展示空间、车站，则往往以连续、穿套形式来组织空间更为合适。而实际上，由于建筑功能的多样性和复杂性，除少数建筑空间由于功能较单一而只采用一种类型的空间组合形式，大多数建筑都必须综合地采用二、三甚至更多类型的组合形式。

1.空间的组合形式

（1）单一空间的组合：单一空间可通过包容、穿插、邻接关系形成复合空间，各空间的大小、形式、方向可能相同，也可能不同。

①包容式：即在原有大空间中，用实体或虚拟的限定手段，再围隔、限定出一个或多个小空间，大小不同的空间呈互相叠合关系，体积较大的空间将把体积较小的空间容纳在内，也称母子空间，是对空间的二次限定。通过这种手段，既可满足功能需要，也可丰富空间层次及创造宜人尺度。

②穿插式：两个空间在水平或垂直方向相互叠合，形成交错空间，两者仍大致保持各自的界线及完整性，

其叠合的部分往往会形成一个共有的空间地带，通过不同程度的与原有空间发生通透关系而产生以下三种情况：

A、共享：叠合部分为二者共有，叠合部分与二者间分隔感较弱，分隔界面可有可无。

B、主次：叠合部分与一个空间合并成为其一部分，另一空间因此而缺损，即叠合部分与一个空间分隔感弱，与另一个空间分隔感强。

C、过渡：叠合部分保持独立性，自成一体，叠合部分与两空间分隔感均为强烈，成为两空间的过渡联系部分，实际上等于改变两空间原有形状并插入一个内空间。

③邻接式：是最常见的空间组合形式，空间之间不发生重叠关系，相邻空间的独立程度或空间连续程度，取决于两者间限定要素的特点，当连接面为实面时，限定度强，各空间独立性较强；当连接面为虚面时，独立性差，空间之间会不同程度存在连续性。邻接式又分为直接邻接和间接邻接，直接邻接的空间，空间的边与边、面与面相接触连接。间接邻接的两空间相隔一定距离，只能通过第三个过渡空间作为中间媒介来联系或连接两者。过渡空间的形状、大小、朝向可与它联系的空间相同，这样会形成秩序感、统一感，而不同时则会增加变化，甚至会成为主导空间，也可以根据所联系的空间形状来确定，两者起兼容作用。

（2）多空间组合方式：多空间组合，其形式除了包容式组合，还有线型组合、中心组合、组团组合三种类型，根据具体情况和要求，构成的单元空间既可同质（形状、尺寸等因素相同），强调统一、整体，也可异质，强调变化以及营造中心。

①线式组合：按人们的使用程序或视觉构图需要，沿某种线型组合若干个单位空间而构成的复合空间系统。这些空间也许直接逐个接触排列，互为贯通和串联成为穿套式空间，也许由另外单独的廊等来连接，成为走道式空间，使用空间与交通空间分离，空间之间既可以保持连续性，也可以保持独立性。线式空间具有较强的灵活可变性，线的形式既可以是直线，也可以是曲线和折线，以及环形、枝形、线形，方向上既可以是水平方向的，或是存在高低变化的组合方式，也可以是垂直的空间，容易与场地环境相适应。

②中心式组合：一般由若干次要空间围绕一个主导空间来构成，是一种静态、稳定的集中式的平面组合，空间的主次分明，其构成的单一空间，呈辐射状通过通道或直接与主导空间连通。中心空间多作为功能中心、视觉中心来处理，或是当作供人流集散的交通空间，其交通流线可为辐射状、环形或螺旋形。如居室空间中的客厅、公共空间中的大堂，以及人流比较集中的车站、展览馆、图书馆等处，多会采用这种空间形式。

③组团式组合：通过紧密连接来使各个空间互相联系的空间形式。其组合形式灵活多变，并不拘于特定的几何形状，能够较好的适应各种地形和功能要求，因地制宜，易于变通，尤其对于现代建筑的框架结构体系的使用，网格式空间组合在室内空间设计中更具有普遍性，采用具有秩序性、规则性的网格式组合，还会使各构成空间具有内在的理性联系，整齐统一。也正因为如此，组团式空间也很容易混乱和单调乏味。

2．空间的序列

动线：建筑空间中人流重复行进的路线、轨迹，称为"动线"。

动线也就是交通空间，是空间构成的骨架，也是影响空间形态的主要要素。空间中的动线应以特有的设计语言与人对话、传递信息，以左右人的前进方向，使人在空间中游走而不至迷失方向，引导人流到达预定目标。这种以人的行为心理为准则，指导人们行动方向的建筑处理方法也称"空间导向性"。常用动线有直线式、曲线式、循环式、盘旋式等等，如赖特的古根海姆美术馆，就是由于采用盘旋式动线而产生的独特空间形式。动线往往由空间体夹持而成，或通过人的行为心理加以引导。空间动线可以是单向或是多向，单向的动线方向单一明确，甚至会带有一定的强制性因素；而多数规模较大空间则同时会有多条动线，其动线多向，且方向往往不甚明确，但却是丰富含蓄。无论采用哪种，都应尽量避免逆程序现象发生，为此，一般多会采用环状的动线布局。

空间对室内动线要求主要有两个方面：

功能要求：首先功能合理，人在空间中的活动过程都有一定的规律性或称行为模式，如看电影，会先买票，开演前会在门厅或休息厅等候、休息，然后观看，最后由疏散口离开，这也是空间序列设计的客观依据。设计师可根据这种活动规律，结合原建筑的空间结构特点，来决定空间活动路线及围合方式，使之与人的行为模式相符合。

精神要求：根据建筑的性质、规模、建筑的给定条件，充分发挥空间艺术对人心理及精神上的反馈影响，这也要求作为设计者应能够预见观者的主要视线移动规律、认识到观者的视野变化而进行有目的设计，把空间的排列及时间的先后顺序有机统一，如同传统园林艺术中讲求的"动观"和"静观"的概念，使人不单在静止情况下，而且在运动情况下也可获得理想的整体印象。如规则对称式动线庄严、明确、简洁、率直，可形成空间的轴线而直接将空间导向主题；而不规则、不对称式动线则轻松、活泼、含蓄，富于自然情趣，漫不经心将空间导向主题，避免开门见山、一览无余，我国传统宫廷、寺庙建筑动线以规则、对称式居多，而园林别墅以自由式和迂回曲折居多，这都利于表达建筑的空间性质。

一般情况下，空间动线不宜太直，"畅则浅"。一览无余、深远狭长空间会沉闷而令人厌倦。"径莫便于捷，而又莫妙于迁"可以说是动线创造的根本原则，既应尽量缩短交通距离，又要通过引入曲线或其他形态等手段，以及加强横向渗透、增加对景，通过曲折迂回、旁枝末节，使空间藏露结合、充实饱满，并能够增加视觉趣味。

序列：在这里是指按次序编排个体空间环境的先后关系，指为展现空间的总的体势或突出空间的主题，综合运用对比、重复、过渡、衔接、引导等空间的处理手法，把个别、独立的单元空间组织成统一、变化和有序的复合空间集群，使空间的排列与时间的先后这两种因素有机的统一。

空间序列首先应以满足功能要求为依据，但仅仅满足行为活动的需要，显然远远不够，正如音乐有抑扬顿挫、高低起伏，空间也同样有浓淡虚实、疏密大小、隔连藏露，序列路线会以它自己的特殊形式影响作品效果，正如面对一个陌生的城市，选择不同的行进路线会影响我们对这个城市的印象一样，对于同样的空间组织、同样的室内布置和陈设，观赏次序的不同，视觉感受肯定会有所不同。空间序列的组织，除功能原因外，是设计师用来从心理和生理上影响、打动人的艺术手段。

"建筑的特性——使它与所有其他艺术区别开来的特征——就在于它所使用的是一种将人包围在内的三度空间'语汇'……建筑像一座巨大的空心雕刻品，人可以进入其中并在行进中来感受它的效果。"（布鲁诺·赛维）空间体验绝非静止的视野，其视觉刺激源自时差相继的延展，其感受随时间延续而变化，总之，空间的经验是时间和运动的结果，时间和运动是人类感受和体验空间环境的基本方式。对于三维的空间组合体系，除非是非常狭小的空间，人们往往无法一眼看到其整体的内部，只有通过运动和行进，由一个空间进入另一个空间，随着位置的移动及时间的推移而"步移景异，时移景变"，视线的变动、视野角度的变换，使建筑空间的客体与观者的主体相对位置不断产生变化，观者从不同角度和侧面感知和体验环境的各个局部要素和实体、轮廓，不断受到建筑空间之中的实体与虚拟在造型、色彩、样式、尺度、比例等全方位的信息刺激，随时间的延续逐步的积累感受和联想，从而得到变化着的视觉印象，这些不在同一时间形成的变化着的视觉印象由于视觉的连续对比和视觉残留作用而叠加、复合，经头脑加工整理，形成对室内空间总体的、较为完整的印象和空间体验，才可得到对其全面的认识，若不能够完整经历空间，就不能够窥其全貌。"观看角度的这种在时间上延续的移位就给传统的三度空间增添了新的一度空间，就这样，时间就被命名为'第四度空间'。"因此，室内空间三维特征又多了一个维度——时间,而成为了四维空间艺术。

歌德有句名言"建筑是凝固的音乐",德国音乐家豪·普德曼又说"音乐是流动的建筑"。尽管空间不会发出任何声音,但我们心灵却会从中听出雄伟壮丽、华美舒缓的乐章,空间序列像音乐一样,也应有前奏、引子、高潮、回味、尾声,既应协调一致,又要充满变化。沿主要人流路线逐一展开的空间序列应有起、有伏、有抑、有扬、有主、有次、有收、有放。其中,高潮是整个空间序列的中心,是点睛之笔,反映整个空间的主题和特征(如中庭),若空间序列无高潮处理,只收不放,会使人感到沉闷、压抑,很难打动人和引起情绪共鸣,当然,这种主题空间既可单一也可多个。而只放不收的空间,又容易使人感到松散、空旷(见图35)。

图35

3．空间组合的艺术法则

(1)空间的对比与变化:空间序列中,人们对已看过的空间印象会影响即将到来的下一个空间感受。我们都有过从狭小、封闭空间进入宏大、开敞空间中,精神为之一振的心理体验,两个毗邻的空间,若某一方面存在明显差别,可借这种差异的对比作用来反衬各自的特点。对比的使用,可使空间免于平淡,还可有目的的创造主次和重点。包括体量对比,如同我国古典园林中的"欲扬先抑",通往大体量空间的前部,有意识的安排小空间,以求引起心理及情绪的突变,获得"小中见大"的效果。还可通过空间的开合、明暗、虚实等进行对比。如从闭塞的空间进入开敞空间,会获得豁然开朗的感受。形状对比、方向对比,功能允许前提下,变换空间形状,可求得变化,以及打破单调或创造重点主体空间。

标高对比,可增加空间的层次,另外,还可以创造主体和增加趣味。标高变化小,空间整体性和连续性较强,标高差别较大,空间的连续程度会降低。

(2)空间的重复与再现:重复就是一种或几种空间形式有规律地重复出现(如对称),或以某种要素为母题,反复出现,如同近似规律,可形成韵律、节奏感,空间效果简洁、清晰、整齐划一,具有统一感。但过分的消极统一,也易单调、平淡而失去生动感。

(3)空间的渗透与层次:相邻空间或内外空间之间利用开洞、利用透射材料作为隔断等手法,向上下左右彼此渗透,相互因借,有助于增加空间层次感、深邃感,以及冲破限定空间的相对局限,使空间扩散、延展,以及获得小中见大、虚实相生的空间效果,还可以改变空间尺度感。如古典园林中常用的"借景"手法。

4．空间的引导与暗示

许多空间由于功能布局复杂以及有意识避免"开门见山"、"露巧藏拙"等原因,许多的空间位置含混不清,不够明显和突出,这就需要对人流有意识地加以引导或暗示,使人能够按既定的路线和途径运动、前行,避免逆反现象的发生(见图36)。

常用的空间引导暗示手法有:

(1)利用空间的片段分隔、透明分隔,以及弯曲的围闭,暗示另外空间的存在,利用人的期待心理来引导人流。

(2)利用引人注目的对景、光线等,并使其藏露结合,诱人前行,实现导向。

(3)空间中天花、地面、墙面上,采用连续、象征强烈方向性的形态、色彩、图案或重复性母题,指导人们的行动方向。

（4）空间的轴线会形成导向。

（5）利用空间的方向性构图特征，实现空间的导向（如长方形空间，长边会显示导向性）。

（6）采用楼梯、坡道也利于空间的导向。

三、空间的形象塑造

1. 空间的围透关系

围是限定空间最典型的形式，围的状态不同，空间情态迥异。围和透的选择取决于空间功能性质和结构形式，以及当地气候条件、与周围环境的关系等诸多要素，另外，还应兼顾使用者心理要求和空间艺术特点。空间的围与透会直接影响人们的精神感受和情绪。一个房间，若皆诸四壁，只围不透，虽然使人感到安全和私密，同时也会封闭及沉闷；若四面临空，只透不围，则会使人感到开敞、明快和通透。另外，开敞空间与同样面积的封闭空间相比，感觉会大些。（幽闭恐怖：人们被禁闭在狭窄环境时所产生的恐惧性症状叫闭所恐怖症；旷野恐怖：指当人置身于一个大得与人体不相匹配的广旷地区

图 36

图 37

时而产生的恐惧性症状叫广场恐怖症。若在此空旷地区竖立一些物体为凭借，便可重新建立安全幻觉，恐惧感会随之消失。）（见图 37）

空间系由各种实体要素围合限定而成，实体的材质、形状、高矮、宽窄及有无洞口，造成人的身体、视线被阻挡或自由通过，由此而产生不同围合感，还会对室内光线、温度、声音及视野产生影响。空间围合与渗透的关键在于垂直实体对视线的遮掩程度，实体遮挡人的视线，空间倾向于围合，空间性格也为内向性、私密性和领域感；若视线可越过和透过围合的实体，空间特征则倾向开敞、渗透，空间性格外向、富于变化，同时也会减弱私密性。其中，开洞（如门洞、窗洞）是解决透，实现空间联系，以及使空间具有使用功能的必要手段，开洞方式的不同（如洞口面积大小、数量、形状和位置）空间封闭感亦会不同，如视平线高度的洞口其开敞感要强于接近地面或天花的洞口，另外，不同开洞方式不但会影响视野，还会影响采光、通风等问题。

根据围透关系的强弱，空间可分为封闭空间和开敞空间：

（1）封闭空间：用限定度较高的围护体包围起来的空间，没有或少有虚面，强调隔离状态，与外部环境的空间流动性、渗透性较少，领域感、私密性强，空间呈内向型静止状态，视觉、听觉、小气候等有很强独立性。

（2）开敞空间：空间的围合界面多为通透、开敞的虚面（虚面可通过开洞、线材的排列、编织，以及由透射率高的材料覆盖加以实现），限定度和私密性小，空间性格开朗、活跃，流动性好，属外向型空间，传统建筑中的"亭"、"廊"等均属开敞空间。开敞空间与毗邻空间延续感强，强调与周围环境的交流、渗透，会提供更多的室外景观，如同中国传统建筑和园林中的"借景、透景"手法，来满足对空间的审美需求，又由于多与外部空间紧密联系，相互渗透，还常作为内外过渡空间来加

图38

定的空间形状当然与实体要素有很大关系。空间形状又会很大程度地决定空间性格，不同的空间形状（高低、曲直），给人心理感受也会多样，直面限定的空间单纯、简洁、严肃、紧张有力，曲面限定空间自由、随意、动感；对称的空间形状会庄严、肃穆、雄伟，而不规则空间则自由、轻巧、活泼。另外空间的方向性对其性格也有很大影响。另外，空间的三维尺度中，高度要比长、宽对空间尺度更具影响，空间高度还会与其平面尺度产生对应关系的变化，绝对高度不变的情况下，平面面积越大，空间会愈显底矮。

空间形状应从平面形状和剖面形状两方面来分析：

（1）平面形状：平面呈圆形、正多边形等规整的等量比例的几何空间，各向力相等，空间呈现静态、向心性或离心性（中央高，四围低，限定界面封闭状态的正圆、正多边形多呈向心状态；中央低，四周高，限定界面开敞的正圆、正多边形呈离心状态。），给人严谨、平稳、庄重感，空间无方向性，容易呆板，属于"中性"空间。平面呈长方、椭圆等不等量比例的形状，由于沿长边具有动势，空间具有方向感并富于变化。三角形空间具有强烈的方向性和动感，空间感觉不稳定，并有强烈收缩、扩张等突变感。平面呈不规则形，会使人产生自由随意、活泼的感受。

（2）剖面形状：圆形、正方形空间，严谨、静态、沉

以使用。其开敞程度取决于有无侧界面（顶盖开窗也可具开敞感），以及侧界面的数量、虚实程度及启闭控制能力。今天，随着观念的改变，各自互相隔绝的空间正在被开放、流畅的呈一体化倾向的开放空间所替代。（借景：就是通过渗透手法将彼处的景致引到此处，"俗则屏之，嘉则收之"，对于好的朝向和室外景观可争取透，反之，可采用围。）（见图38）

开敞空间分两种：

①外开敞空间：空间侧界面有一面或几面与外界渗透，通过使用透射材料或通过开洞将室外景观借入内空间，使内外空间融为一体。

②内开敞空间：空间内部抽空成为内庭（内庭可以带盖或不带盖），内庭与周围空间（利用玻璃等透射材料或利用回廊、列柱等手段）相互渗透和融合，将绿化、水景等内庭景致引入室内，使其富于生动和自然气息。

2．空间的形状、比例

既然室内空间为人所用，就应该适应人的行为及精神要求，其形状除考虑适应特定功能外（如声学），还要结合一定艺术意图来设计和加以选择，以满足审美要求及精神感受。空间形状实际上是一种心理上的存在，是由周围的实体要素暗示、或实体要素间的关系而推知，限定物的表面即为所限定的空虚体的表面，其分隔、限

图39

图40

轴并具有导向感。高低错落天花、地面，不但使空间具有层次感，还可起到划分空间的作用。斜向天花、地面、墙面具有很强的动态特征和不稳定性，斜向天花给人亲切感；斜向地面还具很强导向性和流动感（见图39）。

3. 空间的体量与尺度

一般情况下，空间的尺度大小主要取决于对它的使用要求，另外，还部分的受技术、材料制约和影响。

空间的尺度是一整体概念，往往是由三部分组成：

一是根据容纳居住者的数量、行为确定的空间尺度，这里不仅包括静态尺寸，还应包括动态尺寸，如站、坐、跪、卧、行走、活动等各种姿势所占有的空间都会有所不同。

二是根据居住者的心理、知觉（视觉、听觉、嗅觉）要求确定的空间尺度。

三是根据空间容纳的家具及设备的尺寸确定的空间相应尺度。

尺度与尺寸有关，但尺度和尺寸绝不是一回事，"尺度"指的是标准，而"尺寸"则代表长度等度量，小空间里出现大尺度或大空间中出现小尺度皆有可能。大尺度空间开阔、宏伟、博大，使人产生崇高、敬仰之情，小体量空间则亲切、安静，但过小、过低的空间也会使人感到局促或压抑。空间过大经济性不好，同时也难以形成宜人的气氛。但有些空间，其体量会远远超过其功能要求，这主要是取决于其精神方面的要求而非单纯使用功能，合理运用空间尺度对人的生理和心理影响，可获得意想不到的效果和感染力。哥特寺院以其巨大的空间在建筑史上给人留下深刻印象，异乎寻常的尺寸使我们的身体相形见绌，这是"神的尺度，而非人的尺度"，这种巨大、超越人的垂直尺度空间成为一种强有力的建筑语言，让人吃惊，使人产生壮观以及震撼、敬畏的心理，艺术与技术在这里很好的结合。

闷，具有强烈的封闭、收敛感。水平方向细而长的空间，深邃、含蓄，给人印象空间无限深远而产生期待情绪，空间导向性强，若是采用弯曲、弧形、螺旋形及环形空间更会加强导向性作用。

垂直方向窄而高的空间，竖向方向性强，具有上升动势，可产生崇高、雄伟、壮观的情绪，同时空间不易稳定。低而宽的水平方向空间，向侧面方向伸展，使人产生开阔、博大、平稳、舒展的感受。同时，低矮天花还会具有庇护感，产生亲切、宁静的感觉，但处理不当，也会产生压抑、沉闷感。剖面为穹顶或攒尖空间，具有内敛、向心以及升腾感；拱顶空间也具有升腾感，沿纵尺度的大小。利用家具、陈设及构件的大小，虚实、透明程度。利用洞口，改变空间开敞程度。利用错觉，使用壁画、镜片，斜向构图。

4．空间的动与静

动态空间可表达生命力，哥特式和巴洛克式偏爱动态外形和显著运动感。空间多呈开敞，分隔，组织灵活多变，动线多向、不规则；还可利用机械化、电气化、自动化的设施，以及动态自然景观，如电梯、活动雕塑、瀑布、自然光影等，营造动态效果；以及利用重复的形体、具有动态韵律的线条、图案，如斜线、曲线的使用；利用匾额、楹联的启发、提示。

静态空间平和稳重，常采用对称空间和垂直、水平的界面处理，空间限定性强，趋于封闭，构成单一。

当然，关于空间的语言还远远不止于此，光线、声音、气味、温度、湿度，以及色彩、材料、质感都会通过我们的眼睛、耳朵、鼻子、皮肤、肌肉等感官传达给我们不同的信息和属性特征，综合地影响我们对空间的整体感受（见图41、42）。

图 41

空间尺度可从两个角度来分析：

（1）绝对尺度：就是空间实际高矮和大小的尺度，这主要取决于空间使用功能，大尺度开阔宏伟，低矮的小空间亲切而宁静。空间水平维度的尺寸感受常受透视作用的歪曲，而对于高度我们则会较为准确的把握。

（2）视觉尺度：是人对于室内空间的比例关系产生的心理感受，主要指空间中物体与物体的相对关系，而并非其自身实际的绝对数字关系。视觉尺度在空间中似乎更容易为人所感知，了解视觉尺度，不仅会帮助我们准确判断空间尺度，还会帮助我们建立空间中宜人的尺度和亲切感。当我们观察一个物体和室内空间大小，往往会运用周围已知大小的要素来作为衡量和判断的标尺，如：楼梯、护栏、家具、门、窗、人体等，它们的尺寸和特征往往是人们凭经验获得的并十分熟悉，设计中有意识地、合理地加以运用都会影响甚至歪曲对室内空间尺度的判断，改变室内空间实际的尺度感。这里所说的改变空间尺度，是利用视觉效果进行调整，而不是对空间实体进行重塑和改造（见图40）。

此外，还有许多其他手段可用来改变空间的视觉尺度：利用划分，包括水平划分、垂直划分。利用色彩，使空间界面提前或是后退。利用材质的图案、肌理的大小以及粗糙、细腻。利用光的亮度、光色，影响空间视觉

图 42

图 43

课题思考：

1. 环境艺术设计的主要内容有哪些？

2. 怎样理解空间及空间形态的概念？

3. 如何理解空间与场所的关系？

第2章

环境空间设计表达

本章要点
● 本章从创意设计与表达方法的关系入手，在介绍环境空间表达方法、类型的同时，也阐述了构思的过程和表达对空间设计思维的影响。

第一节 创意设计表达方法

一、设计表达的重要性

对于一名设计师来讲，图就是一切，图纸本身就是决定胜负的东西，图纸必须具有强烈的感召力才行。

学生时代，有些学生会以"图画得好，就会得高分"，"透视效果图画得好就行"等来表达对教师评分的不满。其实学生的意思是"难道设计课题的表现比内容会更重要吗？我的设计内容好，而另外的同学图画得好就得了高分，这不是很不公平吗？"作为笔者当学生的时候也有这种想法。但现在身为一名教师，是打分者，想法就不同了，在此用以下两点来回答上述学生的不满。"我的设计内容好，而另外的同学图画得好"这个说法，问题是，是否只是你自己认为自己的内容好，即便内容好，但没表达出来也是常有的，就是说表达不行，这里不是在说图不漂亮，不行。不管怎样，第一目标应该是将内容正确易懂，而且完整地表达出来，没表达出来就等于零。设计图必须用形来表达，所以在视觉表现上应赋予极大的注意，对于观者的"眼睛"必须强烈吸引才行。

近些年，表现图的设计表现方法产生了很大变化。其中最大变化是电脑的普及。是否能将电脑运用自如，在表现上产生了决定性的差异。在熟练地驾驭电脑前应大量进行设计表达的基本功训练，这样有了好的设计内容，也有了好的表达方法，一幅优秀的表现图才能产生。

二、设计表达的基本要素

无论进行室内设计还是室外设计，在表现图上都有一个技法问题。透视基础、素描基础、色彩基础是构成表现图的三个最基本的要素。

三、透视基础

准确的透视是绘制表现效果图的关键，准确合理的透视是一幅优秀的表现图成败的关键。只有选择好最佳的角度，才能充分地反映设计师的方案，也就可以把整套方案中最精华的部分展现出来。

四、透视图法的基本用语解释

（1）视点EP（eye point）——眼睛的位置

（2）站点SP（standing point）——绘制者在地面上的位置

（3）画面PP（picture plane）——视点前方的作

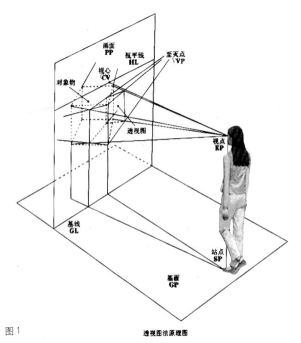

图1　　　　　　　　　　　　　透视图法原理图

图面，通常是测量时假想的一个面。画面应垂直于地面。

（4）基面 GP（grovnd plang）——通常指物体放置的板面，或绘制者所站立的地平面。

（5）基线 GL（grovnd line）——画面与地面交界的一条线。

（6）视平线 HL（horizon line）——与绘制者眼睛同高的一条线。

（7）视心 CV（centnr of vision）——视点正垂直于画面的一点称为视心。视心与视点的连线在视平线上，且垂直于该线（见图1）。

五、创作中经常使用的透视画法

1. 一点透视

也称平行透视，表现空间大，纵深感较强，画面稳定，绘制起来相对容易，它适合表现场面严肃、庄重的空间环境，但有时不够生动（见图2）。

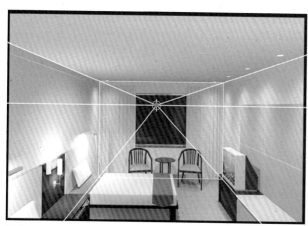

图2

2. 二点透视

也称成角透视，它的视角最接近于正常人的视角，

图3

画面效果生动、自由（见图3）。

3. 轴测图

能够反映画面内空间的真实尺度，画面可以度量，

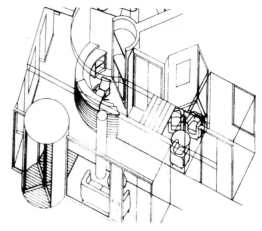

图4

由于以上条件，所以没有灭点，没有近大远小的真实效果（见图4）。

4. 三点透视

也称俯视图或仰视图，由于视点提高到主题以上或以下，会产生第三个灭点，它主要反映大面积空间群或高大物体空间（见图5）。

图5

5.电脑辅助透视制图

应用电脑辅助透视制图是目前应用最广泛、最准确的一种制图手段，它能自由设定视点、视高，能够选择最佳角度，不受现实绘图中对于纸张大小的限定，适合表达各个界面及不同景物的繁杂变化，具有曲面，曲线的透视场面（见图6、7）。

图6

图7

六、具体做法

1.一点透视（平行透视）

绘制表现图的画法步骤简便易学，作为室内表现图，主要分为由内墙向外和由外墙向内两种，前一种图画较自由、活泼，后一种较严谨。一点透视室内成图后，由于人的视角和视锥的原因，图的左边缘和右边缘常出现变形现象，这就需绘制者凭感觉作适当调整。

图解：一点室内透视图画法步骤（见图8）

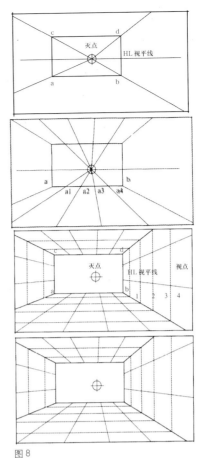

图8

（1）按已知墙面尺寸的缩小比例画出a、b 、c、d；

（2）在a、b 、c、d中任意定出灭点（灭点应基本上在中心的位置，高度应参考视高的要求）；

（3）由灭点过a、b 、c、d作延长线，求出左右墙面及地面、天花顶棚；

（4）由灭点沿HL线向右作水平延长线，并在该长线上任意确定视点位置；

（5）在ab 向右的延长线上，按与ab线略短的尺寸得出室内总进深刻度点，假定进深为4M，则在总进深刻度上求出4个等分刻度点；

（6）视点与总进深刻度作延长线，在右墙底线灭点心与b向右下的延长线上得到进深点，连接水平线将进深点转移到左墙底线灭点与a向下的线上；

（7）在ab线上，按所定比例，求出点a1到a4，并与灭点作连线，画出地面纵向分割线，天花顶棚按同样步骤作图；

（8）将地面、天花顶棚及墙面线贯通相连，求出室内大的框架网格，在此基础上，按室内家具尺寸进一步深入作图。

2.二点透视（成角透视）

在长期的作图实践中，我们参考各种图法的多种作图程序，研究出一种简易的、在一点透视的基础和框架上绘制二点透视的图法，简称为一点变两点图法，这种方法简便易学、实用，教授给学生很受欢迎。但由于它没有经过严格考证，可能会有一点瑕疵，希望同行们指正，以便研究出更准确实用的方法来。

图解：一点变二点室内透视步骤（见图9）

（1）按已知墙面尺寸的缩小比例画出a、b、c、d，在a、b、c、d中定出灭点，与一点室内透视不同的是，灭点应定在靠ac或bd边缘的位置，高度应参考视高的要求；

（2）由灭点过a、b、c、d点作延长线，求出左右墙面、地面及天花顶棚；

（3）在灭点至b点的连线或灭点至d点的连线上，向内作收分，得到收分点b和d，并与a点及c点作连线。

（4）由灭点沿HL线向左作水平延长线，并在该延长线上任意确定视点位置；

（5）在a b向左的延长线上，按比ab线略短的尺寸得出室内总进深刻度，假定进深为3M，则在总进深刻度上求出了3个等分刻度点；

（6）视点与总进深刻度作延长线，在右墙底线（灭点与a向左下的延长线）上得到最外侧进深点E，将E与

b作连线，再用灭点与ab线的中点O作连线，相交E、b点于O点，再用a点与O点连线得F点，由F点作垂直线得G点，由E点作垂直线得H点，H与G点作连线，得到透视外框架。

（7）用左墙底上各进深刻度点与中点O作连线，将进深刻度转移到右墙底线上。

（8）将左右墙底线上各刻度点作垂线，用灭点与纵深各刻度点作连线，得到整个室内框架网络，在此基础上按室内家具尺寸进一步深入作图。

3.轴测图

轴测投影按投影方向是否垂直投影面而分为二类，用正投影法所得到的轴测图称为正轴测；用斜投影法所得到的轴测图为斜轴测图（见图10）。

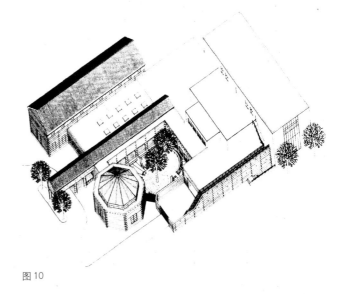

图10

七、电脑辅助透视制图

运用电脑辅助设计软件AuTo CAD,3DS,3DMAX等二维电脑软件即可绘制透视图，用电脑绘制透视图的过程更接近于相机摄影的过程，需要调整焦距。

以下讲授的电脑绘制透视图更适合作为手绘室内设计表现图的透视图，其方法简便省时，步骤如下：

（1）在电脑中利用 AuTo CAD12.0作出室内平面图，包含有墙体尺寸，门窗位置尺寸。

（2）利用AuTo CAD12.0编辑命令中的CHANGE（修改命令）改变物体的高度或厚度。

（3）利用AuTo CAD12.0的DVIEW命令作透视图。

（4）利用AuTo CAD12.0的PLAT命令出图。

（5）修改加工电脑透视图。

八、透视图中视高、视距、视角的设定

（1）视高：也就是视点到立点（地面）的高度，正

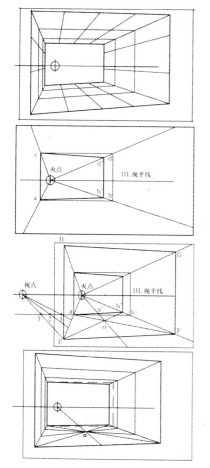

图9

常的视高一般定在 1.6 米到 1.8 米之间，这个比例视觉感觉最符合人的视觉要求，如果要求特殊效果，视高提高或降低，那所反映的天花顶棚或地面将是画面重点，这要根据设计者所要反映的内容而定（见图 11）。

（2）视距：是视点与主题空间的距离，也就是画面所看到的进深远近，视距的确定是在选择视点位置时得到的，视距过近，透视易产生失真现象，视距过远，透视感则弱，立体感也差（见图 12）。

（3）视角：是视点与视平面夹角，也是根据设计师的画面要求，当视角为 90 度时为正视图，所看空间面积比较大，反之，空间面积比较小，当视点与两侧墙体重合便形成两点透视。

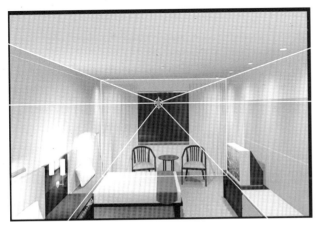

图 11

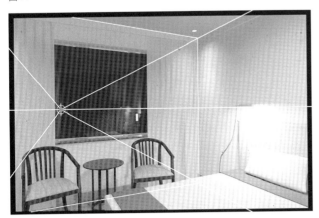

图 12

九、设计表达中的素描问题

素描，可以说是一切造型艺术的基础，环境艺术是建筑艺术的一部分，室内效果表现图又是其中的重要的表现手法之一，而效果表现是以完成造型并将各自造型有机地加以组织，最后构成一种特定气氛。将设计思想充分地体现出来，是素描的能力所至。当然它与绘画艺术表现中的素描也有一定的区别，这种区别好似绘画中的油版国雕一样，只不过排除一些因素而强调一些因素，从而适用于本专业的特殊需要。

图 13

图 14

室内效果图，更多涉及的素描因素有以下几个：

（1）构图：在绘画专业中，静物写生和风景写生中强调符合感觉，这里包括将对象画大或画小，或上或下，或左或右，而在艺术制作中便强调主次关系，主要的称画眼，起点题作用。因此，将画面组织叫"经营"，使画面组织安排得十分严谨，有主有次，联系紧密，构成一个整体。

在构图中，前人讲取势，如漩涡式、拨水式、均衡式、S 形等等，可吸取增加构图的形式感，从而更感人（见图 13、14）。

（2）形体表现：形体表现包括比例、结构、透视，将其综合起来加强其存在的个性。形是物象在空间中边缘的长、宽、高的特征，体是指物体在空间中的占有的形状，两者均是物象特征的外在表象，因此，形体是效果

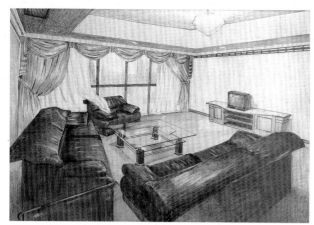

图 15

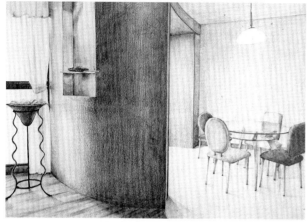

图 16

图表现的基本语言。

（3）光线的表现：物体只有在光线照射下人们才能感知它，因此，表现物象只有掌握了由于光线照射所产生的色调规律，才能确切的表现物象。在一般情况下，物象受光之后，有受光、背光、反光、明暗交界线和投影。当各种光的颜色和物体受光之后相互的折射，产生色彩的相互渗透影响，在光的照射下所产生的虚实关系、空间关系、节奏关系都是表现物象十分重要的因素。

（4）质感的表现：表现好物象，除了上面谈的形体表现以外，物象的质感在建筑、室内装饰效果图表现中非常重要。因为不同质感传达的信息给人感觉不同，如混凝土、花岗岩、白麻石，给人以坚固之感，金属材料给人以华饰之感，玻璃给人以宽敞明亮的感觉，而棉麻给人以舒适之感。因此，在素描及效果图表现中，人们除了从不放过它们显露外在的特征极力表现之外，都在探讨研究各种肌理的运用，使之产生更强烈的艺术效果（见图 15、16）。

十、设计表达中的色彩问题

色彩的训练也是画好表现图的重要环节，画面的冷暖变化，光线作用物体上所产生的视觉感觉，质感的真

实程度都需要大量的色彩训练来解决。通过训练我们可以把理性的色彩理论和感性的色彩感觉充分地反映在表现图上。色彩对人的情绪思想有着很大的影响，也对空间的个性化起到了极大的烘托渲染作用。

1. 色彩的基本原理

色彩是由于物体对光的吸收和反射而形成，不同的光线照射会产生不同的色彩效果。

色彩的属性对色彩的性质进行系统分类，可分为色相、明度和纯度三种。

（1）色相：各个颜色的相貌或倾向。例如：白色、绿色、红色、黄色、蓝色。通常用色相环来代表光谱的基本色彩，色相环上所展示的色相都是纯色，为简略起见，常见的色相环多为 12 色组成。

（2）明度：色彩的明亮度为明度，明度最高的色是白色，最低的色是黑色，它们之间按不同的灰色排列显示了明度的差别，有色彩的明度是以无彩色的明度为基准来判定的。

（3）纯度：指色彩中色素的饱和程度，色彩的相对纯度取决于在色彩里加入黑色、白色或灰色的多少。

图 17

2. 色彩间的搭配关系

（1）同类色的调和：同一色相的色彩进行变化，形成不同的明暗层次，是只有明度变化的配色，给人以亲切感，比较柔和。

（2）类似色的调和：色相环上相邻色的变化配色，比如：红和橙，蓝和绿等，它给人以融合感，可以构成平静调和而又有一些变化的色彩效果。

（3）对比色的调和：补色及接近补色的对比色配合，

图18

图19

厚重，用色可以干画、湿画、厚薄相宜，适用于深入刻画，表现力很丰富、厚重。

水彩画颜料特性：透明、色彩清淡，适合于多次渲染，透明水色特性：色彩明快鲜艳，空间造型的结构轮廓表达清晰，适合于快速表现（见图20-22）。

图20

图21

明度与纯度相差较大，给人以强烈鲜明的感觉，比如：黄与紫、红与绿等（见图17、18）。

3.色彩的基础训练

色彩写生是训练最直接的方法，物体在不同光线的照射下，会产生不同效果，受光面与背光面有着不同的色彩倾向，物体间的相互作用也产生不同的环境色，因此，加强一些室外色彩写生训练在以后的设计创作中对色彩的运用也会起着决定作用（见图19）。

4.色彩在设计表达中的作用

目前，绘制表现图经常使用的颜料主要有水粉颜料、透明水色颜料、水彩颜料或丙烯等颜料，各种颜料由于性能不同，所以在使用方法上也有很大区别，绘制出来后会产生不同的色彩效果。

水粉颜料的特性：不透明，覆盖性能好，画面显得

图22

十一、设计表达中的徒手线表达

一般图纸都是用尺规来作图的，然而也有徒手画的。尤其是在设计创作初期，创意阶段很重要。用徒手，线形会随手而颤抖，这就形成了与尺规作图不同的韵味。

图纸是正确传达尺寸、形状的手段，含有一种记号的意思。但同时也是传达设计者意图和主张的手段。用徒

图23

手画图，不同的人画出来的线形当然不同，线的抖动程度也不一样，画出来的线感觉也不同。有精细的线形，有气势的线形，这就给画面增加了不少韵味，通过徒手作用也表达出了一定的感情，有柔和的表情，真实的实物感觉等。徒手线表达的训练是一个长期过程，需要大量的进行照片临摹、实物街景临摹等来增强徒手线的运用（见图23）。

十二、设计表达的基础技法

1.绘图工具的选择

（1）所需的笔类：铅笔、彩色铅笔、钢笔、针管笔、马克笔、色粉笔、油画笔、水粉笔、水彩笔、中国画笔（衣纹笔、白云笔、红毛笔、叶筋笔）、棕毛板刷、羊毛板刷、尼龙笔、喷笔、碳素笔。

（2）所需的纸类：绘图纸、水彩纸、描图纸、素描纸、复印纸、书写纸、铜版纸、黑白卡纸、有色纸、宣纸、草图纸等。

（3）其他工具：界尺、直尺、三角板、丁字尺、曲线尺等。

图24

图25

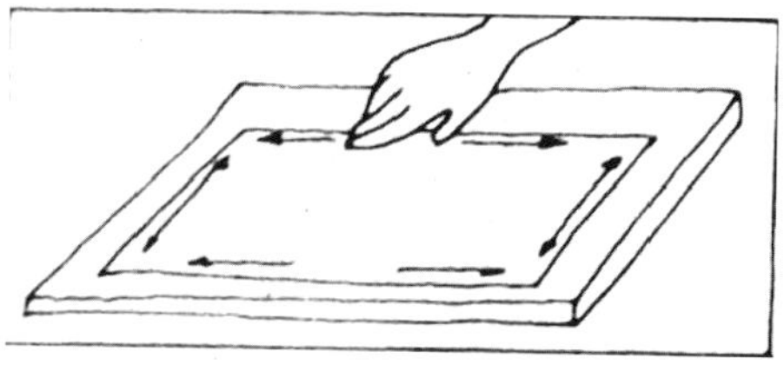

图26

（4）计算机：需要高配制计算机（设计师专用）

（5）特殊工具：吹风机、喷笔、胶纸、橡皮、塑胶、喷泵。

2.裱纸的方法

凡是采用水质颜料作画的技法，都必须将图纸裱贴在图板上绘制，否则纸张遇水膨胀，纸面凹凸不平，绘制和画面的最后效果都会受很大影响。

所需工具及材料——画纸、胶面纸带、排笔、图板。

步骤：

（1）纸张折边2cm左右即可，胶面纸带裁成所需长度，用排笔在纸背面刷水（见图24、25）；

（2）胶面纸带刷水后贴在画纸四边一定要均匀用力，贴平。自然干燥后，方可使用（见图26）。

3.色纸的制作方法

在不同色彩、不同深浅的有色纸上面作图，不但图面整体效果好，而且简便快捷，适合于各种绘画工具的表现，由于目前的色纸种类还不能满足设计者的需要，自己制作色纸就成为一种必须掌握的技法。水彩、水粉

褪晕法：调配出两色，或色相变化，或明度变化。

深色 →   ← 浅色
暗色 →   ← 明色
暖色 →   ← 冷色

图27

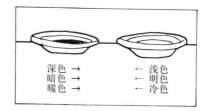

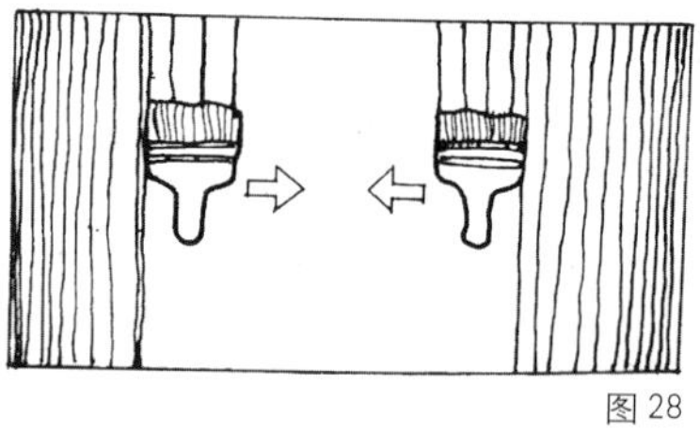

1号色从左往右再平涂，2号色从右往左。

图28

和透明水色都可以用来制作色纸。水彩和透明水色的色纸制作基本上是运用大面积渲染的技法（见图27—30）。

平涂法：调色适中，避免过厚或过稀。

图29

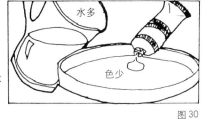

用笔调和法：调色水量多，颜料稀薄。

图30

4.绘制线条的表达方法

线条是拷贝透视图必需掌握的技法，尤其在透视线图中人物、陈设、配景等的线条刻画，更能体现设计者的绘画技能。平时应加强速写、徒手线方面的训练，绘画对象最好以建筑为主，然后再回到室内部分进行绘制，这样才能为快速表现图打下良好、坚实的基础。

现就铅笔线、钢笔线为主要训练工具进行表现：

（1）直线、曲线的表现方法（见图31）；

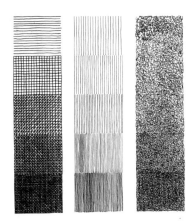

图31

（2）用点、小圆表示；

（3）用线条表示不同的质感（见图32）；

图32

（4）透视线成图（见图33、34）

图33　　图34

（5）徒手线图（速写表现图）（见图35、36）。

图35

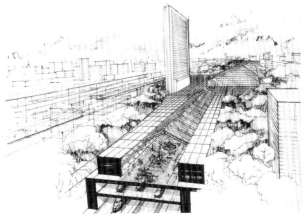

图36

5.渲染技法

渲染是水质颜料表现的一种基本技法，它是用水来调和颜料，在图纸上逐层染色，通过颜料的浓、淡、深、浅来表现形体的光影和质感。

（1）使用工具：图板、纸张、调色盒、毛笔；

（2）运笔方法：

①水平运笔法：用大号笔作水平移动，适合用于大片渲染，如顶棚、墙面、地面等（见图37）；

②垂直运笔法：适宜用小面积渲染，上下运笔一次的

距离不能过长，以避免上色不均匀（见图38）

③环形运笔法：常用于褪晕渲染，环形运笔时笔触能起搅拌的作用，使后加的色水与已涂上的色能不断地均匀的调和，从而图面有调和的渐变效果（见图39）。

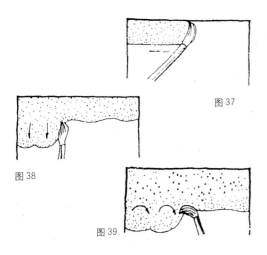

图 37

图 38

图 39

十三、设计表达的分类技法

设计表达中表现图的技法有很多种，最主要的有以下几种：

1．水粉色技法

水粉色技法由于它的颜色特点使用起来表现力比较强，主要以白色调和明度，覆盖力较强，每个作者可以根据个人习惯，干、湿、薄、厚会产生不同的效果，比较适合表现凝重、细腻、色彩丰富的空间环境。

（1）水粉色表现技法所使用的工具：板刷、水粉笔、叶筋笔、水粉纸、白卡纸、有色纸、水粉色。

（2）绘制方法：

①将一张吸水性比较好的纸，平整地裱在画板上，干后将画好的透视稿拷贝到画纸上，如果熟练的话可以直接在画纸上打稿，但不要把画面搞脏，给下一步着色带来麻烦。

②铅笔稿完成后，确定画面的主要色调，利用湿画

图 41

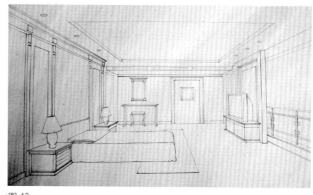

图 42

法将画面整体罩染一遍，这样可以有效地控制画面整体色调，或是冷调、暖调、中性调等，然后再确定画面面积较大的物体的固有色，再将画面的素描关系大体落实（见图40-42）。

③这是进行绘制的中间阶段，有些色彩、造型还可以调整，如果进入到刻画阶段，把家具、灯光、陈设等内容深入地刻画，花纹、线条也要按照虚实的关系细致描绘（见图43）。

④以上部分完成绘制的绝大部分内容，这一步是调整画面远近虚实，烘托室内的气氛，更加深入刻画细部内容，以至达到完美（见图44）。

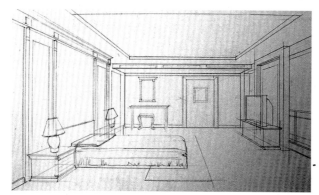

图 40

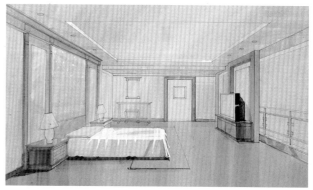

图 43

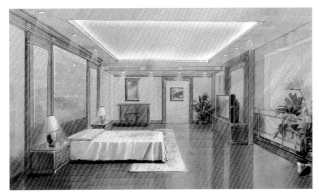

图 44

② 铅笔稿完成后，用钢笔将透视稿的线条再绘制一遍，用不同粗细的笔来反映空间结构，然后按照画面的色调把主要部位的固有色平涂。要注意先画浅色部分，后画深色部分，再下一步平涂画面的暗部。

③ 这一步是调整画面色彩的明度或冷暖，然后深入到画家具、植物、人物等，但要注意不要过分刻画某一部分，而忽视画面整体的虚实。

④ 调整画面线条、色彩，达到完成（见图45、46）。

2.水彩色技法

水彩色透明、清雅、主要通过水来调和颜色的深浅，比较适合绘制结构复杂的空间环境，由于它的覆盖能力比较弱，所以需要考虑成熟再落笔，技法上以平涂为主。

（1）使用工具有：水彩笔、羊毛板刷、水粉笔、叶筋笔、绘图纸、水彩纸、白卡纸、有色纸、彩色。

（2）绘制方法：

① 裱纸阶段同水粉色技法一样，透视稿一定要在拷贝之前细致准确地完成，因为在正稿上最好不用橡皮修改，以免画面在上色后出现痕迹。

图 45

工作区(书房)

图 46

图 47

图 48

3.透明水色技法

钢笔透明水色技法的优势是画面色彩比水彩更加透明、鲜亮、明快，要求钢笔结构线更加清晰、准确，它可以与马克笔、彩色铅笔混合使用，适于快速表现，当前也正比较流行。

（1）使用工具有：水彩笔、水粉笔、衣纹笔、水彩纸、白卡纸、有色纸、瓶装透明水色。

（2）绘制方法：

同以上两种方法一样裱纸，完成正稿，要注意画好透明水色表现图，必须有准确严谨的透视和较强的绘画能力。

在着色前切记要考虑好画面冷暖、深浅一次铺完，没有涂改的机会，大面积色彩铺好后，把暗部和投影完成，再画家具、植物、饰物等，高光部分可以在绘制过程中留出，或用水粉白色提出高光部分（见图47、48）。

4.铅笔画技法

铅笔表现是表现透视图中历史最悠久的一种，由于此种技法所使用工具容易得到，技法本身容易掌握，绘制起来速度较快，空间关系也能表达得较充分。

黑白铅笔画，图面表现效果充分，层次丰富。彩色铅笔画，色彩细腻，易于表现丰富的空间轮廓，可以利用色块的重叠，产生更多的色彩（见图49）。

图 49

5.钢笔画技法

钢笔画是设计师将他们的意见、想法和概念表达在纸上的最有效的一种方法，钢笔质坚，画线易出效果，画风较严谨，多用线和点的叠加来表现空间的层次（见图50）。

图 50

6.马克笔的技法

马克笔分油性、水性两种，具有快干、不需用水调和、着色简便、绘制速度快的特点，画面风格豪放，类似于草图和速写的画法，是一种商业化的快速表现技法。马克笔色彩透明，主要通过多种线条叠加取得丰富的色彩变化效果。马克笔在不同的纸张上会产生不同的效果（见图51、52）。

图 51

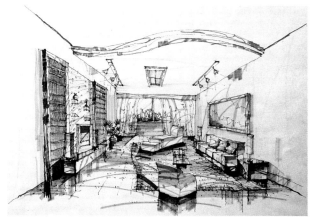

图 52

8.电脑效果图技法

以电脑为设计工具，运用电脑设计软件综合制作的表现图，其特点表现为：

（1）可以自动控制图形的绘制和色彩的施加。

（2）允许以各种角度灵活地观看三维电脑模型。

（3）拥有功能完善的图形修改编辑能力。

（4）可以高效率地储存和复制图形（见图54、55）。

图 53

7.喷笔技法

喷笔技法细腻，变化微妙，有独特的表现力和现代感，是与画笔技法完全不同的。主要以气泵压力经喷笔喷出的微雾状颜色的轻重缓急，配合专用的阻隔材料进行作画（见图53）。

图 54

图 55

十四、创意设计表达方法——快速表现技法

快速表现是创意设计阶段、方案构思阶段最直接的表达方式。作为设计方案的表达，快图包含有：总图、平面、立面、剖面、透视图等内容，以完整地表达设计内容。透视图作为设计最直观的表述，更吸引观者的注意力，作为表现重点，在有限的时间内，透视图应表现概括、画面响亮，在技法上不拘一格。应该把握的原则是图面整体对比强烈、虚实得当、主体突出，使人对其所表达的设计要领印象深刻。

快速表现技法的使用工具：

（1）笔：结合快图表现特点，应选用便捷的绘图工具是必要的。双头油色笔、尼龙笔、类似针管笔的中性笔、自动铅笔。

由于表现图中需采用粗细不同的线条，因而，笔的选择也要挑选不同的粗细等级。针管笔虽然粗细等级丰富，但在绘图中，有其易堵笔、不易干、不经摔等缺点。所以不太适宜用于绘图，双头笔的粗端和细端可以画出粗、中两种宽度等级的线条。中性笔的笔尖似针管笔，即

便于靠尺，而且笔触坚挺而不易渗色，也不易在纸面上下压痕，自动铅笔的选择是避免削铅笔而浪费时间。

（2）尺规、模板：在实际操作过程中，应当主要采用尺规作图来提高速度。除了丁字尺、三角板外，还应备有曲线板、模板等具有画图功能的模板。借助这些工具我们可以画出流畅的曲线、许多生动的线型、物体形式来。这些都能让画面生动起来，最重要的是能节省时间。

（3）纸张：不同纸张其纤维结构是有差别的，纹理、吸水性等也有很大不同。纸张有透明和不透明两种纸张形式。用透明的描图纸，借助于纸张的透明性，"拷贝"内容相同部分，减少起稿及图面布局带来的时间消耗，以加快速度。透视图主张先用不透明的色纸。因为色纸可以被视为"底色"、"基色"，适当添加亮色和重色即可完成。

（4）色彩：快速表现中，色彩表达是很重要的，有节制的运用色彩，都能有效地丰富图面表现效果。色彩为干性和水性两种，干性色彩可以直接上色，如马克笔、彩铅、油画棒等。水性色彩则要借助水来调和，如水彩、水粉等。

（5）辅助工具：橡皮、双面刀片（刮图用）、胶带纸、靠尺、三角钉、裁纸刀等。

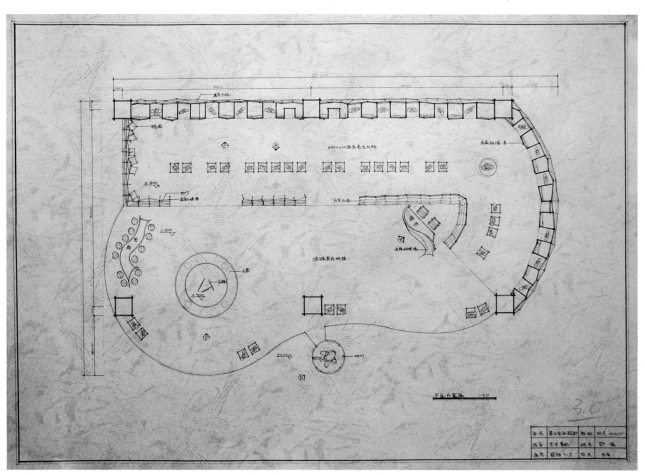

图56

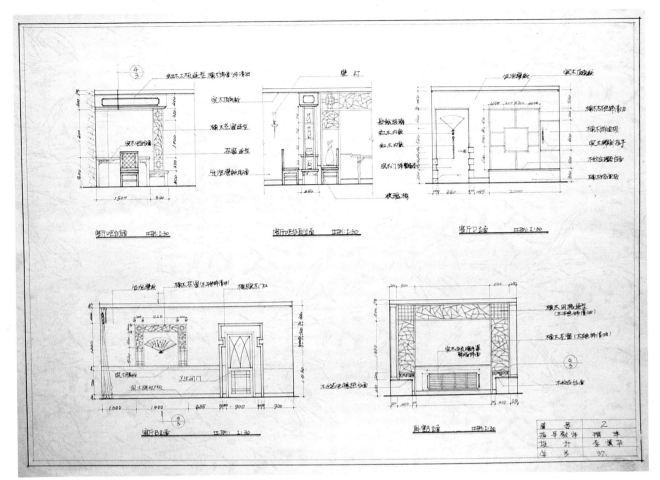

图 57

第二节　空间实施表达

一、实施表达中易出现的制图问题

1．平面图的画法

平面图是表现建筑的功能和形态以及进一步改进设计的基础，因此，作用非常重要。正确绘制的平面图，是表现在楼面上1—1.5m处水平所切割的剖面。绘制平面图时，应将意识集中到如何使平面扩大和房间的布置上。

（1）图面的布置和确定轴线。

（2）标准结构构件。

（3）标准装修材料、家具、缝条划分等（见图56）。

2．立面图的画法

立面图是表示建筑物外观的图形，以正投影法绘制。一般画出东、南、西、北四面。

立面图上要绘出外墙用材料、洞口、瓷砖、木板的划线定位，阳台的栏杆，遮阳板，屋面用材等。在作方案图时为要充分表达设计者的意图，画出人和树木、场景、配色，还要表现出墙壁的质感等个性。

（1）基础工作。

（2）突出图面效果（见图57）。

3．剖面图的画法

剖面图是将建筑物的垂直方向切开，切割处的图在形状上与平面图相对应可构成立体的建筑物。画剖面图时，预先确定出平面图上切断位置，在平面图上划出切断线。

（1）基础工作（见图58）。

（2）割切详细内容（见图59）。

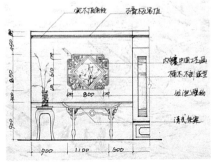

图 58

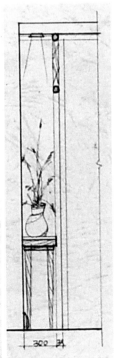

图 59

二、实施中应解决的画面主次问题

一幅好的表现图都应有细致刻画部分，有省略忽视部分，这就是说应有主要强调部分，也有次要忽略表现部分。重点部分一定要细心刻画。解决画面主次问题应注意的一是构图时应把设计的重点放在主要表现位置，有目的地选择透视的视点和高度。二是注意虚实关系的表现，重点部分要强调（见图60）。

图61

图60

三、实施中应解决的物体间光影效果问题

表现图中对物体光影的刻画是使画面更生动、更精致的方法之一，也是表现图中比较不容易掌握的阶段。应注意的是小面积的家具阴影、投影的刻画。画暗部、阴影遍数不宜过多，注意虚实关系。如果家具色彩较深，可先画家具在地面上的投影；适当注意家具色彩与阴影、投影的冷暖关系（见图61）。

四、实施中应解决的色彩间协调关系

色彩的冷暖关系在解决色彩时非常重要。冷暖关系主要指光线对室内物体各体面间的相对冷暖。在刻画物体时，要反映材质的真实色彩。光照在物体上的亮面、灰面、暗面，如果没有色彩冷暖的变化，物体的几个面就只有黑、白、灰的变化。在处理画面色彩冷暖时应注意。

五、画面中景物的配置问题

景物的配置在表现图中占有一定的重要位置，在实际操作中一定要遵循配景的透视准确。所有的配景都应遵从透视关系，否则从根本上就会出现上翻、下翘，有损画面透视效果的配景败笔（见图62）。

图62

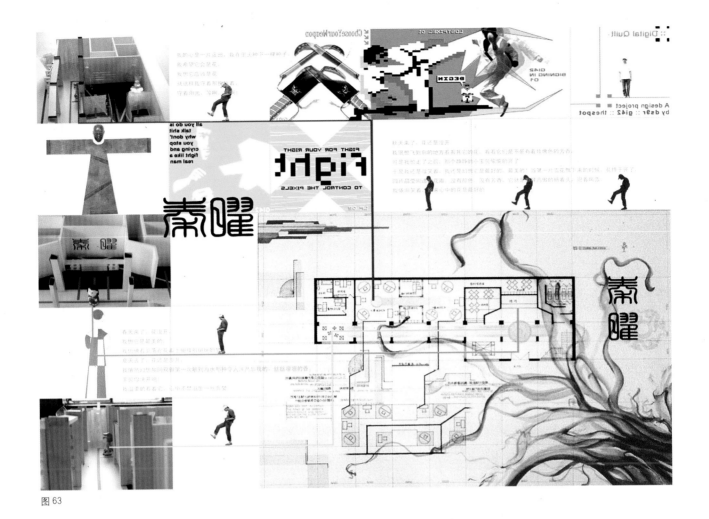

图 63

六、电脑表现图中易出现的制图错误

1.LIGHTSCAP

（1）灯全部在3D里打。

（2）材质名称必须不能重复，同一个材质用同一个材质球。

（3）灯必须布匀。灯值因不同的灯给参数（一般照亮全局的是泛光灯，灯值按不同的场景给参数）。

（4）有时3D调入的模型倒不进LS，就把3D文件存成3DX文件再倒入LS。

2.CAD容易出现的问题

（1）关于文字：大小不统一，要按比例调整字高、尺寸标注和材质标注，注意其位置。

（2）关于线型：线型要根据比例不同调整，一般应分清：①剖线：如墙体（0.5粗实线）；②看线：门窗及家具（0.2粗细实线）。

（3）关于符号：使用正确的建筑及室内装饰符号。

（4）关于出图：出图前应按比例调整标注及线型，设置图纸大小。建议使用天正与CADR14结合对照（天正可对标注、线型统一调整）。

3.3D MAX 容易出现的问题

（1）CAD图形容易出现的问题：1CAD图形导入3D时封闭线条，在原有的基础上修改线条。

（2）关于出图：渲染时，图幅应尽量大。一般根据需要打印纸张的大小设置图像大小。

4.PHOTOSHOP

关于出图：调整图像到最好效果，根据打印需要设置图像大小，分辨率不小于72象素／英寸。

七、表达成果的最终展示

作品的好坏第一印象是由整幅图面的布局来决定的。图中的位置关系，包括数张图纸的表达顺序等都十分重要。图面布局的关键是如何将最想表达的内容表明清楚。必须加强自己最想表达和强调的部分，使其具有感召力和强烈的印象；其次要清楚易懂，完全追求富丽堂皇的表现也是无意义的。一般来讲，在整体不至杂乱的限度内，应增加单张图纸的密度。另外，图面布局能反映作品的性格；严谨的平面或形态常呈现工整的图面布局，而强有力的方案则采用与其相应的奔放的表现手法。

在设计作品时，光靠图面实在无法表达清楚，不得不使用一些文字来进行表述。当今一些设计作品要求将设计说明写在图纸上，而且尽可能裱在板上。这样做的目的，是在强调：文字说明不是让人读的，是让人和表现图一起看的。

设计说明，即设计的指导思想，为什么是这个形状等等，应该尽量依靠设计本身，让人家不读文章，扫一眼就能明白。但需明确的是，如果用文字可以使形更容易理解，那就应用一些像警句一样的、引人注目而且简明扼要的短文、诗句，这在实际中是有益处的（见图63、64）。

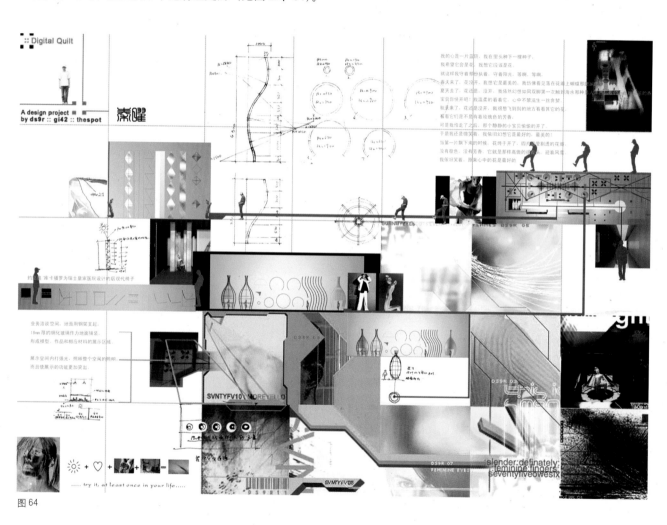

图64

第三节　空间表达类型

本节以大量的图片形式展示不同的设计表达方法。

一、铅笔（彩铅）表达方法（见图65-67）

图65

图67

图66

二、钢笔线型表达方法（淡、重彩）（见图68、69）

图68

图69

三、水粉画表达技法（见图70、71）

图70

四、水彩画表达技法（见图72）

图72

五、透明水色技法（见图73-75）

图71

图73

图74

图 75

图 78

六、喷笔画技法（见图76）

图 76

图 79

七、马克笔技法（见图77—79）

八、综合表现技法（见图80）

图 77

图 80

九、电脑辅助表现技法（见图81）

图81

十、运用模型、照片合成技法（见图82、83）

图82

课题思考：

1. 怎么才能娴熟的掌握好各种基本的表达技法？对于各种技法应怎样应用于实践中去？

2. 空间实施表达是指什么？

3. 在实施表达中，遇到相应问题应怎样解决？

4. 环境设计空间表达有哪些类型？

5. 设计构思草图对设计思维有什么作用？

图83

第 3 章

室内空间设计

第一节　室内设计的含义

一、室内设计的概念

为满足人类的生活、工作的物质要求和精神要求，根据空间的使用性质、所处环境的相应标准，运用物质技术手段及美学原理，同时还应反映历史文脉、环境风格和气氛等文化内涵，营造出功能合理、舒适美观、符合人类生理、心理要求的室内空间环境。

室内设计是建筑设计的组成部分，是对建筑设计的深化和再创造，受建筑设计的制约较大，既具有很高的艺术性，还应考虑材料、设备、技术、造价等多种因素，综合性极强。

其中室内（interior）是相对室外而言，是提供人们居住、生活、工作的相对隐蔽的内部空间，室内不仅仅

图2

是指建筑物的内部，还应包括火车、飞机、轮船等内部的空间。其中，顶盖使内、外空间有了质的区别，因此，有无顶盖往往是区分室内外的重要标志。

设计（design）指的是把一种计划、规划、设想及解决问题的方法，通过视觉的方式传达出来的过程，并通过实施，最终以满足人类需要为目的。

室内设计原则包括两个要求和一个手段，即功能和使用要求、精神和审美要求，以及必要的物质技术手段来达到前述两方面的要求。

功能——实用层面

形式——审美层面

技术——构造层面

功能、形式和技术三者的关系是辩证的统一关系，最早摆正功能与形式关系的人当属美国芝加哥学派的代表人路易斯·沙利文，他提出著名的口号"形式追随功

图1

能"，即建筑设计最重要的是好的功能，然后再加上合适的形式。虽然当今的各种设计流派层出不穷，设计中需要考虑和解决的问题很多，但功能在一般情况下还是居于设计中的主导地位（见图1-5）。

图3

图5

二、室内设计的内容

"室内设计"有别于"室内装饰"、"室内装潢"、"室内装修"等概念，前两者偏重于对空间内部及围护体表面进行美化等装点和修饰，"室内装修"则偏重于工程技术、施工工艺、构造作法等方面的处理，相对于"室内设计"而言，三者均为较狭隘、片面的概念，不能涵盖"室内设计"的总体

图4

概念的全部。至于学术界经常出现的"室内环境设计"一词，则与"室内设计"一词的涵义相同。

室内设计包含两个方面的内容：

建筑物的室内分为"实体"和"空间"两大类别，"实体"是直接作用于感官的"积极形态"，其外形可见，可触摸，而"空间"则肉眼看不到，手也无法触摸，只能通过大脑的思考、联想而得到的形态，我们称之为"虚"的形态，它必须依靠积极形态相互作用关系才能生成，但它们在某些场合却比积极形态更生动和更具感染力。环境的形式是实体和虚体空间的辩证统一，二者相辅相成，人们不可能感知无实体的空间，也不能感知无空间的实体，室内设计也分为"实体的设计"和"空间的设计"。

1.空间的设计

"空间"是建筑的功效之所在，是建筑的最终目的和结果。今天的室内设计观念已从过去单纯的对墙面、地面、天花的二维装饰，转到三维的室内环境设计。由于室内设计创作始终会受建筑的制约，空间设计是对于建筑物提供的室内空间进行组织、调整、完善和再创造，是

图6

图7

对空间的细化。需要我们在设计时，要体会建筑的个性，理解原建筑的设计意图，来决定是延续原有设计，还是对建筑的基本条件进行改变，需要进行总体的功能分析，对人流动向及结构深入了解，进一步调整空间的尺度和比例，解决好空间的序列、衔接、过渡、对比、统一关系（见图6、7）。

2.实体的设计

（1）空间界面的设计：对空间的各个围合面——地面、墙面、天花、隔断等进行艺术处理，对围合和划分空间的实体进行具体设计，即根据整体构思的需要，根据空间的不同限定要求来设计实体的形式。包括界面的形状、色彩、图案、材质、肌理，以及通透方式、通透程度。

另外，还包括各界面的连接构造及与水、暖、电等管线的交接和协调。

（2）室内家具与陈设：主要指室内家具、灯具、艺术品、绿化等方面的设计处理（实际上，多数情况下设计师充当的角色与其说设计，倒不如说选择更为恰当）。

它们处于视觉中的显著地位，与人体直接的接触，感受距离最近，对烘托室内环境气氛及风格举足轻重。

三、室内物理环境的设计

室内环境应从生理上符合、适应人的各种要求，涉及适当的温度、湿度，良好的通风，适当的光照以及声

图8

音等，使这些空间更适于居住，是衡量环境质量的重要内容，是现代室内设计中极为重要的方面，与科技发展同步（见图8）。

第二节 室内空间造型的基本原则及界面的艺术处理

一、室内空间造型的基本原则

在室内空间设计中要遵循以下几条原则，首先一定要满足功能的要求，尽量做到功能第一、美观第二的原则，其次要充分地利用空间，选择适当的尺寸，宜人的尺度、亲切的尺度、夸张的尺度。同时在设计中要有层次变化，引人入胜，导向明确，突出重点，在室内空间设计的风格上要确定，最后要注意设备对设计的制约。

二、室内空间界面的艺术处理

抽象的空间要素点、线、面、体，在环境艺术设计的主要实体建筑中，表现为客观存在的限定要素。建筑就是由这些实在的限定要素：地面、顶棚、四壁围合的空间，我们把限定空间的要素称为界面。

在空间限定要素的构成中，存在着物质实体和虚无空间两种，由建筑界面围合的内部虚空，恰恰是室内设计的主要内容（见图9-14）。

室内界面处理的方法：室内气氛的营造是综合和整体的。从室内结构与材料、照明、形体与过渡、质感与光影、界面本身形状的变化与层次、线脚和界面上的图案肌理与色彩，表现人对视觉界面的感受。同时在深入具体的设计中根据室内环境气氛的要求和材料、设备、

图9

图 10

图 12

图 11

图 13

图 14

施工工艺等现实条件，也可以在界面处理时重点运用某一手法。在界面围合的空间处理上，一般遵循对比与统一、主从与重点、均衡与稳定、对比与微差、节奏与韵律、比例与尺度的艺术处理法则。

其次我们谈到界面材料的质地。室内装饰材料的质地，根据其特性大致可以分为：天然材料与人工材料；硬质材料与柔软材料；精致材料与粗犷材料。不同的材质会给人不同的感受，天然材料会给人以亲切感，室内采用显示纹理的木材、藤竹家具、草编铺地以及粗略加工的墙体面材，粗犷自然，富有野趣；在室内采用石材如磨光的花岗石饰面板，即属于天然硬质精致材料；全反射的镜面不锈钢会给人以精密、高科技的感觉等。由

于色彩、线型、质地之间具有一定的内在联系和综合感受，又受光照等整体环境的影响，因此，上述感受也具有相对性。

在注意界面材料质感的同时，也要注意界面上的图案，以及界面边缘和交接处的线脚和界面的造型。界面上的图案必须从属于室内环境整体的气氛要求，起到烘托、加强室内精神功能的作用。不同材料制作界面的图案还需要考虑室内织物。

界面的图案与脚线花饰和纹样，也是室内设计艺术风格定位的重要表达语言。界面的形状：界面的形状较多的情况是以结构构件、承重墙柱等为依托，以结构体系构成轮廓，形成平面拱形、折面等不同形状的界面；

也可以根据室内使用功能对室内形状的需要，脱开结构层另行考虑，例如剧场、音乐厅的界面，近台部分往往需要根据几何声学的反射要求，做成反射的曲面或者折面，除了结构体系和功能要求以外，界面的形状也可按所需要的环境气氛设计（见图15—19）。

室内界面处理，铺设或贴置装饰材料是"加法"，但一些结构体系和结构构件的建筑室内，也可以做减法，如明露的结构构建，利用模板纹理的混凝土构件或清水砖面等。例如某些体育建筑、展览建筑、交通建筑的顶面由显示结构的构件构成，有些人们不容易直接接触墙面，可用不加装饰的具有模板纹理的混凝土面或清水砖面。

室内界面的设计，既有功能技术要求，也有造型和美观要求。作为材料实体的界面，除了以上有界面的线形和色彩的设计，还有界面的材质选用和构造问题。此外，现代室内环境的界面设计还需要与房屋室内的设施、设备予以周密的协调，例如界面与风管尺寸及出、回风口的位置，界面与嵌入灯具或灯槽的设置，以及界面与消防喷淋、报警、通讯、音响、监控等设施的接口也极需重视。

底面（地面）、侧面（墙面）、顶面等各类界面，室内设计时，既对它们有共同的要求，各类界面在使用功

图15

图16

图17

图18

图19

能方面又各有它们的特点。

地面是室内设计中限定空间的基本要素之一。它以存在的周界限定出一个空间的场。作为人的活动及家具展示的平台，从实用的角度出发必须具有耐磨、耐燃、无毒、隔热、保暖、隔声、吸声、防滑、易清洁、防静电等功能。同时在室内设计中通过其色彩、质感等诸多因素与整体环境相配合，营造出宜人舒适的环境空间来。要求对地面图案处理严谨，强调图案本身的完整性、连续性、变化性和韵律性，具有一定的导向性和规律性。从底面装饰材料上来看，大致分以下几种类型：

（1）水泥砂浆：适用于一般生活活动以及辅助用房。

（2）现浇水磨石：容易清洗，防滑、吸音差，适用于公共活动，色彩和花式灵活配置。

（3）PVC卷材：有弹性，容易清洗，容易施工，适用于人流不大的居住和公共活动用房，色彩和花饰可供选择。

（4）木地板：有纹理，隔热保暖性好，有弹性，适用于居住。

（5）陶瓷：耐久、耐磨性好，易清洁，易施工，吸音差，适用于公共活动用房，交通性建筑等。

（6）花岗石、大理石：有纹理，耐久，耐磨性好，容易清洁，吸音差，适用于装饰要求高的公共活动建筑的门厅走廊及大量人流的交通建筑等。

墙面是建筑空间实在的限定要素。它以物质实体形态存在的面，在地面上分隔两个场。墙面及隔断与人的视线垂直，是视觉经常触及的地方，所以其在室内设计中扮演着极其重要的角色。墙面造型应该从整体出发，大至门窗小至灯具、通风口、线脚细部装饰物都要做到整体与协调。从功能上讲，应该做到遮挡视线，有较高的隔声、吸声、保暖、隔热要求，它与地面天棚一起完成了一个围合的空间，墙体本身控制了房间的大小和形状，对整个室内的风格起了决定性作用。

从墙面装饰材料上来看，大致分以下几种类型：

（1）灰沙粉刷、水泥砂浆粉刷：适用于一般生活活动及辅助用房。

（2）油漆涂料：色彩可供选择，易清洁，适用于一般公共活动、居住用房。

（3）墙纸、墙布：色彩纹样可供选择，有吸音作用，适用于旅馆客房、居住用房以及人流不大的公共活动用房和走廊。

（4）PVC板贴面：色彩、纹样可供选择，容易清洁，适用于行政办公、餐厅、会议室等活动用房。

（5）人造革及织锦缎：色彩纹样可供选择，手感好，吸音好，需要经过阻燃处理，适用于装饰要求高的会堂、接待餐厅，或者居住用房。

（6）木装修：有纹理，易清洁，触摸感好，吸音好，适用于公共活动及居住用房。

（7）陶瓷面砖：易清洁，维修更新较方便，吸音差，适用于公共活动空间和卫生间。

（8）大理石、花岗岩：有纹理，易清洁，适用于装饰要求高的旅馆、文化建筑等的门厅、走廊、公共活动用房。

（9）镜面玻璃：具有扩大室内空间感，吸音差，适用于需要扩大室内空间感的公共活动用房。

顶面（平顶、天棚）具有质轻，光反射率高，较高的隔声、吸声、保暖、隔热要求。

顶棚是建筑空间终极的限定要素。它以向下放射的场构成了建筑完整的防护和隐蔽性能，使建筑空间成为真正意义上的室内。顶棚是楼板或屋顶下表面的装饰构件，是构成建筑内部空间三大界面，由于人们的视线总是习惯于往上看的缘故，因此，顶棚在建筑空间中所占有的位置十分重要。作为室内空间的遮盖部件，天棚最能够反映空间的形状与关系。同时顶面更主要的功能是通过明确空间的形状与关系，从而达到建立秩序，加强重点，区分主从关系的目的。在顶面造型形式上尽量轻快、简洁、大方，满足结构和功能的需要，注意防火性能良好、无毒，不散发有害气体，易于施工和安装制作，便于更新，隔热、保暖、防潮、防水。对于不同性质的场所，给与恰当的表现手法与材料（见图20-32）。

从顶面装饰材料上来看，大致分以下几种类型：

（1）灰砂粉刷、水泥沙浆粉刷：适用于一般生活活动及辅助用房。

（2）油漆涂料：色彩可供选择，易清洁，适用于一般公共活动、居住用房。

（3）墙纸、墙布：色彩纹样可供选择，有吸音作用，适用于旅馆客房、居住用房以及人流不大的公共活动用房。

（4）木装修、夹板平顶：有纹理，需经过阻燃处理，适用于居住生活及空间不大的公共活动用房。

（5）石膏板、矿棉板：防火性能好，平顶上部便于安装管线，适用于各类公共活动用房。

图20

图22

图23

图21

图 24

图 27

图 25

图 28

（6）硅钙板、矿棉水泥板、穿孔板：防火性能好，穿孔板具有隔音作用，适用于各类公共活动用房。

（7）金属压型板、金属穿孔板：自重轻，平顶上部便于安装和检修管线，适用于装饰要求较高的各类公共活动用房。

（8）金属格片：自重轻，平顶上便于安装和检修管线及灯具，适用于大面积公共活动用房及交通建筑。

图 26

图 29

图 30

图 31

图 32

第三节　室内空间类型

　　建筑结构形成了室内空间，室内设计则按照不同的室内功能要求，把握内部空间，设计其空间环境，以满足人们不同的活动需要。

　　不同的空间类型具有不同的性格特征，严谨规整的几何空间给人以肃穆、庄重之感，弧形及不规则的空间给人以流畅、运动之感，引进生态环境的空间给人以亲切自然之感等等。

一、结构空间

　　结构是形成建筑空间的决定因素，不同的建筑结构不仅可以制造不同的空间形态，满足不同的使用功能，也可以产生不同的装饰效果。

　　现代科学技术的发展，为我们提供了丰富的建造手段及材料，结构空间就是充分展示建筑结构中外露部分的特点以达到视觉审美的效果，是建筑精华内部空间的延伸。结构空间具有力量感、科技感、安全感的特点，结构空间是建筑结构及室内设计相结合的产物。它又可分以下几方面内容：

1.梁板结构

　　梁板结构是一种古老的结构体态，主要由墙、柱、梁、板四大部分组成，墙及柱形成空间的垂直体系，承受垂直压力，梁及板形成平面体系承受弯曲力。主要结构特点：厚重、沉稳，但空间局限性较大。

2.框架结构

　　框架结构也是具有历史渊源的建筑结构体系。梁板结构往往经建筑物高度的增加而墙体加厚，不仅耗材也减少建筑的使用面积，因此，现代高层建筑多采用框架结构体系（见图33）。

图33

图 34

框架结构主要是由梁和柱来承重和传递荷载，墙只是起到围合作用。我国古代的木框架结构也是一种框架结构。框架结构构件分工明确，平面布置较为灵活，可形成较大的空间，较适用于商业建筑。结构特点：开放、规整、均衡。

3.穹隆结构

穹隆结构是一种大跨度的结构形式，主要特点是结构上半部分是由混凝土做成的穹隆，半球形的穹隆结构使重力沿周边传递，一般此结构用于神庙或教堂。结构特点：神秘、肃穆、严谨。

4.悬挑、薄壳、薄膜结构

此结构是从仿生学的角度上发展而来的，在结构力学上取得了较大的成就。此结构造型丰富多彩，材质轻盈、强度高。此结构特点是：造型奇异、彰显个性，极具现代感和时代气息（见图34）。

5.悬索结构

悬索结构是20世纪初发展起来的一种大跨度建筑结构，其特点是：整体突出结构感，造型独特，空间跨度大，优美异常。

二、生态空间

现代环境设计的理念已单纯从以人为本的原则向追求自然生态的原则发展，生态空间已经越来越被大多数人所认同和接受。生态空间一方面是选用天然材料进行内部修饰，如木质、竹质、藤质、石质等。另一方面则全力打造大自然中的生态景观要素，如流水、山石、花鸟、树木等。从视觉角度讲，生态空间能有效消除疲劳感，人生于自然，热爱大自然是人的天性，生态空间使人感觉是置身于大自然的环境之中，能够忘却城市建筑特有的烦闷与枯燥。从心理角度讲生态环境有利于人们缓解精神压力，生态空间具有较强的亲和力和时代气息（见图35）。

三、通透空间

通，指室内空间的相互联通；透，指室外空间的渗透。通透的程度取决于墙、棚、地面的围合程度。通透空间是外向型的，具有较小的私密性。通的程度体现出其内部空间的连续性，而透的程度则体现与室外视线的连接，通透空间强调了与其他周围环境的交流，从视觉角度讲，通透空间要比同等面积的封闭空间感觉开阔，从心理学角度讲则显得开朗、活泼，具有接受外部景色的公共性和社会性（见图36）。

图 35

图 36

四、封闭空间

封闭空间是指用具有限定性的空间元素（墙、板等）围合起来形成的空间范围。封闭空间是内向性的，它具有强烈的私密性。无论从视觉、听觉、物理环境都具有较强的隔离性，与周围的环境交流性较差，一般应用于卧室、洗手间、私人密室等。从视觉角度讲，封闭空间感觉沉闷、压抑、隐秘；心理上讲封闭空间具有很强的领域性、安全性。在空间处理时，以不影响其使用功能为原则，常采用天窗、人造景观、镜面等装饰手法来扩大空间感（见图37）。

图 37

五、动态空间

动态空间是提供人们以运动的角度来感受事物的空间处理方式。它主要是从两方面来诠释动态空间，一是直接赋予空间构成元素具有可运动的功能，例如自动扶梯、旋转餐厅、观光电梯、活动展示等；二是川流不息的人流，通过不锈钢、镜面等反光材料的应用，折射出变化莫测、动感无常的景观。动态空间具有空间与时间同时变化的特点，把人们带到一个由空间与时间构成的"第四空间"。从视觉角度上讲，具有强烈的变化性、新鲜性。不同时间、不同地点具有不同的视觉冲击力，视觉导向性强。从心理角度上讲，具有不定性、运动性，安全感较差（见图38）。

图 123

六、共享空间

　　共享空间是由美国建筑师波特曼于1967年创立的，它是用一个大尺度的公共空间将其他空间连接起来，是一个多功能的公共空间，是人群的聚集处，也是人群的再分配的起点。它是其他空间的连接中心，它是为了人们相互之间的沟通与交流的需要而产生的，共享空间具有共通性、开放性、功能性的特点。拥有大面积的采光，大面积的室内绿化，现代化的公共设施等，适用于大型的商业室内设计：如大型展览中心、商业中心、大型饭店等。从视觉角度上具有开敞、明亮、通透的视觉效果，从心理学上具有亲切、包容、交流的特征（见图39）。

图 39

七、流动空间

　　流动空间是指在空间设计上，追求流畅、连续、动感的效果。在空间构成元素上，一般采用受力合理的曲线造型，借助于具有动感、有引导性的动线布局分隔空间。在空间分隔上基本采用象征性分隔，力求空间的完整性、统一性。从视觉角度上看具有优雅、灵活、流动的特点，具有一定的视错觉反应。从心理角度看具有延伸，特异，曲径，通畅，连续不断的感觉（见图40）。

图40

八、虚拟空间

　　虚拟空间其实是一种心理空间，它设有较高的限定性空间元素来分隔，主要运用心理暗示来体现，虚构空间一般处于大空间中，借助色彩、材质、照明、陈设或改变标高等体现，视觉上较少有空间构成元素存在，依靠联想来完成空间构成，既具有一定的领域感又保证了整体空间的完整性（见图41）。

图41

九、静态空间

静态空间的限定性较高，多为尽端空间，且布局对称，追求一种静态的平衡，多用于图书馆、阅览室、教室等空间处理。从视觉来讲，静态空间元素一般线条舒缓，色调柔和，少有强制引导视线的因素。从心理学来讲，静态空间具有平和、典雅、平稳、安静、对称的感觉（见图42）。

图42

图43

十、悬浮空间

悬浮空间是垂直空间分隔的一种空间类型，一般采用悬吊结构，底面没有支撑结构，或者通过梁架起一个小空间，这种空间形式具有一种悬浮感，从视觉角度看，它具有整体空间的完整性，底层空间布局更灵活。从上层向下看则视野开阔、轻盈，心理感觉新异、开放，不稳定，不安全性（见图43）。

十一、母子空间

母子空间是对一个大空间的二次限定，它是利用具有一定限定的空间元素，在大空间中再限定出若干个小的空间范围，它具有一定的规律性，它既有一定的开放性，在子空间内又有一定的领域性，功能要求得到充分体现，是整体与个体相融合的最佳典范，它从视觉角度讲，空间层次丰富、空间布局多样化，有一定的韵律感；从心理角度讲，同时具有私密性和开放性（见图44）。

图44

十二、交错空间

交错空间是利用空间元素形成的一种水平或垂直互相穿插而产生的空间类型，它往往是不同尺度、不同性质、不同用途的空间，两个或几个空间既可以形成一定范围的公共空间，又保证了各自空间的完整性。从视觉上看，它有扩大空间效果的作用，层次丰富。从心理角度上看，较为活跃，有一定动态感，是水平空间与垂直空间的复合体（见图45）。

图45

图46

十三、地台空间

地台空间是空间一部分区域提高所形成的空间部分，地台空间一般布局较规整，具有一定的外向性、展示性及方向性，使水平空间具有层次感。从视觉上看视野开阔，是视点的聚集处；从心理感觉看，具有居高临下的优越感，一般应用于展示、表演、讲台等（见图46）。

十四、下沉空间

    下沉空间是室内某局部空间底面标高低于室内空间，利用空间元素限定出的一个范围较明显的区域，这种空间具有较强的围护感，空间性格较内向，随着下沉空间视点的降低，感觉整体空间较开阔，层次增强。下沉空间具有一定的领域感，心理感觉较安静，一般被处理为商业中心的休息区（见图47、48）。

蓝帆 DISCO 廣場（香港世界大酒店）

图 47

图 48

十五、凹入空间

凹入空间是指室内某一空间元素纵深凹入的一部分空间。一般凹入空间的面积不大，它具有一定的领域感和封闭性，通常只有一面或二面开放，它是作为整体空间中较为私密的空间存在的，纵深越深，封闭性和私密性越强。凹入空间的顶棚一般比整体空间的顶棚低一些，从视觉上看，凹入空间具有深入感，空间层次丰富，心理感觉围护感强，较压抑，一般在公共空间中处理为休息区、茶座等（见图 49）。

图 49

十六、外凸空间

外凸空间是相对凹入空间而言，如凹入空间的垂直空间元素是外墙，开启较大的窗洞或门，就是外凸空间，这种空间可以与室外空间有机地结合起来，具有较强的外向性和通透性，如顶棚处理成玻璃光顶时，就具有日光室的情趣了。外凸空间视觉上感觉视野开阔，内外空间联系紧密，富于变化与动感，心理感觉开敞，空间大，趣味盎然（见图50）。

图50

图51

十七、迷幻空间

迷幻空间是运用一切手段追求空间的神秘性、新异性、奇特性。迷幻空间在空间元素的使用上，充分利用错位、颠倒、逆反、扭曲等手段，追求一种虚渺与离奇的效果，甚至抛弃一定的实用性和合理性，为了就是在有限的空间内创造延伸与古怪的空间感受。色彩使用浓烈，灯光变幻莫测，甚至采用多种高科技手段来营造变幻、跳跃、怪诞的气氛。迷幻空间一般适用于酒吧、夜总会、迪厅等娱乐场所（见图51）。

十八、不定空间

　　不定空间是一种多元化空间的构成形式，主张空间界线的不确定性、模糊性。它的存在，是由于人们行为与意识有时存在模棱两可的现象而产生的，它具有多种功能意义，它又被称为"灰色空间"。它主要考虑从人的活动状态来处理空间要求，它常常介于室内与室外、开敞与封闭、明亮与昏暗、坚硬与舒缓之间，多用于不同空间类型之间的过渡和延伸等（见图52、53）。

图 52

图 53

第四节　室内家具与陈设

一、家具设计概述

1.家具作为空间构件元素的意义

空间因家具而展现不同的风格，家具因空间类型不同而具有不同的配置法则，在空间构成中，家具是作为各种空间关系组成的一种空间元素而存在的。家具本身的质地、风格对空间形式的展现起着极大的作用。

家具对于空间结构来讲，具有较好的灵活性，它既具有分隔空间的功能，又有组织空间的功能，这就决定了家具作为空间构成元素的重要地位。它作为分隔空间元素，体现为空间类型的二次分隔，既具有家具的使用性质，又是空间分隔物，充分显现了家具作为空间元素的灵活性与可变性；从组织空间的角度看，家具可用于围合不同的空间形式，引导人们的行动路线，弥补空间不足。

2.家具与室内设计

家具是室内设计中的重要的组成部分。随着社会的进步与人类文明的不断发展，现代家具设计的功能与形式的要求越来越高，无论家具以一种什么形态体现，它都必须服从空间的整体设计风格，与空间环境形成一个统一的整体。

家具在室内设计中主要体现为以下几个特点：

（1）实用性：室内空间的具体使用功能，决定着不同类型家具的选择，家具的适当配置，可以为我们提供一个既舒适又合理的工作、学习、生活空间。例如：在餐厅，可按空间设计风格及餐饮类型，以人的就餐需要为主要功能性，选择成套的桌椅等家具产品；在客房，应按照宾馆的不同级别，以人的起居休息需要为主要功能性，选择床、沙发等家具产品。

（2）装饰性：家具是体现室内设计艺术风格与艺术效果的重要部分，不论从形象、色彩、风格、质地等方面，都要考虑到与整体空间的协调。在现代家具设计中，它的装饰性与功能性是同等重要的。例如：中国传统风味的酒店与茶楼中就应选用具有中国传统韵味的藤质家具或木质雕刻家具，而不应选用精巧的钢管桌椅；而欧式风格的室内空间则应选用威严、豪华的家具，甚至不惜工本的雕琢，以体现整体艺术风格的奢华与复古；具有自然主义风格的室内空间则应选择具有美国田园诗般意境的家具，幽雅、平静，极具自然亲和力。

（3）说明性：家具本身还具有一定的空间说明性。例如床，则说明空间功能是以人的起居休息为目的的空间环境；酒店的服务台，则说明此处为办理接待手续的空间场所，家具作为一种空间标志符号，在很大程度上，决定了空间功能的属性。

3.家具的分类

（1）从使用功能上分类：可分为家居家具、办公家具、商业家具、室外家具等类型。

（2）从材质上分类：可分为木质、藤质、竹质、金属、玻璃、塑料、复合材料、多种材料结合等类型。

（3）从结构形式上分类：可分为框架、板式、拆装、折叠、充气、浇注、弯曲等类型。

（4）从使用特点上分类：可分为配套家具、组合家具、固定家具等等。

4.家具布置的一般规律

我们在设计家具时，既要考虑到室内空间功能性的需要，又要满足视觉审美的需求。建筑结构提供的空间是相对固定的，而利用家具来改变其固有的空间模式，却是千变万化的，我们在设计时应遵循以下几点原则：

（1）充分考虑人们活动的"动线"，即人们在从事某种活动时，必须停留或可能停留的"动线节点"上，必须布置相应的功能性家具，而且，此类家具还具有较强的引导性，家具周围应有足够的面积作为活动空间。

（2）不同空间类型对人们的视觉及心理造成的感受也不同，在一些关键部位设计具有对人们有明确心理暗示的家具，能够满足人们的心理需求。

（3）符合人体工程学的要求，注意家具的空间体量及活动范围。大而实的家具应置于大空间中，形成沉稳、坚固的感觉；小而虚的家具应放置于小空间中，以消除压抑、封闭的感觉。

（4）注重家具配置的风格与整体风格的一致性。家具所固有的造型、质地、色彩、尺度所反映出来的属性，对空间环境的影响至关重要。

（5）家具的摆放能够体现出较强的空间特征，对称格局常用于会议厅、宴会厅、报告厅等，体现严肃、庄重的视觉特征；不对称格局常用于娱乐场所、商业空间等处，自由活泼，动感极强。

二、家具的风格流派

家具作为室内设计的一部分，是一定社会阶段政治、经济、文化发展的物化形式。它的不同风格流派反映出在当时的特定历史时期里，不同国家、不同民族、不同的社会背景及文化传统，它是人类社会进步与艺术文明相结合的产物。

1.中国古典家具文化

春秋、战国时期是我国低型家具形成时期，它的主要特点是造型古朴，用料朴实，漆饰纹样单纯、拙朴。到南北朝时，低型家具得到进一步完善，家具种类繁多，造型简朴，线条柔美，均采用榫卯工艺。到了辽宋阶段，我国的高型家具日趋完善，造型优美，漆饰朴实、高雅，均采用镶嵌工艺。直至明代，中国古典家具进入全盛时期，技术与艺术完美结合，在世界家具史上占有重要地位。这一时期的家具精于选材，充分表现材料的质地与美感，注重力学性能，结构合理，榫卯工艺精湛，造型优雅，比例适度，雕刻和金属饰件精美绝伦，可以传代，除单件家具外，出现了卧室、厅堂、书房等配套设施，是中国传统家具的典型代表（见图54、55、56）。

2.古埃及家具文化

古埃及家具是以表现埃及法老及宗教神明为主的家具艺术。古王国时期，家具的使用者是法老和贵族，特点是装饰为主，实用为辅，主要用金、银、象牙等镶嵌，贴金箔技术精湛；中王国家具造型简朴；新王国家具已被广泛使用，更加注重其功能性，结构科学，很多现代家具结构仍旧受其影响。古埃及社会的等级观念极强，家具的式样、色彩、装饰饰品、纹样随着使用者社会地位的不同而不同。主要特点是：在家具的节点处，大多镶有装饰性的金、银、象牙、象眼等饰物，家具腿多用兽形爪样造型，象征使用者的统治地位。材料多使用檀木辅以象牙、金、银，格调高雅、奢华。制作工艺采用榫、楔等方法，工艺水平极高（见图57）。

3.古希腊家具文化

古希腊家具早期受到古埃及家具文化的影响，到公

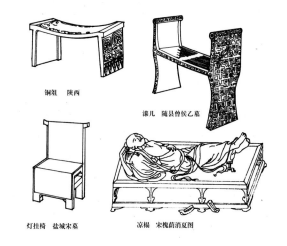

铜俎 陕西

漆几 随县曾侯乙墓

灯挂椅 盐城宋墓

凉榻 宋槐荫消夏图

图54

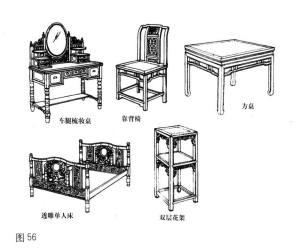

车腿梳妆桌

靠背椅

方桌

透雕单人床

双层花架

图56

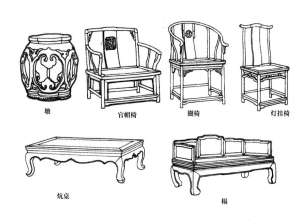

墩

官帽椅

圈椅

灯挂椅

炕桌

榻

图55

古埃及新王国时期法老的黄金宝座

古埃及图坦哈蒙法老神殿的祭祀礼仪用椅

古埃及后王朝时期的木制凳

古埃及图坦哈蒙的珍宝箱

图57

元前5世纪，古希腊家具文化充分体现出"唯理主义"的艺术观念。它崇尚尊严、崇高，整体风格简洁、自由、开放、实用、优美。家具一般采用旋木腿，座面采用皮条编织，上面铺有软垫。家具设计注重体现自然张力，具有良好的力学结构，曲线优美，对于人体功能性的表现达到相当高的水平。家具材质多为胡桃木、皮条、编织物，造型轻巧，使用舒适，便于搬运（见图58）。

美国家具师复制的古希腊家具

图58

4.古罗马家具文化

古罗马家具是在古希腊家具文化上发展而来的，家具材质大都采用理石、金属、青铜制品，并辅以金、银、象眼做装饰，材质极为昂贵。罗马人好战，体现在家具艺术风格上则反映为严谨、肃穆、华丽的风格特征。在制作工艺上，青铜制品采用青铜腐蚀雕刻，这种工艺极大地丰富了当时的家具装饰，这种青铜装饰用于家具的节点处，既提高了装饰效果，又增加了家具的结构强度。理石家具雕刻精美，纹样多样，造型优美异常，曲线圆润，显现出浓厚的宗教色彩。古罗马的家具艺术对后世的作用极大，此后的欧洲家具艺术多受此影响（见图59）。

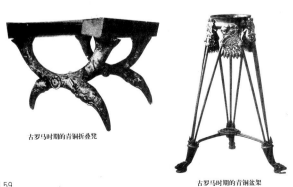

古罗马时期的青铜折叠凳

古罗马时期的青铜盆架

图59

5.中世纪家具艺术

中世纪的欧洲地区深受基督教统治的影响，其家具文化也带有浓厚的宗教文化氛围。这个期间主要有拜占庭家具文化、罗马式家具文化和哥特式家具文化三大方面。

拜占庭家具艺术主要推崇豪华的家具形式，采用了直线的框架结构，具有建筑风格的体量感；罗马式家具受到当时建筑形式的影响，装饰纹样采用了建筑中常用的连环拱廊的纹样，雕刻精致，整体艺术风格庄重、肃穆；哥特式家具是在罗马式家具上发展起来的，它的艺术风格与当时的建筑风格相一致。主要特点是拥有建筑上特有的尖顶、尖拱、细柱等造型，采用火焰、卷蔓、螺形等线脚装饰，体现宗教至高无上、神秘、严肃的感觉，色彩丰富艳丽，艺术风格威严、权势、庄重、神秘。哥特式家具制作工艺繁琐，雕刻精美无比，几乎每一处都有装饰纹样，为后来的文艺复兴艺术奠定了基础（见图60）。

15世纪法国教会椅　　14世纪中期国王银宝座　　拜占庭马克希曼王宝座

图60

6.文艺复兴家具文化

文艺复兴运动开始于14世纪的意大利，它强调冲破传统的封建性，提倡科学的人文主义，恩格斯曾如此评价文艺复兴运动："拜占庭灭亡时所救出的手抄本，罗马废墟中所掘出来的古代雕刻，在惊讶的西方面前展开了一个新世界——希腊的古代。在它的光辉形象面前，中世纪的幽灵消逝了；意大利出现了前所未有的艺术繁荣，这种艺术繁荣好像是古典文化的再现，以后就再也不曾达到了……"

意大利文艺复兴家具突出表现在吸收了建筑上的手段来制造家具，檐板、梁柱、台座等造型都在家具上得以体现。在制作工艺上鲜少外露结构部件，强调表面雕琢。

法国文艺复兴家具表面多采用浮雕或镶嵌装饰，采用轩蛇腹、圆柱、女像柱等纹样作为家具的装饰；椅类家具则受东方中国明式家具的影响，有较多的虚空间处理，轻巧而优美。

英国文艺复兴家具追求舒适和华丽，家具严格对称，风格严谨、端庄，多采用浮雕装饰，艺术风格较为刚劲、质朴。

欧洲文艺复兴家具强调以人为本,赋予艺术更多的生命和人情味,是艺术性与实用性完美的结合（见图61）。

17世纪晚期法国Mazzrin写字桌　1665年法国巴洛克方凳　1680~1690年法国木雕刻方凳

1715年法国青铜雕式乌木镶嵌抽屉柜

1670~1680年法国高靠背扶手椅

17世纪晚期英国木雕刻镀银漆地描金柜

图61

图62

7.巴洛克家具文化

巴洛克艺术起源于16世纪的意大利,它追求新异、夸张、运动感,它充分地把建筑、家具、雕塑、绘画融为一个艺术整体。

巴洛克家具强调动感的曲线造型,并辅以葛布林织物,这种织物质地考究,色彩鲜亮,使家具备感华丽,巴洛克家具打破了古典主义风格的严肃与静止,制作工艺极为讲究,集木制、雕刻、镶嵌、旋木、织物为一体,追求浪漫与夸张的艺术效果。

8.洛可可家具文化

洛可可艺术起源于18世纪初的法国宫廷,艺术特征主要体现为表现华丽纤细的曲线造型。洛可可家具以强调不均衡的轻巧、流畅的曲线著称,又融入了东方中国及印度的装饰饰品风格,造型多运用曲线,每个弯曲的处理都异常精美,装饰极其繁琐,色彩绚丽,具有秀美、活泼、流动的特点。

9.近现代家具文化

从19世纪以来,家具越来越注重实用性,并追求质地本身的结构性能和艺术感觉,造型趋于简洁、明快,没有繁琐的装饰,充分体现人体工程学的设计原理,材料多样化,注重质感的表现,并适于批量生产和自动化生产（见图62）。

三、室内陈设

1.室内陈设在室内空间中的作用

室内陈设指除建筑构件及使用设备外的一切室内实用及装饰物品。主要作用在于除实用功能外,装饰室内空间,烘托室内空间的艺术氛围,陶冶艺术情操,创造审美情趣。

2.室内陈设的类型

（1）美术作品:指绘画、雕塑等纯粹的美术类作品,在选择中应注意不同种类美术作品对其特定空间的要求,要满足欣赏的空间尺度的比例适度,更要注重艺术内涵与室内风格的协调。

（2）实用性饰品:如地毯、织物、器皿等,它们既具有一定的实用功能,又具有一定的装饰性,这类饰品在满足其使用功能的前提下,根据各自不同的特点,合理放置,达到既实用、又美观的艺术效果。

（3）纪念品及收藏品:一般这样的饰品都具有其内在的文化涵义及历史保留价值,它们都有文化与历史的双重意义,是室内必不可少的装饰品,它既可以陶冶情操,又可以表达使用者的艺术修养和兴趣爱好。

3.室内陈设的布置原则

（1）根据陈设品的装饰艺术属性:根据陈设品的类型、风格、大小、色彩、艺术性格等艺术属性,选择与之相适应的空间环境,突出其艺术特点,起到画龙点睛的作用。

（2）根据陈设品的实用功能特性:实用性陈设品具有一定的引导作用,所以要根据它的实用范围及实用空间尺度,合理摆放,在满足视觉审美效果的同时,更要满足其实用功能。

（3）根据室内环境的特征:首先要满足室内环境使用功能的需要,其次要适应室内环境空间尺度的需要,第三要适合室内环境整体风格的需要,第四要适应地域性、民族性、文化背景的要求。

课题思考:

1.怎样理解室内设计的含义?

2.进行室内设计时应遵循哪些造型原则?

3.家具与陈设对室内设计来说有什么作用?

第 **4** 章

本章要点
● 本章从景观空间设计的含义出发，系统地论述景观造型原则、构成要素和空间类型，最后介绍了景观的设备与设施及其相关的设计原则。

景观空间设计

图1

第一节　景观设计的含义

一、景观与景观设计的含义

　　景观是人类审美的连续展示，景观是人所向往的自然，景观是人类的栖居地，景观是人造的工艺品，景观是需要科学分析方能被理解的物质系统，景观是有待解决的问题，景观是可以带来财富的资源，景观是反映社会伦理、道德和价值观念的意识形态，景观是历史，景观是美。

　　景观（Landscape）是一个美丽的概念，它表达了人与自然的关系，人与土地、人对城市的态度，也表达着人类的理想和愿望。

图2

景观是人类的栖息地，是人与人、人与自然关系在大地上的烙印。大地上的景观是人类为了生存和生活而对自然的适应、改造和创造的结果。

景观设计（Landscape Architecture）是指经过人类文明创造的具有开放性的自然环境或人工环境，它是将环境与科学、艺术相统一的再创造过程，对于这个过程我们可称之为景观设计。景观设计同时也涵盖了人类社会集体活动的种种迹象，也是人类生活的重要精神载体。

景观设计是一个综合性学科，盖丽特·雅克布（Garret Eckbo）认为景观设计是在从事建筑物、道路和公共设备以外的环境景观空间设计。

西蒙兹（John Ormsbee Simonds）认为：改善环境不仅仅是纠正由于技术与城市的发展带来的污染及其灾害，还应该是一个创造的过程，通过这个过程，人与自然和谐地不断演进。在它的最高层次，文明化的生活是一种值得探索的形式，它帮助人类重新发现与自然的统一。

广义的景观设计可以归属于大地景观，是指地理环境概念，包括区域规划、城市规划、建筑学、林学、农学、地学、管理学、旅游、环境、资源、社会文化、心理等。

狭义的景观设计可以归属于人居环境景观，是内在人的生活体验，是以人作为衡量尺度的景观设计。主要元素包括：地形、水体、植被、建筑及景观构筑物，以及公共艺术品等等，主要设计对象是城市开放性空间：包括广场景观、步行街景观、居住区景观、街头绿地景观以及城

图3

图4

市滨湖、滨河带状景观等，景观设计的目的不仅要满足人类生活功能上、生理健康上的需求，更要不断地提高人类生活的品质，丰富人的心理体验和精神追求。

景观设计针对于个体而言它是大众行为，它的景观构成最终要落实到参与性上，所以在行为心理学上可以说景观设计是一个群体行为。例如玛雅神庙祭祀活动、雅典卫城的神庙游行，都可以属于这个范畴。另外，从使用的基本层次上即可区分出园林与景观设计不同内涵，园林显然是不适合群体行为的，而景观却是一项需要共同参与的社会性的活动（见图1-4）。

二、景观设计专业的发展

景观设计是为适应近现代社会发展需要而产生的一门工程应用性学科专业，在国际上不过一百年历史。

在19世纪中叶自然主义运动中，1858年美国现代景观设计的创始人奥姆斯特德(F. L. Olmsted) 提出了景观设计(Landscape Architecture)这一名称。奥姆斯特德在纽约市中央公园的建设中任首席设计师，他确定了纽约市中央公园要以优美的自然景色为特征的准则，并强调居民的使用。下沉式过境通道既承载了城市交通又

图5

避免了破坏景观，并用软质景观隔离视线与噪声，使公园环境相对保持安静。公园保留了较多的原有环境，保持自然本色；对人工景观赋予极强的创造性、展现美感；同时把休闲娱乐融入公园生活（见图5）。

在此之后，于1899年，美国景观建筑师学会(American Society Of Landscape Architecture，简称ASLA)创立，1901年美国哈佛大学开设了世界第一个景观设计学专业。1958年，国际景观建筑师联合会(International Federation of Landscape Architectures)成立。平均2-3年就要召开一次国际性大会。各会员国又有各自的全国性学会组织。

近一个多世纪以来，景观建筑学在国际上已发展成为与建筑学、城市规划三足鼎立的学科专业。

三、景观设计专业的特点

景观设计专业是内涵最为丰富的设计职业之一。景观设计是大工业、城市化和社会化背景下的产物，是在现代科学与技术基础上发展起来的。现代景观设计师强调规划的基点是关怀人性与尊重自然和地方文化并重，在更高层次上能动地协调人与环境的关系，以维护人和其他生命的健康和延续。景观设计师是可持续人居环境的设计者和创造者。

在我国，景观设计行业在未来面临着无限的机遇与挑战，景观设计专业是未来建设界最为紧俏的专业，环境问题正在得到广泛而深入的关注。为培养关于景观设计专业人才的教育研究正在全面展开。

景观设计专业的基本特点：

边缘性：景观设计是在自然与人工两大范畴边缘诞生的，因此，它的专业知识范畴也处于自然科学与社会科学的边缘。

综合性：景观设计的关注点是运用综合的途径解决问题，多学科的参与导致了景观设计专业的综合性，所以此专业培养的不是单一门类知识的人才，而是综合应用多学科专业知识的全才。

体系性：景观设计专业的完整体系体现了多学科知识关系都统一在环境规划设计这一总纲之下，有其完整独立的学科体系。

景观设计专业是一个前景广阔的专业，这个行业的价值和对项目带来的优势越来越被看好。公众对景观设计行业在建设和自然环境之间取得的平衡所作的贡献给予好评。在国外，自从1899年以来，这个专业的人员就在一直稳定的增长，在重视生活质量和多元化土地利用的今天，景观设计行业有了新的发展机遇与起点：景观设计师规划着未来。

第二节　景观造型设计原则

景观造型设计的基本元素包括点、线、面、形体、色彩、肌理等构成方法，其中由点成线、由线成面、由面成体。色彩与肌理赋予形体最后的精神定义。

一、景观设计中点的运用与表现

点在景观设计中代表空间中的一位置，具有定位作用，景观序列中的景观构筑物可视为点。当多个景观中的点产生节奏性运动时就构成了景观序列的节点。当点连续运动时便形成了带状景观。点是连接景观各个部分的枢纽。

二、景观设计中线的运用与表现

当点产生位移运动时，就形成线的概念。线在造型范畴中，分为直线、斜线、曲线，线由不同的组合形式达到各种情感和意义。

1.直线

在景观设计中，我们把直线定义为线的基本形态，直线在景观构成中具有某种平衡性，直线本身虽然是中性的，但它很容易适应环境。

直线是构成其他线段的理论与造型基础，曲线与折

图6

图7

线的形式都可视为直线的变形线；在自然环境中是没有理论意义上的直线的；所以直线具有明显的人工痕迹，在几何学中我们一般把直线理解为直线段。

在景观中直线给人以感觉平直、稳定，具有向两端延伸性（见图8）。

2.曲线

曲线是最具韵律与节奏性的线，是线形中的最活跃的表现形式。在自然景观与人工景观中曲线是最常见的一种形式，曲线能缓解人的紧张情绪，并使人得到柔和的舒适感。但曲线也不具有绝对的优势，它一旦超过一定限度时，其表现意图将会被分散，并会产生软弱无力的效果。

曲线给人以音乐般的韵律感，能产生舒缓的或急促的节奏形式（见图6）。

3.斜线

斜线是最具动感与方向性的线，斜线具有出色的导向性与方向感。折线是斜线的变形线，同样具有斜线的表现特征。斜线在景观设计中起到特定的方向性和运动性。景观造型设计的基础是重力和支持力的平衡，所以在使用斜线时，当产生的运动或流动，只有在重力和支持力的平衡所允许的范围内，才能灵活、有效地运用（见图7）。

在景观设计中，多种线性元素的运用在没有一定的

规律可循的情况下极易产生混乱的结果，使人产生焦虑感。线性元素应该按照空间序列的构成方法，使线融入景观空间的整体构成节奏当中，既有线性的基本特征，

形体在视觉领域内的群体化及排列的方式是形体的精神与性格的起源。

形体对人的心理暗示与影响：圆形使人产生愉悦、

图 8

又能够结合具体的空间形式，这样才具有生命力。

三、景观设计中形体的运用与表现

形体本身是有意义的。这无论是对设计者或是对观赏者来说，都应以简单易懂为佳。因为只有相互的了解，才可能产生美的想象。形体是由线和面复合而成，其要素可以无限地增加，特别是在自然的形体中更是如此。我们概括以简单的圆、多边形等为形的代表，来研究形体的共性及其相互关系。

温暖、柔和、湿润、有品格的联想；三角形使人产生凉爽、锐利、坚固、干燥、强壮、收缩、轻巧、华丽的联想；方形使人产生坚固、强壮、质朴、沉重、有品格、愉快的联想（见图 9、10）。

景观设计中的心理学形态法则：

1.包围的法则

被包围起来的东西,比开放着的东西更容易用图形表现。

2.近距离的法则

近距离(狭窄)部分成为实体(形状),远距离部分成为空间。

3.内侧的法则

向内侧弯曲的线包围空间时,这个空间易成为图形。

4.群体化

和近距离法则比较相似,即把分散的形象按一定结构的群体化,成为某种集中的有序的实体。

5.对称的法则

对称和不对称的领域是交互存在的,可以形成稳定的空间围合。

6.相同幅度的法则

相同幅度的实体,容易形成空间序列。

7.通过曲线的法则

"图"(图像)和"地"(背景、地面)分开时,顺利通过的曲线,优先采取各个相同图形的轮廓线的方向。

8.除得尽的法则

"图"与"地"在可能的情况下要优先采用被除得尽的方法。

9.地的"最大统一性"的法则

反复出现的东西,纵横条纹优先形成"地"。

10.立着的东西比悬挂的东西,容易形成"图"

在景观设计中我们可以试着分析与利用梅兹格的这种观察事物的方法,把景观设计与人的心理紧密地联系起来,创造满足人心理需求的景观空间。

图9

图10

四、景观设计中色彩、质感的运用与表现

1.景观的色彩

人类在对色彩的认识过程中，逐步形成对不同色彩有不同的理解，并赋予它们不同的涵义与象征。色彩是情感表现的一种方法，用色彩调控景观中的情绪因素，一般认为，暖色调表现热烈、兴奋的情绪，冷色调表现幽雅、宁静、开朗、明快，给人以清新、愉快感，灰暗色调表现忧郁、沉闷（见图11、12）。

图 11

（1）色彩的属性：能按系统区分的有彩色，如红、黄、蓝、紫等颜色，把这种能以颜色的基本种类加以区分的颜色差异叫做色相。

无论是黑白还是彩色都有明亮和暗淡的不同，这种以颜色的明暗程度加以区分的方法叫做明度。

色彩中属同一色调的颜色，也有色调和明暗的不同。颜色以这种程度的方式加以区分，这种差异叫做色度。

颜色有色调、明度、色度的三种性质，这叫做颜色的属性。彩色具备完整的三种属性。无彩色则没有色调

色彩与情感的联系

色 彩	情感表达
红	热烈、华丽、锐利、沉重、鲜血、愉快、扩张
橙	温暖、扩张、华丽、柔和、强烈
黄	温润、扩大、轻巧、华丽、干燥、锐利、愉悦
黄绿	柔和、湿润、软弱、轻巧、愉快
绿	生命、健康、湿润
青	清凉、湿润、有品格、愉悦
蓝	凉爽、湿润、锐利、坚固、收缩、沉重、愉悦
蓝紫	凉爽、坚固、收缩、沉重
紫	迟钝、柔和、软弱

图 12

和色度，只具有明度变化。

（2）色彩的情感：色彩与肌理的存在意义往往是暗示性的，比如说中国传统的杏黄色，它代表的是皇族的地位与象征。而在西方的理念中黄色却是不信任，含有欺诈、虚伪的意义。所以，色彩的地域性与文化差异性是显而易见的。

2.景观的质感

质感有自然的质感和人工的质感，触觉的感应和视

图14

图13

图15

觉的感应。质感是由于感触到素材的结构和肌理而有的质地感。

质感以其独特的秩序存在于景观之中。这种感受是不能被其他物质形式所取代的，是需要用肌肤接触或用眼睛观看，才能有的感觉。

质感的运用与表现有着广泛的共性，这是与人的心理或生理上的特征所分不开的。无论古今中外人们对细腻与粗糙、光滑与凝滞、坚硬与柔软都有着同一性。在景观设计中，我们对具有不同的心理差异与同一性因素的运用要有相应的文化底蕴加以甄别。才能做到收放得当，自成一理（见图13-16）。

（1）材质固有的质感：材质固有的质感美是材质本身具有的特点，在山地里散置的石头、植物的表层、连绵的沙滩所具有的质感等都是自然的质感。混凝土、砖瓦和金属的光泽都是人工的质感。金属的光滑或石头的粗涩感都是触觉质感。植物的柔软或瓦片的曲线的柔软

图 16

质感与情感的联系

质感表现	感受
粗糙不光滑	野蛮的，缺乏雅致的情调，男性的
细致光滑	优雅的情调，女性的
金属	是坚硬、寒冷、光滑的感觉
布、柔性材料	柔软、轻盈、温和
石头	沉重、坚硬、强壮，清洁

都是视觉质感。质感还可以按素材与人的距离感的不同而有所变化。

（2）质感的对比与调和：质感的不同会各有其独自的表现力，质感的对比与调和实际上是对材质在特征上的理解。材质在把自身的特点按一定的比例加强或减弱，从而产生差异与共性，以此，来增加对比的强度或者材质的调和性。

对比即是加大两种元素的不同特征与区别，使其有各自的个性特征；调和是两种有相似或类似性基因的元素，以相近似的手法加以表现（见图17）。

图17

五、景观元素的组织原则与表现形式

1．比例与尺度

比例是景观设计各序列节点之间，整体与局部、整体与周边环境之间的大小比较关系。景观构筑物所表现的各种不同比例特征应和它的功能内容、技术条件、审美观点有密切关系。合宜的比例是指景观构筑物的序列以及各节点之间、各要素之间和要素本身的长、宽、高之间具有和谐的整体关系。尺度是景观构筑物与人身体高度、场地使用空间的度量关系。这是按照人们习惯使用的身高和使用场所需要的空间为视觉感知的度量标准。在景观设计中如果使用比例尺度超越人们习惯使用的比例尺度，可使人感到雄伟、壮观；如果比例尺度符合一般习惯或者比例尺度较小，将会使人感到亲切自然。

2．对比与调和

景观构筑物和整体各元素之间彼此对照、互相衬托，能更加鲜明地突出各自的特点。序列节点之间是通过比较而存在的，即景观构筑物的对比双方，针对某一共同的元素或特征进行比较。

景观设计中的对比常见于：形象、体量、方向、空间、明暗、虚实、色彩、质感等方面。

调和是有共同特征的元素存在较少的差异，它使构筑物彼此和谐、互相联系，产生完整统一的效果。景观元素应在对比中求调和，在调和中求对比，使景观空间丰富多彩、主题突出、风格统一（见图18-20）。

图18

图19

图20

图 21

3.均衡与稳定

景观中的均衡是景观轴线中的左右、前后的对比关系。均衡最常用对称布置的方式来取得，也可以用相似对称的方式来取得均衡的效果。均衡能达到安定、平衡和完整的心理效果。

稳定是指景观构筑物在造型上所产生的一定视觉艺术效果。在景观设计中往往采用下大上小的方法获取体量上的稳定。也可利用材料、质地、色彩带给人的不同量感来获得视觉心理稳定。

4.重复与渐变

景观中的重复与渐变是景观构景中两种以上元素之间过渡与转换的基本手段，一种元素的连续有一定规律的出现中夹杂着另一种元素形式，这种交替出现的形式既是重复与渐变的基本法则，也是元素之间相互转换的常用手法（见图 21）。

5.韵律与节奏

韵律和节奏是景观序列中具有同一基因的某一元素作有规律、有组织的变化。节奏是某一元素形式在时间轴上出现的频率与次数。韵律与节奏是相互关联的构成手段，和乐曲的结构形式在理论上是同一的。景观设计中出现的韵律和节奏组合形式多种多样，如线性韵律节奏、渐变韵律节奏、多重韵律节奏、曲折韵律节奏等。

景观设计元素的组织原则与表现形式对于景观设计创作有着重要的理论意义。运用这些原则与表现形式时要注意主题景观的特征，结合景观构筑物、自然环境、季节时间等因素综合考虑。设计的景观既要满足人们的物质生活的需要，也要表达人们的精神需求，充分体现时代特征（见图22、23）。

图 22

图 23

第三节　景观构成元素

景观构成元素主要包括软质景观和硬质景观，影响景观元素的最终成因有气候、地理位置、地貌特征和历史、人文环境的差异。这些不同情况的差异，将构成景观的不同变化和特征。

一、软质景观

软质景观在景观构成上具有维持生态平衡、美化环境等作用，是能随着时间变化的景观重要元素。植物的形态是构成景观环境的重要因素。植物的外部形态特征为景观环境带来了多种多样的空间形式。景观环境中的植物材料具有实用机能和景观机能等多重意义。绿色植物是景观环境中最受欢迎的构景材料，它是活的景观构筑物，富有生命特征和活力。

罗宾奈特(Gary O.Robinette)在其著作《植物、人和环境品质》(Plants, Pcople and Environmental Quality)中将植被的功能总结为四个方面：建筑功能、工程功能、控制气候功能和美学功能。

建筑功能：界定空间、遮景、提供私密性空间和创造系列景观等，这一类功能其实是空间造型功能；

工程功能：防止眩光、防止土壤流失、噪音及交通视线诱导；

调节气候功能：遮阴、防风、调节温度和影响雨水的汇流等；

美学功能：强调主景、框景及美化其他设计元素，使

图24

常见喜阳，耐阴和中性植物：

耐阴程度	常见的植物种类
喜阳植物(阳光充足条件下才能正常生长)	大多数松柏类植物、银杏、广玉兰、鹅掌楸、白玉兰、紫玉兰、朴树、毛白杨、合欢、牵牛花、结缕草等
耐阴植物　(庇阴条件下才能正常生长)	罗汉松、花柏、云杉、冷杉、建柏、红豆杉、紫杉、山茶、橘子花、南天竹、海桐、珊瑚树、大叶黄杨、蚊母树、迎春、十大功劳、春藤、玉簪、八仙花、麦冬、沿阶草等
中性植物	柏木、侧柏、柳杉、香樟、月桂、女贞、桂花、小叶女贞、白鹃梅、丁香、红叶李、夹竹桃、七叶树、石榴、麻叶绣球、垂丝海棠、樱花、葱兰、虎耳草等

植株自身的尺寸与规格：

树高	必要有效的标准树池尺寸	树池箆尺寸
H：3m左右	直径60cm以上，深50cm左右	直径750cm左右
H：4～5m左右	直径80cm以上，深60cm左右	直径1200cm左右
H：6m左右	直径120cm以上，深90cm左右	直径1500cm左右
H：7m左右	直径150cm以上，深100cm左右	直径1800cm左右
H：8～10m左右	直径180cm以上，深120cm左右	直径2000cm

不同种类植物的植栽间隔：

分类	栽植间隔	分类	栽植间隔
林阴树	6～8m左右	杜鹃花密植	H：0.3m者，10～12棵／平方米左右
建筑区内行道树	4～5m左右	桂花类密植	H：0.5m者，6～8棵／平方米左右
遮蔽用树木	H：3～4m者，1棵／m左右	黄杨类密植	H：0.5m者，12～15棵／平方米左右
	H：5～6m者，o.5棵／m左右	黑德拉密植	约36棵／平方米左右
植篱	H：1.2～1.5m者，3棵／m左右	小熊竹密植	约100棵／平方米左右
	H：1.8～2.0m者．2～2.5棵／m左右	富贵草密植	约100-144棵／平方米左右

其作为景观焦点或背景。

植被对于空间的进一步划分可以在空间的各个面上进行，在平面上植被可以作为地面材质和铺装结合暗示空间的划分，也可进行垂直空间的划分，枝叶较密的植被在垂直面上将空间限定得较为私密。而树冠庞大的遮荫树又从空间顶部将空间重新划分（见图24）。

1.植被

我们一般将植被分为乔木、灌木、藤木、花卉和草坪等。在选择树种时，需要考虑以下几个方面：植株自身的尺寸与规格，植物的栽植密度，和树高相对应的树池尺寸包括树木成年后树冠的大小。

以下列出常见绿化树种参考资料。

(1)常绿针叶树：

①乔木类：红松、白皮松、雪松、黑松、龙柏、马尾松、桧柏。

②灌木类：沙地柏、千头柏、翠柏、鹿角柏、铺地柏、五针松。

(2)落叶针叶树：

乔木类：水杉、金钱松、水松、落叶杉。

(3)常绿阔叶树：

①乔木类：樟树、广玉兰、女贞、白千层榕树、棕榈。

②灌木类：大叶黄杨、枸骨、橘树、石楠、海桐、桂花、夹竹桃、迎春、南天竹、六月雪、小叶女贞、八角金盘、栀子、蚊母、山茶、金丝桃、杜鹃、丝兰、苏铁。

(4)落叶阔叶树：

①乔木类：垂柳、枫香、直柳、枫杨、龙爪柳、乌柏、槐树、青桐(中国梧桐)、悬铃木、槐树、盘槐、合欢、银杏、楝树、梓树。

②灌木类：火柜树、白玉兰、桃花、腊梅、紫薇、紫荆、槭树、青枫、红叶李、贴梗海棠、钟吊海棠、八仙花、麻叶绣球、木芙蓉、木槿、山麻杆、石榴。

(5)竹类：慈竹、观音竹、罗汉竹、毛竹、凤尾竹。

(6)藤本：紫藤、络实、地锦、木通、木香、铁线莲、常春藤。

(7)花卉：太阳花、长生菊、一串红、美人蕉、五色苋、甘蓝、菊花、兰花。

(8)草坪：紫羊毛、天鹅绒草、结缕草、麦冬草、四季青草。

2.景观种植设计

(1)规则式种植设计：景观种植规则式布局要求齐整、对称。多用于具有景观轴线关系的用地及景观构筑物前。这种结构方式能造成庄重、华丽、肃穆的气氛。种植规则式布局一般有以下形式：

①主题种植——主题种植可使景观节点更加突出，中心栽种主要软质景观植物，达到以形引人、以绿宜人、以花醉人的植物造景需要。

②对称种植——景观种植一般采用在轴线上左右对称、两相呼应的栽种方式，起到景观中的对景作用。对植的树形要求形态齐整、美观健壮。在对称栽种中应发挥创意，以中心景观节点为轴线，两边对称栽植花灌木和乔木，形成一定的空间围合。

③线形种植——在景观的某一带状空间上等距离栽种具有同一形式的植株，也可具有一定的栽种节奏，既在同一行间可栽一种，也可栽多种植物，重复与变化定位相结合，达到种植有序。也可植一行或多行等形式，此种方法多用于行道树、绿篱或防护林带的种植。

④环状种植——环状种植是围绕景观构筑物或者一个亚空间的中心把树木栽植成环形，或栽种成椭圆形、方形等围合样形。从栽种一圈或多圈的方法，达到渲染景观空间的目的，在树种选择上也可多有变化，不拘泥一种。环状栽植多用于陪衬主景，是辅助构景成分，般在广场、雕塑、纪念碑或开敞的空间布局里经常用到。

（2）自然式种植设计：①孤植：景观中单一植物栽种方式，主要用于突出植物本身的造型美。孤植多作为软质景观的主景，孤植能够吸引人来此乘凉、避雨与休息。孤植栽种本意是突出植物的个体美，一般多选用乔木并应有适当的体量感，同时也要有较高的观赏价值。

②丛植：多由2至10株同种或多种树木组成。形成群落关系，往往一个树丛就构成一个整体，可以作为软质景观的主景，也可以作为硬质景观的背景，或者起到障景与透景目的。两株配合时应一高一低、一俯一仰或一倚一直，使栽种的树木尽可能趋于自然，同时形成一定的对比。种植两株树木应该有统一性，做到调和有度。三株形成的群落应以一株树木为主，另一株为从，第三株再次之；主从关系距离应近，次株应离得较远，形成不等边三角形布局；在品相与种类上，主从应有类似特征，次株应与主从植株有所不同。三株以上的种植方法以此类推，原理相通。

③群植：群植是指10株以上的乔木与灌木组合种植方式。多以常绿树木与落叶树木相配合，花灌木与草坪互相映衬，用以表现不同的季相与时相。群植关系应体

图25

现出疏密有致、自然活泼的植物特征。树群的种类不宜太杂，形成群落不应过大，避免喧宾夺主。应能表现出软质材料的景观主题性。在炎热的天气里，群植的阴影是开放空间中的绿洲。

④疏林草地：疏林草地是以大型乔木为主，小型乔木为辅，栽种成群落关系，组合中灌木较少使用，疏林下草坪应保护良好。疏林能够呈现出开敞的空间，又由于阳光能洒到草坪上，使地面有一定的干燥程度，使人

图26

能在林间草坪上游憩，是使用率较高的景观种植形式。

⑤密林：密林有丰富的景观层次，密林包括乔木层、灌木层、草本层等，是完整的森林景观形式，密林具有良好的远景视觉效果，是景观中作为背景的主要素材，密林所呈现的自然风貌是令人向往的。

3.水景

在景观设计中水景是景观的重点，景观因水景的存在而灵动。水景常常是景观中最活跃的因素，它集流动的声音、多变的形态、斑驳的色彩诸因素于一体；水的流动与静止是水景的重要表现特征，一动一静变化纷呈，水景设计无不围绕水的动感与静止设计，主要表现这二者的特色。水景设计一般分为观水设计和亲水设计两种（见图25、26）。

观水设计一般是指观赏性水景，只可观赏不具备游嬉性，在观赏性水景中可以作为单纯的水景，也可以在水体中种植水生植物或养殖水生动物以增加水体的综合观赏价值。

亲水设计一般是指嬉水类水景，它为水体提供了承载游戏娱乐功能，这种水景的水体本身不宜太深，在水深的地方要设计相应的防护措施，应以适合儿童活动安全为最低标准。同样也可以在较深些的水边设置构筑物

支持亲水活动。

（1）美国景观设计学家西蒙兹提出了十个水资源管理原则：

①保护流域、湿地和所有河流水体的堤岸。

②将任何形式的污染减至最小，创建一个净化的计划。

③土地利用分配和发展容量应与合理的水分供应相适应而不是反其道行之。

④返回地下含水层的水的质和量与水利用保持平衡。

⑤限制用水以保持当地淡水储量。

⑥通过自然排水通道引导表面径流，而不是通过人工修边的暴雨排水系统。

⑦利用生态方法设计湿地进行废水处理、消毒和补充地下水。

⑧地下水供应和分配的双重系统，使饮用水和灌溉及工业用水有不同税率。

⑨开拓、恢复和更新被滥用的土地和水域，达到自然、健康状态。

⑩致力于推动水的供给、利用、处理、循环和再补充技术的改进。

（2）水体的景象：在城市环境中，水能够改善当地微气候，并且这种改变是非常引人注意的。水是景观元素中最多样化和动态形式的载体，它既可以高速流动，又可以安静闲适，不仅可以折射天光，又可以波浪闪动，远借近

图27

观，形式多变。

（3）流水的声音：在气势磅礴的瀑布下，急速流水飞溅的水花和轰鸣声使人兴奋，在岩洞中叮咚跃落的水滴打破寂静的氛围能使人放松，在山泉潺潺的流溪边使人浑然忘我。在景观设计中我们可以模仿水声构筑空间环境，达到在城市中观水听音、使人会被景观中的水声吸引的造景目的。

（4）触摸的感觉：水因为环境的不同会有山泉的凉、河水的暖、温泉的热、湖水的幽，水的活跃性吸引人们去感受、去触摸、去游泳，景观设计师应加强流水与静水的对照，增强水的不同的特点，在嬉水的水中及岸边

图28

应设置可坐的圆石，增强适用性和趣味性。

（5）味道和气味：在自然环境中水气的蒸发能够传递水质的味道，海风吹来的是海水的咸味，阴雨天气和晴朗天空下的空气有截然不同的气味。这一切都是水蒸气运动的结果，所在景观设计中水气的蒸发是景观设计师应该考虑的因素之一（见图27-29）。

图29

4.柔性材料

柔性材料一般是指膜状结构或者弹性结构，是现代工业文明的产物，膜状结构是用较轻细的金属支撑的纤维织品或塑制品，用这种结构形式所表现的是轻盈、飘逸的景观构筑物。弹性结构一般是指碳纤维或特种金属所构成的弹性或柔性结构，一般光感突出、色彩鲜明，容易引起人的注意，能增强景观主题的表现（见图30）。

二、硬质景观

1.道路设计

道路是指导观赏景观各节点之间的纽带，是整个景观体系的动脉。主干道路应简洁明确、承载主要的交通负荷。它不仅能组织各功能分区之间的联结关系，还起着分割景观空间定义空间的能力。道路具有良好的导向性，人习惯被道路系统所引导，所以道路系统的结构形式是决定景观中的人流动速度的调节器。一段交通便利的道路和一段曲折婉转的通道不仅能给人以不同的精神感受，更能使快速通过与闲庭信步成为可能，不同的设计手法把景观设计或闲适、或便捷的通道设计理念能够完全表达出来。

主干道一般应按游览路线布置成环状，应按景观路线设计，从起景开始到高潮至结束，引导人流，完成景观序列全过程。

图31

次干道是引导入流进入景观深处的通道组织，是深化景观序列的重要手法之一。次干道应按景区内的承载能力设计人流通过量。

小路是景观区域内最活泼也最具趣味性的道路，它因为小而被一些设计师所忽略，可是小路却是一个景观环境中最容易表达情绪特征的元素，它能深入景观的腹地，深入引人入胜的幽深之处（见图31）。

2.铺装设计

在道路设计的基础上，铺装设计有其实际的使用意义和艺术价值，铺装设计能够划定空间所定义的"场所"，给空间场所定下某种意义或精神。地面铺装材质的变化体现不同的节奏与韵律，增强了景观中的趣味性。道路因为铺装的不同而有了不同的质感与导向性；不同的铺装图案构成给人以不同的方向感，外散、内聚、导引、旋转。铺装形式界定了空间位置的多种变

图30

化，界定出不同的空间层次。

地面铺装的设计要点：

地面铺装暗示动线流动方向，引导人们到达景观所在地，在设计中应注意动线的比例和节奏。地面铺装材料质感的变化会让人感受到音乐的韵律和节奏，使人在景观中运动过程中显得有趣味性。

当硬质铺装场所较为宽敞，空间的动线方向感降低时，空间的特性应适于人驻留，两条路交汇时也经常采用这种手法。在这样的驻留空间，可以通过景观构筑物和植被来加强空间的静态效果，使人情绪安定。

铺装的质感可以影响空间的比例效果，水泥砌块和大面的石料适合用在较宽的道路和广场，尺度较小的地砖铺地和卵石铺地比较适合于铺在尺度较小的路或空地上。大面的石材让人感觉到庄严肃穆，砖铺地使人感到温馨亲切，石板路给人一种清新自然的感觉，水泥则纯净冷漠，卵石铺地富于情趣。

在景观设计中，用两种以上的铺地材料相衔接时，

图32

尽量不要锐角相交，两种大面积的铺地相交时，宜采用第三种材料进行过渡和衔接（见图32）。

三、景观构筑物设计

景观构筑物是景观环境中造景元素的重要载体，起到连接、承转、过渡、高潮等一系列的景观构景需求。是构筑景观、表达精神的最基本的要素。一般从以下几点来构思设计。

1.功能设计

主要针对于功能上的研究，因为功能决定事物的本质，掌握好功能就把握了事物的关键所在。在景观设计中功能分析具有实际的指导意义，根据用地分类标准应进行场地综合分析与评价，按主题内容的意义进行方案设计，以达到功能与创意相结合的目的。

在功能设计中，应强调景观构筑物的协调性、秩序性与方向性的有机组合（见图33、34）。

2.仿生设计

仿生设计是在景观设计中模拟自然界中存在着的各种生物，依据生物体的不同结构形态进行设计的方法。利用生物体的特有的形态特征进行空间造型设计，并将这些造型手法运用到景观设计之中，重新赋予精神内涵。

图33

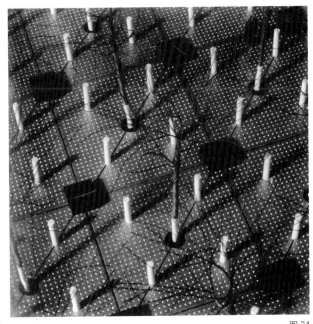

图34

植物本身的结构与动物多样化的构筑能力，促使人类在仿生学中不停的探索与创新；并利用这种原始的结构形式加以联想出新的形象，创造出许多新奇的景观构筑物。往往这种新结构、新形态一出现就得到人们的欢迎。这种设计方法可以总结为通过生物及其构筑体进行联想，产生景观构筑物结构上的仿生态，进而脱离这种完全模拟的形式，在结构上重新产生新的启发与创造。

3.景观系统设计

是从整体上把握设计方向，依据地域环境作系统的分析与评价，解决与创意相冲突的矛盾，同时把整个创

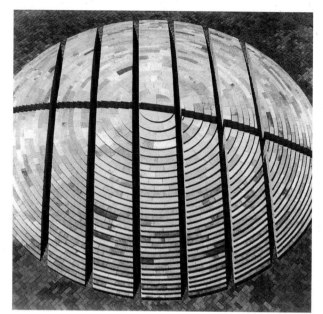

图 35

意分解为相互独立的节点元素，再将各景观节点分级排
列进行分析，以视线分析为主要设计方向，并在分析中
获取优秀的设计理念与意图（见图 35、36）。

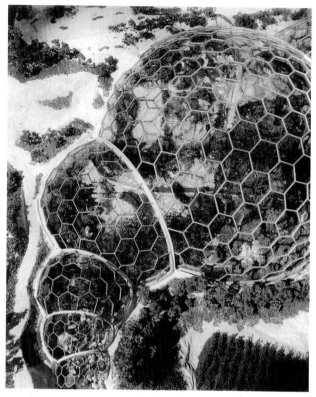

图 37

图 36

在景观创意设计中，必须以整体功能要求为前提条
件，附加以精神理念，结合有关功能关系要素与人文历
史要素，将各要素加以整合，创造性地设计出符合景观
整体功能布局的创意设计方案（见图 37、38）。

图 38

4.象征设计

象征设计的形态往往引起人们的丰富联想。景观设计中的构筑物应在结构、功能及形态等等方面达到完美统一，创造富有地域、民族、时代气息的景观环境。达到"巧于因借，精在体宜"的理念高度。

在象征设计中文化的因素是最为重要的理念基础，一切的联想与象征都应该根植于这个精神依托。象征设计只有在这个起点上再加以风格的强化才能不失偏颇。

5.景观构筑物的空间处理

（1）空间形式：景观环境包括空间形式的生成，虽然有很多方法能够达到空间形式的目标，但一般可以总结为以下几点：首先是对原有场地的理解与解释，其次是对地域文化与历史的理解与解释，第三是如何对现有的自然形式进行抽象化与象征手法的运用，最后景观环境对使用者产生什么样的隐喻。

（2）空间围合：通过景观环境中的植被、地形、景观构筑物和水体的围合可以分隔和界定空间，景观环境中的空间围合与人的活动规律紧密关联。围合的形式和

图40

围合程度影响人在景观中的感受、使用、微气候和场地心理（见图39、40）。

围合最根本的目的是定义出空间的特性，不同材质的围合将产生不同的空间特征。将围合的质量与环境的和谐性，将同质感一同影响人对环境的整体感受。

景观中空间的过度围合与暴露将会使人感受到威胁与不安因素，过小围合与围合不足可造成景观的单调与简陋。在景观构筑物设计中，围合的视觉通透是非常重要的设计理念。

（3）空间尺度：人是衡量景观的某一部分与其他部分的量尺，景观与人体尺寸的比值将产生环境的对人的情感效应。

人性的尺度是指环境的尺寸与人的尺寸比例适宜，这将使人感受到舒适、安全、放心、定向、友好等感情因素。能够使人和环境建立某种情感上的联系，人性的尺度是宜人的尺寸关系，成年人与儿童应有各自不同的尺度空间。

公共空间与私密空间是通过不同的尺度来体验与感受的，尺度的过大使人感受疏远、辽阔；相反较小一些的尺度则给人以亲切与温和的感受。

（4）空间关系：景观设计是一种外向性空间设计，应该考虑将不同的空间形式如何联系在一起，设计空间时更多关注的是所设计空间的周边情况以及地形因素；景

图39

观环境空间设计是创造从一个空间到另一个空间的连续感，最终目的是形成景观环境的空间序列。从而达到调控人对不同环境空间的情绪感受的理想设计。

体现景观空间环境的手法有很多，一般通过软质景观与硬质景观的围合与地形的变化来产生，形成由地面、围合构筑物、顶面围合等不同的设计手法形式。这一切将通过具体的铺装、叶子顶棚、植物地毯、流水花墙等一系列造景手段来实现。

四、气候因素

气候主要受地理纬度和地形地貌的影响较大，一个地区的四季变化与天气特征对景观设计的影响是巨大的，该地是否多雨、是否干旱、是否多风等等，这在景观设计中是不可忽视的重要因素；环境微循环因素的作用也会对景观产生一定的影响，比如说植被覆盖程度、水系面积大小、用地是否向阳、用地是否是山地等等。这一切在景观设计时考虑的不足都会对景观造景产生毁灭性的打击。

了解气候因素是景观设计师的重要的设计参考法宝。在南方阳光充足的地区就应考虑适当的遮阴设施，风大寒冷的地区就应当考虑向阳避风。在纬度高的地区应在南向种植落叶阔叶乔木，而在低纬度地区应在南向种植常绿阔叶乔木。这样能够达到夏季有阴，冬季有阳的景观效果（见图41）。

图41

第四节 景观空间类型

景观设计主要设计对象是城市开放性空间：包括广场景观设计、步行街景观设计、居住区景观设计、街头绿地景观设计以及城市滨湖景观设计等。景观设计的目的不仅要满足人生活功能上、生理健康上的需求，更要不断地提高人生活的品质，丰富人的心理体验和精神追求。

图42

一、城市居住区景观

城市居住区景观为城市居民提供就近使用的室外空间环境，虽然居住区景观是城市景观的延续，但是此类空间并不欢迎无关人员的任意侵入；居住区景观是每一个居民都能使用的景观空间形式，它用其特有的生态效应来改善居住区的整体生态环境。构筑物多采用宜人的尺度，并伴有轻松的活动内容来适应老年人、青少年、儿童活动。场地空间布置应有一定的文化体育设施，突出娱乐康体功能，以供住区内人口生产、工作之余休息娱乐。居住区景观的服务半径一般400—500米为宜，面积必须大于0.5公顷（见图42）。

1.居住区景观空间形式

居住区景观是内向型的外部空间形式，景观环境要给人以安静、祥和的氛围，充满生活气息。小区内部空间形式是属于住区内居民的使用领域，属于半公共空间形式。尺度过大则会使人产生失落感，过于窄小会产生压抑感。人的眼睛一般以60度视锥观察周围的事物，注意力集中时的视锥为1度左右。当仰角为27度时看到的是整体建筑或景观构筑物。所以为了能够看到更多的天

图 43

图 44

空或城市天际线，应该适当的减小仰角。住区内部应有足够多的娱乐休闲设施，安全指标的提高是因为住区内部设施多是老年人和儿童使用时间较长，所以在设计中水系和设施的转角、景观构筑物高低等都是设计中应该考虑到的重点问题，在住区内真正的安全不是用眼睛来看的，而是设施与整体环境的安全；毕竟一个在七楼阳台上看到自己的孩子在楼下玩耍的母亲，即使眼看危险的发生，也是来不及救助的。

在居住区内部景观的设计应有亲切、和谐、尺度适宜、色彩丰富的构景需要，不应用较大的尺度来表现空间概念，因为，这种空间形式毕竟是住宅内部空间的向外延伸，设计时多考虑居民的文化、心理因素是必要的（见图43）。

2.居住区景观道路系统

通而不畅原则。这是在居住区设计规范中明确规定的交通形式的处理方法。达到不是小区内部或与小区相关的车辆，因为路线的延长而不愿进入的状态；同时也解决了人车的矛盾关系，即在小区内部达到车让人而不是人让车的人性化目的。住区内部应采取道路分级的设计方法，同时要把景观的理念融入到住区道路系统中，做到景随路变，层次丰富。

人车分行原则。人车分行并不是一般理解的人与车完全的分开行走，因为人车之间的关系十分紧密，在住区内分行只是为了人的行走安全。在车行道的一侧应设置人行道与之配合。在人车完全分行的道路上，到了夜

图 45

晚没有一个人行走，增加了不安全的因素，容易形成消极的空间形式（见图44、45）。

3.居住区植物配置系统

居住环境的优劣在植物配置上有明显的反映，因为软质景观是居住区中造景的重点，这也是评价一个住区外环境质量水平的一个标志。住区软质景观设计不只有观赏的作用还应该有其实际的功能意义和生态需求。

在植物选择上应从实用功能上设计，不应片面的追求观赏性的名贵花木。应选择易生长、抗性强、树冠大、枝叶茂盛的落叶乔木为主，适当配置造型优美的常绿树。同时应该考虑到植物生长的速度，快生树种与慢生树配合使用效果最佳。

在住区外部主要车行道一侧应密植高低有致的乔灌木，以减少城市噪声。在住宅有窗的西侧应植高大的阔叶树可以遮阴。在人行路上可按花境或逐渐向外递减的方式种植植物，形成有层次的景观群落。在车行路上应种植乔木，采用通透设置，避免遮挡视线，保证交通安全（见图46）。

图47

二、城市步行商业街景观

自欧洲老城区的马路改作为步行街以来，街道就不再是单一专为通过而存在，也是为了驻足游赏。商业街的出现给城市人口带来了新的生活方式；商业步行街提供了完善的街道家具与丰富的景观设施，集购物、娱乐和休闲为一体，把生活中必要的购物活动变成愉快的休闲享受（见图47）。

城市步行商业街一般分为完全步行商业街、公交步行商业街、半步行商业街，主要与步行商业街的使用时间和使用方式有密切关系（见图48）。

完全步行商业街是在步行街中人、车完全分离，除紧急消防和救难时，车辆可以进入外，其他普通车辆禁止通行。半步行商业街以时间阶段管制汽车进入区内，规定人与车分时段进行使用。公交步行商业街只允许公交汽车通过，有利于行人的搭乘和客运交通。

图46

图48

1.完全步行商业街

商业街在城市中与市民的生活密切相关，人群聚集区是建设商业街的前提基础。商业街是城市居民接触和使用最频繁的空间形式，现代都市中心区的商业步行街在公共休闲空间中有其举足轻重的影响与地位。步行街为使用者提供了完善的街道家具与丰富的景观设施。商业步行街集购物、娱乐和休闲为一体，把生活中的购物活动变成愉快的休闲享受。

完全步行商业街是将步行街中的人、车完全分离，禁止车辆进入。通常对车辆的管制采取两种方式：

平面分离——只允许紧急消防车和救难车辆进入。

垂直分离——车行道在高架桥上行驶，人在地面行走，或人使用地下通道、车辆在地面行驶，形成地下步行商业街（见图49）。

随着城市地铁发展起来的地下步行商业街，现今已是城市商业空间的一种重要组成部分。地下步行商业街吸引了大量人流，使地面的交通质量得到显著改善。

图50

图49

2.半步行商业街

在步行街内规定人、车分时间交替使用街道空间。此种步行商业街以时间阶段管制汽车进入区内，在时间上可分为"定时"和"定日"两种使用方式。

3.公交步行商业街

只允许公交车通过，其他车辆禁止通行，商业街属于限制通行量的类型。在步行街中保留公交车通过，是给行人提供便利的搭乘，在步行街设计中这是一种常见的使用形式。在美国的交通步行街只有公共汽车和出租车在其中通行；在欧洲很多街道仍然保留着电车轨道，有轨车辆线路固定，不妨碍商业街中的行人，还具有绿色环保的优点（见图50）。

4.街道家具设施

街道是为人们在空间中使用的设施，是具有使用性、观赏性的设备、设施，一般分为以下几种形式：

交通安全性设施：人行道、天桥、地下道、交通标识、路灯、红绿灯、栏杆、无障碍设施等。

便利性设施：候车厅、地铁出入口、贩卖厅、售票厅、邮筒、座椅、照明、饮水器、公厕、垃圾箱等。

舒适性设施：街道软质景观、街道硬质景观、广告牌、霓虹灯等。

服务性设施：电话厅、时钟、广告牌、展示橱窗、电子显示板（见图51）。

街路构筑物虽然以较小的体量感存在于道路上，但是却能使城市景观在细节中影响人的心理，提高人的整体素质和审美情趣。在使用功能上街具与我们日常生活息息相关、密不可分，它能够真实地反映一个城市的经济、文化水平。

图51

图52

三、城市广场景观

城市广场历史悠久,它的发展变化反映了历史文化和社会制度的演变。在城市形成初期,广场往往是城市居民主要的公共活动场所。城市广场就是一座城市的起居厅,给城市居民和外来者提供多层次的活动交往空间(见图52)。

广场起源于政治、宗教目的:古罗马时期的广场主要用于政治集会作用;中世纪教堂前的广场主要用于宗教仪式作用;而现代广场主要是节日聚会、商业集市、文化娱乐、市民休憩和容纳外来者提供交往的活动场所。

1.城市广场景观空间构成

城市广场景观空间构成要根据不同的使用情况,依据广场的具体地理位置及环境进行设计,应按照空间序列的构成方法进行空间组合,并主要通过视觉产生心理和行为效应,以满足城市广场景观空间使用的具体需求。

(1)平地型广场:在历史上平地型广场最为常见。中世纪的欧洲城市广场,由于当时的城市规模小,人口不多,并处于马车时代,人以步行为主,所以广场多建于平地,由建筑围合成简单的空旷场。利用平面形式解决广场的使用形式沿续至今。以至于已建成的绝大多数城市广场都是平面型广场,如中国上海的人民广场、太原"五一"广场等。

(2)下沉式广场:近些年来,由于处理不同交通方式的需要和科学技术的进步,对上升式广场和下沉式广场给予了越来越多的关注(见图53)。

在当代发达国家,下沉式广场在城市建设中应用较为广泛,纽约洛克菲勒广场是最早应用下沉设计方法的广场。下沉式广场属于城市地下空间利用的一部分,这种广场形式利用下沉的积极因素避开了城市的车流、人流以及各种噪声的干扰。

下沉式广场应结合地形、地貌的具体情况设计成多种形式,在平面和竖向上都应有较多的变化,应是多个

图53

不同高层界面的一个缓冲空间节点,其下沉程度与地面反差不应过大,避免形成深井形状。

(3)上升式广场:上升式广场一般将车行安排在较低的层面上,而把人行和非机动车安排在地下,实现人车分流(见图54)。

2.城市广场景观的类别

(1)主题纪念广场景观:纪念性广场中的主题应是已规定的。纪念性广场以植物衬托主体纪念物,创造与主题纪念相应的气氛环境。把具有重大历史意义的建筑物或构筑物建造在广场上,形成被市民认同的城市标志物。此类广场是供市民、游客瞻仰和游览用的广场。

(2)文化休闲广场景观:文化休闲类广场是城市居民生活的重要活动场所,提供城市居民从事文化、体育、

图 54

休闲活动。这类广场多布置在文化人、艺术家等活动较集中的居住地区，作为城市中居民从事文化、生活及交流的场所。一般包括集会广场、文化广场、滨水广场以及居住区和公建前的公共空间。

（3）商业娱乐广场景观：商业娱乐广场是集购物、娱乐、饮食、观赏、交往多重功能于一体的广场，是专供布置贸易地点、商业建筑、小商品亭等商业设施的空间环境。以此，提供城市居民进行购物、消费活动。此类广场主要为进行经贸活动提供交往空间的商业性广场。

（4）宗教活动广场景观：广场最早形成在神庙、教堂、寺庙前面，主要为举行宗教仪式、集会、游行提供使用空间。一般在广场上建有方尖塔、坪台、宗教图腾等主题景观建筑。

（5）交通集散广场景观：是指在城际的交通枢纽火车站、航空港、水陆码头、城市主要干道交汇点建设的广场。这种环境空间是城市人流、货流最为集中的集散地段，既要解决情况复杂的人、车分流和停车场问题，也要合理安排交通集散广场的基础服务设施和标志性景观设施。

四、城市公园景观

城市公园是都市里的"绿肺"，不仅为城市提供环境优美的游憩空间，也为城市污染提供一个清洗的场所。城市公园满足了城市居民接近自然的需要，也是体验自然景观的最好去处；它为城市居民提供了休闲以及其他户外活动的场所，又起到美化城市、净化空气、改善城

图 55

图 56

图 57

图58

市小气候、保持水土、防风减噪、平衡城市生态环境等均有积极作用（见图55-61）。

保护和提高城市公园的品质，将会极大地提高城市开放空间的质量。这将成为城市的一种无形资产。

1.城市公园的分类

城市公园按其规模、功能以及服务对象的不同，可分为以下几类：

（1）全市性公园：为全市居民服务，用地规模在300公顷以上，活动内容丰富，设施完善的大型公园绿地。

（2）城市综合公园：规模标准为10～15公顷，有

图59

图60

图61

相应服务设施，适合于公众开展各类户外活动，适合于居民交流、休息、运动、散步等各种内容的较大规模绿地。

（3）城市分类公园：具有特定内容或形式，有一定功能和意义的公园。如风景公园、动植物园、历史公园等。

（4）居住区公园：为居住区内的居民服务的公园，在居民步行距离范围内，具有一定活动内容和设施，为居住区配套建设的集中绿地，其中包括中心公园和组团绿地。

（5）其他分类公园：区域性公园、儿童公园、专类公园等分类形式。

2.城市公园的构成要素

（1）自然景观环境：都市生活中，人工环境处于主导地位，都市的自然环境景观遭到严重破坏。正由于城市公园的存在，使人类追求自然景观的天性能够在钢筋水泥构成的城市空间环境中有机会得到释放，缓解了人的生理与心理负担。城市公园中把大自然景观保存在城市，体现了自然美在人工环境中存在的永恒魅力。

（2）行为体验场所：人对自然环境的向往在今天城市生活中已然是事实。而公园是城市中最具有自然景观特点的环境，是人们赖以释放工作、生活压力的最佳去处。由于现代人的生活方式的改变，单纯的游憩活动早已不能满足人们的心理要求，城市公园还应提供各种娱乐、文化、体育活动的需求。

（3）生态环境效应：人类聚居环境生态问题日益突出，人类开始主动地寻求解决办法，这种大环境使景观生态学在城市生态设计中得以迅速发展。城市公园在维护城市生态环境，保持生态平衡发挥着巨大的作用，城市公园生态系统的结构与真正的自然生态系统相比，并不完整。应该按照生态系统的自然法则进行设

图63

图62

图64

计，以保护城市公园生态系统良性循环和可持续发展（见图62-64）。

3.城市公园的设计原则

城市公园以其优美的环境为市民提供了亲和自然、享受自然、游憩娱乐的空间与场所，生态效应是其重要作用之一。正如美国的拉特里奇教授(Albert Rutledge)在《公园解析》一书中论述的那样，园林设计应该满足功能要求；符合人们的行为习惯，设计必须为了人；创造优美的视觉环境；创造合适尺度的空间；满足技术要求；尽可能降低造价；提供便于管理的环境。城市公园是以人为核心的城市开放空间，应与人的行为模式相适应，满足人的行为需求。

（1）系统有机构成原则：城市公园是城市生态系统的有机组成部分。城市公园的景观设计必须遵循系统原则，应使城市公园系统中的公园类型、规模、数量完整，保证每个城市公园本身的整体性，使公园各个组成部分有机地构成公园的整体环境。

城市公园系统结构合理性是城市公园环境质量的根本保证。城市公园系统是一个比较复杂的系统，它的结构具有多重性。首先，城市公园应含有多种功能性质的结构元素，即多种类型、多种主题的公园形式；其次，应包含多种规模、多种级别类型的公园。

（2）行为人性科学原则：城市公园是城市居民在市区内游憩、娱乐的景观空间，是居民在城市公园中行为要求的内容及其特征，这是城市公园设计的重要依据之一。城市公园应满足使用者的行为心理需求，并使公园景观环境及各个构成元素与人的行为心理活动相适应。

浏览的目的：浏览的行为模式是以景观中的人通过感觉器官来感受城市公园环境中的各种景观元素，主要通过外部丰富的信息传达景观给人的具体感受和体验，以此，来提高人亲和自然的本能的心理愿望，通过这种感受和体验使人达到身心的愉悦。在景观环境中的行为论其实质应是一种审美体验的全过程。

休闲的目的：人在景观区域中的行为基本上是一种休闲的行为状态。人的行动状态特征表现为没有一定的规律性、行动速度放慢或极易陷入停滞。像散步、交谈、闲坐以及目的性较弱的行为。

娱乐的目的：娱乐行为具有最强的目的性。随着城市生活节奏的加快和精神、物质生活的逐步提高，娱乐行为的内容变化繁多。在城市公园进行各种文体及利用娱乐设施进行的各种活动。这类行为要求城市公园为其提供适宜的空间环境以及相应的各种设施。

（3）生态持续发展原则：城市公园是城市环境中重要的生态体系构成重点。是生态环境系统调节城市新陈代谢的主要应用程序之一。人们在城市公园中亲和自然、

图65

体验自然是使用城市公园主要的活动方法和形式。为了能够达成这个目的，城市公园需要有良好的自然景观环境和人工景观环境。

为了调控城市公园生态系统的平衡，增强生态系统自我调节能力和修复性能，现代城市生态系统改善城市环境的调节观念正在日益加强，这对保护城市生态系统起到积极的作用。

如何充分发挥城市公园的生态环境效益，维持城市生态系统良性、有序发展是城市公园景观设计的首要目的和任务（见图65）。

五、城市滨水区景观

流经城市的河流在功能上通常划分为防洪、水利、环境三个方面。

水作为大自然的产物，具有无限的静态与动态之美。水系除了观赏价值之外还有很强的功能作用。世界上很多著名的自然景观与人工景观都与水密不可分。如水上城市威尼斯、从海上远望悉尼歌剧院等。水不仅是城市的风景线，也是一个自然形成的边界，在我国古代非常注重城与水体关系，这源于天人合一的生态思想和讲求"藏风得水"的风水观。所以城市的选址与水息息相关，由此形成的文明更是光辉灿烂。

人类依水系而发展，商贸随水系而繁荣。在此基础上发展而来的滨水区逐渐成为城市文明的诞生地。这一繁荣自然地构成人的大量聚集、交往、贸易与停驻，城市因此而形成。

城市滨水区，泛指水系边缘，是城市与江、河、湖、海接壤的广大区域，一般成带状分布。滨水区可视为陆地的边沿，也是水的边缘。滨水区在城市中具有自然山水的景观和城市人文景观情趣，具有公共活动集中、历史文化因素丰富的特点，是自然生态景观系统与人工景观系统交融的城市开放空间。

图 66

1.城市滨水区景观构成

  城市滨水区景观的构成会因为濒水系的地理位置的差异而形成不同的景观形式；还会因季节、天气、时间的不同产生千变万化的景观形象。

  在设计中应依据城市滨水区水系的流向、流量、形状的变化，把城市滨水区景观划分为线形景观区、带形景观区和复合形式景观区。

  （1）线形景观区：线的特点是狭长、多变，有明显的

导向性。线形空间多构筑于流量较小的河道上，由景观构筑物群或植物带形成连续的、对景的界面形式。中国的周庄、著名的意大利的水城威尼斯，都是利用线形结构的布局。其中河道纵横，两岸店铺相连，景观优美、奇特，吸引了众多世界各地的游客。

  （2）带形景观区：带形景观区一般是指在水面宽阔，两岸景观构筑物群天际线丰富，植物景观层次多样化；景观区域构成的空间开敞、围合限定不明确。

  水系堤岸应具有防洪、景观和漫步道路的多重功能。

滨水岸线是城市的一道风景线。当大型的河流经过城市，沿河流轴向往往形成明确的带形景观，成为城市的特色景观空间。

（3）复合形式景观区：复合形式景观区的特点是水面辽阔、形状不规则、景观进深较大、空间的限定作用较弱，空间开敞。复合形式水面作为背景的作用会为整个景观区域创造更多的价值。

海、湖的沿岸地区可以视为复合形式景观区，因为岸线的复杂，所构成的景观区域也是十分的丰富。当城市面向大湖、大海方向扩散、延伸的时候，使人能更加感觉到开敞辽阔的感觉（见图66-69）。

图 67

图 68

图 69

2.城市滨水区景观设计原则

（1）适应人文地理环境：景观环境因素涵盖诸多元素，包括自然景观因素，如地形、地貌、水体、动植物等；还包括由历史因素所沉积形成的文化内涵，并对环境因素进行加工和再创造，保证景观元素的独有性。

在适应人文地理环境的基础上，滨水景观设计应具有它所在的城市的特征，如具有显著的文化内涵、民族习惯、地域差异。把握以上所涉及的景观设计元素，使城市滨水景观成为城市生态美的核心。

（2）滨水景观空间序列：滨水景观空间序列是指人对景观节点元素的感受。这些节点的构成法则是按照韵律与节奏的方式加以设计的。每个景观节点都是整个序列中的重要组成部分，也是景观元素在空间、时间多维状态下，主要以视觉方式的连续解读。景观序列一般都是在运动状态下连续的审美过程，景观体验与分析是在时间流上，在连续的节点空间中逐渐实现的。滨水景观空间序列是由河流方向组织起来的时间与空间所构成的轴线关系。在这种空间序列中，控制景观的视点与视距的最佳角度，以自然水系为依据，形成从起景、过渡到高潮，直至结景的视觉线性景观空间。在步移景变的感知滨水景观最佳视角的同时，滨水景观也成为城市的一道变幻的风景线。

（3）滨水景观天际线：滨水景观天际线韵律与节奏的设计，是整体设计的重要组成部分，是景观形象的轮廓线。

把握好滨水天际线的设计应注意前景与背景之间的有机构成关系，因为二者的联系是非常的紧密的；前后景观节点的穿插是丰富景观视觉环境的主要形式和方法，也是保持景观元素之间动态形式的基本手段。在天际线

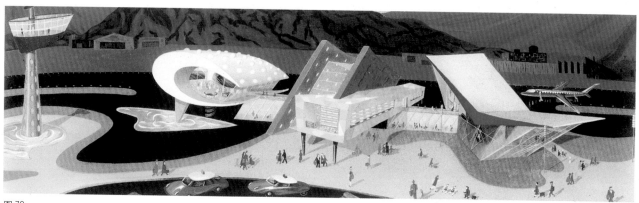

图70

图71

的控制上应力求形成轮廓的高低起伏、错落有致，积极做到天际线的节奏与韵律有重点和多变化。形成城市滨水景观特有的画卷美（见图70、71）。

第五节　景观公共设施与设备

设施构成可按功能性质、使用频率和规模级别进行分类，以利于功能组合、规划布局及分级配建。随着社会的发展和文化生活的提高，公共设施不断寻求品位的高层次，从整体环境出发，体现出系统化、综合化、步行化、景观化、社会化以及设备完善化，规划的明显特征。

一、公共设施配套的分类

1．按功能性质分类

共九大类，即教育、医疗、卫生、文体、商业服务、金融、邮电、市政公用、行政管理及其他。每一类又分为若干项目，如教育类设有幼儿园、托儿所、小学、中学等项目。根据各类公建功能特点可进行分区、选址、组织修建以及管理等。如商务服务设施和文化体育活动设施可邻近设置，二者业务经营上有联系，可综合形成中心，设置于不影响车行交通所流出入口附近，人流交汇或过往人流频繁地段，既方便本区居民，又便于过往顾客，以增加营业销售。

2．按使用频率分类

分为两类，即居民每日或经常使用的公共设施和必要而使用的公共设施。前者主要指少年儿童教育设施和满足居民小商品日常性购买的小商店，如副食、菜点、早点铺等，要求近便，宜分散设置。后者主要满足居民周期性、间歇的私生活必需品和耐用的商品消费，以及居民对一般生活所需的修理、服务的需求，如百货商店、书店、日杂、理发店、照相、修配等，要求项目齐全，有选择性，宜集中设置，以方便居民选购，并提供综合服务。

3．按配建层次分类

以公共设施的不同规模和项目区分不同配建水平层次，可分为三类，即：基层生活公共服务设施（以1000～3000人的人口规模为基础）。应配建综合服务站、综合基层店、早点小吃、卫生站等；基本生活公共服务设施（以0.7～1.5万人的人口规模为基础），应配建托儿所、学校、粮油店、菜店、综合副食店等；整套完善的生活设施（3～5万人的人口规模为基础）应配建综合管理服务，综合百货商场、食品店、综合修理部、文化活动中心、门诊等。一般人口规模越大，吸引范围就愈大，公共服务设施配建水平（配建项目及面积指标）愈高，服务等级和提供的商品档次也就愈高，这类公共设施应集中设置在较高一级的公共中心，如居住区中心。反之，应分设在低一级公共中心，如后设小区，居改组团等。

二、基本公共设施分类及设置参考

1．交通设施

（1）公共汽车站：步行商业区的出入口附近。

（2）停车场：宜设地下或地面停车场，停车位数计算：1车位/300～500m² 公建面积。

2．公用设施

（1）路灯：可按10～15m间距设置步行街内以小于6m为宜。

（2）公共厕所：宜设于休息场地附近与绿化配合。

3．休息设施

座椅：按不同场地考虑形式。围合布置形式，双人椅长1.5m左右，坐高0.38m左右，椅背0.8～0.9m。

4．卫生设施

（1）饮水器：功能与装饰结合，保证视觉洁净感，高度0.8m为宜。

（2）烟蒂筒：根据吸烟行为，高度0.8m左右，筒直径0.35～0.55m。

（3）废物箱：造型醒目，便于清除废物，与休息设施配合，高度为0.6～0.9m。

5．服务设施

（1）电话亭：选择人群聚集、滞留场所设置，正方形0.8m×0.8m，高2.0m。

（2）悬挂式电话机，色彩醒目：局部围合隔声，视线通透，电话设置高1.5m左右（残疾人0.8m）。

（3）指路标：方向变换及人群多聚集停留场所，设置高2.0～2.4m、字体8cm以上、视距6m以下。

（4）标志牌：符合含意清晰、醒目、美观。

（5）导游图：设于出入口及中心人群停留场所。

（6）报时钟：功能与装饰相符合、高度6m以下，钟面0.8m左右。

（7）车挡护栏：根据交通状况考虑固定式或活动式高度0.6～1.0m为宜。

公共服务设施项目众多，性质各异，布置时应区别对待。沿街带状购物，交通沿街道集散，公共建筑应退红线以疏散人流。商业设施经营效益显著，并有利于组织街景，但交通性干道一般不宜沿街设置。成片集中则有利于功能组织、居民使用和经营管理，易于形成良好的步行购物游憩环境。

三、公共设施（见图72）

1.儿童游戏场设施

设备：按运动特征分类：

（1）摇荡式器械：秋千、浪木

（2）滑行式器械：滑梯

（3）回旋式器械：转椅、转球

（4）攀登式器械：木杆、钢管组接而成

（5）起落式器械：压板、跷跷板

（6）悬挂式器械：单杠、吊环、水平爬梯

2.停车设施（见图73、74）

（1）机动车的停放设施：车辆停放形式分：平行式、垂直式、斜列式

（2）自行车停放设施：摩托车一般采用垂直式、倾斜式、平行式

自行车一般采用垂直式、倾斜式、错位式、双层式、悬挂式

图72

图73

图 74

3. 休息设施配置（见图 75-84）

座椅、野外桌、果皮箱、烟灰筒、垃圾站、饮水栓、公共电话亭、邮箱、标志。

图 75

图 76

图 77

图 78

图 79

图 80

图 81

图 83

图 82

图 84

课题思考：

1. 怎样理解景观的含义及其构成要素？

2. 进行景观设计时应遵循哪些造型原则？

3. 景观设计中对空间处理有哪些方法？

前言 >>

当前，我国正处在一个经济快速发展的关键时期，伴随着发展和经济实力的增强，人们对居住环境质量的认识和要求也在逐步提高，在未来几十年中，我国的装饰装修产业仍是国家发展的"朝阳产业"。

装饰工程施工组织管理是装饰企业管理层与作业层密不可分的一种管理制度，是装饰企业管理的基础，是体现企业管理水平和提高经济效益的保障。装饰工程施工组织与管理是装饰项目完成的过程控制，它包含的内容广泛且复杂，涵盖了设计、施工、预算、管理的全部内容。

装饰工程施工组织是室内设计与工程管理专业的核心课程，课程体系注重理论与实践相结合，总计120课时。整个课程采用循序渐进的模式进行教学，把专业理论讲授、案例分析与工地参观实习相结合。

本教材围绕装饰工程项目施工组织的内容，融合了国家有关的法律法规、工程技术、管理知识、艺术思维、设计方法等，结合艺术设计的特色，将工程管理与设计相互渗透，使之通俗易懂，力求掌握运用。

教材特点：

1. 强调学科的交叉和复合。本教材从装饰工程的特点出发，补充和完整了以往教材的建筑工程管理为主线而进行编写的模式，着重强调设计与工程管理的关系。

2. 随着工业化程度的提高，装饰工程岗位技术内涵发生了新的变化，岗位人员的专业素质和技能素质要求有了新的、更高的标准，这对中、高层次技术人员提出了新的要求，这些人员应具有将技术、设计、工程管理进行复合的能力。本教材突出了这方面的内容。

3. 实施教学内容的改革，教材把基础、专业、实践三段独立的内容按比例融合，分插于教材的各个章节中，使理论与实践有机结合。

4. 本教材采用案头作业与工地实践的形式完成课程内容。

"装饰工程施工组织"课程要求学生掌握装饰工程施工组织的内容、任务以及装饰企业的经营与管理。在教学过程中，通过对施工实例进行分析、学习，让学生了解施工组织设计的内容，包括工地现场场容管理、安全管理、文明施工、成本控制、绿色环保、资料制作等方面，还要了解ISO9001贯标内容等，同时还须带领学生到施工现场参观、学习、实践，可以通过将有经验的施工管理人员和项目经理请进来，讲述施工组织的经验，在现场感受对工程项目的施工控制，从而全面掌握施工组织与管理的方法。

编者 2009年12月

目录 contents

第一章 装饰施工组织概论

本章重点

装饰工程施工是一种生产活动。其产品的形式是通过装饰的"空间"或"建筑"来体现的。在进行这种"生产"的过程中，涉及人力资源、材料、机械设备、资金、技术、信息等生产要素，把这些生产要素按照装饰工程施工的要求，在空间、时间、数量上将它们合理地组织起来，在统一指挥下实施生产，这就是装饰工程项目施工组织和管理。

学习目标

通过对本章内容的学习，要了解装饰施工组织的对象和任务是什么，了解装饰常用材料及施工工艺，了解装饰施工关联的一些因素和装饰施工的概况，为下一步学习作些基础铺垫。

建议学时

3学时。

第一章　装饰施工组织概论

第一节 //// 建筑装饰施工组织的对象和任务

装饰施工组织的对象是针对装饰项目的各项技术工作要求和技术活动全过程进行管理。其主要的任务或者职能有五项：计划、组织、领导、协调、控制。计划是指在装饰工程项目施工承包合同规定的工期、质量、造价范围内，为了按设计要求以及效益的实现目标，制订实施项目目标的计划；组织是指在项目经理的领导下，在企业主管或企业部门指导下，通过各类制度，建立一个以项目负责人为首的高效率的组织机构，以便确保项目的各项技术和经济指标的顺利完成；领导是指管理者采用何种方式指导和激励所有参与人员来完成目标，解决在完成目标过程中所发生的冲突问题；协调是指在项目完成过程中，针对项目的不同阶段、不同部门、不同工种之间的复杂关系和矛盾，进行及时的沟通，排除障碍，解决问题，确保工程项目的完成；控制是指通过决策、计划、协调和调整等过程，采用各种方法和科学的管理实现目标质量和效益的最优化。

装饰施工组织的任务是根据装饰工程的施工特点和管理活动的特征，按照生产管理的普遍规律和施工生产的特殊规律，以具体的施工项目作为管理对象，正确处理施工过程中的工人、作业条件和工艺方法在空间布置和时间排列上进行有效的组织管理活动，保证和协调施工生产按计划、按步骤正常有序地进行，做到人、财、物的合理组合，并安全、优质、文明、环保地完成各项目标。

装饰施工组织与管理的基本内容研究掌握工程特点，充分理解设计意图，摸清施工条件，做好施工准备，合理组织生产要素，协调设计和施工、技术和经济，协调企业与具体项目各部门、各单位间的关系，科学编制施工组织设计；搞好以加强科学管理、提高工程质量、保证施工安全、控制施工进度和降低施工消耗为目的的施工现场管理活动。装饰项目施工组织与管理是一个系统过程，有其自身的运动规律。装饰项目施工组织与管理的过程就是输入合理的生产要素；巧妙地组织、计划、控制施工过程，输出合格的"装饰产品"，在实现项目目标的过程中还须不断地进行信息反馈和监控施工过程是否与计划相符合。工程项目的施工过程，决定了施工组织与管理的工作内容。装饰项目施工就是对各要素进行合理组织并通过施工组织设计来实现的。

第二节 //// 室内装饰常用材料

装饰工程项目施工是一门综合性很强的技术，它涉及的面极其广泛，涉及材料学、工艺学、结构学、管理学、美学等方面。其中材料方面是一个大的内容。材料学是伴随着材料工业、化学工业、轻工业及建筑设计等方面的发展而发展的，以前传统的装饰工程所采用的工艺，一般是用抹灰刷白灰浆、大白浆以及贴清水砖，贴花岗石，用大漆油漆木柱或用颜料和用油漆做一些壁画，大梁的绘画装饰，也常用雕刻的工艺进行饰面的装饰。随着社会和经济的发展，我国的化学工业、建材工业开始生产诸如建筑涂料、壁纸、化纤地毯以及合成石等建材，各种施工工艺逐步完善，一般说来，装饰材料的开发总是和科学技术的发展紧密相连的，如铝合金的幕墙材料是和钢结构技术、玻璃生产技术的发展分不开的；用在高层建筑室内的干挂石材为了减轻其重量，将石材切割成2～3mm厚，并在其背部粘贴轻质材料进行装饰，这种切割石材的方法，就是运用了现代高科技水切割技术才得以完成的。

近年来各种类型饰面板的发展速度异常迅猛，诸如防火板、太空板、塑铝板、微晶石、仿真石等层出不穷，由于新材料的快速发展，促进了新工艺的不断创新。

装饰工程项目的施工包含了建筑物几乎所有界面的装饰任务。也可以说是对建筑物的顶、地、墙各界面的重新"梳理"。在这个过程中，施工选用的材料是多种多样的，各种材料又存在相应的加工工艺。在学习本课程的时候，可以从了解材料入手。

在了解材料过程中，将材料分为基础材料、常用材料和饰面材料。虽然材料的变化很快，但基本原理的变化不是太大。因此对基础常用材料的知识必须掌握。在掌握了相当一部分材料知识以后，根据建筑物各界面的艺术要求和特点，通过实习了解和掌握一些工具的使用方法，了解装饰施工工艺的知识和制作流程，从而达到掌握整个装饰施工工艺方法与步骤。

在装饰工程施工中，各类饰面材料起着很大的作用，材料的使用也多种多样，千变万化，新材料、新技术日新月异。在学习中，要了解各种材料的规格特点以及表面效果，注重对基础材料的了解。除了对成型材料的了解之外，还要努力了解其生成的方式，以便在今后的工作中灵活运用。下面是介绍部分常用的装饰材料：

一、胶结材料

胶结材料是指用水拌和使用的材料，这种材料能在一定的时间内，使糊状凝结成一定形状，并且能够作为饰面材料的黏结的媒体，它的可塑性比较好，大部分材料能够承受大自然的侵蚀，因此，被广泛地用于建筑和装饰工程当中。

1.水泥

在室内装饰工程中，常用的水泥有很多种，如：硅酸盐水泥，普通硅酸盐水泥，矿渣硅酸盐水泥，火山灰质硅酸盐水泥，粉煤硅酸盐水泥等。水泥由于其用途不同、特性不同，也就有了不同的标号。装饰性水泥：这种水泥主要用于表层装饰，或作为浅色大理石的基层黏结材料，装饰水泥有白色硅酸盐水泥和彩色硅酸盐水泥。

2.石灰

石灰是传统的建筑材料，是用石灰石经800℃～1000℃煅烧而成，人们又把它称为生石灰，生石灰在使用之前，有一个熟化过程，通常将生石灰加水。为了让其熟"透"，消解的熟石灰须在灰浆池中"泡"两周以上，并在浆面上保留一层水，以便与空气隔绝，避免炭化。石灰的使用可以和砂、石屑或水泥等拌和成为拌灰用砂浆，在一定的时间内逐渐硬化。

3.石膏

石膏是一种气硬性胶结材料，它是由石灰膏煅烧而成，将煅烧过的石灰膏磨成白色粉末，俗称石膏粉，石膏按用途分为模型石膏和建筑石膏、地板石膏、高强石膏等。石膏与适当的水混合后，最初成为可塑性的浆体，但很快就失去塑性，在凝结过程中，迅速产生强度，最后成为坚硬的固体，这个过程就是硬化过程。

二、常用基层板材

木材由于其特性和易加工性，很久以前就被人们广泛地使用在装饰工程中，木材做成罩面材料的方式方法有很多，加工后的材料可用于装饰中的不同部位。

1.胶合板

胶合板是通过原木切片及胶合工艺过程而制成的木质板材，这种材料可以作成多层板，有三合板、五合板、七合板……现又有不同厚度的多层板。

2.细木工板

细木工板表面用二层胶合板，中间以短实木排列做成木芯，压实胶合加工成细木工板，常用于木作加工的基层板材，这种材料由于稳定性好，不易变形，加工方便，被广泛地使用于装饰工程之中，板材的木芯有杨木的、杉木的、柳桉木等。

3.硬质纤维板

纤维板是以植物纤维重新交织，压制而制成的，在成型时由于采用的压力、温度的不同，纤维板的容重也就不同，因此，按容重不同可分为硬质纤维板（高密度板）、半硬质纤维板（中密度板）和软质纤维板（刨花板），此类板材在装饰工程中可作为基层板，亦可作为面层板，并且可以进行一些表面的处理，如喷涂涂料、钻孔、形成一定的图案。纤维板又是一种很好的吸音材料，还具有一定的保温性能。常用硬质纤维板的标定规格物理力学性能及外观质量，要求比较高。

三、常用表面装饰材料

1.石材

由于石材的特点，已经被广泛地使用于装饰工程中，它具有漂亮的花纹、色彩，及加工后的光洁度和硬度，另外它还不怕自然的侵蚀和不易磨损而被用于室内外的装饰主材。

天然石材一般采制于大自然的山中，这些荒石料经切片磨光加工成装饰饰面材料，天然石材由于结晶方式和成形方式的不同又分成天然花岗石和天然大理石。

（1）花岗石饰面板

花岗石质地坚硬，是火成岩，由石英、长石、云母的晶粒组成，品质优良的花岗石，结晶颗粒分布均匀，其耐磨性、抗风化性好，耐酸性高，使用年限长，花岗石的品种很丰富并且遍布世界各地。花岗石饰面板在使用的过程中，由于加工方式的不同，可以有许多的规格，如厚度规格，有20mm、25mm、

图1-1

3mm、4mm、6mm等，还可以定加工特需规格，长宽规格也可以多种多样，可以根据需要裁制。花岗石饰面板的表面还可以进行一些艺术处理，如喷砂处理、烧毛处理、烧毛上光处理、剁板处理、雕刻处理等。花岗石，由于其耐磨抗风化，因此常被用于建筑外观的装饰和地面的装饰（见图1-1）。

（2）大理石饰面板

大理石是一种变质岩，属中硬石材，其结晶体主要为方解石和白云石组成，其成分以碳酸钙为主。大理石的品种繁多，石质细腻、光泽好，常用于高档建筑饰面的装饰。大理石一般有杂质，且碳酸钙在大气中易腐蚀，因此不宜用于室外的装饰，常用于室内的

装饰。其加工方式同花岗石一样，由荒料切片研磨、抛光及切割而成，经过加工的大理石板材表面光洁如镜，给人以华丽的感觉（见图1-2）。

2.人造石材

随着现代科技的发展，人们用合成技术生产出人造石材，因此，人造石材又称合成石，这种合成石具有天然石的花纹和质感，并且色泽均匀，不变色，质量容易控制，给施工带来很多方便，并且环保、降低施工成本。

(1)岗石

岗石的生产工艺是将90%的自然石材经粉碎工艺后与其他材料进行合成，做成"荒料石"，再采用锯

图1-2

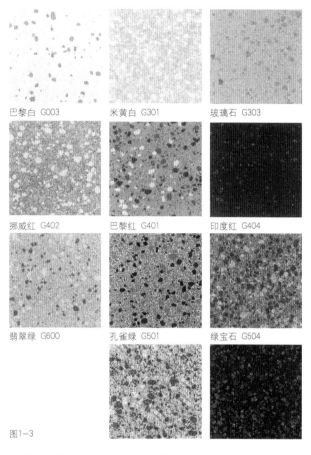

巴黎白 G003	米黄白 G301	玻璃石 G303
挪威红 G402	巴黎红 G401	印度红 G404
翡翠绿 G600	孔雀绿 G501	绿宝石 G504

图1-3

片机将其锯成片状，然后研磨，抛光，这种人石的特点是：石材色泽稳定，花纹与自然石非常接近，不易变形、磨损，常用于室内的地面和墙面装饰，岗石的颜色也有许多，岗石的品种也有许多（见图1-3）。

(2)微晶石

微晶石是由一种特殊高温烧结工艺而成的均质材料，它没有天然大理石的碎裂纹，其耐酸和耐碱性都比天然石材优良，是一种化学性能稳定的无机材料，不褪色、不变质（见图1-4）。

(3)水泥预制板材

由于水泥的可塑性较强，且耐侵蚀，造价低，因此常被人们用于表面装饰，如水磨石板、剁假石，外墙干挂板等（见图1-5）。

3.陶瓷

用于建筑装饰的陶瓷制品有多种类型，主要指的是釉面陶瓷制品、同质陶瓷制品、艺术陶瓷制品以及

图1-4

图1-5

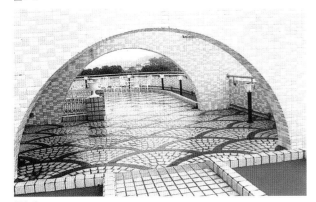

图1-6

马赛克等。

(1)釉面

在陶瓷、土砖坯上挂釉，然后烧制成釉面砖，釉面砖的色彩较稳定，经久不变，且吸水率较低，因此常被用作潮湿的室内墙面的装饰，如卫生间、厨房间等（见图1-6）。

(2)同质砖

同质砖与釉面砖有一个很大的不同是：釉面砖是用陶坯或瓷坯做基础，然后挂釉烧成，而同质砖是基础和表面的材质是同一性质的，成型后再烧制而成，其性质耐磨（见图1-7）。

(3)艺术陶瓷板

在装饰工程设计中，设计师经常使用陶瓷壁饰进行一些界面的装饰，陶瓷壁饰以釉面砖或陶板等为原料制作而成，具有浑厚古朴、色彩变化多端的特点，且耐酸、耐碱、耐摩擦，抗污染，它既适用于室内，也适用于室外，这些工艺在很久以前已被我们的前辈运用过，像九龙壁等就是很好的例子。陶瓷壁饰不仅仅是原画的简单复制，而是艺术的再创作，可以运用多种技法和技术，采用刻板、点釉、烧制等一系列的技术，使壁饰产生丰富多彩的艺术效果（见图1-8）。

图1-7

图1-8　　　　　　　　图1-9

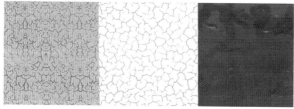

图1-10

图1-11

(4)马赛克

马赛克是一种较为古老的材料，由于这种材料变形小，且材料色彩保留时间长，基本无变化等优点，很早就被人们当做装饰的材料，马赛克实质是玻璃制品，其色彩很丰富，随着科技的发展，现在除了玻璃马赛克还有陶瓷马赛克、石材马赛克、金属马赛克等，其规格有多种（见图1-9）。

4.罩面材料

所谓罩面材料是指基础的外层材料，如石膏板、塑料板、金属板等。

(1)石膏板（又称纸面石膏板）

以半水石膏和面纸为主要原料，掺入适量纤维、胶粘剂、促凝剂，经过一定的工艺流程而制成轻质薄板，具有高强、隔声防火，缩率小，易加工，性能良好诸优点，被广泛应用于装饰工程之中，该材料适用于建筑的内隔墙、墙体复面、吊顶等，最近又开发出防火型和防水型纸面石膏板。纸面石膏板的厚度与尺度有多种规格。

(2)塑料板材

随着科技的发展，用塑料板材作罩面材料亦已被人们逐步接受，其特点是图案丰富多彩，它可以仿制木材、金属等外观形象，且耐湿、耐磨、耐热、耐燃烧，还耐酸、碱、油脂等。它可根据加工方法不同而有软、硬两种，根据不同需要，可以作吊顶板、台面板、地板等（见图1-10）。

(3)木质饰面板

这类板材大多采用三合板的工艺，选择不同木材的品种，采用切片工艺方法，胶合成各种罩面材料，产生出了许多品种优质的饰面胶合板。如果将优质木材切片方式作一些变化，就可得到不同花纹的饰面材料，在黏结层的数量不同，可以得到不同厚度的饰面板。

5.金属板材

用金属板材做罩面材料是近几年发展起来的新的形式，它的种类比较多，从材料性质上分有不锈钢的，有铜的，也有铝的，还有多种材料复合的等。

(1)不锈钢板材

不锈钢薄板经特殊表面处理后，可成为各种装饰效果的材料，有成为镜面的，有粉面亚光的，有拉丝的，有凹凸压花的等，经化学处理后还可有一定色彩的，如钛金不锈钢等。由于其材料的性质特点，具有耐火、耐潮、耐腐蚀，变形少，安装方便，因此在一些较为高档的装饰工程中，经常被人用于壁面、柱面、顶棚、门厅的装饰。常用的规格有400mm×

图1-12

图1-13

图1-14

400mm，500mm×500mm，60mm×1200mm，1000mm×3000mm，厚度为0.4mm～1.5mm。不锈钢薄板经折板加工后，还可做成各种装饰的嵌条，用作饰线和收边材料（见图1-11）。

(2)铝板

主要有三种类型，一种是纯铝板，它的加工方式是用纯铝经辊压冷加工成金属材料，采用剪裁，焊接，涂复面层做成铝质部件，主要装饰在外墙和吊顶，另一种是用铝合金材料经挤出工艺做成形材，用于室外墙面或室内吊顶，还有一种是卷边工艺做成特定形状的装饰板材，如"乐思龙"装饰板材。除此之外，还有铝合金面材和高分子基材复合而成的装饰罩面材料，一般称其为铝塑板（又有称美铝曲板），由于这种材料表面色彩多样，且表面处理方式多样装饰效果好，又有重量轻，强度好，耐腐蚀，经久耐用等良好的性能，深受人们的欢迎（见图1-12）。

(3)铜板

人们在很久以前就开始用铜材作罩面材料，它以沉稳的色彩、凝重的材质，经久耐用的特点，深受人们喜爱，铜材可以做成板材，也可以做成线材，其表面可以用化学和机械等工艺处理，形成不同的表面效果，多被用于制作门及门套、壁面、柱面等的装饰（见图1-13）。

6.玻璃

玻璃是一种被广泛用于建筑的材料，随着玻璃的制造技术和建筑技术的发展，玻璃制品已由过去单纯作为采光和装饰发展成为能够控制光线、调节热量、控制噪音、减少建筑自身重量、改善环境、提高建筑艺术性等诸方面功能的建筑主要材料之一。玻璃的种类繁多，可分为标准玻璃、艺术玻璃、特殊功能性玻璃等（见图1-14）。

(1)标准玻璃

标准玻璃一般指大量使用的常规规格玻璃，其包含平板玻璃和压花玻璃。

(2)艺术玻璃

在玻璃的表面进行二次艺术加工成为艺术玻璃，其表面加工的方式多种多样，一种是采用蚀刻工艺制成的艺术玻璃被称为刻花玻璃；另一种是将玻璃与其他材料经加热烧熔结合称为热熔玻璃；还有是将玻璃经机械加工成为车花玻璃等；除此之外，还有裂纹玻璃、夹绢玻璃等（见图1-15）。

(3)特殊玻璃

由于各种功能要求不同，对玻璃的要求也就不同，有保温功能的中空玻璃，有防爆裂功能的夹层玻璃，有高强度的钢化玻璃、防弹玻璃，有热反射功能的镀膜玻璃等（见图1-16）。

7.涂料

涂敷于物体表面能与基本材料很好黏结并形成完整而坚韧保护膜的物料称为涂料。涂料是一种胶体溶液，把它涂在物体表面，经一段时间的物理和化学的反应，在被涂物表面粘接而成的涂膜。它含有多种成分，由油料、树脂、胶凝材料、颜料、溶剂、助剂等组成。主要分为室外涂料、地面涂料、特种涂料。有些书中将油漆也纳入涂料类（见图1-17）。

图1-15

图1-16

图1-17

图1-18

8.铺地材料

在地面装饰工程中，除了前面讲的石材、地砖之外，还有许多材料，如地板、地毯、塑料板等。

(1)实木地板

用原木直接加工成成品地板被称为实木地板。这种地板可根据不同的木材品种命名，如柚木实木地板、樱桃木实木地板、水曲柳实木地板等；还可以用其他名字命名，如门格列斯等。实木地板的规格多种多样，宽度30mm～120mm，长度600mm～1200mm，结构采用单企口和双企口形成，拼接方式采用平口接或者齿口接。在实用地板成品的加工深度上分一般实木地板、免刨实木地板、免刨免漆实木地板等（见图1-18）。

(2)复合地板

复合地板是利用木材下料，如木屑、木花等做基层材料，表面复合面材、印刷木纹纹样做成的地板，这种地板厚薄均匀，表面硬度强，易于施工、成本低，表面装饰效果好，被广泛应用于办公场所以及其他公共场所，还有一种复合地板采用制作胶合板工艺生产，基层材料是质地稍差的木材、表面用上等材料来做，效果和实木地板相差很少，但成本低廉，是一种很好的复合地板（见图1-19）。

(3)防静电地板

防静电地板主要用于计算机房等有防静电场所要求的地方。材料基层采用木材下料与树脂混合加压制成，面层采用复合面板，可以印刷花纹，有一些还采用钢基层板防静电地板，要与地板基架一同组装。随着现代科技的发展，此类地板的种类有多种，与之相配的基架也有多种类型。在使用时，要根据工程造价与技术要求进行选择（见图1-20）。

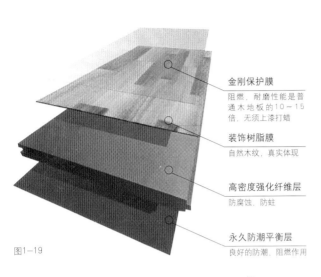

金刚保护膜
阻燃，耐磨性能是普通木地板的10－15倍，无须上漆打蜡

装饰树脂膜
自然木纹，真实体现

高密度强化纤维层
防腐蚀，防蛀

永久防潮平衡层
良好的防潮，阻燃作用

图1-19

图1-20

图1-21

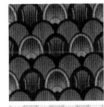

图1-22

(4)地毯

当前，工程中采用地毯铺地已相当的普遍，如宾馆、办公场所、住宅等，由于地毯的用材和加工工艺不同，产生了多种类型的地毯，如果从用材来分类，就有羊毛地毯、腈纶地毯、混纺地毯，从工艺上分类，有机织地毯、手编地毯、无纺地毯，从形式上分类有块毯、卷毯等。除此之外，还有颜色、花样等不同，因此使得地毯千变万化（见图1-21）。

9.壁纸和壁布

壁纸和壁布是最为广泛地用于墙面装饰的材料之一，除了其具有良好的装饰功能之外，还有吸音、隔热、防火、防菌、防霉、防灰、防水等功能。其种类主要是纸基壁纸、纤维布基壁纸和无纺纤维基壁布等（见图1-22）。

(1)纸基涂料壁纸

纸基涂料壁纸是以纸质为基层，用高分子乳液涂布面层，经印花、压制花纹等工艺制成的壁面装饰材料，其特点是：耐磨、透气性好，颜色、花型、质感都比较好。在施工时，操作简单，工期短、工效高，成本相对低，主要用于宾馆、饭店、住宅（见图1-23）。

(2)发泡壁纸

图1-23

采用发泡材料作壁纸涂面的发泡壁纸，使其产生凹凸较为明显的花纹。使用此类墙纸时对墙面的要求相对可以低一些，此类墙纸主要用于稍微低档的住宅内墙的装饰。

(3)壁布类

壁布印花是采用化纤布做基层，表面涂乳液，并经压花处理的墙面装饰材料，其特点是伸缩性好、耐裂强度高，易于粘贴，表面不吸水，可擦洗，色彩鲜艳，凹凸感强。施工工艺简单，工效高，选择性较好（见图1-24）。

(4)壁毯

由于某些空间需要有吸声的要求。使墙面"软化"，壁毯是能够满足这一要求的材料之一，壁毯其实也是一种无纺纤维布，仅是其质地较厚，富有弹性，吸音效果好，其色彩也是多种多样，有的还印刷了图案，是一种很好的壁面装饰材料，不过，使用这类材料时，一定要注意防火，尤其是用于娱乐场所时，更要慎重（见图1-25）。

在了解各种材料的基础上，作为工程管理人员还需要学会如何利用材料的特点，诸如材料的纹理、色彩、花纹进行有机的组合、拼接，使艺术效果达到最佳。

图1-24

图1-25

第三节 ////// 装饰工程项目施工的特点

装饰工程项目施工的特点，首先是"产品"大的特点。由于装饰工程的"产品"基本功能是提供人们良好的工作和生活的空间，这决定了它的体积要比平时我们使用的一般产品体积要大得多。其次是"产品"的固定性特点。由于大部分装饰工程项目必须固定于某个"地点"，所以建造时和建成后一般都不再移动。第三是产品的多样性及复杂性。因为"产品"要满足不同的使用功能，设计也就千差万别，这就决定了建筑产品的多样性。"产品"不仅要满足其使用要求，且应美观、坚固，因此，就其空间的构造、结构作法及装饰要求而言，也是比较复杂的。其使用的材料种类有上百种，其施工过程也错综复杂。

1.受自然条件影响

由于"产品"的"大"，有些会在露天条件下进行，这就免不了日晒雨淋，且由于建筑的施工工期较长，短则数月，长则数年，这样四季变化也会对建筑物施工带来极大影响，如冬雨期施工，必须按特殊的施工技术措施进行。这就要求在组织施工时充分考虑到自然条件对建筑物质量、安全、工期带来的影响。

2.装饰工程施工的流动性

生产的流动性是"产品"固着于地上不能移动和整体难分所造成的。它表现在两个方面：一是施工机构（包括施工人员和机具设备）随装饰空间的位置的变化而整个地转移生产地点；二是在一个产品的生产过程中施工人员和机具要随着施工部位的不同而沿着施工对象上下左右流动，不断地转移作业空间。因此，在生产中，各生产要素的空间位置和相互间的空间配合关系就经常处于变化的过程之中。空间的变化也就意味着施工条件的变化，必然要进而影响到其他方面的关系和组织与管理工作。机械设备等劳动资料为适应流动性的需要，其选择与运用也不能不受到场地条件变化的影响。施工所需的房屋和水电动力等设施也多需在现场临时建造备用，完工以后又要拆卸或拆除。施工所需的材料物资，其规格、品种等都将因地而异，或者还需要自行组织生产。场内外的运输随当地环境和原有交通条件的变动也需重新组织，运输方式、运输距离等都将会有所不同。现场平面布置，各要素间的空间关系，也因施工条件的变化而需重新安排。因空间变化而造成的自然条件（气候、地质等）之不同，对各生产要素结合的方式（施工方法）

和时间关系（施工进度），也不能不作新的考虑。人机的流动，操作条件和工作面的不断变化，这无疑会影响劳动的效率甚至劳动的组织。除此之外，生产的流动性又是与施工的顺序性紧密地联系在一起的。考虑到产品整体性的要求，建筑生产中，其"零部件"（各分部分项工程）的生产常常是与装配工作结合进行的，一经建造即成一体而不可能随便再行拆装。故施工必须按严格的顺序进行，也就是人机必须按照客观要求的顺序流动。这对于施工的组织与管理工作是有重大影响的。

3.装饰工程施工的复杂性

由于"产品"的多样性和复杂性，决定了建造建筑产品过程的复杂性。又由于功能各异，结构类型不同，装饰要求不同，"产品"没有完全相同的两个产品，在施工方面无法套用，故必须根据每件产品的特点单独设计，单独组织施工。另外，装饰工程施工涉及部门很广，使用材料规格品种繁多，各专业工种必须协同工作。这都决定了建筑施工的复杂性。故对装饰工程"产品"应实施单件计价及核算，成立专业班子对每件装饰工程"产品"的生产进行组织和管理，施工企业内部管理也有点多、面广、专业性强的特点。因此，施工组织就显得更加重要。施工组织设计就是在这种施工条件变化多端复杂异常的特点下用以对施工活动进行科学管理的重要手段。

4.在进行建设项目的施工组织与管理时应遵循的原则是

以人为本，一切从实际出发，按规律办事，有全局思想、责、权、利统一和讲求最佳效果。

(1)以人为本，施工组织和管理必须贯彻"安全第一"、"预防为主"的原则。项目管理层和劳务作业层只是分工不同，要充分体现安全、文明、质量、环保、进度、成本控制等各个环节中人的作用。

(2)一切从实际出发，实事求是。在进行施工组织与管理时，一定要面对客观事实，对具体情况作具体分析，一切以时间、地点、条件为转移，在不同条件下采取不同的施工方法。在制订施工组织方案前一定要深入调查研究，详细查看和研究第一手资料；在指导施工过程中，要随时掌握情况的变化，及时调整施工方案。

(3)按规律办事。进行施工组织与管理工作时，一定要了解其规律性，并遵循客观规律办事。按客观规律办事，首先就必须不断地学习和总结经验，使我们对施工组织与管理规律的认识愈来愈完善和深刻，才能够更熟练地来运用它们，使之更好地为我们的目的服务。

(4)有全局观念。在分析和研究问题时要看到事物的全局而不是只看它的局部，要在搞清局部的基础上掌握全局，从总体上把握和处理问题，以求得总体效益最高。落实在组织施工时必须对当前和以后各阶段的工作做一个通盘考虑，制订一个全面规划，克服施工管理的随意性。要处理具体项目与企业、项目不同阶段的工作之间的关系。施工方法的选择要考虑对工程的影响。施工机械的选择应尽可能供多项工程使用。全局观念还体现在指导施工过程中要注意协调工期、成本、质量间的关系；要注意协调与甲方、监理、当地群众、政府部门及各兄弟单位之间的关系。

(5)明确责、权、利的关系。规定每一个人的职责和权利，在建筑施工的组织与管理工作中做到每一样工作都能有专门的人负责。想问题，订计划，做决策，必须有全局在胸，作全面的考虑与权衡。要做到这一点，就必须把整个工作明确地加以划分，把每一项工作交给专人或部门单位负责完成，并且应该做到全权负责。承担任务者既有明确的责任，同时又拥有相应的权利，而且必须充分考虑到执行者的利益，把任务完成的情况与任务承担者的利益联系起来。建立各种形式的责任制度，特别是经济责任制，其效果将更为显著。

(6)讲求最佳效益。要用最小的支出取得最大限

度的效益。施工的各项活动都与最终的效益有关。讲求最佳效益是施工组织与管理工作中的首要原则。当然，这一原则并不是要我们违背国家和人民的利益，单纯追求本单位的利益，而必须兼顾国家、集体和职工的利益。

[复习参考题]

◎ 装饰施工组织的对象是什么？
◎ 装饰施工组织的任务是什么？
◎ 装饰施工组织与管理的基本内容是什么？
◎ 请说明花岗石和大理石的不同之处和用途。
◎ 简述罩面材料的种类和特点？
◎ 装饰工程项目施工的特点是什么？
◎ 进行装饰项目施工组织时应遵循的原则有几点？
◎ 谈一谈室内设计材料的类型有哪些。

[实训练习]

◎ 进行材料市场的调查，写出调查报告，列举不少于50种材料的相关信息，如材料的特性、特征，表面效果，材料规格，产地，价格，适用场合等。

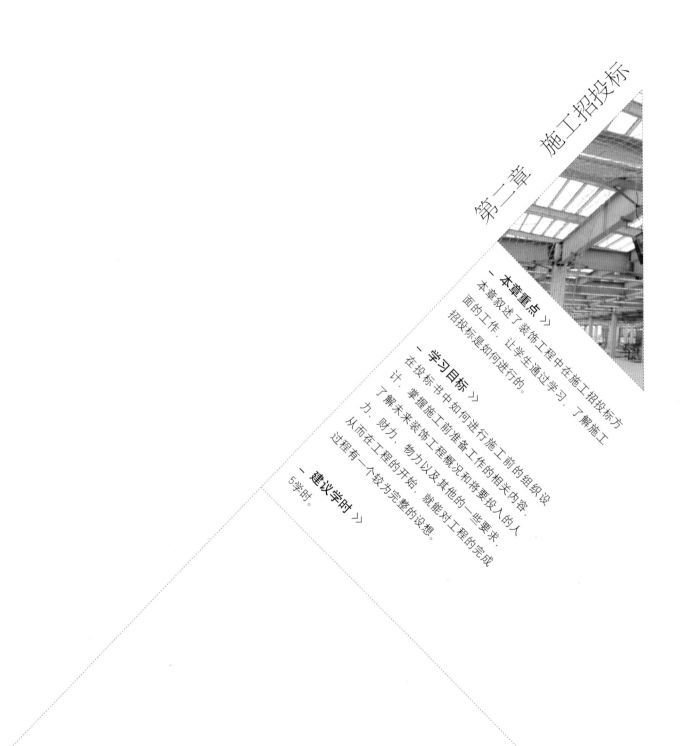

第一章　施工招投标

一　本章重点 》

本章叙述了装饰工程中在施工招投标方面的工作，让学生通过学习，了解施工招投标是如何进行的。

一　学习目标 》

在投标书中如何进行施工前的组织设计，掌握施工前准备工作的相关内容，了解未来装饰工程概况和将要投入的人力、财力、物力以及其他的一些要求，从而在工程的开始，就能对工程的完成过程有一个较为完整的设想。

一　建议学时 》

5学时。

第二章 施工招投标

第一节 //// 施工组织设计准备的基本情况

装饰工程施工是一项集设计、生产、管理为一体的复杂的活动，需要综合考虑人力、物力、财力、时间、空间、技术、组织等各方面的安排和协调。在实施建筑装饰工程项目的过程中，是分阶段展开工作。一般顺序为：工程业务信息的获得；了解工程概况；分析招标文件的信息和投标要求；制作投标书；投标书按时送达；然后开标程序（开标的形式可以公开开标，也可以议标）；中标后还必须编制实施性施工组织设计（详细的执行计划），用以指导具体施工全过程。

施工组织设计是施工指导的技术性文件，已经成为我国建设领域一项重要的技术管理制度，通过施工组织设计，使施工人员对承建项目事先有一个通盘的考虑，对施工活动的各种条件、各种生产要素和施工过程进行精心安排，周密计划，对施工全过程进行规范化的科学的管理。通过施工组织设计，可以大

体预见施工中可能发生的各类情况，预先做好各项准备，创造有利条件，以最经济、最合理的方法解决问题。通过施工组织设计，可以将设计与施工、技术与经济、前方与后方有机地整合起来，把整个施工单位的资源和具体项目施工组织得更好。在投标文件中要反映施工组织设计的内容，它是工程预算的编制依据，又是向业主展示对投标项目组织实施施工能力的手段。

施工组织设计应针对具体项目进行，必须遵守执行国家的有关法律法规和各项规范规定。根据具体施工项目的特点，针对项目的规模、投资、时间、质量要求，根据企业自身的能力，在人力资源、材料、机械设备、资金、技术、信息等方面进行优化组合与安排。因此准备阶段应尽可能详细地了解施工项目及施工条件和制约施工的可能。作为施工组织的技术性文件要实事求是，其编制的文件一方面是给业主看的，另一方面是指导施工的指导性文件。

第二节 //// 施工企业资质

根据建设部《建筑业企业资质管理规定》（建设部令第87号）的有关规定，在我国的建筑装饰工程施工行业内采用资质准入制度。因为，建筑是供人们工作、学习、生活的主要场所，使用的年限又很长，被称为百年大计。建筑装饰工程施工涉及的内容广泛，如幕墙施工、钢结构施工等；涉及的工种庞杂，专业性强，技术要求高，有些工种具有一定的危险性。又由于建筑装饰工程施工经常是单一"产品"，其"重复生产"的可能性很少，每一个"产品"由于其技术

要求的不同，所处的地域不同，施工人员的素质不同，所以造成了装饰工程施工的复杂性。为此，国家发布了一系列的有关建筑装饰工程施工行业政策和法规，推行建筑装饰工程施工"资质"制度，实施建筑装饰工程施工项目招投标制度和强制实施工程项目的安全和质量管理制度。

按照国家规定，凡从事建筑装饰工程施工的企业必须取得国家有关部门批准和认定的资质，才能参与建筑装饰工程施工的投标。企业资质根据企业性质、发展规模、人员结构、技术构成等多方面的情况分成三个等级：

建筑装饰施工一级；

建筑装饰施工二级；

建筑装饰施工三级。

另外，还有专门的玻璃幕墙施工资质、钢结构施工资质以及特殊工程施工资质，也是实施分等级的。

建筑装饰施工资质等级与施工工程的规模相联系，施工工程的规模越大，资质等级的要求越高。

建筑装饰工程施工资质是由国家有关部门来认定的，其资质申请与审批具体方法是：根据有关规定建筑装饰企业应当向企业注册所在地县级以上地方人民政府建设行政主管部门申请资质。建筑装饰企业申请资质时，应当向建设行政主管部门提供下列资料：①建筑装饰企业资质申请表；②企业法人营业执照；③企业章程；④企业法定代表人和企业技术、财务、经营负责人的任职文件、职称证书、身份证；⑤企业项目经理资格证书、身份证；⑥企业工程技术和经济管理人员的职称证书；⑦需要出

具的其他有关证件、资料。主管部门组织专家参照国家颁布的资质条例和地区发展的要求，对装饰工程施工企业的规模、条件进行审核，逐级上报更上一级的主管部门批准。国家对资质级别的审批非常严格，各主管部门权限分清，不得随意越级审批。"建筑装饰施工一级"资质必须经过建设部审批，其他二级、三级由省的主管部门审批。

资质证书的授予：建筑装饰企业资质证书只授予在中华人民共和国境内从事土木工程、建筑工程、线路管道设备安装工程、装修工程的新建、扩建、改建等建筑施工活动，依法取得工商行政管理部门颁发的《企业法人营业执照》，符合《规定》和《标准》的建筑业企业。

资质的晋升是从低到高的走向，资质的等级说明了企业的等级、施工能力和发展规模，同时，资质也明确了与资质等级对等的建筑装饰企业能够参与那些类型或者规模的工程施工的投标。

第三节 //// 工程的招标与投标

一、招标

根据《中华人民共和国建筑法》、《中华人民共和国招投标法》和有关工作会议精神，为进一步加强工程招标投标的管理，培育和建立统一开放、竞争有序的建筑装饰工程施工市场，保证建筑装饰业的健康发展，建立了一系列的装饰工程招标与投标的法规和制度，大力推行建筑装饰施工工程的公开招标制度，提出凡政府投资（包括政府参股投资和政府提供保证的使用国外贷款进行转贷的投资），国有、集体所有制单位及其控股的投资，以及国有、集体所有制单位控股的股份制企业投资的工程，除涉及国家安全的保密工程、抢险救灾等特殊工程和省、自治区、直辖市人民政府规定的限额

以下小型工程（其投资额和建筑面积的限额规定，须报建设部备案）外，都必须实行公开招标。按照公开、公正、公平竞争的原则，择优选定承包单位。实行公开招标的项目法人或招标投标监督管理机构会对报名报标单位的资质条件、财务状况、有无承担类似工程的经验等进行审查，经资格审查合格的，方准予参加投标。

二、投标

在建筑装饰工程施工投标书中应有施工组织的内容，投标施工组织设计是评标、定标的重要因素，是投标单位整体实力、技术水平和管理水平的具体体现。它既是投标过程中展示企业素质的手段，也是中标后编制实施性施工组织设计的依据，更重要的是编制投标报价的依据。同时为确保工期、质量、安全、

文明施工、环境保护目标的实现，投标施工组织设计中所采用的各项保证措施必须合理、可靠。编制投标施工组织设计的目的是为了中标，因而其编制内容应严格满足招标文件的要求，根据评标的要求逐一给予满意的答复，以避免被视为废标。投标施工组织设计并非用于指导操作，因而不宜对各项内容均进行细致全面的编写，仅需根据建设工程具体情况，进行有针对性的编写，对重点、难点内容应进行深入编写，力争做到繁简得当。

三、评标

评标工作由评标委员会承担，评标委员会由招标人代表和有关技术、经济等方面专家组成，应为5人以上的单数，其中技术、经济等方面的专家不得少于成员总数的三分之二。专家是由各地市、各部门、各单位推荐的基础上，省、自治区、直辖市建设行政主管部门应统一组织考核并认定，建立评标专家信息库。专家组应具备各种专业知识，在招标单位或招标代理机构组建评标委员时，随机抽取聘请。

评标委员会应按照招标文件规定的评标标准、方法等，对标书及投标单位的业绩、信誉等进行综合评价和比较，提出评标报告，对投标施工组织设计仅做符合性评价时，评审结果为合格或不合格；对投标施工组织设计采用评分方法时(评审结果用分数表示)，编制要满足基本要求。并根据投标单位的数量推荐1～3家为中标候选人。定标由招标单位依据评标委员会提供的评标报告，在其推荐的中标候选人名单中择优确定中标单位。在定标后，招标单位必须把工程发包给依法中标并具有相应资质条件的单位承包。

四、编标要求

在编写施工组织设计时，应根据标书要求详细地分析工程特点，突出重点。

投标施工组织设计应从技术上、组织上和管理上论证工期、质量、安全、文明施工、环境保护五大目标的合理性和可行性，并为投标报价提供依据。编制内容应重点突出、核心部分深入、篇幅合理、图文并茂。

五、投标施工组织设计的编制依据应包括下列内容

1. 项目招标文件及其解释资料；
2. 发包人提供的信息及资料；
3. 招标工程现场实际情况；
4. 有关项目投标竞争信息；
5. 企业管理层对招标文件的分析研究结果；
6. 企业决策层对投标的决策意见；
7. 工程建设法律、法规和有关规定文件；
8. 现行相关的国家标准、行业标准、地方标准及本企业施工工艺标准；
9. 本企业的质量管理体系、环境管理体系和职业健康安全管理体系文件；
10. 本企业的技术力量、施工能力、施工经验、机械设备状况和自有的技术资料。

六、投标文件的编制

1. 工程概况

要求通过简单叙述，能反映出工程的基本情况，可以使阅读者对工程有一个基本的了解。基本类除满足简单类要求外，还应通过具体调查分析，指出工程的施工特点和关键问题。使评标者能完整地了解所要评的工程的相关建筑、结构、地质、环境条件及施工中的重点、难点，同时评价投标单位对工程的关键问题把握的准确程度。

2. 施工准备工作

主要是针对工程特点进行技术和生产准备。技术准备是指专项施工方案的编制计划，试验工作计划，

技术培训和交底工作计划等；生产准备是指施工场地临时水电设计、施工现场平面布置图、有关人员证件、原材料进场计划、机械设备进场计划、主要项目工程量、主要劳动力计划、选定分包单位并签订施工合同等。

3.施工管理组织机构

项目经理和项目技术负责人是项目组织机构的关键。简历主要应包括已施工项目的日期、规模、结果等。证书主要为资质证书和职称证书。基本类：要求明确项目组织管理机构与企业职能部门之间的关系，主要管理人员的职责等。主要管理人员是指项目经理、项目副经理、项目技术负责人、质检员、安全员、施工员等。

4.施工部署

确定并概述工程总体施工方案，如垂直运输系统、外架系统、木制作和油漆涂料工艺等。基本类：通过对单位工程的特点及难点分析，制订出针对单位工程的各项目标的具体标准。如质量目标中检验批一次验收合格率、单位工程创市优或省优或更高要求等；安全生产目标：杜绝重大伤亡事故，轻伤事故控制在多少以内，实现"五无"，即无重伤、无死亡、无倒塌、无中毒、无火灾等。并以此目标为准则，从时间、空间、工艺、资源等方面围绕单位工程作出具体的计划安排。基本类要求在根据施工阶段的不同目标和特点进行部署时，简要说明相关专业在各阶段如何协作配合，高峰期最大投入人数、大型机械设备配备数量、进出场与工程进度的关系。

5.施工现场平面布置与管理

总平面布置图应表明现场临时建筑物、围墙、道路、机械、设施、加工厂、宿舍、工棚及仓库等布置，以及临时用水、用电的布置。

6.施工进度计划

根据招标文件及施工季节、节假日情况，综合人、机械、材料、环境等编制科学合理的总进度计划。在编制总进度计划的基础上，还应编制次级进度计划，论证进度计划的合理性，同时提出完成进度计划的保证措施。

7.资源需求计划

根据施工进度计划，在确定资源种类及数量的基础上，用表格的形式反映出各阶段的主要资源需求数量及其进退场时间。例如：劳动力需求计划、主要材料需求计划、主要施工机械设备需求计划等。

另外，还应有工程质量保证措施、安全生产保证措施、文明施工和环境保护保证措施，以及认证的质量、环境、职业健康安全管理体系。

8.根据不同气候的要求进行施工保护措施

要根据不同地区的气候特点进行针对性编写。如：雨期应做到设备防潮、管线防锈、防腐蚀、装修防浸泡、防冲刷、施工中防触电，防雷击，并根据现场条件制订相应的排水防汛措施。台风季节应做好支架加固措施、临时建筑加固措施。夏季高温应做好防暑降温措施、调整上班时间避开高温时段等措施。

9.分部分项工程施工方法

投标施工组织设计中，各分部分项工程的施工方法皆要确定。

(1)有施工工艺标准的，施工方法可用施工工艺标准中相关内容替代，并列出章节名称。

(2)企业没有施工工艺标准，如果地方政府或招标文件有规定同意，施工方法可用作业指导书和操作手册的内容替代。

(3)没有施工工艺标准或施工工艺标准中没有的内容，需对施工方法要点进行针对性的描述。

10.工程施工的重点和难点

工程施工的重点和难点与工程本身的特点和企业施工能力有关，通过综合分析，必要时或招标文件有要求时，列出施工的重点难点。简化类：列出名称并简要介绍。

11.新技术、新工艺、新材料和新设备应用

"四新技术"是指建设部或本地区推广应用的新技术，还可以是企业自身创新发明的新技术或工艺。列出应用"四新技术"名称，并还应根据应用部位提出注意事项，必要时附上相关部门（如政府科技部门、行业协会、企业内部专家等）的鉴定评价意见。

12.成本控制措施

成本控制措施是企业盈利能力、管理水平的体现。基本类：围绕成本控制总目标所采取的措施。

13.施工风险防范

企业提出的风险，有些需要甲方注意，必要时需要甲方分担。从各种不同的角度分析可能发生的风险，如自然和环境、政治、法律、经济、合同、技术人员、材料、设备、资金、质量和安全、组织协调等，针对不同的风险因素采取相应的防范措施和应急预案。

14.工程创优计划及保证措施

根据招标文件或企业自身的要求，确定工程切合实际的创优目标。目标包括结构优质、市优、省优及国家鲁班奖（国优）等，要求有为达到目标而采取的针对性措施。

[复习参考题]

◎ 施工组织的主要任务是什么？

◎ 什么是项目施工招投标？其意义是什么？

◎ 为什么国家在装饰项目施工中推行资质管理的制度？国家现行在本行业中推行的资质有几级？

◎ 项目施工招投标应包括哪些内容？

◎ 在项目招投标工程中主要经过哪几个步骤？请简述步骤的内容。

[实训练习]

◎ 提供1份工程施工招投标任务书和相关工程资料，要求学生根据任务书的要求做一份商务投标书。

第三章 装饰工程施工组织设计

《本章重点》

在本章中对上述各项程序认真调研，分析，掌握各项程序的要点。

《学习目标》

室内装饰工程施工组织设计是在室内装饰装修前对整个施工过程中的工程概况、施工方案选择、工程管理目标、施工工艺、工程质量、施工周期等进行综合性施工管理的指导性文件，是按期保质完成施工任务的保障。

《建议学时》

6学时。

第三章　装饰工程施工组织设计

第一节////施工组织设计计划编制依据与程序

一、施工组织设计计划编制内容

装饰施工组织设计，是用来指导装饰工程施工管理全过程的各项施工活动的综合性指导文件。它涉及的内容复杂，包括：工程编制概况，业主和设计要求，施工管理规划，施工准备工作，工期进度安排及保证措施，主要分项施工方法，专项施工方法和技术措施，质量保证体系及措施，安全生产及文明施工保护措施等内容。

1.施工组织设计计划编制依据

装饰工程施工组织设计按照工程施工进度计划安排、施工现场的实际情况排列，开工日期依据业主发出的书面通知（或合同规定期）为准。具体依据如下：

(1)装饰工程招标文件；

(2)装饰工程招标施工图纸；

(3)招标答疑；

(4)现场踏勘情况；

(5)《建筑分项工程施工工艺标准》；

(6)《建筑装饰工程质量管理》；

(7)《实用建筑装饰施工手册》。

2.国家关于工程施工的相关执行的法律、规范和规定

在编制装饰施工组织设计和计划时，必须符合国家的相关的法律和规范的要求，必须按照相关的规定执行，国家对建筑工程及相关项目的具体法规主要有：

(1)《中华人民共和国建筑法》；

(2)《中华人民共和国招标投标法》；

(3)《中华人民共和国合同法》；

(4)《中华人民共和国安全生产法》；

(5)《建筑工程施工质量验收统一标准》（GB50300−2001）；

(6)《建筑装饰装修工程质量验收规范》（GB50210−2001）；

(7)《建筑地面工程施工质量验收规范》（GB50209−2002）；

(8)《建筑电气工程施工质量验收规范》（GB50303−2002）；

(9)《火灾自动报警系统设计规范》（GB500116−98）；

(10)《建筑内部装修设计防火规范》（GB50222−95）；

(11)《建筑给水排水及采暖工程施工质量验收规范》（GB50242−2002）；

(12)《工程测量规范》（GBJ50026−93）；

(13)《民用建筑工程室内环境污染控制规范》（GB50325−2001）；

(14)《室内装饰装修材料　人造板及其制品中甲醛释放限量》（GB18580−2001）；

(15)《室内装饰装修材料　溶剂型木器涂料中有害物质限量》（GB18581−2001）；

(16)《室内装饰装修材料　内墙涂料中有害物质限量》（GB18582−2001）；

(17)《室内装饰装修材料　胶粘剂中有害物质限量》（GB18583−2001）；

(18)《室内装饰装修材料　木家具中有害物质限量》（GB18584−2001）；

(19)《职业健康安全管理体系规范》（GB/T28001−2001）；

(20)《环境管理体系》（GB/T24001−1996）；

(21)《室内装饰装修材料　地毯、地毯衬垫及地毯胶粘剂有害物质限放限量》（GB18587−2001）；

（22）《建筑材料放射性核素限量》
（GB6566-2001）；

（23）《建设工程项目管理规范》
（GB/T50326—2001）；

（24）《建筑工程文件归档整理规范》
（GB/T50328-2001）；

（25）《建筑施工安全检查标准》（JGJ59-99）；

（26）《建筑机械使用安全技术规程》
（JGJ33-2001）；

（27）《建筑施工扣件式钢管脚手架安全技术规范》
（JGJ130-2001）；

（28）《施工现场临时用电安全技术规范》
（GB50194-93）。

二、施工组织设计的基本程序

室内装饰工程单位施工组织设计的内容及其各个组成部分形成的先后顺序及相互之间的制约关系的处理（表-1）。

1.按施工工作范围准备

施工准备工作的范围按施工项目的不同要求进行，一般可分为全场性施工准备、单位工程施工条件准备和分部分项工程作业条件准备三种。

（1）全场性施工准备是以一个施工工地为对象而进行的各项施工准备。其特点是施工准备工作的目的、内容都是为全场性施工服务的，它不仅要为全场性的施工活动创造有利条件，而且要兼顾单位工程施工条件的准备。

（2）单位工程施工条件准备是以一个建筑物为对象而进行的施工条件准备工作。其特点是施工准备工作的目的、内容都是为单位工程施工服务的，它不仅为该单位工程的施工做好一切准备，而且要为分部分项工程做好施工准备工作。

（3）分部分项工程作业条件准备是以一个或多个分项工程或冬雨期施工项目为对象而进行的作业条件准备。

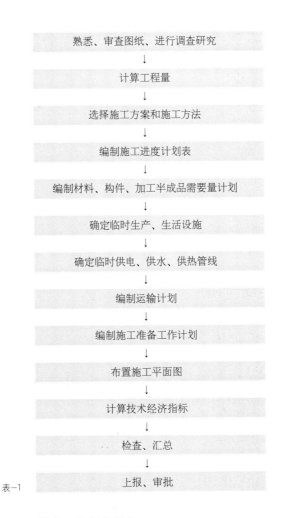

熟悉、审查图纸、进行调查研究
↓
计算工程量
↓
选择施工方案和施工方法
↓
编制施工进度计划表
↓
编制材料、构件、加工半成品需要量计划
↓
确定临时生产、生活设施
↓
确定临时供电、供水、供热管线
↓
编制运输计划
↓
编制施工准备工作计划
↓
布置施工平面图
↓
计算技术经济指标
↓
检查、汇总
↓
上报、审批

表-1

2.按施工阶段做准备

施工准备按拟建工程的不同施工阶段，可分为开工前的施工准备和各分部分项工程施工前的准备两种。

（1）开工前施工准备：它是在拟建工程正式开工之前所进行的一切施工准备工作。其目的是为拟建工程正式开工创造必要的施工条件。它既可能是全场性的施工准备，也可能是单位工程施工条件准备。

（2）其他施工阶段前的施工准备：它是在施工项目开工之后，每个施工阶段正式开工之前所进行的一切施工准备工作。其目的是为施工阶段正式开工创造必要的施工条件。每个施工阶段的施工内容不同，所需要的技术条件、物资条件、组织要求和现场布置等方面也不同，因此在每个施工阶段开工之前，都必须做好相应的施工准备工作。由此可见，施工准备工作不仅在开工前的准备期进行，它还贯穿于整个过程中，随着工程的进展，在各个分部分项工程施工之前，都要做好施工准备工作。施工准备工作既要有阶段性，又要有连贯性。因此，施工准备工作必须有计划、有步骤、分阶段地进行，它贯穿于整个工程项目建设的始终。

(3)按施工性质和内容准备：施工准备工作按其性质和内容，通常分为技术准备、物资准备、劳动组织准备、施工现场准备和施工场外准备。

三、施工组织内容

每项工程施工准备工作的内容，视该工程本身及其具体的条件而异。有的比较简单，有的却十分复杂。如只有一个单项工程的施工项目和包含多个单项工程的群体项目；一般小型项目和规模庞大的大中型项目；新建项目和扩建项目等，都因工程的特殊需要和特殊条件而对施工准备提出各不相同的具体要求。因此，需根据具体工程的需要和条件，按照施工项目的规划来确定准备工作的内容，并拟订具体的、分阶段的施工准备工作实施计划，才能充分地为施工创造一切必要条件。

1.一般工程必需的准备内容

(1)有关工程项目特征与要求的资料；

(2)施工场地及附近地区自然条件方面的资料；

(3)施工区域的技术经济条件；

(4)社会生活条件。

2.建立施工项目组织机构

(1)建立拟建工程项目的领导机构；

(2)建立精干的施工队伍劳动组织准备；

(3)组织劳动力进场，对施工队伍进行各种教育；

(4)对施工队伍及工人进行施工组织设计、计划和技术交底；

(5)建立健全各项管理制度。

3.熟悉各类文件

(1)熟悉、审查施工图纸及有关的设计资料技术准备；

(2)签订工程分包合同；

(3)编制施工组织设计；

(4)编制施工预算。

4.施工工作准备

(1)建筑材料、物资准备；

(2)构配件的加工准备；

(3)机具的准备；

(4)生产工艺设备的准备。

5.现场场地准备

(1)三通一平；

(2)施工场地控制网识别；

(3)临时设施搭设准备；

(4)现场补充勘探；

(5)材料、构配件的现场储存、堆放；

(6)组织施工机具进场、安装和调试；

(7)雨季施工现场准备；

(8)消防保安设施准备。

四、施工调查

为做好施工准备工作，除掌握有关施工项目的文件资料外，还应该进行施工项目的实地勘察和调查分析，获得有关数据的第一手资料，这对于编制一个科学的、先进合理的、切合实际的施工组织设计或施工项目管理实施规划是非常必要的，因此，应做好以下方面的调查。

1.调查有关工程项目特征与要求的资料

(1)向建设单位和设计单位了解建设目的、任务、设计意图；

(2)弄清设计规模、工程特点；

(3)了解生产工艺流程与工艺设备特点及来源；

(4)摸清对工程分期、分批施工、配套交付使用的顺序要求，图纸交付的时间，以及工程施工的质量要求和技术难点等。

2.调查施工场地及附近地区自然条件方面的资料

(1)地形和环境条件；

(2)地质条件；

(3)地震烈度；

(4)工程水文地质情况；

(5)气候条件。

3.施工区域的技术经济条件调查

周围地区能为施工利用的房屋类型、面积、结构、位置、使用条件和满足施工需要的程度，附近主副食供应、医疗卫生、商业服务条件，公共交通、邮电条件、消防治安机构的支援能力，这些调查对于在新开拓地区施工特别重要。附近地区机关、居民、企业分布状况及作息时间、生活习惯和交通情况。施工时吊装、运输等作业所产生的安全问题、噪音、粉尘、有害气体、垃圾等对周围人们的影响及防护要求，工地内外绿化、文物古迹的保护要求。

(1)当地水、电、蒸汽的供应条件；

(2)交通运输条件；

(3)地方材料供应情况和当地协作条件；

(4)社会生活条件。

4.建设地区社会劳动力和生活设施的调查

(1)社会劳动力：当地能支援施工的劳动力数量、技术水平和来源；少数民族地区的风俗、民情、习惯；上述劳动力的生活安排、居住远近。

(2)房屋设施：能作为施工用的现有房屋数量、面积、结构特征、位置、距工地远近；水、暖、电、卫设备情况；上述建筑物的适用情况，能否作为宿舍、食堂、办公、生产等；须在工地居住的人数和必需的户数。

(3)生活条件：当地主、副食品商店，日常生活用品供应、文化、教育设施，消防、治安等机构；供应或满足需要的能力；邻近医疗单位至工地的距离，可能提供服务的情况；周围有无有害气体污染企业和地方疾病。

5.建立健全各项管理制度

工地的各项管理制度是否建立、健全，直接影响其各项施工活动的顺利进行。有章不循其后果是严重的，而无章可循更是危险的。为此必须建立、健全工地的各项管理制度。通常内容有：工程质量检查与验收制度；工程技术档案管理制度；装饰材料（构件、配件、制品)的检查验收制度；技术责任制度；施工图纸学习与会审制度；技术交底制度；职工考勤、考核制度；工地及班组经济核算制度；材料出入库制度；安全操作制度；机具使用保养制度；特殊工种培训持证上岗制度等。

第二节 //// 施工准备工作

施工准备工作从中标后立即进行。首先是与设计单位或部门进行联系，实施技术交底的工作。技术交底工作应该按照管理系统逐级进行，由上而下直到工人班组。交底的方式有书面形式、口头形式和现场示范形式等。队组、工人接受施工组织设计、计划和技术交底后，要组织其成员进行认真的分析研究，弄清关键部位、质量标准、安全措施和操作要领。必要时应该进行示范，并明确任务及做好分工协作，同时建立健全岗位责任制和保证措施。

一、熟悉、审查施工图纸和有关设计资料

图3-1　审查图纸

图3-2　考察施工现场

图3-3　考察建筑结构

1.熟悉、审查施工图纸

(1)了解建设单位和设计单位提供的施工图设计和相关的技术文件。

(2)调查、搜集的原始资料。

(3)了解设计、施工验收规范和有关技术规定。

2.熟悉、审查设计图纸的目的

(1)为了能够按照设计图纸的要求顺利地进行施工，生产出符合设计要求的最终建筑装饰产品。

(2)为了能够在拟建工程开工之前，使从事建筑装饰施工技术和经营管理的工程技术人员充分地了解和掌握设计图纸和设计意图以及结构与构造特点的技术要求。

(3)通过审查发现设计图纸中存在的问题和错误，使其改正在施工开始之前，为拟建工程的施工提供一份准确、齐全的设计图纸。

3.熟悉、审查设计图纸的内容

(1)审查拟建工程的图纸与现场建筑的结构空间是否一致，以及设计功能和使用要求是否符合有关方面的要求。

(2)审查设计图纸是否完整、齐全，以及设计和资料是否符合国家有关工程建设的设计、施工方面的有关规定。

(3)审查设计图纸与说明书在内容上是否一致，以及设计图纸与其各组成部分之间有无矛盾和错误。

(4)审查建筑总平面图与其他结构图在几何尺寸、坐标、标高、说明等方面是否一致，技术要求是否正确。

(5)审查设计图纸与拟建工程在与地下建筑物或构筑物、管线之间的对接关系。

(6)审查设计图纸中的工程复杂、施工难度大和技术要求高的分部分项工程或新结构、新材料、新工艺，检查现有施工技术水平和管理水平能否满足工期和质量要求并采取可行的技术措施加以保证。

(7)明确建设期限、分期分批投产或交付使用的顺序和时间，以及工程所用的主要材料;设备的数量、规

格、来源和供货日期。

(8)明确建设、设计和施工等单位之间的协作、配合关系，以及建设单位可以提供的施工条件。

4.图纸会审

图3-4　图纸会审

施工人员参加图纸会审有两个目的：一是了解设计意图并向设计人员质疑，当设计的图纸不符合国家制定的建设规范要求时，应本着对工程负责的态度予以指出，并提出修改意见供设计人员参考。二是装饰工程是一个综合性较复杂的项目，有些差错在建筑图、结构图、水暖电管线及设备安装图等施工图的配合设计中很难避免，在会审中，应及时提请设计人员作书面更正或补充。

根据经验，图纸会审的重点可放在如下几个方面：

(1)施工图纸的设计是否符合国家有关技术规范。

(2)图纸及设计说明是否完整、齐全、清楚；图中的尺寸、坐标、轴线、标高、各种管线和道路的交叉连接点是否准确；一套图纸的前、后各图纸是否吻合一致；有无矛盾；地下和地上的设计是否有矛盾。

(3)施工单位的技术装备条件能否满足工程设计的有关技术要求；采用新结构、新工艺、新技术，工程的工艺设计及使用的功能要求，对设备安装、管道、动力、电器安装，在要求采取特殊技术措施时，施工单位在技术上有无困难；是否能确保施工质量和施工安全。

(4)设计中所选用的各种材料、配件、构件（包括特殊的、新型的)，在组织生产供应时，其品种、规格、性能、质量、数量等方面能否满足设计规定的要求。

(5)对设计中不明确或有疑问处，请设计人员解释清楚。

(6)图纸中的其他问题，并提出合理化建议。

会审图纸应有记录，并由参加会审的各单位会签。对会审中提出的问题，必要时，设计单位应提供补充图纸或变更设计通知单，连同会审记录分送给有关单位。这些技术资料应视为施工图的组成部分并与施工图一起归档。

二、编制施工组织设计计划

施工组织设计是施工准备工作的重要组成部分，也是指导施工现场全部生产活动的技术经济文件。建筑施工生产活动的全过程是非常复杂的物质财富再创造的过程，为了正确处理人与物、主体与辅助、工艺与设备、专业与协作、供应与消耗、生产与储存、使用与维修以及它们在空间布置、时间排列之间的关系，必须根据拟建工程的规模、结构特点和建设单位的要求，在原始资料调查分析的基础上，编制出一份能切实指导该工程全部施工活动的科学方案。

三、编制施工图预算和施工预算

在设计交底和图纸会审的基础上，施工组织设计已被批准，预算部门即可着手编制单位工程施工图预算和施工预算，以确定人工、材料和机械费用的支出，并确定人工数量、材料消耗数量及机械台班使用量。

四、物资准备

施工管理人员需尽早计算出各施工阶段对材料、施工机械、设备、工具等的需用量，并说明供应单位、交货地点、运输方法等，特别是对预制构件，必须尽早从施工图中摘录出构件的规格、质量、品种和数量，制表造册，向预制加工厂订货并确定分批交货清单和交货地点。对大型施工机械及设备要精确计算工作日并确定进场时间，做到进场后立即使用，用毕立即退场，提高机械利用率，节省机械台班费及停留费。

1.物资准备工作的内容

(1)装饰材料的准备。装饰材料的准备主要是根据施工预算进行分析，按照施工进度计划要求，按材料名称、规格、使用时间、材料储备定额和消耗定额进行汇总，编制出材料需要量计划，为组织备料、确定仓库、场地堆放所需的面积和组织运输等提供依据。

(2)构(配)件制品的加工准备。根据施工预算提供的构(配)件、制品的名称、规格、质量和消耗量，确定加工方案和供应渠道以及进场后的储存地点和方式，编制出其需要量计划，为组织运输、确定堆场面积等提供依据。

(3)机具的准备。根据采用的施工方案，安排施工进度，确定施工机械的类型、数量和进场时间，确定施工机具的供应办法和进场后的存放地点和方式，编制工艺设备需要量计划为组织运输、确定堆场面积提供依据。

(4)生产工艺设备的准备。按照拟建工程生产工艺流程及工艺设备的布置图，提出工艺设备的名称、型号、生产能力和需要量，确定分期分批进场时间和保管方式，编制工艺设备需要量计划为组织运输、确定进场面积提供依据。

2.物资准备工作的程序

物资准备工作的程序是搞好物资准备的重要手段。通常按如下程序进行：

(1)根据施工预算、分部(项)工程施工方法和施工进度的安排，拟定构(配)件及制品、施工机具和工艺设备等物资的需要量计划。

(2)根据各种物资需要量计划，组织货源，确定加工、供应地点和供应方式，签订物资供应合同。

(3)根据各种物资的需要量计划和合同。拟定运输计划和运输方案。

(4)按照施工总平面图的要求，组织物资按计划、时间进场，在指定地点，按规定方式进行储存或堆放。

五、施工现场准备

1.现场"三通一平"

在工程施工的室外部分应保持场地的平整，接通施工临时用水、用电和道路，这项工作简称为 "三通一平"。改建、扩建项目施工要做好拆除、加建、加固的准备工作，并及时清运垃圾。

(1)平整施工场地：施工现场的平整工作，是按建筑总平面图进行的。

(2)修通道路：施工现场的道路，是组织大量物资进场的运输动脉，为了保证建筑材料、机械、设备和构件早日进场，必须保持主要通道及必要的临时性通道的畅通。

(3)临时用水：施工现场的水通，包括给水和排水两个方面。施工用水包括生产与生活用水，其布置应按施工总平面图的规划进行安排。施工给水设施，应尽量利用永久性给水线路。

(4)临时用电：根据各种施工机械用电量及照明用电量，计算选择配电变压器，并与供电部门联系，按建筑施工现场临时用电的规范要求，架设好连接电力干线的工地内外临时供电线路及通信线路。

2.临时设施搭设

为了施工安全和便于管理，对于指定的施工范围应执行封闭施工。沿街的应用围栏围挡起来，围挡的形式和材料应符合所在地部门管理的有关规定和要求。在主要出入口处设置标牌，标明工程名称、施工单位、工地负责人等等。各种生产、生活须用的临时设施，包括各种仓库、各种生产作业棚、办公用房、宿舍、食堂、文化生活设施等等，均应按批准的施工组织设计规定的数量、标准、面积、位置等要求组织修建。大、中型工程可分批分期的修建。

六、其他施工准备

1.装饰材料和构（配）件大部分都应组织采购

这样，准备工作中必须预先确定合格供应商与有关加工厂、生产单位、供销部门签订供货合同，保证及时供应。这对于施工单位的正常生产是非常重要的。

2.做好分包工作

由于施工单位本身的力量和施工经验有限，有些专业工程的施工，如工程特殊的施工要求，必须实行分包，或分包给有关单位施工。这就必须在施工准备工作中，按原始资料调查中了解的有关情况，选定合格分包商。根据分包工程的工程量、完成日期、工程质量要求和工程造价等内容，与其签订分包合同，保证按时完成作业。

3.向主管部门提交开工申请报告

在进行材料、构（配）件及设备的加工订货和进行分包工作、签订分包合同等施工场外准备工作的同时，应该及时填写开工申请报告，并上报主管部门批准。

七、施工准备工作计划

为了落实各项施工准备工作，加强检查和监督，必须根据各项施工准备工作的内容、时间和人员，编制施工准备工作计划。为了加快施工准备工作的进度，必须加强建设单位、设计单位和施工单位之间的协调工作，密切配合，建立健全施工准备工作的责任制度和检查制度，使施工准备工作有领导、有组织、有计划和分期分批地进行。

第三节 //// 装饰工程施工目标定位

合理的施工方案关系到施工进度、施工质量和工程经济效益，因此选择合理的施工方案尤其重要。施工方案可以综合考虑各种因素，如施工周期、现场施工条件、人员配备、工程施工要点、施工难点分析及针对性措施等，合理的施工方案能够以最快的时间，最好的工程质量，较好的经济效益完成施工任务。

最佳施工方案的选择依据：

一、ISO9001工程质量目标

ISO9001是目前最有效的工程管理制度之一。贯彻企业ISO9001质量体系及国家行业有关标准。确保工程施工每个环节、每道工序都在受控状态下进行。确保工程质量合格。

二、工程进度目标

工程进度目标是根据工程施工的日期要求制订的目标，是完成工程的时间总纲。进度表要依据工程施工的情况确定工程施工总进度计划，确定工程开、竣工日期。保证在规定工期内按时、保质、圆满完成施工任务。

三、安全生产目标

安全生产检查是预防安全事故的重要措施，因此必须严格贯彻"安全第一，预防为主"的安全管理方针，切实加强安全教育，落实安全措施，杜绝重大

图3-5 安全教育

图3-6 安全教育宣传画

伤亡事故。施工现场安全检查的主要内容是：安全管理、脚手架、"三宝"（安全帽、安全网、安全带）和"四口"（楼梯、电梯口，预留洞口，通道口，阳台、屋面等临边口）防护和施工现场临时用电等。

四、文明施工工地创建目标

按照国家文明施工管理规定及企业文明施工规定管理整个施工现场，严格遵守工程当地有关环保规定，创建文明施工工地。

五、服务目标

信守合同，密切配合，认真投入，协调各方面的关系，接受业主和监理单位的工程质量、工程进度、计划调整、现场管理和控制的监督。

六、效益管理目标

经济效益是施工管理企业追求的终极目标，合理的预算报价是获得施工中标的基础，企业应该根据本地区实际情况确定合理的经济目标。

第四节 //// 装饰工程施工进度计划的编制

一、施工进度计划

施工进度计划是室内装饰工程施工组织设计的重要组成部分，它是按照施工组织的基本原则，以选中的施工方案，在时间和空间上做出安排，达到以最少的人力、财力、物力，保证在合同规定的工期内保质保量地完成施工任务。施工进度计划的编制作用是确定各个工程施工工序的施工顺序及需要的施工延续时间，组织协调各个工序之间的衔接、穿插、平行搭接、协作配合等关系，指导现场施工安排，控制施工进度和确保施工任务的完成。按照业主要求的开工日期进场，按计划组织材料进场，并安排专业班组进场施工，保证在施工过程中做到有计划、有组织地进行，使工程施工自始至终的有条不紊进行。

具体计划如下：

1.组建装饰工程项目经理部，负责工程的施工技术、施工质量、进度控制、材料采购、安全生产与文明施工等总体管理。根据工程特点及招标文件的要求，合理安排各工种比例投入和施工流水段划分，做好各分项工程间的配合，是控制工程进度的关键。

2.工程可以采用水平流水作业、综合立体交叉等方法进行施工，统筹协调好各分部、分项工程的施工，合理安排好各工种的穿插施工，确保工程质量和施工进度，以满足总进度的要求。

3.确定施工总体以哪项工程为主（如顶棚装饰、墙柱饰面、楼地面），主要的作业组安排情况（如抹灰组、龙骨安装组、木工组、油漆组、电工组等），重点控制好各工种施工交叉点及施工节奏，保证各工种按进度计划完成各分项工程。

4.依照施工图纸和设计要求，专人放线定位，同时请业主或监理确认。

5.根据各空间的不同设计要求，分区分工进行安装，隐蔽工种结束，经业主或监理验收合格后方可进入下一道工序施工。

6.地面基层清理的同时，对照图纸放线定位，配合天花放线，确定基准水平线，完成后进行成品保护。

二、施工步骤

工程施工按照合同规定的工期、质量和安全要求以及施工条件，在具备开工条件时，由项目部填写"单位工程开工申请报告"，经同意后，方可进行施工。施工步骤根据具体施工项目的具体情况综合考虑各种因素进行安排。例如：一般工程项目顺序是：从上到下，先水作业后干作业，水、暖通、消防等管线安装工程完工并经验收合格后，开始天棚吊顶及墙面龙骨安装，电线埋设暗管穿插进行，骨架隐蔽工程验收合格后再进行饰面板施工，最后是油漆涂料饰面和饰件安装。

三、施工进度计划表

编制施工进度计划表，便于掌握和控制施工过程中各个工种、工序的进度情况，及时作好人员、工种、工序的安排，更好地为工程施工服务（附3-1案例施工进度计划表）。

四、组织体系的保证措施

1.组建项目经理部，配备有力的领导班子，过硬的施工队伍，足够的技术力量，齐全的机械设备，采用先进合理的技术措施，科学地安排施工进度，保证物资的及时供应，组织好各工种的协调施工。

2.在企业范围内统一协调，确保其人、财、物、料各方面的优先。安排技术过硬、素质高、战斗力强的装饰队伍进场施工。同时还准备好施工高峰期前来支援的施工人员，从劳动力上加以保证。

3.充分发挥材料、设备集中供应的优势，以确保该项目材料设备能按计划有步骤地组织进场，避免施工中出现的材料供应脱节，保证施工顺利进行。

五、劳动力的调配保证措施

1.加强各专业施工队伍的综合管理，协同作战，密切配合，合理搭接，互相协调，加强和有关分项工程间的搭接，缩短作业工期，达到加快进度的目的。

2.集企业内部各专业优秀操作技术力量，组织进行以质量为主题的技能操作劳动竞赛，以利加快施工质量，同时又保证了工程的施工质量。

3.劳动力的投入是保证工期的关键，因此当工程的工作面一旦形成，立即按序调集劳动力，并按总进度的控制，做好后备劳动力的调集工作。在施工高峰时，视具体情况统一调度机械设备与劳动力。

4.加强工人培训，配备先进工具，改善劳动环境，提高劳动效率。

5.充分利用经济规律及其杠杆作用，有效地调动工人生产积极性。所有施工人员经济利益按实际进度完成情况进行分段兑现奖罚。

六、装饰工程施工进度控制措施

施工项目进度控制是指在限定的工期内，将施工进度计划付诸实施，并在施工过程中对是否按照计划实施进行控制，直到工程竣工验收。

1.影响施工进度的因素。施工过程中影响施工进度的因素很多，如：施工条件和天气的变化；工程材料和资金的延误；施工组织方案的变更等。为了能够顺利地完成施工任务，必须对这些因素有充分的认识与准备，以便采取措施，保证工期如期完成。

2.施工进度控制措施。要制订严密的总体形象进度计划，其中包括总体和分部分项进行计划及月计划、周计划和复式滚动，做到计划合理、科学安排，严格落实跟进督导，整体协调，制度统一。在制订综合性总进度计划时，要考虑到设计图纸到位情况；装饰材料供应情况；施工队伍调配及现场交叉作业情

施 工 进 度 计 划 表

工程名称:苏州工业园区金鸡湖广场南区B幢室内精装修及机电、给排水安装工程(II标段)

序号	施工过程	工人数	持续天数	工期总计88日历天																
				2	4	6	8	10	12	14	16	18	20	22	24	26	28	30	32	34	36
1	进场准备放线工作	25	4																		
2	空调设备就位安装（单机调试）	35	12																		
3	空调管道制作安装保温、防腐	40	20																		
4	强电配管敷线工程	60	24																		
5	卫生间墙体砌筑	40	10																		
6	给排水管道敷设	50	20																		
7	防水工程	20	10																		
8	门框制作安装	50	14																		
9	卫生间天花龙骨安装	40	16																		
10	墙面木作基层	50	20																		
11	墙面瓷砖石材贴饰	60	24																		
12	固定家具制作	40	30																		
13	天花面层安装	40	10																		
14	饰面板工程	50	14																		
15	玻璃金属工程	40	12																		
16	地面石材地砖（硬铺地面）	60	14																		
17	门扇制作安装、五金配件安装保护	50	24																		
18	灯具、面板洁具配件风口安装	70	18																		
19	油漆涂料墙纸工程	80	34																		
20	家具窗帘、配饰设备就位	30	10																		
21	地毯铺设	40	14																		
22	竣工清理	40	2																		
23	竣工验收（含环保、消防验收）	10	2																		
	劳动力动态变化数 人			25	60	225	225	225	225	225	170	170	260	260	310	200	260	200	200	230	190

38	40	42	44	46	48	50	52	54	56	58	60	62	64	66	68	70	72	74	76	78	80	82	84	86	88
190	240	240	330	330	330	380	320	270	230	240	240	240	200	200	200	200	240	190	150	70	70	70	70	40	10

况等。要充分发挥企业的协调职能，将各分项的作业计划并入总包计划加以统筹并协调配合。结合施工现场实际进度情况，定期向业主、监理提供报表，以便业主更直接地通过报表来衡量工程进度，有针对性地提出解决办法。紧紧抓住关键线路的工序，确保各关键工作在最迟结束时间交付下道工序，而非关键线路上的工作则应争取尽可能提前最早开始时间，分流施工，留出更多的劳动力主攻关键工作。精心组织交叉施工，定期组织现场协调会，避免工序脱节造成窝工或工序颠倒造成成品交叉破坏。改革传统装饰工艺，有条件的项目尽量采用场外加工、现场组装的工艺，加速施工进度，确保工程保质按期交付业主使用。

第五节 //// 装饰工程劳动力和材料需要量计划

一、劳动力需要量计划

根据装饰工程施工特点，配备相应技术等级的技术工人进场施工。在劳动力的安排上，根据工程的施工面积和机械投入，安排施工班组先后进入施工现场按照合理施工方法进行施工。要按照水平、流水与垂直交叉等结合的方法组织施工，列出施工高峰期所需劳动力计划表、主要材料需要量计划表、主要机具设备配置的数量和使用时间等。

计划表（时间：　月　日至　月　日）

工种	人数	班组数	主要工作内容
瓦工	26	1	贴墙面砖、地砖、抹灰、找平
轻钢龙骨工	24	1	轻钢龙骨隔断、天棚
木工	16	1	所有的木制品、铺地板、踢脚线、门套等
油漆工	30	1	批腻子、刷涂料、油漆
安装工	14	1	水电安装
地毯	4	1	卷材铺地
石材	10	1	墙面石材干挂、台面
不锈钢	6	1	护栏、门套
普工	8	1	施工现场的卫生、垃圾清理
合计	138		

二、主要材料需要量和进场时间计划表

序号	材料名称	进场施工时间	规格	数量
1	镀锌全丝螺杆	2003.2.20	Ø8	
2	主龙骨材料	2003.2.20	60	
3	覆面龙骨	2003.2.20	50	
4	水泥	2003.2.25	2吨	2吨
5	黄沙	2003.2.25	4吨	4吨
6	细木工板	2003.3.7	1220×2440	50张
7	中国黑花岗岩	2003.4.3	800×800	80块

三、主要机具设备配置计划

序号	机械或设备名称	数量	生产能力
1	木工锯板机	1	良好
2	空气泵	1	良好
3	水准仪	1	良好
4	电焊机	1	良好
5	切割机	1	良好
6	电锤	1	良好
7	手枪钻	4	良好
8	汽钉枪	2	良好
9	立式平刨	1	良好
10	大理石切割机	1	良好
11	角磨机	1	良好
12	BOSHC曲线锯	1	良好
13	修边枪	2	良好
14	蚊钉枪	2	良好
15	运输汽车	1	良好

"工欲善其事，必先利其器"，先进的施工机具设备是提高施工效率，缩短施工工期，保证施工质量的重要条件。工程质量的好坏、进度的保证很大程度上与施工机械的先进性有关。针对工程实际情况和各工种、工序的需要，合理地配备先进的机械设备及挑选专业水平较高的技术操作人员，最大限度地体现技术的先进性和机械设备的适用性，充分满足施工工艺的需要，从而来保证工程质量和装饰效果。室内装饰工程配备机械设备时，应该遵循以下原则：

1.机械化、半机械化和改良机具相结合的方针，重点配备中、小型机械和手持电动机具。

2.充分发挥现场所有机械设备的能力，根据具体变化的需求，合理调整装备结构。

3.先配备工程施工中所必需的、保证质量与进度的、代替劳动强度大的、作业条件差的和配套的机械设备。

4.工程体系、专业施工和工程实物量等多层次结构进行配备，并注意不同的要求，配备不同类型、不同标准的机械设备，以保证质量为原则，努力降低施工成本。

四、检验配备机械设备的状况

1.运行安全性。机械设备在使用过程中具有对施工安全的保障性能。

2.技术先进性。机械设备技术性能优越、生产率高。

3.使用可靠性。机械设备在使用过程中能稳定地保持其应有的技术性能，安全可靠地运行。

4.适应性。机械设备能适应不同工作条件，并具有一定多用的性能。

5.经济实惠性。机械设备在满足技术要求和生产要求的基础上，达到最低费用。

6.便于维修性。机械设备要便于检查、维护和修理。

7.其他方面：成套性、节能性、环保性、灵活性等。

机械配置一览表

序号	机械或设备名称	数量	机具设备性能
1	木工锯板机	1	良好
2	空气泵	2	良好
3	水准仪	1	良好
4	电焊机	2	良好
5	切割机	2	良好
6	电锤	3	良好
7	手枪钻	4	良好
8	汽钉枪	8	良好
9	立式平刨	1	良好
10	大理石切割机	1	良好
11	角磨机	3	良好
12	BOSHC曲线锯	1	良好
13	修边枪	2	良好
14	蚊钉枪	2	良好
15	运输汽车	1	良好

[复习参考题]

◎ 什么是施工组织设计？

◎ 施工组织编制依据是什么？

◎ 室内装饰工程最佳施工方案选择的依据是什么？

◎ 什么是施工项目进度控制？

◎ 影响施工进度的因素有哪些？

◎ 施工进度控制措施有哪些？

[实训练习]

◎ 选择一套施工图，制作装饰工程项目施工实施计划。

第四章 流水施工与网络技术

本章重点

本章叙述了装饰工程在施工过程中，如何进行施工工种、施工程序和施工计划之间的协调，如何进行制作周密施工计划，提高各方面的效益，从而达到最好的效果。

学习目标

让学生通过流水施工和网络技术的学习，了解施工设计计划，掌握施工工程程序的重要性和相关内容，了解在装饰工程巧用人力、财力、物力以及其他的一些技巧，从而在工程施工中能够有效控制工程施工的进度，提高经济效益。

建议学时

3学时。

第四章 流水施工与网络技术

第一节 //// 流水施工与网络技术概述

一项装饰工程往往需要分阶段进行，每一施工过程由一个或多个工种和班组来完成，这样，在一个施工工地上，就有许多不同工种、专业的班组参与施工，如何组织各施工班组协调工作，是施工组织中的最基本问题。按时间顺序或工种顺序排列的施工作业被称为"流水施工"。以流水作业施工的顺序做的计划就叫流水作业进度计划。

如果真是按照单一的流水作业进度计划进行施工的话，往往是不经济的，并且是很困难的。将时间、人员、器械及其他资源进行有机的组合，制作详细的规划，使之形成一个工程施工的"网络"形式的计划，我们称之为"工程网络计划"。从而使有限的资源达到效益最优化。

一、流水施工的基本形式

装饰工程的项目施工是以空间艺术装饰的要求按工艺流程、资源利用进行的，其施工方式可以采用依次施工、平行施工和流水施工等组织形式来进行。

1.依次施工

依次施工方式是将拟建工程项目中的每一个施工对象分解为若干个施工过程，按施工工艺要求依次完成，即当一个施工对象完成后，再按同样的顺序完成下一个施工对象，以此类推，直至完成所有施工对象。

采用依次顺序的施工组织方式时，组织管理工作比较简单，投入的劳动力较少，单位时间内投入的资源量比较少，有利于资源供应的组织工作，适用于规

模较小、工作面有限的工程。其突出的问题是由于没有充分地利用工作面去争取时间，所以施工工期长；工程队不能实现专业化施工，不利于改进工人的操作方法和施工机具，不利于提高工程质量和劳动生产率；在施工过程中，由于工作面的影响很可能造成部分工人窝工。

2.平行施工

平行施工方式是组织几个劳动组织相同的工程队，在同一时间、不同的空间，按施工工艺要求完成各施工对象。采用平行施工组织方式，可以充分地利用工作面、争取时间、缩短施工工期。但同时单位时间投入施工的资源量成倍增长；现场临时设施也相应增加，施工现场组织、管理复杂；与依次施工组织方式相同，平行施工组织方式工程队也不能实现专业化生产，不利于改进工人的操作方法和施工机具，不利于提高工程质量和劳动生产率，容易造成工人窝工。

3.流水施工

流水施工组织方式是将拟建工程项目的整个建造过程分解成若干个施工过程，也就是划分成若干个工作性质相同的分部、分项工程或工序；同时将拟建工程项目在平面上划分成若干个劳动量大致相等的施工段；在竖向上划分成若干个施工层，按照施工过程分别建立相应的专业工程队；各专业工程队按照一定的施工顺序投入施工，在完成第一个施工段上的施工任务后，在专业工程队的人数、使用的机具和材料不变的情况下，依次地、连续地投入到第二、第三……直到最后一个施工段的施工，在规定的时间内，完成同样的施工任务；不同的专业工

程队在工作时间上最大限度地、合理地搭接起来；当第一施工层各个施工段上的相应施工任务全部完成后，专业工程队依次地、连续地投入到第二、第三……施工层，保证拟建工程项目的施工全过程在时间上、空间上，有节奏、连续、均衡地进行下去，直到完成全部施工任务。

采用流水施工所需的工期比依次施工短，资源消耗的强度比平行施工少，最重要的是各作业班组能连续地、均衡地施工，前后施工过程尽可能平行搭接施工，能比较充分地利用施工工作面。

通过比较三种施工方式可以看出，流水施工方式是一种先进、科学的施工方式。由于在工艺过程划分、时间安排和空间布置上进行统筹安排，将会体现出优越的技术经济效果。

二、网络计划的基本概念

将一项装饰工程项目的各个工序用箭杆或节点表示，依其先后顺序和相互关系绘制成图，这个图呈现的是一种网络结构，形成了计划的概念，再通过各种计算找出网络图中的关键工序、关键线路和工期，求出最优计划方案，并在计划执行过程中进行有效的控制和监督，以保证最合理地使用人力、物力、财力，充分利用时间和空间，多快好省地完成任务。

网络图是由箭头和节点组成的，用来表示工作流程的有向、有序的网状图形。常见的网络图分为单代号网络图和双代号网络图两种。在网络图上加注工作的时间参数而编成的进度计划，称为网络计划。

1.网络计划的基本原理

(1)将一项装饰工程的施工全过程分解为若干子项工程，并按其开展的顺序和相互制约、相互依赖的关系，绘制出网络图。

(2)进行时间参数计算，找出关键工作和关键线路。

(3)利用最优化原理，改进初始方案，寻求最优网络计划方案。

(4)在网络计划执行过程中，进行有效监督与控制，以最少的消耗，获得最佳的经济效果。

2.网络计划的优点

(1)网络图把施工过程中的各有关工作组成了一个有机的整体，能全面而明确地表达出各项工作开展的先后顺序和反映出各项工作之间的相互制约和相互依赖的关系。

(2)能进行各种时间参数的计算。

(3)在名目繁多、错综复杂的计划中找出决定工程进度的关键工作，便于计划管理者集中力量抓主要矛盾，确保工期，避免盲目施工。

(4)能够从许多可行方案中，选出最优方案。

(5)在计划的执行过程中，某一工作由于某种原因推迟或者提前完成时，可以预见到它对整个计划的影响程度，而且能根据变化的情况，迅速进行调整，保证自始至终对计划进行有效的控制与监督。

(6)利用网络计划中反映出的各项工作的时间储备，可以更好地调配人力、物力，以达到降低成本的目的。

网络计划技术可以为施工管理提供许多信息，有利于加强施工管理，既是一种编制计划的方法，又是一种科学的管理方法。它有助于管理人员全面了解、重点掌握、灵活安排、合理组织、多快好省地完成计划任务，不断提高管理水平。

第二节 //// 流水施工组织与网络计划技术

一、流水施工组织方式

组织装饰工程流水施工时,根据施工组织及计划安排需要将计划任务划分成若干个子项施工过程。施工过程划分的粗细程度由实际需要而定,施工过程可以是单位工程,也可以是分部工程。当编制实施性施工进度计划时,施工过程可以划分得细一些,施工过程可以是分项工程,甚至是将分项工程按照专业工种不同分解而成的施工工序。根据其性质和特点不同,施工过程一般分为三类,即现场施工类施工过程、半成品安装类施工过程和成品或标准件安装类施工过程。

1.现场施工类施工过程

它是指在施工对象的空间上,直接进行加工最终形成建筑产品的过程。如铺地工程、大理石墙面工程、固定家具工程、顶面工程等施工过程。它占有施工对象的空间,影响着工期的长短,必须列入项目施工。

2.半成品安装类施工过程

它是指将建筑装饰材料、构配件、成品、半成品、制品和设备等运到项目工地仓库或现场操作使用地点而形成的施工过程。如活动家具、活动灯具等,这两类施工过程一般不占有施工对象的空间,不影响项目总工期,在进度表上不反映;只有当它们占有施工对象的空间并影响项目总工期时,才列入项目施工进度计划中。

3.成品或标准件安装类施工过程

为了提高装饰产品的装配化、工厂化、机械化和生产能力,在施工过程中实施采用标准件、定制制品等的制备过程。在进度表上反映主要内容设置时,主要考虑以下因素:

(1)对于工程施工控制计划、长期计划的工程,其施工过程子项设置划分可粗些,综合性大些。对中小型装饰工程和施工期不长的工程的施工实施性计划,其施工过程子项设置划分可细些。

(2)工程对象的施工的难易程度和工序多少是不同的,因而,不同类型的工程对象其施工过程会有所差异。例如,酒店装饰工程与家庭的装饰工程,其工程施工要求是完全不同的,

(3)装饰工程中的施工过程的划分会影响施工方案。如吊顶基础与墙面基础同时施工,可合并为一个施工过程;如先后施工,可分为两个施工过程。

(4)劳动组织及劳动量大小的安排也应合理。若工程量较大,组织专业班组施工时,可分为若干个施工过程;若工作量较小时,为组织流水施工方便,可合并成一个施工过程,组成混合班组施工。同样的道理,玻璃与油漆的施工,根据工程大小与流水施工组织需要,可合并成一项,也可划分为两项。

4.流水强度

流水强度是指在某施工过程中流水施工的专业工程队,在单位时间内所完成的工程量,也称为流水能力或生产能力。

(1)确定合理的工作面。工作面是指供某专业工种的工人或某种施工机械进行施工的活动空间。工作面的大小,表明能安排施工人数或机械台数的多少。每个作业的工人或每台施工机械所需工作面的大小,取决于单位时间内其完成的工程量和安全施工的要求。工作面确定得合理与否,直接影响专业工程队的生产效率。因此,必须合理确定工作面。

(2)施工段是将施工对象在平面或空间上划分成若干个劳动量大致相等的施工段落,称为施工段。划分施工段的目的就是为了组织流水施工。由于有时建筑装饰工程庞大,可以将其划分成若干个施工段,从而为组织流水施工提供足够的空间。

在组织流水施工时,专业工程队完成一个施工段上的任务后,遵循施工组织顺序又到另一个施工段上作业,产生连续流动施工的效果。在一般情况下,一个施工段在同一时间内,只安排一个专业工程队施工,各专业工程队遵循施工工艺顺序依次投入作业,同一时间内在不同的施工段上平行施工,使流水施工均衡地进行。组织流水施工时,可以划分足够数量的施工段,充分利用工作面,避免窝工,尽可能缩短工期。

5.时间参数

时间参数是指在组织流水施工时用以表达在时间排列上所处状态的参数。包括流水节拍、流水步距、平行搭接时间、技术间歇时间和组织间歇时间等五种。

(1)流水节拍是指在组织流水施工时,每个专业工程队在各个施工段上完成相应的施工任务所需要的工作持续时间。流水节拍的大小,可以反映出流水施工速度的快慢、节奏感的强弱和资源消耗量的多少。

(2)流水步距的数目取决于参加流水的施工过程数。流水步距的大小取决于相邻两个施工过程(或专业工程队)在各个施工段上的流水节拍及流水施工的组织方式。确定流水步距时,一般应满足以下基本要求:即各施工过程按各自流水速度施工,始终保持工艺先后顺序。二是各施工过程的专业工程队投入施工后尽可能保持连续作业。

(3)平行搭接时间是指在组织流水施工时,有时为了缩短工期,在工作面允许的条件下,如果前一个专业工程队完成部分施工任务后,能够提前为后一个专业工程队提供工作面,使后者提前进入前一个施工

段,两者在同一施工段上平行搭接施工,这个搭接时间称为平行搭接时间或插入时间。

(4)技术间歇时间是指在组织流水施工时,除要考虑相邻专业工程队之间的流水步距外,有时根据作业的工艺特性,还要考虑合理的工艺等待间歇时间,这个等待时间称为技术间歇时间。如砂浆抹面和油漆面的干燥时间等。

(5)组织间歇时间是指在流水施工中,由于施工技术或施工组织的原因,造成在流水步距以外增加的间歇时间。如等待隐蔽工程验收、施工人员和施工机械转移、管道检查验收等。

二、网络计划技术

网络计划分肯定性网络计划和非肯定网络计划。肯定性网络计划,这里的工作、工作与工作之间的逻辑关系和工作持续时间中一项或多项肯定的,网络计划各项工作的持续时间都是确定的单一的数值,整个网络计划有确定的计划总工期。非肯定性网络计划,这里的工作、工作与工作之间的逻辑关系和工作持续时间中一项或多项不肯定的网络计划,在这种网络计划中,各项工作的持续时间只能按概率方法确定,整个网络计划无确定计划总工期。

网络计划技术的基本术语

1.工艺关系和组织关系

(1)工艺关系:生产性作业与作业之间,非生产性工作之间由工作程序决定的先后顺序关系,称为工艺关系。

(2)组织关系。工作之间由于组织安排需要或资源(劳动力、原材料、施工机具等)调配需要而规定的先后顺序关系被称为组织关系。

2.紧前工作、紧后工作和平行工作

(1)紧前工作:在网络图中,相对于某工作而言,

紧排在该工作之前的工作称为该工作的紧前工作。

(2)紧后工作：在网络图中，相对于某工作而言，紧排在该工作之后的工作称为该工作的紧后工作。

(3)平行工作：在网络图中，相对于某工作而言，可以与该工作同时进行的工作即为该工作的平行工作。

三、时标网络计划

时标网络计划是以时间坐标为尺度表示工作时间的网络计划。时标的时间单位应根据需要在编制网络计划之前确定，可为小时、天、周、月或季等。由于时标网络计划具有形象直观、计算量小的突出优点，在工程实践中应用比较普遍，因此其编制方法和使用方法日益受到应用者的普遍重视。

时标网络计划的特点和适用范围

1.时标网络计划的特点

(1)它兼有网络计划与横道计划两者的优点，能够清楚地表明计划的时间进程。

(2)时标网络计划能在图上直接显示各项工作的开始与完成时间、工作自由时差及关键线路。

(3)时标网络计划在绘制中受到时间坐标的限制，因此不易产生循环回路之类的逻辑错误。

(4)可以利用时标网络计划图直接统计资源的需要量，以便进行资源优化和调整。

(5)因为箭线受时标的约束，故绘图不易，修改也较困难，往往要重新绘图。

2.时标网络计划适用范围

时标网络计划适用于以下几种情况：

(1)工程项目较少、工艺过程比较简单的工程。

(2)局部网络计划。

(3)作业性网络计划。

(4)使用实际进度前锋线进行进度控制的网络计划。

3.时标网络计划编制

时标网络计划编制一般规定：

(1)时标网络计划应以实箭线表示实工作，以虚箭线表示虚工作，以波形线表示工作的自由时差。无论哪一种箭线，均应在其末端给出箭头。

(2)当工作中有时差时，波形线紧接在实箭线的末端；当虚工作有时差时，不得在波线之后画实线。

(3)工作开始节点中心的右半径及工作结束节点的左半径的长度，斜线水平投影的长度均代表该工作的持续时间值。因此为使图形表达清楚、另设易懂易计算，在时标网络计划中尽量不用斜箭线。

(4)时标网络计划宜按最早时间编制，即在绘制时应使节点和虚工作尽量向左靠，但是不能出现逆向虚箭线。这样其时差出现在最早完成时间之后，这就给时差的应用带来灵活性，并使时差有实际应用的价值。

(5)绘制时标网络计划之前，应先按已确定的时间单位绘出时标表。时标可标注在时标表的顶部或底部。时标的长度单位必须注明。必要时，可在顶部时标之上或底部时标之下加注日历的对应时标。

时标网络计划编制时标网络计划宜按各项工作的最早开始时间编制。为此，在编制时标网络计划时应使每一个节点和每一项工作（包括虚工作）尽量向左靠，直至不出现从右向左的逆向箭线为止。在编制时标网络计划之前，应先按已经确定的时间单位绘制时标网络计划表。时间坐标可以标注在时标网络计划表的顶部或底部。当网络计划的规模比较大，且比较复杂时，可以在时标网络计划表的顶部和底部同时标注时间坐标。必要时，还可以在顶部时间坐标之上或底部时间坐标之下同时加注日历时间。

4.时标网络计划的绘制方法

时标网络计划的绘制方法有两种：

一种是先计算网络计划的时间参数，再根据时间参数按草图在时标表上进行绘制（即间接绘制法）；另一种是不计算网络计划的时间参数，直接按草图在时标表上编绘(即直接绘制法)。

(1)按逻辑关系绘制双代号网络计划草图。

(2)计算工作最早时间。

(3)绘制时标表。

(4)在时标表上，按最早开始时间确定每项工作的开始节点位置(图形尽量与草图一致)。

(5)按各工作的时间长度绘制相应工作的实线部分，使其在时间坐标上的水平投影长度等于工作时间；虚工作因为不占时间，故只能以垂直虚线表示。

(6)用波形线把实线部分与其紧后工作的开始节点连接起来，以表示自由时差。

另外一种是直接绘制法。

(1)将网络计划的起点节点定位在时标网络计划表的起始刻度线上。

(2)按工作的持续时间绘制以网络计划起点节点为开始节点的工作箭线。

(3)除网络计划的起点节点外，其他节点必须在所有以该节点为完成节点的工作箭线均给出后，定位在这些工作箭线中最迟的箭线末端。当某些工作箭线的长度不足以到达该节点时，须用波形线补足，箭头画在与该节点的连接处。

(4)利用上述方法从左至右依次确定其他各个节点的位置，直至给出网络计划的终点节点。

5.关键线路确定

时标网络计划关键线路可自终点节点逆箭线方向朝起点节点逐次进行判定；自始至终都不出现波形线的线路即为关键线路。其原因是如果某条线路自始至终都没有波形线，这条线路就都不存在自由时差，也就不存在总时差，自然它就没有机动余地，当然就是关键线路。或者说，这条线路上的各工作的最迟开始时间与最早开始时间是相等的，这样的线路特征也只有关键线路才能具备。

6.时标网络计划坐标体系

时标网络计划的坐标体系有计算坐标体系、工作日坐标体系和日历坐标体系三种。

(1)计算坐标体系：计算坐标体系主要用做网络计划时间参数的计算。采用该坐标体系便于时间参数的计算，但不够明确。如按照计算坐标体系，网络计划所表示的计划任务从第零天开始，就不容易理解。实际上应为第1天开始或明确示出开始日期。

(2)工作日坐标体系：工作日坐标体系可明确示出各项工作在整个工程开工后第几天（上班时刻）开始和第几天（下班时刻）完成。但不能示出整个工程的开工日期和完工日期以及各项工作的开始日期和完成日期。在工作日坐标体系中，整个工程的开工日期和各项工作的开始日期分别等于计算坐标体系中整个工程的开工日期和各项工作的开始日期加1；而整个工程的完工日期和各项工作的完成日期就等于计算坐标体系中整个工程的完工日期和各项工作的完成日期。

(3)日历坐标体系：日历坐标体系可以明确示出整个工程的开工日期和完工日期以及各项工作的开始日期和完成日期，同时还可以考虑扣除节假日休息时间。

四、搭接网络计划

在建筑装饰工程施工的工作实践中，搭接关系是大量存在的，要求控制进度的计划图形能够表达和处理好这种关系。然而传统的单代号和双代号网络计划却只能表示两项工作首尾相接的关系，即前一项工作结束，后一项工作立即开始，而不能表示搭接关系，遇到搭接关系，不得不将前一项工作进行分段处理，以符合前面工作不完成后面工作不能开始的要求，这就使得网络计划变得复杂起来，绘制、调整都不方便。针对这一重大问题和普遍需要，行业内陆续出现了许多表示搭接关系的网络计划，我们统称为"搭接网络计划"，其特点是把前后连续施工的工作互相搭接起来进行，即前一工作提供了一定工作面后，后一工作即可及时插入施工，不必等待前面工作全部完成之后再开始，同时用不同的时距来表达不同的搭接关系。

1.搭接关系表示方法

在搭接网络计划中，各个工作之间的逻辑关系是靠前后两道工作的开始或结束之间的一个规定时间来相互约束的，这些规定的约束时间称为时距，时距是按照工艺条件、工作性质等特点规定的两道工作间的约束条件。

2.搭接网络计划绘制

搭接网络图的绘制与单代号网络图的绘图方法基本相同，也要经过任务分解，逻辑关系的确定和工作持续时间的确定、绘制工作逻辑关系表，确定相邻工作的搭接类型与搭接时距；再根据工作逻辑关系表，首先绘制单代号网络图，最后再将搭接类型与时距标注在箭线上。

3.搭接网络图的绘制应符合下列要求

(1)根据工序顺序依次建立搭接关系，正确表达搭接时距。

(2)只允许有一个起点节点和一个终点节点。为此，有时要设置一个虚拟的起点节点和一个虚拟的终点节点，并在虚拟的起点节点和终点节点中分别标注"开始"和"完成"字样。

(3)一个节点表示一道工序，节点编号不能重复。

(4)箭线表示工序之间的顺序及搭接关系。

(5)不允许出现逻辑环。

(6)在搭接网络图中，每道工序的开始都必须直接或间接地与起点节点建立联系，并受其制约。

(7)每道工序的结束都必须直接或间接地与终点节点建立联系，并受其控制。

(8)在保证各工序之间的搭接关系和时距的前提下，尽可能做到图面布局合理、层次清晰和重点突出。关键工序和关键线路，均要用粗箭线或双箭线画出，以区别非关键线路。

(9)密切相关的工作，要尽可能相邻布置，以尽可能避免交叉箭线。如果无法避免时，应采用暗桥法表示。

五、流水网络计划

流水网络计划方法是综合运用流水施工和网络计划原理，吸取横道图与网络图表达计划的长处，并使两者结合起来的一种网络计划。

1.流水网络计划基本概念

(1)流水箭线：将一般双代号网络计划中同一施工过程的某种若干个流水段的若干条箭线，合并成一条"流水箭线"。流水箭线根据流水施工组织的需要，可分为"连续流水箭线"和"间断流水箭线"。其中"连续流水箭线"用粗实线表示。"间断流水箭线"表示该施工过程在各施工段上的施工有间断，在流水箭线的箭尾和箭头处画两个图形节点，编上号码即可。

(2)时距箭线：时距箭线是用于表达两个相邻施工过程之间逻辑上和时间上的相互制约关系的箭线。它既有逻辑制约关系的功能，又有时间的延续长度，但不包含施工内容和资源消耗。均用细实线表示。流水网络计划图中的时距箭线分为下述四种。

a.开始时距：开始时距是指两个相邻的施工过程先后投入第一施工段的时间间隔。它表示出了相邻两施工过程之间逻辑连接的作用。

b.结束时距：结束时距是指两个相邻的施工过程先后退出最后一个施工段的时间间隔。它制约两个相邻施工过程先后结束时间的逻辑关系。

c.间歇时距：间歇时距是指两个相邻施工过程前一个结束到期后一个开始之间的间歇时间，一般有技术间隔或组织间歇时间。

d.跨控时距：跨控时距是指从某一施工过程的开始，跨越若干个施工过程之后，到某二施工过程结束之间的时间，一般指若干个施工过程的工期控制时间。

2.流水网络图的画法

(1)节点的形式：节点的表达形式与前面所述各种网络图的节点不同，它需要在节点中标注出分段数与每段作业持续时间的情况，这是计算流水步距基础。如果每段作业时间相同，则用每段作业时间乘段数表示，否则应顺序分段列出每段作业时间。

(2)工作持续时间的表示方法：为了简化，把处在流水工作间而有规则地间断施工的工作也作为流水的工作而加入到流水线中。这样，工作的时间不仅包括实际作业时间，也计入了间歇时间，即从开工直至完成的全部作业时间，我们称之为"延续时间"。

(3)流水搭接关系的表示方法：凡划分施工段按流水作业原理组织施工的，工作间的流水搭接关系都用点画箭线连接表示，并在箭线下方或左方注明流水步距；图中的非流水各工作的逻辑关系则仍用实箭线表示。

六、网络计划优化

网络计划的优化是指在一定约束条件下，按既定目标对网络计划不断加以改进，以寻求满意方案的过程。网络计划的优化目标应按计划任务的需要和条件选定，包括工期目标、费用目标和资源目标。根据优化目标的不同，网络计划的优化可分为工期优化、费用优化和资源优化三种。

1.工期优化

在网络计划中，完成任务的计划工期是否满足规定的要求是衡量编制计划是否达到预期目标的一个首要问题。工期优化就是以缩短工期为目标，使其满足规定，对初始网络计划加以调整。一般是通过压缩关键工作的持续时间，从而使关键线路的线路时间即工期缩短。需要注意的是，在压缩关键线路的线路时间时，会使某些时差较小的次关键线路上升为关键线路，这时需要再次压缩新的关键线路，如此逐次逼近，直到达到规定工期为止。工期优化方法是：当计算工期不满足要求工期时，可通过压缩关键工作的持续时间满足工期要求。

2.费用优化

费用优化是以满足工期要求的施工费用最低为目标的施工计划方案的调整过程。通常在寻求网络计划的最佳工期大于规定工期或在执行计划时需要加快施工进度时，需要进行工期成本优化。

3.费用与工期关系

在建设工程施工过程中，完成一项工作通常可以采用多种施工方法和组织方法，而不同的施工方法和组织方法，又会有不同的持续时间和费用。由于一项建设工程往往包含许多工作，所以在安排建设工程进度计划时，就会出现许多方案。进度方案不同，所对应的总工期和总费用也就不同。为了能从多种方案中找出总成本最低的方案，必须首先分析费用和时间之间的关系。

(1)工期与成本的关系：时间（工期）和成本之间的关系是十分密切的。对同一工程来说，施工时间长短不同，则其成本（费用）也不会一样，二者之间在一定范围内是呈反比关系的，即工期愈短则成本愈高。工期缩短到一定程度之后，再继续增加人力、物力和费用也不一定能使之再短，而工期过长则非但不能相应的降低成本，反而会造成浪费，增加成本，这是就整个工程的总成本而言的。如果具体分析成本的构成要素，则它们与时间的关系又各有其自身的变化规律。一般的情况是，材料、人工、机具等称作直接费用的开支项目，将随着工期的缩短而增加，因为工期愈压缩则增加的额外费用也必定愈多。如果改变施工方法，改用费用更昂贵的设备，就会额外地增加材料或设备费用；实行多班制施工，就会额外地增加许多夜班支出，如照明费、夜餐费等，甚至工作效率也会有所降低。工期愈短则这些额外费用的开支也会愈加急剧地增加。但是，如果工期缩短得不算太紧时，增加的费用还是较低的。对于通常称作间接费的那部分费用，如管理人员工资、办公费、房屋租金、仓储费等，则是与时间成正比的，时间愈长则花的费用也愈多。

(2)工作直接费用与持续时间的关系：我们知道，在网络计划中，工期的长短取决于关键线路的持续时间，而关键线路是由许多持续时间和费用各不相同的工作所构成的。为此必须研究各项工作的持续时间与直接费用的关系。一般情况下，随着工作时间的缩短，费用的逐渐增加，工作的直接费用率越大，说明将该工作的持续时间缩短一个时间单位，所需增加的直接费用就越多；反之，将该工作的持续时间缩短一个时间单位，所需增加的直接费用就越少。因此，在压缩关键工作的持续时间以达到缩短工期的目的时，应将直接费用率最小的关键工作作为压缩对象。当有多条关键线路出现而需要同时压缩多个关键工作的持续时间时，应将它们的直接费用率之和（组合直接费用率）最小者作为压缩对象。

(3)费用优化方法：费用优化的基本方法就是从组成网络计划的各项工作的持续时间与费用关系，找出能使计划工期缩短而又能使得直接费用增加最少的工作，不断地缩短其持续时间，然后考虑间接费用随着工期缩短而减少的影响，把不同工期下的直接费用和间接费用分别叠加起来，即可求得工程成本最低时的相应最优工期和工期一定时相应的最低工程成本。

4.资源优化

一个部门或单位在一定时间内所能提供的各种资源（劳动力、机械及材料等）是有一定限度的，还有一个如何经济而有效地利用这些资源的问题。在资源计划安排时有两种情况：一种情况是网络计划所需要的资源受到限制，如果不增加资源数量（例如劳动力），有时会迫使工程的工期延长，资源优化的目的是使工期延长最少；另一种情况是在一定时间内如何安排各工作活动时间，使可供使用的资源均衡地消耗。资源消耗是否均衡，将影响企业管理的经济效果。这里所讲的资源优化，其前提条件是：

(1)在优化过程中，不改变网络计划中各项工作之间的逻辑关系。

(2)在优化过程中，不改变网络计划中各项工作的持续时间。

(3)网络计划中各项工作的资源强度为常数，而且是合理的。

(4)除规定可中断的工作外，一般不允许中断工作，应保持其连续性。

[复习参考题]

◎ 流水施工的基本形式有多少种？

◎ 流水施工方式特点是什么？

◎ 简述网络计划的基本原理。

◎ 流水强度指的是什么？

◎ 什么是紧前工作、紧后工作和平行工作？

◎ 双代号网络图与单代号网络图的区别是什么？

◎ 时标网络计划的特点是什么？

◎ 简述网络计划优化的好处。

[实训练习]

◎ 用一套装饰施工图，给予一定的时间参数，要求参照范例，画出施工计划进程图。

第五章 工程施工管理实务

本章重点

现场施工管理是工程管理的实务。工程现场的情况随时都会发生变化，各分项工程的作业面相互胶着交错，人员之间容易产生矛盾，引发安全事故，从承接施工任务开始施工到竣工验收为止的全过程，围绕施工对象在施工现场进行生产事物的组织、协调和管理工作就显得非常重要。

学习目标

通过学习，学生能够了解到工程现场管理的基本方法，掌握工程协调的原则。

建议学时

6学时。

第五章　工程施工管理实务

第一节 //// 现场施工管理实务

现场施工管理内容繁多、复杂，涉及施工平面图布置、材料进场管理、施工工序、质量控制、进度控制、人员工种安排、安全管理、料具管理、资料制作等内容。因此必须在开工前制订施工管理的任务和内容，确保施工管理按照施工总体规划按步、按时、有序进行。具体工作安排如下：

项目经理部在工程开工时，召集所有工地人员，简明交代有关事项，例如：工期要求、质量、安全、工地纪律、现场文明卫生、施工管理人员的分工等。让所有工地人员对整个工程有一定认识。

工地放样，按照平面图纸尺寸依次弹线放样，并认真核对实地放样与平面图纸尺寸是否有关，若出现实地尺寸与图纸不符时应及时与设计人员进行处理，并请业主或监理到场征求意见，在得到共同认可后方能进行施工。

施工调度包含人员（工种）、材料、机具的调度，根据施工进行及实际情况合理地、科学地进行调度，避免出现施工混乱，施工间断，以减少浪费和损失。

一、工种调度

加强计划管理，针对各分项工程施工特点和相关的联系，合理调配施工作业队，使施工的进展具有均衡性和节奏性，消除停工、窝工现象。例如：当电工布线管时，木工不便进行天花及隔墙的施工，但可以安排木工制作门面或家具施工，以免相互争场地出现窝工现象，当某些工程项目上下工序不能同时交叉进行时，可适当集中力量于上道工序，完成一段就移交一段，当一些工程受场地制约，无法集中太多人员施工时，则可在保证重点工程的同时，安排一部分人员去做辅助工程的附属工程，当各工序同时展开时，管理者须安排一些后备工程。总之，通过人员的合理调度，达到保证各工种专业人员不间断、按次序从一个项目转移到另一个项目进行施工。

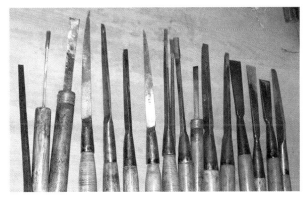

图5-1　木工工具

图5-2　打磨机

图5-3　小型石材切割机

二、材料调度

施工期间，管理者须对各工种材料库存量登记清楚，并预计出未来数天内对材料的需求量，及时给予调供，禁止出现停工待料现象。同时要注意保持工地整洁，切勿使材料乱置于现场。为避免工地空间变小影响施工，需控制材料进场时间。对进场材料，设置工地材料库房进行保管，施工材料的发放以当天用料当天发放为基本原则。管理者在施工中需防止施工人员随意浪费材料，主要抓好两个方面工作：一是抓好下料设计，二是抓好剩余材料的利用。此外，要防止盗窃、私用工程施工材料的现象。工地设临时仓库及仓库管理员，切实做好进场材料的签收工作，并按材料品种、数量进行登记，以备查验。材料进工地应做好以下工作：

1.根据材料计划表并结合工程进度计划表内确定材料的品种、数量及进工地时间。

2.堆放位置应事先安排，切勿任意堆放以致影响工期和材料管理的严密性。堆放时应注意：不得影响施工的进行而反复搬迁，避免损材费工；分类堆放，便于使用；易燃、易爆物品，分开地点堆放，以保证安全；易碎、易潮、易污的材料，应注意堆放方法和采取保护措施，以免造成损耗；即用的材料进入工地时应直接放置在工作面，以便节省搬迁的工序。

3.机具管理

实行施工机具领用登记制度，以"谁领用、谁保管、谁负责"为原则，防止出现不正常的损坏和遗失。调度好各工序机具的使用，可避免一些工序机具闲置，提高施工机具的使用率，同时还须加强对施工机具的保养，使用前应仔细检查机具，使用过程中若发生故障应及时排除。工程完毕，应安排专人对机具进行清理、保养之后方可收回仓库（见图5-1～图5-6，为各类机具）。

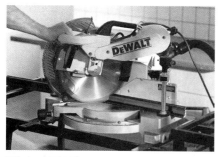

图5-4　金属切割机

图5-5　刨槽机

图5-6　木工机床

第二节 ///// 现场施工作业计划

一、施工程序

根据工程的具体情况采用合理的施工方案，采用综合小组分片流水作业，施工以先顶后墙再地、先安装后油漆为原则，总体把握以下施工步骤：

吊顶制作安装→隔（背景）墙制作安装→木制品制作→墙地面砖→木制品安装→乳胶漆涂刷→木制品油漆→玻璃制品安装→地板铺设→灯具、洁具安装→清理退场。

二、施工网络图

施工网络图是把施工程序以图表的形式展示出来的一种作业计划图。通过施工网络图可以清晰地展示施工各项工程的安排情况，便于施工现场指挥、管理。

```
                    施工准备
                       │
              材料进场 ┈┈┈┈ 现场运输
     ┌────────────┬────────┴────────┬────────────┐
  顶面部分       木作部分        地面部分       墙面部分

翻边灯槽窗帘箱   木制作基层      卫生间地面防水   隔墙 骨架

吊顶 龙骨架     木制作饰面      墙地砖镶贴      基层板安装

电器 管线安装   木制品安装      石材铺贴       隔墙 面层

石膏板饰面       油 漆         地板铺贴       开关面板安装

灯具 安装      五金件安装      成品保护       涂料 基层

顶面 涂料                                    墙面涂料
     └────────────┴────────┬────────┴────────────┘
                        扫尾验收
```

三、主要的施工工艺及方法

1.所有施工人员上岗前必须进行培训。具体由工地施工管理人员培训，培训针对具体的施工工序、工艺及技术参数进行讲解，以及施工中"常见病"的预防处理措施等进行讲解，并结合"技术交底表"进行管理和控制（见图5-7）。

2.特殊工种：如电工、电焊工、架子工、物料提升机操作工等必须经专业培训，持证上岗。

3.施工前，做到"技术交底表""安全交底表""预防措施表"等在发放给班组负责人的同时，在工地的宣传栏进行张贴，使每个工人都能清楚、明白。

4.施工中，要坚持重点部位施工技术员不离现场，质量检查员必须每天检查当天施工工作面的质

图5-7 施工人员上岗前培训

量，出现问题，及时解决，严格执行工程中的质量控制程序，做好隐蔽记录和报验工作并对其参数进行连续追踪检测。例如：

安全、环保交底表

▌ 工程名称：某置业售楼处装饰	▌ 交底部位：一层
▌ 施工班组：油漆工班组	▌ 交底日期：　　年　月　日

▌ 交底内容：目的是保证人身安全和健康，预防安全、污染事件发生。

一、本工序施工的特点和危险点：

　　特点：

　　1. 现场使用的油漆、涂料为易燃可燃物品。

　　2. 涂饰时所用的油漆、油漆容器、工具清洗所遗留的废液都会导致有害气体的出现，对人的身体健康有影响。

　　3. 局部部位为登高作业。

　　危险点：

　　1. 易燃、爆炸品不合理堆放导致火灾。

　　2. 在高空涂饰时，（跳板、龙门架）如有质量问题出现会导致坠落，造成人员伤亡。

二、针对危险点的预防措施：

　　1. 油漆涂料合理堆放（会造成污染和爆炸的物品）在仓库，桶盖全部密封。施工现场严禁明火，并配备相应灭火器械，张贴醒目警示牌。

　　2. 相关工具所带的废液应指定合理地方清洗干净。

　　3. 在高空施工作业前应检查跳板、龙门架是否牢固，如检查没有质量问题了，方可进行施工。

三、本工序应注意的安全事项：

　　1. 施工人员在进行高空粉刷（涂饰）时应检查（选用跳板、龙门架）是否牢固安全。

　　2. 施工现场严禁明火。

四、本工序安全操作规程和标准：

　　安全操作规程：涂刷施工前带好相关（防毒口罩、油手套等）物品，会造成有害气体出现及易燃的涂料应合理放置严密桶内，再检查高空（梯子、龙门架等）是否牢固，如检查没有质量问题了，方可进行施工。

　　标准：现场严禁使用明火，严禁吸烟。操作人员在施工时感觉头痛、心悸或恶心时，应立即离开工作地点到通风良好处换换空气，如仍不舒服，应去保健站治疗。

　　涂刷大面积场地时，(室内)照明和电气设备必须按防火等级规定进行安装。

　　为避免静电集聚引起事故，对罐体涂漆或喷涂设备应安装接地线装置。

五、发生事故后采取的避难和急救措施：

　　避难：

　　如有油漆涂料导致火灾、爆炸等问题时应及时从安全通道逃离火灾现场，有相关人员拿灭火器扑灭火灾现场。

　　急救措施：

　　如在高空作业时发生坠落现象应及时拿出医疗箱进行护理，如伤势严重，应立刻将其送往医院救治。

六、本工序产生的污染：

　　施工时如油漆涂料、壁纸、油漆容器导致有毒有害气体的出现造成大气污染。

七、针对污染的控制和预防措施：

　　控制：按《化学危险品控制程序》。

　　预防措施：施工人员对油漆涂料应合理堆放在仓库（通风）内，桶盖密封。

▌ 交底人（安全员）：　　　　　　　　　　　　　　▌ 接受人（作业班组长）

▌ 接受人（作业班组全体成员）：

技术交底表

▌工程名称：某置业售楼处装饰	▌项目经理：陈东
▌交底部位：接待大厅	▌施工员：王力强

▌交底内容：

一、开始施工的条件：

1.材料已通过监理验收进场。

2.施工机具到位，并保持良好的使用状态。

3.完成现场测量放线工作。

4.墙面上的灰尘、附着物清理干净。

二、施工的工艺顺序和前后工序的搭接关系：

基层检查，处理——确定标高——选玻璃——打胶——擦缝——清理——自检——保护

三、常规的施工工艺（施工依据、技术要领）：

根据GB50210-2001装饰质量验收规范中的轻钢龙骨纸面石膏板吊顶分项质量验收要求进行施工

表面平整度允许误差：1mm　　　检验工具：2米靠尺及塞尺

表面垂直度允许误差：1mm　　　检验工具：2米靠尺及塞尺

接缝高低差允许误差：0.5mm　　检验工具：直角塞尺

玻璃间隙宽度允许误差：1mm　　检验工具：钢尺和塞尺

四、隐蔽（中途）验收的质量标准：

边缘整齐，表面干净；擦缝整洁，宽窄饱满一致；玻璃颜色无明显色差。

五、工序验收

1.方法和检查人：■自检，由_____负责；　■交接检，由_____负责；

　　　　　　　　　■专职检，由_____负责。

2.质量标准：合格

六、本工序的预防措施：

玻璃订货及收货时要注意批号等问题。

安装后的玻璃，应做比较明显的标记，注意保护。

▌班组长：	▌带班人：
▌交底日期：	年　　月　　日

四.关键过程专项技术措施控制

对于在整个工程中的关键部位和专项技术要明确

以下内容：该关键工程施工要点；该关键工程质量要求；该关键工程容易出现的质量问题及预防措施。

第三节 ///// 施工任务书和调度工作

贯彻施工作业计划的有力手段是抓好《施工任务书》的管理和生产调度工作。

一、施工任务书的内容和作用

《施工任务书》是向施工班组贯彻施工作业计划的有效形式，也是施工企业实行定额管理、贯彻按劳分配，实行班组经济核算的主要依据。通过《施工任务书》结合《小组记工单》和《限额领料卡》等生产记录单，可以把企业生产、技术、质量、安全、降低成本等各项经济指标分解为小组指标落实到班组和个人，使施工企业的各项指标的完成与班组、个人的日常工作和物质利益紧密联系在一起，达到按时、保质完成施工任务。

1.施工任务书的形式很多，一般包括下列内容：项目名称、工程量、劳动定额、计划工数、开竣工日期、质量及安全要求等。例如：

执行单位 _____ 班　　签发日期：

单位工程名称 _____　开工时间：　　竣工时间：

分项工程名称或工作内容	单位	计划工作量		
1				
2				
3				
4				
质量及安全要求				
经手人		接受人		

2.《小组记工单》是班组的考勤记录，也是班组分配计件工资或奖励工资的依据。

3.《限额领料卡》是班组完成任务所必需的材料限额，是班组领退材料和节约材料的凭证。

二、《施工任务书》的管理

1.签发

(1)工长根据施工作业计划，负责填写《施工任务书》中的执行单位、单位工程名称、分项工程名称、计划工作量、质量及安全要求等。

(2)定额员根据劳动定额、填写定额编号、时间定额并计算所需工日。

(3)材料员根据材料消耗定额或施工预算填写限料领料卡。

(4)《施工任务书》由施工队长审批并签发。

2.执行

《施工任务书》签发以后，技术员会同工长负责向班组进行技术、质量、安全等方面的交底。班组组织工人讨论，制订完成任务的措施。在施工过程中，各管理部门要努力为班组创造条件，班组考勤员和材料员及时准确地记录用工用料情况，分别填写《小组记工单》和《限额领料卡》。

3.验收

班组完成任务后，施工部组织相关人员进行验收。工长负责验收完成工程量；质量员负责评定工程质量和安全并签署意见；材料员核定领料情况并签署意见；定额员将验收后的《施工任务书》回收登记，并计算实际完成定额的百分比，交劳资部门作为班组计件结算的依据。

三、施工现场的调度工作

施工的调度工作是落实作业计划的一个有力措施，通过调度工作，及时解决施工中已发生的各种问题，并预防可能发生的问题。另外，通过调度工作也可以对作业计划中不准确的地方进行补充和调整。

1. 调度工作的主要内容：督促检查施工准备工作；检查和调节劳动力和物资供应工作；检查和调节现场平面管理；检查和处理总分包协作配合关系；掌握气象、供电、供水情况；及时发现施工过程中的各种故障，调节生产中的薄弱环节。

2. 调度工作的方法：调度工作要做到准确及时、严肃、果断；调度工作，关键在于深入现场，掌握第一手资料，细致地了解各个施工具体环节，针对问题，研究对策，及时调度。

3. 调度工作的原则：一般工作服从于重点工程和竣工工程；交用期限迟的工作服从于交用期限早的工程；小型或结构简单的工程服从于大型或结构复杂的工程。

4. 除了危及工程质量和安全行为应当机立断随时纠正外，其他方面的问题，一般采用班组会议进行解决。

调度工作是建立在施工作业计划和施工组织设计的基础上，调度部门无权改变作业计划的内容。

第四节 //// 施工现场的场容管理

施工现场的场容管理体现出施工企业的形象和管理水平，是企业综合管理水平的反映。创建文明工地，实施标准化管理是促进和提升工程管理的必要手段。

一、文明工地创建

文明施工是施工企业综合管理水平的体现，也是现代化企业管理的基本要求，同时，也是展现企业管理的窗口。因此施工企业必须加强施工现场场容、场貌管理，倡导文明施工，搞好工地建设，树立良好的企业形象。

1. 严格执行国家、省市建设委员会、建筑工程管理局、建设工会委员会关于建筑业开展创建文明工地活动的相关文件和规定。

2. 施工现场的布置严格按施工现场平面布置图进行，满足业主要求和工程施工的需要，做到布局合理，秩序井然。

3. 施工现场必须有醒目的牌图公示，即工程概况；工程项目负责人名单；创工程质量合格和施工现场标化管理；工程环保；安全生产纪律；安全生产天数计数；防火须知；施工现场平面布置图等。标牌的制作、挂置必须符合标准，现场必须指定卫生负责人，明确职责，严格按照工地文明的有关规定进行施工（见图5-8~图5-12，为现场图表架和器具架）。

图5-8 施工现场标牌

图5-9 施工料具仓库

图5-10 施工值勤标牌

图5-11 施工现场标牌

图5-12 施工料具摆放

图5-13 施工管理人员工作服

4. 施工现场材料堆放整齐、有序，并建立醒目的标志。现场原材料、构件、机具设备要按指定区域堆放整齐，保持道路畅通。作业场所要达到"落手清"。建筑垃圾及时归堆、外运，严禁随意抛掷。建筑污水必须通过管道集中向下排放。做到作业面无积存垃圾、无积存废水、无散落材料。

5. 成立由项目经理任组长的创建文明工地领导小组，做到责任到人、职责分明。

6. 施工人员进入工地应佩戴胸卡、安全帽。现场施工人员要自觉维护施工秩序，并接受工作小组的管理，认真履行职责（见图5-13）。

7. 合理安排施工工序，工作面完成后，要做好产品保护。

8. 自觉遵守现场的各项规章制度，服从业主的统一管理。

9. 待人文明礼貌，不说脏话、粗话，言行检点，确保不发生任何打架斗殴事件。

10. 严格按规范、规章操作，杜绝野蛮施工。

11. 爱护公共财物，共创文明工地。施工现场经常保证完整、整洁。实现工地门前"三包"，确保门前墙外无垃圾、无建筑材料、无污水。

二、环境卫生管理措施

加强施工现场环境卫生管理，确保工地整洁如新。

1. 建立、健全施工现场环境卫生管理制度和控制粉尘、有毒有害气体扩散措施等。

2. 施工现场严禁烧煮和乱抛垃圾。建筑垃圾和生活垃圾应严格区分堆放。

3. 操作时做到"落手清"，确保工作完成场地扫清。

4. 多工种交叉作业时，应注意上下工序的配合，不得任意扔掷工具、材料，以免伤人、破坏环境。

5. 设置专用的临时吸烟室和卫生间，严禁在施工现场吸烟和随地大小便。

6. 现场设置垃圾桶、指定堆放处，集中堆放垃圾，并坚持每天清运。

7. 在创建工地良好环境卫生的同时，要加强对工地周围环境的保护，防止损坏公共绿地、花木事件的发生。

三、噪声管理措施

1. 为防治工程施工的噪声污染，自觉遵守国家环境保护局有关建筑施工噪声管理的规定，严格控制施工设备的施工噪声和晚上10点过后的加班赶工，避免或减少施工噪声带来的扰民现象，必要时提前5个工作日向相关部门提出申请，经报批后提前三天向工地周围单位安民告示。

2. 如果工程位于市中心交通繁华地段和居民集中地段，在运输材料时，尽量放在深夜，且不得鸣喇叭，以防噪声影响居民休息。

噪声检测点及记录格式如下：

| 测量仪器型号：TES-1350A | 气象条件：风力：×-×级 气温：×-××℃ | 测试时间：8：30-10：20 |

工程名称：　　　　　　　　　　**工程地点：**

测点		敏感区域测量记录								背景/场界计算值	等效连续A声级
背景噪声	B										
	C										
场界噪声	B										
	C										

建筑施工场地示意图　　建筑施工场地及其边界线，测点位置

说明：

声级计加防风罩　　无夜间（22点至次日6点）施工

固定设备噪声测量	设备名称	测量记录						背景/场界计算值	等效连续A声级

测量：　　　　　**记录：**　　　　　**计算：**　　　　　**日期：**　　年　月　日

四、安全检查管理

1. 安全施工与检查。各工作小组成员应遵守工程建设安全生产有关管理规定，严格按照安全标准组织施工，并随时接受行业安全检查人员依法实施监督和检查。

2. 做好安全防护工作。工作小组成员在动力设备、输电线路、地下管道、密封防震车间、易燃易爆地段以及临街交通要道附近施工时，施工开始前应向监理工程师提出安全防护措施，经认可后实施。实施爆破作业，在放射、毒害性环境中施工（含储存、运输、使用）及使用毒害性、腐蚀性物品施工时，工作小组成员应在施工前2周以书面形式通知监理工程师，并提出相应的安全防护措施，经认可后实施。

3. 事故处理要及时。在发生重大伤亡及其他安全事故时，第一是救人，其次是按有关规定立即上报有关部门，并及时通知相关人员，同时，按政府有关部门要求处理事故。

4. 施工作业区内各种材料堆放整齐，并配有标明材料的品种、规格和受检状态等内容的标志牌，油漆及其他化学品、易燃易爆物品必须存放在危险品仓库内，不得放在一般人易接触的工作区域内。每天下班前打扫工作区域，做到收工"脚边清"，建筑垃圾堆放整齐。木工作业区或室内木制品区或其他易燃品堆放处，每50平方米必须设置灭火器两只，置于配备的移动式消防箱内。在每只100A电箱（2号电箱）旁边也必须设置干粉灭火器。

5. 在施工区域进行电焊、气割工作，严格实行动火审批手续，由动火人填写动火单，项目部施工员实

图5-14 临时用电箱

图5-15 "四口"的防护

行动火安全交底，现场监理审批，如无现场监理审批时须征得业主同意由项目经理审批，动火期间还必须现场悬挂经审批的动火单，并有项目部安全员在现场实行监督，且现场配备必要的灭火器械。

施工临时用电箱必须是1机1闸1漏1箱，电箱完好，安放位置稳妥得当，临时电线严禁拖地，必须架于2.4m以上，电线接头或破皮必须严密包扎（见图5-14）。

6.小型机械设备必须安放位置稳妥得当，传动装置部位防护罩完好，并在各种操作设备附近悬挂或架设其相应的操作规程牌，木工机械严禁一机多用。

7.电动工具不得随意接长电源线和更换插头，严禁采用多用插座拖线板方式接长电源线。

8.遇"四口"（楼梯口、电梯井口、预留洞口、通道口）和临边（阳台边、楼板边、屋面边）必须有可靠严密的防护（可用钢管栏杆。上杆高1.2m，下杆高0.5m）（见图5-15）。

9.施工现场必须悬挂适量的安全宣传牌，如"严禁吸烟""按规定戴好安全帽"等。还应配置警示牌、指示牌，如"小心洞口"、"安全出口"、"小便处"，现场平面布置图(逃生路线、消防器材)等。

五、施工现场标化管理办法

根据企业贯标要求，将施工现场的标化管理作为一项重要的工作来实施，全面推行标准化管理工作：

1.工作人员着装：施工现场工作人员的着装体现着企业的管理和形象。施工现场管理人员应穿戴企业统一的工作服，胸挂标明其姓名和职务的工卡。特殊工作人员（主要指电工作业、金属焊接工作、脚手架工作）和不同职务的管理人员头戴相关职务和颜色的安全帽，胸挂标明其姓名和职务的工卡，上身穿企业统一的工作服。以便明确责任，便于管理。

2.工地办公室、仓库等管理要求：工地办公室、仓库等工作间门口必须有相应的指示牌。办公室内办公桌统一，用具摆放整齐，墙面布置表牌清晰，即工程概况牌、管理人员名单牌及监督电话号码、消防保卫制度牌、安全生产责任牌、文明施工管理牌、卫生值日表、施工进度表等。在工地现场还应有"工程岗位责任牌"，即项目经理、施工员、质量员、材料员、安全员、资料员等人员的岗位职责，另外，现场办公室内要设有保健药箱和备有常用的急救药品。

第五节 ///// 施工日志和工程施工记录

施工资料是工程质量的一个重要环节，是施工质量和施工过程管理情况的综合反映，也是建筑企业管理水平的反映，更为重要的是，施工资料是工程施工过程的原始记录，也是工程施工质量可追溯的依据。因此，项目部必须建立严格的资料管理制度，设专人依据行业规范、规程和企业有关技术资料管理规定负责收集整理和管理工作，同时，施工资料的验收应与工程施工进度验收同步进行，施工资料不符合要求，不得进行竣工验收。

施工日志是室内装饰工程施工阶段有关施工活动（包括施工组织和施工技术）和现场施工情况变化的综合记录，也是反映整个工程施工详细过程的备忘录。施工日志须坚持每日写记，内容包括：当天日期、天气、施工内容、施工人数、材料使用、工作进度、施工现场状况及有关工程的事项。

一、填写施工日志的要求

1.施工日志应按单位工程（分部分项工程）填写，从开工到竣工校验为止，逐日填写，不能中断。

2.施工日志记录要真实，不能把施工日志记成流水账。

3.在施工过程中发生施工人员调动，办理好交接手续，保持施工日志的完整性。

二、施工日志填写内容

工程开、竣工日期以及重要部分分项施工起止日期，技术资料的供应情况；重要工程的特殊质量要求和施工方法；安全、质量、机械事故的情况，发生原因及处理方法；气候、气温、地质以及其他特殊情况的记录，施工日志应将技术管理和质量管理活动及效果作为重点记录。比如：工程准备工作的记录；工程质量评定，隐蔽工程验收、预检以及上级部门组织的互检和交接检的情况及效果、施工组织设计及技术交底的执行情况的记录和分析；原材料检验结果、施工检验结果的记录；质量、安全事故的记录，包括事故原因分析、责任者、处理情况等；有关洽商变更情况、交代的方法、对象和结果的记录；有关技术资料的转交时间、对象及主要内容的记录；有关新材料、新技术的推广情况；工程过程中的有关会议及内容等。

单位工程施工日志

第　页

工程名称	
日期	主要记事

填表人：

[复习参考题]

◎ 什么是施工任务书？

◎ 什么是施工现场调度工作？

◎ 施工现场场容管理包括哪些内容？

◎ 什么是施工日志？如何作好施工日志的记录？

◎ 施工现场标化管理有哪些内容？

◎ 如何作好施工现场卫生管理？

[实训练习]

要求参加实习的同学完成以下作业

◎ 作好在实习工地的施工日志的记录

◎ 以影像（照片和DV）的方式记录施工现场标化管理情况

第六章 工程质量和劳动管理

本章重点

本章叙述了装饰工程在施工过程中，如何提高各方面的效益和工程质量，从而达到最好的效果。

学习目标

让学生通过学习，了解工程质量概念，掌握施工质量管理和劳动管理的相关内容，了解在装饰工程巧用人力、财力、物力以及其他的一些技巧。从而在工程过程中能够有效控制工程施工的进度，提高工程质量和工程经济效益。

建议学时

4学时。

第六章 工程质量和劳动管理

工程施工的好坏直接影响到工程的质量，从施工入手，加强管理，增强意识，指定措施，严格把关，建立质量管理体系，通过质量策划、质量控制、质量保证和质量改进等手段确保施工质量。

质量的内容包括制订质量方针和质量目标以及质量策划、质量控制、质量保证以及质量改进等方面。

一、质量管理的定义

根据我国国家标准（GB/T6583-92）和国际标准（ISO8402-86），质量的定义是：产品或服务满足明确需要或隐含需要能力的特性和特征的总和。

二、装饰工程质量的基本概念

装饰工程的质量的基本概念是指：施工企业围绕提高工程综合质量要求，组织全体参与人员及有关部门，运用先进的管理技术、专业技术和科学方法，经济合理地对工程的结构功能、使用功能和观感质量，以及效率、工期、成本、安全等所进行的计划、组织、协调、控制、检查、处理等一系列活动，最后所产生的结果。

在工程质量的指导和控制过程中，通常包括质量方针、质量目标、质量策划、质量控制、质量保证、质量改进等制度的制订和实施。工程质量管理是有计划、有系统的控制，使工程达到国家规定的相关规范要求和相关企业的标准。

质量管理必须明确质量目标和职责，各级管理者对目标的实现负有责任。

要素	基本要素质量	措施	工作质量	目标
人员	基本高素质	执行岗位责任制	人员素质保证	产品质量保证
材料	原材/半成品/成品	实行监测实验制度	原材质量保证	
操作	按工艺标准要求	规范、作业指导书操作	操作过程保证	
机具	检测合格后使用	检查维修制度	机具保证	
方案	多方案优化总结	方案审批制度	方案保证	

三、工程质量管理中"质量"含义的三个方面

1.工程质量。工程质量是指满足国家建设和人民（业主）需要所具备的自然属性。通常包括可靠性、适用性、安全性、经济性和使用寿命等。室内装饰工程的施工质量是室内装饰材料、装饰构造做法是否符合国家《建筑装饰工程施工及验收规范》的要求。

2.工序质量。工程项目的施工过程，是由一系列相互关联、相互制约的工序所构成，工序质量是基础，直接影响工程项目的整体质量。要控制工程项目施工过程的质量，首先必须控制工序的质量。

3.工作质量。工作质量是施工人员的工作态度和主观因素，施工人员的思想素质、责任心、事业心、质量观、业务能力、技术水平等直接关系到工程质量和工序质量。因此，施工单位必须加强员工的素质、品质的培养，树立"以人为本，质量第一"教育的方针，增强员工的社会责任心，制订相应的奖罚制度，才能确保工序质量和工程质量。

四、工程质量管理的发展历史大致分为三个阶段

1.质量检查阶段。起始于20世纪的20～30年代，这一时期的质量管理，主要是事后把关检查，在完成产品中剔除不合格产品。属于事后的质量管理方法，无法把质量问题消灭在生产过程中，缺乏预防和控制。

2.统计质量管理阶段。起始于二次世界大战初期。主要运用概率论和数理统计的方法，找出产品质量的规律，对生产过程中各个工序进行严格控制，从而保证产品质量。缺点是管理过分强调统计工具，忽视了人和管理工作对质量的影响。

3.全面质量管理阶段。起始于50年代末、60年代初。基本管理思想是把专业技术、经营管理、数理统计和思想教育结合起来，建立起工程的研究设计、施工建设、售后服务等一整套质量保证体系。通过企业经营管理各个方面的工作，对影响质量的各类因素进行控制，达到全面提高质量的目的。

第二节 //// 质量检查与质量评定

装饰工程质量的检查内容包括：抹灰工程、吊顶工程、轻质隔墙工程、饰面板（砖）工程、楼地面铺装工程、玻璃工程、细部工程、裱糊与软包工程、涂饰工程、配套工程等，另外，涉及装饰工程的门窗、幕墙分部工程的质量检查也应列入检查范围。

质量管理工作是一项复杂的"系统工程"，它关系到整个施工过程中人、财、物管理的各个方面。有了技术标准之外还必须有管理措施作为保证，确保施工质量。为了确保优良目标的实现，要紧紧围绕目标，建立施工质量保障体系和相关制度。

一、建立质量管理制度

1.建立健全技术质量岗位责任制度。实施施工质量项目经理负责制，实施各分项工程部门经理、技术负责人对工程质量直接负责机制，并纳入所在地方质量监督部门的管理范围。

2.建立奖罚制度。实行质量一票否决权。

3.建立质量自检制度。施工人员应认真做好质量自检、互检及工序交接检查，做好施工岗位责任记录。

4.建立样板先行制度。在进行大面积同种材料或数量较多的空间模式（宾馆客房）的施工前，应先做出一个样板（样板房或接点），通过制作来研究施工工艺的可行性。

5.建立隐蔽工程验收制度。所有隐蔽性工程必须进行检查验收，检验合格后才能"封面"。隐蔽工程中，上道工序未经检查验收，下道工序不得施工，隐蔽工程检查验收应由工地施工负责人认真填写《隐蔽工程验收单》并归档。

6.建立巡查制度。质检员全天候巡视现场，每天下班前对工地当天工程全部巡视一次，发现问题马上协助本班组长及时解决，填好"现场问题整改卡"在下班后交给班长，并做好笔记。

二、建立质量监控体系

1.配备专职质量负责人和质量员，各分项项目部要设专（兼）职质量检查员，协助项目经理，进行日常质量管理，配合相关地方质量监督部门的检查。

2.根据工程项目施工的特点，确定质量控制重点、难点，严格加以控制。

控制重点、难点 → 制订控制对策 → 实施控制 → 检验与实验 → 输出合格产品

不合格 → 找出问题的原因 → 制订纠正措施

3.对施工的项目要进行分析，找出可能或易于出现的质量问题，提出应变对策，制订预防措施，事先进行施工控制。

4.在技术、质量的交底工作时，要充分了解工程技术要求，必须以书面签证的形式进行确认，项目经理必须组织项目部全体人员对图纸进行认真学习，由项目经理牵头，组织全体人员认真学习施工方案，并进行技术、质量、安全书面交底，列出监控部位监控要点。

技术交底记录卡

技术交底记录表		C-2-1	编 号	
工程名称			交底日期	
施工单位			分项工程名称	
交底摘要				
审核人		交底人		接受交底人

三、工序交接验收及质量评定

1.分项工程施工完毕后，各分管工种负责人必须及时组织班组进行分项工程质量评定工作，并填写分项工程质量评定表，交项目经理确认，最终评定表由工程部技术质量专职质量检查员核定。

2.项目经理要组织施工班组之间的质量互检，并进行质量讲评。

3.工程项目部质量员对每个项目要进行不定期抽样检查，发现问题以书面形式发出限期整改指令单，项目经理负责在指定限期内将整改后情况以书面形式反馈到技术质量管理部门。

4.施工过程中，不同工种、工序、班组之间进行交接检验，每道工序完成后，由技术质量负责人组织上道工序施工班组及下道工序施工班组，进行交接检验，并做好检验记录，由双方签字。凡不合格的项目由原施工操作班组进行整改或返工，直到合格为止。

5.加强工程质量的验收工作，在检查中发现的违反施工程序、规范、规程的现象，质量不合格的项目和事故苗头等应逐项记录，同时及时研究制订出处理措施。

现场问题整改卡

工程名称		
分项工程		
施工班组		实施时间：
检查时间：		
存在问题		
1.		
2.		
3.		
4.		
5.		
整改时间：		
技术部签名：		年　月　日　时
项目部经理签名：		年　月　日　时
班组长签名：		年　月　日　时
整改结果：	项目部经理确认：	
资料员回收：		年　月　日　时

第三节 //// 材料采购、验收、保管管理措施

装饰材料多种多样，其质量在很大程度上决定了工程的质量，在装饰工程中，材料的表面质量尤为重要。对施工中用量大、性能要求高、直接影响工程质量的材料、构件，必须进行严格的检查、检测及试验工作，特别要重视材料的表面质量、环保质量和物理结构质量。因此，检查材料质量是保障工程质量、降低成本的一项不可缺少的工作，检查的结果，应记入施工记录。

装饰工程项目中最常用的装饰材料检验应按相关质量标准进行，主要有：《胶合板质量标准》；《硬质纤维板质量标准》；《刨花板质量标准》；《细木工板质量要求》；《木地板与水泥木屑板质量要求》；《花岗石质量标准》；《大理石板材质量标准》；《水磨石板质量标准》；《建筑玻璃制品质量标准》；《白色陶瓷釉面砖的质量标准》；《彩色釉面砖质量标准》；《陶瓷釉面砖质量标准》；《聚氯乙烯壁纸质量标准》；《装饰墙布外观质量标准》；《浮法玻璃产品标准》；《普通平板玻璃》；《钢化玻璃与夹丝玻璃外观质量标准》；《中空玻璃与玻璃马赛克质量标准》；《轻钢龙骨质量要求》；《石膏板质量要求》。（具体标准见附件）

材料质量验收应有专人负责，质检员、材料员、施工员负责常规材料感观效果和物理性能等方面的检验，如木材饰面材料的纹理、色彩等；技术负责人负责对一些技术方面有特殊要求材料进行检测，如水泥砂浆、高强螺栓的试验；在材料验收以后要填写材料检测报告，由项目经理、技术负责人签认后方可使用。

对材料的质量控制应该是多方面，多层次的。

一、材料采购时的质量控制

1.应寻找技术可靠、信誉良好的并经论证的合格供应商作为材料供应的合作伙伴。

2.材料应符合国家的相关标准，证照齐全，特别要注意合格证，测试报告及环保审批报告之类的证照是否齐全。

3.材料的采购要以一定规格样品进行封样，在确定质量保证的情况下，方可大宗采购。

4.在可能的情况下，材料的表面效果要得到设计人员的认同以后，才可以进行采购。

二、装饰材料的质量验收

1.材料、半成品的外观验收包括材料的规格尺寸、产品合格证、产品性能检测报告等。

2.一些外协"部件"在专业工厂加工过程中应有专业人员进行监控。例如木线、饰面板、花岗岩、彩釉玻璃、铝合金线条等。

3.对大批量的罩面材料要严格监控，注意批次的批号、规格，外观纹理、色差、纹样等，还要注意是否有划伤或损坏等。

4.对外购件的监控，零部件是否有缺损，运输工程中是否有损坏等。

三、技术要求高的材料要进行技术检验和破坏性试验

1.水泥、砂浆试制要作养护及复试。

2.大负荷、高强螺栓由专业部门要作抗拉拔试验。

3.钢材质量及性能检测。

4.材料的防火性能检测。

5.材料的环保性能检测。

6.木材含水量的检测等。

四、材料的保管

1.对购入的材料和半成品、成品应设置专门的仓库，由专人保管、发放，需要防水、防污的材料按要求分类堆放，妥善保管。

2.对易碎的材料要有保护措施，如石材堆放，要用枕木放于地上，小心碰角；石膏板、木板堆放，要架高地面，用以防水、防潮；复合铝板要堆放整齐，防止挤压变形。

3.制作一定的货架和木箱，用于存放规格繁多的小件物品和存放呈圆球等形状的小单件物品，易于寻找。

4.在仓库中存储的各种材料必须加强保管和维护。针对不同的材料，采取相应的存储措施，如分别考虑温度、湿度、防尘、通风等因素，并采取防潮、防锈、防腐、防火、防霉等一系列措施，保护不同材料，避免材料损坏。

5.仓库管理要有严密的制度，定期组织检查和维护，发现问题，及时处理，并要注意仓库保安、防火工作。油漆等易燃易爆产品尽量减少库存，并要单独分开存放并配备相应的消防设施及消防应急预案。

第四节 //// 装饰工程施工过程质量控制

一、装饰测量放线

1.施工人员施工前，施工技术人员与放样工现场进行实地测量放样，依据设计图纸实地用墨线划出装修物的位置，核对现场与图纸标注有无误差，经技术人员勘察无误后，方可进行施工。如实际尺寸与图纸设计有误差，应通过业主与设计师联系，及时做出处理，不得擅自变更设计尺寸（见图6-1～图6-3）。

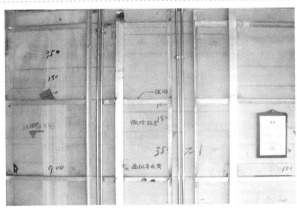

图6-2 槽钢、角钢骨架放线

图6-1 放线图

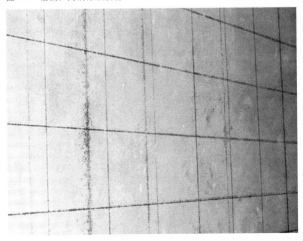

图6-3 墙砖放线

2.在每个层面测设+50cm或+100cm的标高线，并在墙上弹出墨线，作为室内装修的标准基准，测量误差为±3mm。找准中心点和中心划分十字线，做好顶面装饰面分割大样，并现场放线，提供场内施工基准和场外预制分割尺寸、图形。

3.地面放样点钉以钢钉作为放样确认点，墙顶面以漆为标记。

二、电气施工

1.室内配线工程

室内配线应符合安全、可靠、经济、方便、美观的原则，并按设计要求合理施工：

(1)所用导线的额定电压应大于线路的工作电压，导线的绝缘强度应符合线路的敷设方式和环境。导线的截面积应能满足供电质量和机械强度的要求。

(2)敷设导线时，应尽量避免接头。若必须接头时，应尽量压接或焊接。

(3)导线连接和分支处，不应受机械作用。导线与设备端子连接时要牢靠。

(4)穿在管内的导线或电缆，在任何情况下都不能接头，必须接头时，可把接头放在接线盒、灯头盒或开关盒内。

(5)各种明配线应横平竖直。

(6)导线穿墙时加保护管，过墙管两端出墙面不小于10mm，过长会影响美观。

(7)导线沿墙和天花板敷设时，导线与建筑物之间的最小距离为不小于5mm。通过伸缩缝时，导线敷设应有松弛。对线管配线应设补偿盒以适应伸缩。

(8)当导线相互交叉又距离较近时，应在每根导线上套塑料管，并将套管加以固定，以防短路。

(9)室内电器线与其他管道间应保持一定距离，不小于100mm。

2.施工程序

(1)根据平面图、详图等，确定电器安装位置，导线的敷设的路径及导线过墙和楼板的位置。

(2)在抹灰前，应将全部的固定点打孔，埋好支持件，最好配合土建做好预埋与预留工作。

(3)装饰绝缘支持物、线夹、支架或保护管等。

(4)敷设导线。

(5)安装灯具与电器设备、元器件。

(6)测试导线绝缘，并连接之。

(7)校验、试通电。

3.钢管配线

(1)钢管选择。钢管的种类和规格根据环境来选择。明配在潮湿场所和暗配于地下的管子，采用厚壁管。明配或暗配于干燥场所采用薄壁管。管子规格应根据管内所穿导线根数和截面的大小进行选择，一般要求管内导线的总截面积（含外层）不应大于管子截面积的40%。对设计有要求的按照设计要求选择管子种类和规格。所用管子不能有裂缝、压扁、堵塞、严重锈蚀等现象。

(2)钢管加工。钢管加工包括刮口、除锈、刷漆、切割、套丝、弯曲等。

①除锈涂漆。内管采用圆形钢丝刷除锈，外管用钢丝刷除锈（或用电动除锈）。除锈后将管子的内外表涂上防锈漆。钢管外壁刷漆的要求是：埋入混凝土内的钢管不刷防腐漆，埋入土层的钢管刷两道沥青（使用镀锌钢管不必刷漆），埋入砖墙内的钢管刷红丹漆。钢管明铺时，刷一道防腐漆，刷一道灰漆。电线管已刷防腐油漆，只需在管子焊接部位处补漆。

②割套丝。配管时，按实际长度切割管子，切割采用割刀、钢锯，严禁气割。管子连接处在端部套丝，套丝毕将管口毛刺用锉刀刮口，以免毛刺划破导线绝缘层。

③弯曲。管子的弯曲半径，明配时不小于管外径的6倍，暗配时，不小于管外径的10倍。

(3)钢管的连接。不管是明敷设还是暗敷设，钢管间均采用管箍连接，而不可直接电焊连接。连接步骤如下：

①把要连接部位端部套丝，并在丝扣上涂铅油、缠麻丝或生料带。

②把要连接的管中心对正插入到套管内，两管反向拧紧，并使管端吻合。

③满焊套管两端的四周。

④用圆钢或扁铁作接地跨接线焊在管箍的两端，焊接长度不可小于接地线截面的6倍。使管子间有良好的电气连接保证接地可靠。

(4)钢管敷设。配管从电箱开始，逐段到用电元件处，配管有明配和暗配两种情况：

①暗配。在现浇混凝土内配钢管，先用铁丝把钢管绑在混凝土中的钢筋上，在管子下部用垫块垫起15mm～20mm。配管在混凝土浇筑前完成。钢管配在砖墙内，先在墙上留槽或开槽，在砖缝内打入木楔，用铁丝把管子绑牢，用钉子钉在木楔上。管子离墙表净距离不小于15mm。管子在天棚内，应逐段设立吊筋，用管卡将线管固定。不得依附于其他物件上。管子在轻钢龙骨隔墙内，可用铁丝将管子与轻钢龙骨相固定。钢管中间卡的最大距离：φ15～φ20时为1.5m，φ25～φ32时为2m。管子在敷设完后，用木塞或专用堵件将管口堵上。当钢管走到伸缩缝或沉降缝时，应设补偿盒。

②明配。明配管各固定点间距均匀，应沿建筑物结构表面横平竖直地敷设，其允许偏差在2m管长以内均为3mm，全长的偏差不应超过管子内径的1/2。当管子沿着柱、墙、屋架等处敷设时，可用管卡固定。管卡用膨胀螺栓直接固定在墙上，也可先将墙柱上固定金属支架，再用管卡子把管子固定在支架上。

(5)钢管穿线。穿线时，应先穿钢带线（φ1.6mm钢丝）作为牵引线在钢丝上绑扎导线穿线。拉线时应二人操作，一人送线，一人拉线，不可生拉硬扯，应

二人协调一致。当拉到一点不动时，可用锤子敲打钢管或二人来回拉动线后再往前拉。穿线时，不同回路（除同类照明的几个回路）、不同电压（除均在65V以下的电压）以及交流与直流的导线不得穿于同一管内。钢管与设备连接时可将钢管直接敷设到设备内，如不能直接进入内，可用金属软管连接至设备接线盒内。金属软管与设备连接盒的连接用软管连接。穿线后即可把导线与已安装的配电箱、用电设备、元器件进行连接。

4.灯具安装

(1)灯具安装前应检查其配件是否齐全，外观有无破损、变形及镀层脱落等，并应测试绝缘是否良好。

(2)灯具安装位置及高度应符合设计要求。设计未注明的，室外灯具一般不低于3m，室内灯具不低于2.4m，壁灯一般为1.8mm～2.2m。

(3)灯具的选用应根据使用功能要求和使用环境确定。

(4)灯具重量在1kg以下者可直接用软线吊装，灯具重量在1kg以上者应采用吊链吊装，3kg以上者应固定在预埋的吊钩或螺栓上。

(5)固定灯具的螺钉或螺栓不少于两个。在砖墙上装设的灯具用预埋螺栓、膨胀螺栓或预埋木砖固定，不得用木楔代替。

(6)灯具配线应符合规范要求，且色标区分明显。

(7)当灯具外壳有接地要求时，应当用接地螺栓与接地线连接。

(8)当灯具安装在易燃部位或木吊顶内时，要做好防火处理，在周围结构物上刷防火涂料。

(9)同一室内有多套灯具时应排列整齐且符合设计要求，灯位线要统一弹线，必要时增加尺寸调节板。

5.开关、插座的安装。开关插座的安装应便于操作、维修

(1)各种开关插座应安装牢固，位置准确，高度一致。安装扳把（跷板）开关时，一般向上为"合"，

向下为"断"。

(2)除设计另有要求外,开关插座的安装位置规定如下:

①扳把(跷板)式开关距地高度为1.2m~1.5m,距门框水平净距为0.15m~0.3m。

②拉线开关距地面高度为2.2m~3m,距门框水平净距离为0.15m~0.3m。

③明装插座距地面高度为1.8m。暗装插座距地面高度为0.3m。

④不同电流种类或电压等级的插座安装在一起时,应有明显标志加以区别,且插头与插座造型要有区别,以免插错。

⑤同一场所的开关、插座成排安装时,高低差应不大于1mm,分开安装时高低差不大于5mm。

⑥插座开关接线时导线分色应统一正确。严格做到开关控制相线,插座右极接相线,左极接零线,接地线在上方。

6.照明配电箱的安装。照明配电箱选择和安装应符合设计要求

(1)导线引出板面处均应套绝缘管。

(2)配电箱的垂直偏差不应小于1.5/1000。暗装配电箱的板面四周边缘应紧贴墙面。

(3)各回路均有标志牌,标明回路的名称和用途。若有不同种类或不同电压等级的配电设备装在同一箱体内时应有明显区分标志。

(4)配电箱的安装高度宜在1.2m~1.5m之间为好,箱内工作零线与保护接地线应严格区分。

(5)配电箱内部接线截面应符合规范要求。

三、室内给、排水管道安装

1.给水管道施工

(1)室内给水管道系统管材应符合设计要求。

(2)给水管道必须采用与管材相适应的管件。生活给水系统所涉及的材料必须满足饮用水卫生标准要求。

(3)给水引入管与排水排出管的水平净距不得小于1m。室内给水管和排水管平行敷设时,两管间最小水平净距不小于0.5m;交叉敷设时,给水管应敷设在排水管上方,垂直净距不得少于0.15m。若给水管必须敷设在排水管的下面时,给水管应加套管,其长度不小于排水管管径的3倍。

(4)管道穿越结构伸缩缝、抗震缝及沉降缝敷设时,应根据情况采取下列保护措施:

①在墙体两侧采取柔性连接;

②在管道或保温层外皮上、下部留有不小于150mm的净空;在穿墙处做成方形偿器,水平安装。

③明管成排安装时,直线部分应互相平行。曲线部分:当管道水平或垂直并行时,应与直线部分保持等距;管道水平上下并行时,弯管部分的曲率半径应一致。

(5)管道支、吊、托架的安装,应符合下列规定:

①位置正确,埋设应平整牢固;

②固定支架与管道接触应紧密,固定应牢靠;

③滑动支架应灵活,滑托与滑槽间应留有3mm~5mm的间隙,并留有一定的偏移量;

④无热伸长管道的吊架、吊杆应垂直安装;

⑤有热伸长管道的吊架、吊杆应向热膨胀的反方向偏移;

⑥固定在建筑结构上的管道支架不得影响结构的安全。

(6)管道穿过墙壁和楼板,应设置金属或塑料套管。安装在楼板内的套管,其顶部应高出装饰地面20mm,卫生间内其顶部高出装饰地面50mm,底部应与楼板相平;安装在墙壁内的套管其两端与饰面相平。穿过楼板的套管与管道之间缝隙应用油麻和防水膏填实,表面光滑。穿墙套管应用阻燃物填实并表面光滑。管道接口不得设在套管内。给水立管和装有3个或3个以

上配水点的支管始端，均应安装可拆卸的连接件。

2．安装工艺

(1)安装准备

①认真熟悉图纸，根据施工方案确定的施工方法和技术交底的具体措施做好准备工作。参阅有关设备图，核对各种管道的坐标、标高是否交叉，管道排列所用空间是否合理，若有问题及时与设计有关人员研究解决，办好变更签单记录。

②根据施工图备料，并在施工前按设计要求检验材料设备的规格、型号、质量等是否符合要求。

③了解室内给水排水管道与室外管道的连接位置、穿越建筑物的位置、标高及做法，管道穿越基础、墙壁和楼板时，做好预留洞和预埋件。

④按设计要求的坡度，放好水平管道坡度线，以便管道安装，确保安装质量符合设计坡度的要求。

(2)预制加工

按设计图纸画出管道分路、管径、变径、预留口、阀门等位置的施工草图，在实际安装的位置做上标记，按标记分段量出实际安装的准确尺寸，标注在施工草图上，然后按草图的尺寸预制加工，如断管、套丝、上管件、调直等。

(3)给水支管安装

①支管明装：将预制好的支管从立管甩口依次逐段进行安装，有截门应将截门盖卸下再安装。核定不同卫生器具的冷、热水预留口高度、位置是否正确，找坡找正后栽支管卡件，上好临时丝堵。支管如有水表，先装上连接管，试压后在交工前拆下连接管，换装上水表。

②支管暗装：横支管暗装于墙槽中时，应把立管上的三通口向墙外拧偏一个适当角度，当横支管安装好后，再推动横支管使立管三通转回原位，横支管即可进入管槽中。找平找正定位后用勾钉固定。

③给水支管的安装一般先做到卫生器具的进水阀处，以下管段待卫生器具安装到位后再进行连接。

3．管道试压与冲洗

通过试压检查管道和附件安装的严密性是否符合设计和施工验收规范。

4．给水系统冲洗

采用洁净水冲洗。管道冲洗合格后，将水排尽。若为生活饮用水管，应用含有20～30mg/L游离氯的水浸泡24h，进行消毒，再用饮用水冲洗，以有关部门化验合格，才能使用。

5．排水管道施工

(1)安装准备

根据设计图纸及技术交底情况，检查、校对预留孔洞大小、管道坐标、标高是否正确。对部分管段按测绘草图进行管道预制加工，编好号码待安装使用。

(2)底层排水横管及器具支管安装

底层排水横管一般是直埋敷设或以吊架、托架敷设于地下室顶棚或地沟内。底层排水横管直接敷设时，开挖地面沟槽略低于管底标高，以安装好的排出管斜三通上的45°弯头承口内侧为基准，将预制好的管段按照承口朝来水方向，按顺序排列，找好位置、坡度和标高，以及各预留口的方向和中心线，将承接口相连。进行管口密封。敷设好的管道进行灌水试验，水满后观察水位不下降，各接口及管子无渗透漏，经有关人员检验，办理隐蔽工程验收手续。再将各预留管口临时封堵，做好填堵预留孔、洞和回填细土100mm以上。

(3)托、吊管道安装

安装在顶棚内的排水管根据设计要求制作好托、吊架。按设计要求坡度栽好吊卡、量准吊筋长度，对好立管预留口、首层卫生器具的排水预留管口，同时按室内地坪线、轴线尺寸接至规定高度。按图纸检查已安装好的管路标高、预留口方向确认无误后，即可进行灌水试验，合格后办理隐检手续。

(4)底层器具支管的安装

所有支管均应实测下料长度。其中：

①蹲便器的支管应用承口短管，接至地面上10mm。短管中心距后墙，瓷存水弯时为420mm。

②洗脸盆、洗涤盆等的支管应用承口短管，做到与地相平，短管中心与后墙的距离80mm。

③地漏安装后篦面应低于地面20mm，清扫口（地面式）表面应与地接平。

四、轻钢龙骨纸面石膏板吊顶

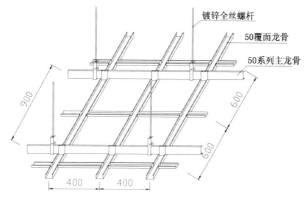

图6-4　轻钢吊顶示意图

图6-5　轻钢吊顶施工

1.吊顶基层必须有足够的强度。清除顶棚及周围的障碍物。吊顶内的通风、水电管道等隐蔽工程应安装完毕，消防系统安装并试压完毕。吊顶龙骨在安装运输时，不得扔摔、碰撞。龙骨应平放，防止变形。表面应平整，边缘应整齐，色泽应统一。

2.依据顶棚设计标高，沿墙面四周弹线，作为顶棚安装的标准线，其水平允许偏差在±5mm内，并确定沿边龙骨的安装位置，将沿边龙骨固定在四周墙上。

3.在顶部画出吊杆顶位置线，在天花板上找出对称十字线，按吊顶龙骨的分格尺寸划出若干条横竖相交的线，作为固定吊杆的固定点，用内膨胀螺栓将吊杆牢固固定在天花板上，吊杆采用Φ8mm全螺纹吊杆，吊点间距不超过1200mm。上入顶棚为900mm。当吊杆与顶面设备、管道相遇时，应调整吊点位置，增设吊杆。

4.将吊件固定在吊杆下方，根据边龙骨高度拉线，复核调整吊件高度到合适位置。

5.将承载龙骨一端放在沿边龙骨上，用吊件将承载龙骨挂起，用螺钉固定。承载龙骨连接，用主龙骨连接件连接加长。承载主龙骨间距一般为900~1200mm，中间部位应起拱，起拱高度应不小于房间短向跨度的1/200，主龙骨安装后应及时校正其位置与标高。轻型灯具应吊在主龙骨或附加龙骨上，重型灯具或其他装饰件不得与吊顶龙骨联结，应另设吊钩。

6.覆面龙骨垂直于承载龙骨布置，通过覆面龙骨挂件固定在承载龙骨上，覆面龙骨间距一般为400mm，在潮湿环境下，以300mm为宜。覆面龙骨靠墙端，可卡入边龙骨。覆面龙骨接长用覆面龙骨连接件，注意将每根覆面龙骨的接点错开。

7.根据设计要求，在覆面龙骨之间安装横撑龙骨，横撑龙骨间距一般为600mm，横撑龙骨用挂件固定在覆面龙骨上。

8.开洞位置应用边龙骨收口。洞口位置尽量避开承载龙骨，若无法避让，应采取相应加固措施。

9.全面校正主次龙骨的位置及水平度，校正后将所有吊挂件、连接件拧夹紧。连接件应错位安装。

10.各种管线安装，不得破坏龙骨体系，或直接搭设在龙骨上。管线验收后，方可进行覆面板安装。

11.面板不应有气泡、起皮、裂纹、污染和图案不完整等情况。

12.石膏板沿吊顶一端开始安装，石膏板长向边必须垂直覆面龙骨安装，石膏板短向边拼缝应错开，不得形成通缝。

13.用石膏板自攻螺钉将板面与龙骨固定；自攻螺钉用电动螺丝枪一次打入，钉头嵌入石膏板纸0.5mm～1mm为宜，不应破坏纸面，露出石膏。沿包缝边安装自攻螺丝，自攻螺丝离板边以10mm～15mm为宜，沿切断边安装自攻螺丝，自攻螺丝距板边以15mm～20mm为宜，螺丝间距150mm～170mm。石膏板与龙骨连接应从板中间向四边固定，不允许多点同时作业，以免产生应力铺设不平。钉头处涂防锈漆，用嵌缝膏抹平。

14.接缝处理：拌制嵌缝膏，拌和后静置15分钟。将板缝清洁，清除杂物。将嵌缝膏填入板缝内，压抹严实，厚度与板面平，不得高出。待其固化后，再抹嵌缝膏于板缝两侧，每边不小于50mm，将接缝带贴在板缝处，用抹刀刮平压实，纸带与嵌缝膏间不得有气泡。使纸带中线与板缝中线重合，纸带在缝两边板面上宽度相等。将纸带边缘压出的嵌缝膏刮抹在纸带上，抹平压实，使纸带埋于嵌缝腻子中。静置待其凝固后，用嵌缝膏再将第一道接缝覆盖，刮平，宽度较上道每边宽出50mm。静置凝固，再用嵌缝膏将第二道接缝覆盖，刮平，宽度每边再宽出50mm。待其凝固后，用砂纸轻轻打磨，使其同板面平整一致。

15.转角处理：将不平的切断边用打磨器磨平，将嵌缝膏抹在转角两边，将护角带沿中线对折，扣在转角处，用抹灰刀抹平压实，使其同嵌缝膏黏结牢固，其表面处理方法同接缝处（见图6-4、图6-5）。

16.检测要求：主控项目和一般项目应达规范要求。

板面施工安装控制和检验允许偏差表

项次	项目	允许偏差	检验方法
1	表面平整度	3mm	用2米靠尺和楔形塞尺
2	接缝直线度	3mm	拉5米线用直尺检查
3	接缝高低差	1mm	用直尺和楔形塞尺

五、轻钢龙骨纸面石膏板隔墙

1.按图纸要求弹出隔断墙与墙面相连的垂直线；标出上下龙骨的安装位置，并标出门、窗洞位置。

2.安装沿地、沿顶及沿边龙骨：横龙骨与建筑顶、地连接及竖龙骨与墙、柱连接，采用金属胀铆螺栓固定。固定点的间距通常按600mm布置。轻钢龙骨与建筑基体表面接触处，一般要求在龙骨接触面的两边各粘贴一根通长的橡胶条密封条（或涂密封胶），以起防水、隔音作用。

3.安装竖向龙骨：竖向龙骨长度比隔墙净高短5mm，间距为400mm。竖龙骨安装时应由隔断墙的一端开始排列，设有门窗者要从门窗洞口开始分别向两边展开。当最后一根竖龙骨沿墙、柱间距尺寸大于设计规定的龙骨间距时，必须增加一根竖龙骨。将预先截好长度的竖龙骨推向沿顶、沿地龙骨之间，翼缘朝罩面板方向就位，用自攻螺钉或抽芯铆钉与横龙骨固定。安装时注意各龙骨贯通孔高度必须在同一水平。门窗洞口处的竖龙骨采用双根并用或是加盒子加强龙骨。如门的尺寸较大且门扇较重时，在门框外的上下左右增设斜撑。

4.安装通贯龙骨：通贯横撑龙骨的间距为1500mm，通贯龙骨横穿各条竖龙骨上的贯通冲孔，接长时接长处使用连接件，在竖龙骨开口面安装卡托或支撑卡与通贯横撑龙骨锁紧，根据需要在竖龙骨背面加设角托与通贯龙骨固定。

5.安装横撑龙骨：在隔墙骨架超过3m高度时，或当罩面板的水平方向板端（接缝）并非落在横向龙骨

图6-6 轻钢骨架隔墙　　　　图6-7 轻钢骨架扣件　　　　　　　　　图6-8 轻钢龙骨隔墙施工

上时，应加设横向龙骨，利用卡托、支撑卡及角托与竖向龙骨连接固定（见图6-6～图6-8）。

6.纸面石膏板安装：安装前应对预埋隔断中的管道和有关附墙设备等，采取加强措施。安装骨架一侧纸面石膏板，作隔墙的石膏板竖向安装，其长边（包缝边）接缝落在竖龙骨上，龙骨两侧的石膏板应错缝。板块宜采用整板，如需对接时应靠紧，但不得强压就位。就位后的上下两端和竖向两边，应与上下楼板面和墙柱面之间分别留出3mm间隙，与顶、地的缝隙先加注嵌缝膏而后铺板，挤压嵌缝膏使其与相邻表层密切接触。用石膏板自攻螺丝将板材与轻钢龙骨紧密相连。螺丝沉入板面0.5mm～1mm，不能破坏纸面，露出石膏，沿包缝边安装自攻螺丝，自攻螺丝离板边以10mm～15mm为宜，沿切断边安装自攻螺丝，自攻螺丝距板边以15mm～20mm为宜，螺丝间距四边不大于200mm，中间为300mm。安装好隔断墙体一侧纸面石膏板后，按设计要求将墙体内需设置的接线穿线管固定在龙骨上。接线盒可通过龙骨上的贯通孔，接线盒的安装可在墙面上开洞，在同一墙面每两根竖龙骨之间最多可开2个接线盒洞，洞口距竖龙骨的距离为150mm；两个接线盒洞口必须上下错开，其垂直这在水平方向的距离不得小于300mm。如果在墙内安装配电箱，可在两根竖龙骨之间横装辅助龙骨，龙骨之间用抽芯铆钉连接固定，不得用电气焊。

7.电气安装完毕后，如设计有要求可进行隔音岩棉板安装，将岩棉隔音板均匀分布在轻钢龙骨内腔中，并用挂钉将岩棉板进行固定，避免脱落。再安装骨架另一侧石膏板，装板的板缝不得与对面的板缝落在同一根龙骨上，必须错开。安装方法同前。

8.钉头、接缝及角部处理：同纸面石膏板吊顶处理工艺。

9.轻钢龙骨纸面石膏板隔墙施工安装控制和检验允许偏差表

项次	项目	允许偏差	检验方法
1	立面垂直度	3mm	用2米垂直检测尺检查
2	表面平整度	3mm	用2米靠尺和塞尺检查
3	阴阳角方正	3mm	用直角检验尺检查
4	接缝高低差	1mm	用钢直尺和塞尺检查

六、木作饰面

1.测量弹线

按图纸尺寸，先在墙上划出水平标高线，然后弹出分格线。面装饰具体位置，与标高尺寸在墙上分块定格、弹线，一般竖向间距为600mm，横向间距为300mm。

2.防潮层处理

如设计有要求，或遇靠外墙做墙饰面装饰的，首先要做好防腐处理，可用防水复合膜粘贴于墙上。

3.龙骨安装

所有龙骨安装前，应先根据竖向主龙骨安装位置，在墙面上画线，并确定固定螺钉位置，在定点位置上预埋木针，或打孔安放膨胀管，便于龙骨固定安装，不得采用钢钉将龙骨直接打在墙体上，因为施工震动会使钉孔松动，影响安装牢度（见图6-9、图6-10）。

(1)轻钢龙骨安装

①根据实际要求确定空腔大小，加上边龙骨宽度(20mm)在地面弹线，并以600mm间距固定边龙骨。

②使用线锤确定楼板上相应边龙骨位置并固定。

③在墙面的水平方向以400mm间距弹出垂直线并以800mm垂直间距固定支撑卡。

④利用天地边龙骨上的两点为固定点在已安装的支撑卡上弹线，作为副龙骨水平安装的参考。

⑤将副龙骨的两端插入边龙骨内并以支撑卡上的参考线为准，用拉法基平头自攻螺丝固定。

(2)木龙骨安装

采用40×50木龙骨，木龙骨含水率应控制在12%以内，木龙骨应进行防火处理。涂防火漆三度。晾干后再拼装。按设计要求，制成木龙骨架，整片或分片拼装。四角和上下龙骨先后平、后直，按面板分块大小由上而下做好木标筋，再在空挡间钉横竖龙骨。安装龙骨前，应先检查基层墙面的平整度、垂直度是否符合质量要求，如有误差，应对基层作处理，安装时，可用垫衬木片来调整平整度、垂直度。检查骨架与实体墙是否有间隙，如有，应用木块垫实。木龙

图6-9 木龙骨基层

图6-10 细木工板基层

骨的垫块应与木龙骨用钉钉牢，龙骨必须与每一块木砖钉牢，在每项块木砖上用两枚钉子上下斜角错开与龙骨固定。没有木砖的墙面，用电钻打孔深40mm～60mm，钉入木楔。

4.安装基层板

(1)对石膏板或压力水泥板基层板用自攻螺丝以板边200mm、板中300mm的间距从墙的一端固定板面。端部的石膏板与周围的墙或柱应留有3mm的槽口。施

铺罩面板时，应先在槽口处加注嵌缝膏，然后铺板并挤压嵌缝膏使面板与邻近表层接触紧密。在丁字形或十字形相接处，如为阴角应用腻子嵌满，贴上接缝隙带，如为阳角应做护角。安装石膏板前，应对预埋隔断中的管道和附于墙内的设备采取局部加强措施；石膏板宜竖向铺设，长边接缝落在竖向龙骨上。双层石膏板面层安装，应与龙骨一侧的内外两层石膏板错缝排列接缝不应落在同一根龙骨上；需要隔声、保温、防火的应根据设计要求在龙骨内侧安装好隔声、保温、防火等材料的充填；再封外侧的板。

(2)对木质基层板，在对木龙骨基层进行隐蔽工程检查后，将基层板用钉与木龙骨连接，布钉要均匀，钉头要钉入板内，不得露出，基层面要平整，基层四边线要平直方正，表面要清扫干净。基层板涂饰防火涂料并晾干。

5.安装面层装饰板

(1)木质饰面板，使用前应进行挑选，将色泽相同或相近、木纹一致的饰面板拼装在一起。

根据设计要求尺寸正确无误、无毛边、缺角现象。用黏结剂将饰面板粘贴于基层板上，粘贴必须牢固，严禁出现空鼓、起壳现象。

(2)金属饰面板粘贴时，要注意裁剪尺寸精确，保证拼嵌平齐，注意面层保护，防止拉伤、拉毛。

(3)硬包：根据硬包分格尺寸，将中密度板裁割至分格板块大小，将防火装饰布平整地铺在木板上，四边折向木板背面，然后用汽钉固定板背面，边角压进20~30mm面料。将复好装饰布的在面板用枪钉与基层板钉牢，钉应打入木龙骨上，钉头应设入布面。

6.整修

针对不符合要求的部位要严格进行整修。

7.饰面板施工安装控制和检验允许偏差表

项次	项目	允许偏差(mm)		检验方法
		木材	金属	
1	立面垂直度	1.5	2	用2米垂直检测尺检查
2	表面平整度	1	3	用2米靠尺和塞尺检查
3	阴阳角方正	1.5	3	用直角检测尺检查
4	接缝直线度	1	1	拉5米线用钢直尺检查
5	墙裙勒脚上口直线度	2	2	拉5米线用钢直尺检查
6	接缝高低差	0.5	1	用钢直尺和塞尺检查
7	接缝宽度	1	1	用钢直尺检查

七、金属板饰面

1.对原杆、墙体进行检查，包括强度、结构尺寸、垂直度、平整度等。清除表面残留灰渣。

2.材料准备，按设计要求，确定施工方案，准备好施工所需用材和固结材料等。

3.施工工具准备，测量放线工具、电锯、冲击钻、射钉枪等。

4.放样、画线。按设计要求，对柱墙体饰面进行放样、画线，因建筑结构总是存在一定误差，应根据柱、墙体轴中心线，通过吊锤的方式，将基准线引至顶面，保证地面和顶面的一致性和垂直性。

5.安装龙骨。

(1)根据画线位置，确定竖向龙骨及横向龙骨的尺寸。然后按实际尺寸下料。

(2)竖向龙骨采用角钢连接件与顶、地面连接，中部用射钉与柱体固定，固定前，先应用弧形样板找圆、找直，采用木楔垫平的方法，使龙骨与柱体固定贴实。

(3)横向龙骨可采用槽接法，横向龙骨的间距，一般为300mm或400mm。

6.安装基层板。

将基层板根据柱、墙体的骨架分格，裁成一定规格的小板，用铁钉将板与龙骨连接，可从中部先固定，两边应搭接钉在木龙骨上，钉头应敲入板内，保证板面平整。对钉头部位点防锈漆做好防锈处理。

7.安装金属（铝塑）板。

(1)铝塑板应按照设计要求，确定板材定制尺寸。有弧形要求的应采用压制法形成弧形曲面板。

(2)铝塑板饰面安装一般在完成室内装饰吊顶、隔墙、抹灰、涂饰等分项工程后进行，安装现场应保持整洁，有足够的安装距离和充足的自然或人工光线。

(3)将成型铝塑板按编号从下而上用自攻螺丝安装在支架上，每节安装时，都应校正上下平直度。

(4)安装完毕后，在缝内注入硅胶，保证缝宽一致。如采用无缝安装，可用胶粘剂，将弧形板粘贴在九厘板基层上，粘贴合应采用一周夹带固定，待其凝固后再松开。

(5)饰面板安装后，应采取面品保护措施，避免对板面造成污染的损坏。

八、石材饰面

1.进行基层处理：粘贴基层应清角平整，保证板材能安放到位，对凸出部位应进行凿除。并清除墙面残渣浮灰。

2.吊垂直、套方、找规矩：按设计要求将饰面外轮廓线从墙体引出，并于大面高低和左右两端贴标高试块，拉通线，确定粘贴控制线。

3.试排与选材：根据整体尺寸和石材规格，留缝宽度，确定排列方案。要注意同一墙面上不得有一排以上的非整材，并应将其镶贴在较隐蔽的部位。石材为天然材料，色泽花纹会有较大差异，施工前通过试排，选定排放顺序，并编号顺序运至施工现场。

4.抹底层砂浆。将基层事先用水湿润，并等稍晾干后，先刷胶界面剂素水泥浆一道，随刷随打底；底灰采用1:3水泥砂浆，厚度约12mm，分两遍操作，第一遍约5mm，第二遍约7mm，待底灰压实刮平后，将底子灰表面划毛。

5.镶贴板材。待底子灰凝固后便可进行分块弹

线，随即将已湿润的块材抹上厚度为2mm～3mm的干粉型黏结剂调和的水泥浆进行镶贴，用木槌轻敲，用靠尺找直靠平。

6.表面勾缝和擦缝。粘贴完成后，及时用清水将表面砂浆抹去，待24~48小时后，进行勾缝和擦缝处理。

7.质量标准。

(1)板材与基层黏结必须牢固，无空鼓现象。

(2)表面平整洁净、无歪斜、缺棱掉角现象和裂纹、泛碱、污痕等缺陷。

(3)饰面应无明显色差。

(4)饰面勾缝应密实、平直、宽窄深浅一致。

(5)施工安装控制和检验允许偏差表

项次	项目	允许偏差（mm）	检验方法
1	立面垂直度	2	用2米垂直检测尺检查
2	表面平整度	1.5	用2米靠尺和塞尺检查
3	阴阳角方正		用直角检测尺检查
4	接缝直线度	2	拉5米线用钢直尺检查
5	墙裙勒脚上口直线度	2	拉5米线用钢直尺检查
6	接缝高低差	0.5	用钢直尺和塞尺检查
7	接缝宽度	1	用钢直尺检查

九、墙面砖饰面

1.基层处理

为加强面砖与基体黏结，应先将墙面的松散混凝土、砂浆杂物等清理干净，明显突出部分应凿去。底层砂浆要绝对平整，阴阳角要绝对方正。面墙如有油污，可用烧碱溶液清洗干净。面砖铺贴前，基层表面应洒水湿润，然后涂抹水泥砂浆找平层。

2.弹线

按照图纸设计要求，根据门窗洞口，横竖装饰线

条的布置，首先明确墙角、墙垛、线条、分格、窗台等节点的细部处理方案，弹出控制尺寸，以保证墙面完整和粘贴部位操作顺利。

3.选砖

对进场面砖进行开箱抽查，如果发现尺寸、色泽有出入，应进行处理，并增加进行全数检查。

4.抹底子灰

面砖铺贴前，基层表面应洒水湿润，然后涂抹水泥砂浆找平层。底层砂浆要绝对平整，阴阳角要绝对方正。

5.面砖粘贴

根据施工图设计标高弹出若干条水平线和垂直线，再按设计要求与面砖的规格确定分格缝宽度，并准备好分格条，以便按面砖的图案特征顺序粘贴。面砖宜采用素水泥浆铺贴，一般自下而上进行，整间或独立部位宜一次完成。在抹黏结层之前应在湿润的底层刷水泥浆一遍，同时将面砖铺在木垫板上（底面朝上），涂上薄薄一层素水泥浆，然后进行粘贴，一般一个单元的面砖铺完稳固后，在水泥浆凝固前同时用金属拨板调整弯扭的缝隙，使间距均匀，如有发生移动小块面砖应垫上木板轻拍压实敲平。待全部铺贴完黏结层终凝后，用白水泥稠浆将缝嵌平，并用力推擦，使缝隙饱满密实。

6.质量标准

(1)面砖与基层黏结必须牢固，无空鼓现象。

(2)表面平整洁净、无歪斜、缺棱掉角现象和裂纹、泛碱、污痕等缺陷。

(3)面砖应无明显色差。

(4)面砖勾缝应密实、平直、宽窄深浅一致。

(5)施工安装控制和检验允许偏差表

项次	项目	允许偏差(mm)	检验方法
1	立面垂直度	2	用2米垂直检测尺检查
2	表面平整度	1.5	用2米靠尺和塞尺检查
3	阴阳角方正	2	用直角检测尺检查
4	接缝直线度	2	拉5米线用钢直尺检查
5	墙裙勒脚上口直线度	2	拉5米线用钢直尺检查
6	接缝高低差	0.5	用钢直尺和塞尺检查
7	接缝宽度	1	用钢直尺检查

十、地面大规格抛光砖饰面

1.将基层清扫干净，按设计要求对地面应将板材高度标高线弹在墙柱脚上。

2.施工工具台粉线包或墨斗线、水平尺、直角尺、木抹子、橡皮锤皮锤、尼龙线、切割机、灰勺、靠尺、浆壶、水桶、扫帚等应完好齐全。

3.基层抹面应验收合格。即黏结牢固，不空鼓，不起砂起皮、无裂纹，表面平整，基层强度应达到$12N/mm^2$以上，其坡度、坡向符合设计要求。对出现较大凹凸不平或较明显不符合要求的部位，应提前进行处理。

4.施工方法：

(1)依据水平线弹出分格线，用以检查和控制饰面板材的位置，并将底线引至墙根部。

(2)依设计或现场所定留缝方案，在楼梯走廊、平台处，将饰面板各铺一条，以检查板块之间的缝隙，并核定对板块与墙面墙根、洞口等的连接位置，找出二次加工尺寸和部位，以便画线加工。

(3)铺贴前将地面清扫干净，再洒水湿润，均匀地刮素水泥浆一道。

(4)根据标准块定出的地面结合层厚度，拉通线铺结合层砂浆，每铺一片板材，抹一块干硬水泥砂浆，一般体积比为1：3，稠度以手攥成团不松散为宜。用靠尺以水平线为准刮平后再用木抹子拍实搓平即可铺板材。

(5)镶铺板材的顺序,一般采用同上往下退步法铺贴。先铺中间,再铺贴两侧;最后铺贴踢脚板。

(6)铺设后24~48小时后,进行灌浆和擦缝。根据饰面板的不同颜色,将配制好的彩色水泥胶浆,用浆壶徐徐压入缝内。灌浆1~2小时后,用纱布蘸原浆擦缝。使之与板面一平,并将地面上的残留水泥浆擦净,也可用干锯末擦净。交工前保持板面无污染。

(7)已铺好的地面应采取隔离保护,无隔离条件的用胶合板或塑料薄膜保护,2天内不许上人或堆放物件。

(8)施工安装控制和检验允许偏差表

项次	项目	允许偏差(mm)		检验方法
		陶瓷地砖	大理石花岗石	
1	表面平整度	2	1	用2米靠尺和楔形塞尺检查
2	缝格平直	3	2	拉5米线用钢直尺检查
3	接缝高低差	0.5	0.5	用钢尺和楔形塞尺检查
4	踢脚线上口平直	3	1	拉5米线用钢尺检查
5	板块间隙宽度	2	1	用钢尺检查

十一、地面砖饰面

1.基层清理:基层表面的砂浆、油污和垃圾应清除干净,用水冲洗、晾干。

2.贴饼、标筋:根据墙面水平基准线,弹出地面标高线。然后在房间四周做灰饼。灰饼表面比地面标高线低一块所铺地砖的厚度。再按灰饼标筋。有地漏和排水孔的部位,应从四周向地漏或排水孔方向做放射装标筋,坡度0.5%~1%。

3.铺结合层砂浆:铺砂浆前,基层应浇水润湿,刷一道水灰比为0.4~0.5的水泥素浆,随刷随铺水泥:粗砂=1:3(体积比)的干硬性砂浆(砂浆厚度必须控制

在3.5cm以内);根据标筋的标高,用木抹子拍实,短刮尺刮平,再用长刮尺通刮一遍。然后检测平整度应不大于4mm;拉线测定标高和泛水,符合要求后,用木抹子搓成毛面。踢脚线应抹好底层水泥砂浆。

4.弹线:按设计图纸和铺设大样图弹出控制线。弹线时在房间纵横或对角两个方向排好砖,其接缝宽度应不大于2mm,当排到两端边缘不合整砖时,量出尺寸,将整砖切割成镶边砖。排砖确定后,用方尺规方,每隔3~5块砖在结合层上弹纵横或对角控制线。

5.浸水:将选配好的砖清洗干净后,放入清水中浸泡2~3小时后,取出晾干备用。

6.铺砖:铺砖的顺序,按线先铺纵横十字形定位带,定位带各相隔15~20块砖,然后铺定位带内的面砖;楼梯应先铺贴踢脚板,后铺贴踏脚板,踏脚板先铺防滑条;如有镶边,应先铺贴镶边部分。

7.铺贴方法:结合层做完弹线后,接着铺砖。铺砖时,应抹垫水泥湿浆,或撒1mm~2mm厚干水泥洒水湿润,将地面砖按控制线铺贴平整密实。

8.压平、拨缝:每铺完一个房间或一个段落,用喷壶略洒水,15分钟左右用木槌和硬木拍板按铺砖顺序锤拍一遍,不遗漏。边压实边用水平尺找平。压实后,拉通线先竖缝后横缝进行拨缝调直,使缝口平直、贯通。调缝后,再用木槌、拍板砸平。破损面砖应更换,随即将线内余浆或砖面上的灰浆擦去。从铺砂浆到压平拨缝,应连续作业,常温下必须5~6小时完成。

9.嵌缝:铺完地面砖两天后,将缝口清理干净,刷水湿润,用1:1的水泥砂浆嵌缝。如色彩面砖,则用白水泥砂浆嵌缝。嵌缝应做到密实、平整、光滑。水泥砂浆凝结前,彻底清除砖面灰浆。无釉砖严禁扫浆嵌缝,以免污染饰面。

10.养护:嵌缝砂浆终凝后,铺锯末浇水养护不得少于5昼夜。

11.施工安装控制和检验允许偏差表:

项次	项目	允许偏差 (mm)		检验方法
		陶瓷地砖	大理石花岗石	
1	表面平整度	2	1	用2米靠尺和楔形塞尺检查
2	缝格平直	3	2	拉5米线用钢直尺检查
3	接缝高低差	0.5	0.5	用钢尺和楔形塞尺检查
4	踢脚线上口平直	3	1	拉5米线用钢尺检查
5	板块间隙宽度	2	1	用钢尺检查

十二、复合地板铺设

1.铺贴前，在地面均匀铺放PE泡沫塑料吸音衬垫。

2.铺设第一块地板。将第一块地板靠墙放置，最好从左墙角开始，注意一定要距离墙壁预留8mm的空隙（如果面积较大或湿度变化较大的场合，必须加宽预留空隙）。无需胶水，铺好第一排地板。

3.切割每排最后一块地板。为了准确地切割每一排最后一块地板，请把地板旋转180°，榫舌对着榫舌，有花纹的一面朝上，放在已铺好的地板旁边。不要忘记离墙壁的缝隙距离，在地板上画线并锯掉多余部分。切割时使用电锯或手动曲线锯，应从地板正面锯，以免地板边缘破裂。

4.地板沿墙线平行铺设，遇墙线不直，在第一排地板上胶以前，用垫块标出墙线，依照标记纵向切割地板，如果经试排或试算最后一排地板宽度小于5cm，那么也要先切割第一排地板。

5.每开始铺新的一排地板，先用尽上一排剩下的地板，前三排地板榫舌接头处错开至少40cm，前三排地板必须完全顺直，应用线和尺校正。

6.前三排地板铺设好后，开始上胶，在复合地板的边缘涂抹胶结剂。

7.用锤子和缓冲块非常小心地敲打地板，使用

地板完全衔接在一起，所有榫槽都涂上胶水并漫溢出来，待胶水变干以后，用一塑胶铲刮掉，然后用一块湿布擦干净，注意用经清水漂洗干净的湿布，否则，胶水糊在地板上，难以除净。

8.最后一块地板安装前，必须先测出最后一排地板的准确宽度，先把一块地板榫舌对墙完全重叠在前一排地板上，然后再拿一块地板靠墙叠放在需测量的地板上，在两块地板交错的地方画线，锯掉多余部分，安装最后一块地板要用拉紧器。

9.施工安装控制和检验允许偏差表：

项次	项目	允许偏差 (mm)	检验方法
1	板面缝隙宽度	0.5	用钢尺检查
2	表面平整度	2	用2米靠尺和楔形塞尺检查
3	踢脚线上口平齐	3	拉5米线用钢尺检查
4	板面拼缝平直	3	拉5米线用钢尺检查
5	相邻板块高差	0.5	用钢尺和楔形塞尺检查
6	踢脚线与面层接缝	1	用楔形塞尺检查

十三、地毯的铺设

地毯铺设分为满铺与局部铺设。其铺设方式有固定式和不固定式。

1.清理基层：水泥砂浆或其他地面质量保证项目和一般项目，均应符合验评标准。地面铺设地毯前应干燥，其含水率不得大于8%。对于酥松、起砂、起灰、凹坑、油渍、潮湿的地面，必须返工后方可铺设地毯。

2.裁割：地毯裁割首先应量准房间的实际尺寸。按房间长度加长2cm下料。地毯宽度应扣去地毯边缘后计算。然后，在地毯背面弹线。大面积地毯用裁边机裁割，小面积一般用手握剪刀和手推剪刀从地毯背面裁切。圈绒地毯应从环毛的中间剪切开，割绒地毯应使切口绒毛整齐，将裁好的地毯卷起编号。

3.固定：地毯沿墙边和柱边的固定方法：先在离踢脚线8mm处，用钢钉（又称水泥钉）按中距300mm～400mm将倒刺条板钉在地面上。倒刺板用1200mm×24mm×（4mm～6mm）的三夹板条，板上钉两排斜铁钉。房间门口的地毯固定和收口，是在门框下的地面处，采用厚2mm左右的铝合金门口压条，将21mm一面螺钉固定在地面内，再将地毯毛边塞入18mm的口内，将弹起压片轻轻敲下，压紧地毯。外门口或地毯与其他材的相接处，则采用铝合金"L"形倒刺条、锑条或其他铝压条，将地毯端边固定和收口。

4.缝合：纯毛地毯缝合，有两种方法：其一，在地毯背面对齐接缝，用直针缝线缝合结实，再在缝合处5cm～6cm宽的一道白胶，粘贴牛皮纸或白布条。也可用塑料胶纸带粘贴保护接缝。正面铺平用弯针在接缝处作绒毛密实的缝合，表面不显拼缝。其二，粘贴缝合。一般用于有麻布衬底的化纤地毯。先在地面上弹一条直线，沿线铺一条麻布带，在带上涂上一层地毯胶粘剂，然后将地毯接缝对好粘平。亦可用胶带黏结，逐段熨烫，用扁铲在接缝处碾实压平。此种方式适用于化纤地毯。

5.铺设：铺设方法：其一，地毯就位后，先固定一边，将大撑子承脚顶住对面墙或柱，用大撑子扒齿抓住地毯，接装连接管，通过撑头杠杆伸缩，将地毯张拉平整。连接管任意接装。亦可采用特种张紧器铺平，其二，先将地毯的一条长边固定在沿墙的倒刺板条上，将地毯毯边塞入踢脚板下面空隙内。然后，用小地毯撑子置于地毯上用手压住撑子，再用膝盖顶住撑子胶垫，从一个方向向另一边逐步推移，使地毯固定在倒刺板上。多余部位应割掉。

6.修整、清洁：铺设完毕，修整后将收口条固定，之后，吸尘器清扫一遍。

7.地毯铺设质量要求：

(1)选用的地板和衬垫材料，应符合设计要求；

(2)地毯固定牢固，不能有卷边与翻边的现象；

(3)地毯的拼缝处平整，不能有打皱、鼓包现象；

(4)地毯拼缝处平整、密实，在视线范围内应不显拼缝；

(5)地毯同其他地面材料的收口或交接，应顺直，视不同部位选择合适的收口或交接材料；

(6)地毯的绒毛应理顺，表面应洁净，无油污及杂物。

十四、免漆免刨地板铺设

1.依据水平基准线，在四周墙上弹出地面设计标高线，供安装搁栅平时使用。

2.清理基层面，将表面的砂浆、垃圾物清理干净。按照设计规定的木搁栅间距弹出十字交叉线和预埋塑料膨胀管的打孔点。

3.搁栅开料应平直光整，作干燥、防腐处理后，四周涂防火漆三度晾干备用，应平直堆放。

4.木搁栅的安装宜从一端开始，对边铺设。铺设数根后应用靠尺找平，掌握间距在400mm，木搁栅的表面应平直。用2m直尺检查时，尺子与搁栅间的空隙不应大于3mm。搁栅和墙间应留出不小于30mm的间隙，以利于隔潮和通风，接头位置应错开。

5.用水平仪校对搁栅水平，当木搁栅上皮不平时，可用垫板（不准用木楔）找平，或刨平，也可对底部稍加砍平，深度不应超过10mm，砍口应做防腐处理，采用垫板找平量，垫板应与木搁栅钉牢。

6.木搁栅安装后，必须用螺钉将搁栅底面膨胀管连接，并安装牢固平直。

7.清理基层，将细木栅间的木屑和灰尘清理干净。

8.铺免漆免刨地板，铺地板之前弹出直铺钉线。然后由中间向两边铺钉。先铺钉一条标准，检验合格后，顺序施工。为了缝隙严密顺直，在铺设地板时钉入扒钉。用锲块将地板靠紧，使之顺直，然后用钉子从凸榫边倾斜钉入。钉帽冲进不露，接头间隔错开。

9.做好免漆地板面成品保护，先打一层蜡，并用全新塑料布覆盖再盖上夹板保护层。尽量避免闲杂人员进入。

10.施工安装控制和检验允许偏差表

项次	项目	允许偏差 (mm)	检验方法
1	板面缝隙宽度	0.5	用钢尺检查
2	表面平整度	2.0	用2米靠尺和楔形塞尺检查
3	踢脚线上口平齐	3.0	拉5米线用钢尺检查
4	板面拼缝平直	3.0	拉5米线用钢尺检查
5	相邻板块高差	0.5	用钢尺和楔形塞尺检查
6	踢脚线与面层接缝	1.0	用楔形塞尺检查

十五、涂料工程

1.基层清理

(1)板面和抹灰面的基层处理：先将抹灰面的灰渣及疙瘩等杂物用铲刀铲除，然后用棕刷将表面灰尘污垢清除干净。

(2)表面清扫后，用腻子将墙面批平。腻子干透后，先用铲刀将多余腻子铲平，用一号砂纸打磨平整。板面拼缝一般用纸面胶带贴缝。钉头面刷防锈漆，并用石膏腻子抹平。阴角用嵌满贴上接缝膏。

2.板面和抹灰面的涂料工序

(1)满刮腻子及打磨：当室内涂装面较大的缝隙填补平整后，使用批嵌工具满刮乳胶漆腻子，所有微小砂眼及收缩裂缝均需满刮，以密实、平整、线角棱边整齐为度。同时，应一刮顺一刮地沿着墙面横刮，尽量刮薄，不得漏刮，接头不得接槎，注意不要玷污门窗及其他物面。按顺序三遍腻子，腻子干透后，用1号砂纸裹着平整砂皮架上，将腻子漆及高低不平处打磨平整，直至光滑为止。注意用力均匀，保护棱角。磨

后用棕扫帚清扫干净。

(2)刷涂料。第一遍涂料涂刷前必须将基层表面清扫干净，擦净浮灰。涂刷时宜用排笔，涂刷顺序一般是从上到下，从左到右，先横后竖，先边线、棱角、先小面后大面。阴角处不得有残留涂料，阳角处不得裹棱。如墙面面积较大，一次涂刷不能从上到底时，应多层次上下同时作业，互相配合协作，避免接槎、刷涂重叠现象。独立面每遍应用同一批涂料，并一次完成。

(3)复补腻子。每一遍涂料干透后，应普遍检查一遍，如有缺陷应局部复补涂料腻子一遍，交用牛角刮抹，以免损伤涂料漆膜。

(4)磨光：复补腻子干透后，应选用细砂纸将涂料面层打磨平滑，注意用力轻而匀，且不得磨穿涂料漆膜。

(5)第二、三遍涂料刷涂。涂刷顺序与方法和第一遍相同，要求表面更加美观细腻，从不显眼的一头开始，向另一头循序涂刷，至不显眼处收刷为止，不得出现接槎及刷痕，高级涂刷时，表面用更细的砂纸轻轻打磨光滑。

3.质量要求

(1)涂刷均匀、黏结牢固，不得漏涂、透底、起皮和掉粉。

(2)检测标准：

项次	项目	要求	检验方法
1	颜色	均匀一致	观察
2	泛碱、咬色	不允许	观察
3	流坠、疙瘩	不允许	观察
4	砂眼、刷纹	无	观察
5	装饰线、分色线直线度允许偏差 (mm)	1	拉5米线用钢直尺检查

十六、油漆工程

1.油漆工艺施工技术及要求

(1)在施工前根据图纸要求，应先做一块不少于300mm×300mm的饰面板进行油漆。样品做好后，等设计师及业主认可后方能进行大面积施工。

(2)工具：所有用于油漆的工具排笔都必须是清洁、干净、无异物，包括喷漆的压缩机、管道和喷枪都要干净。

(3)环境：所有装饰件的油漆施工都应该在干净的环境中进行，油漆作业时，严禁在密闭的地方进行，为了减少气体积密度，一定要通风透气。

(4)油漆的材料：所选用的颜色和油漆种类一定要按设计要求和确定样品后才能使用，必须有产品合格证及商检测试报告，并在储存有效期内使用。

(5)现场：施工现场一定要封闭，控制进场人员，并有专人负责。

2.工艺程序要求

(1)所有油漆的木饰面表面均用砂布打磨光滑并清除粉尘。

(2)非原本色的油漆表面要先补灰，补灰腻子的材料必须适应油漆的附着，直至光滑平整无缺陷，不出现裂口为止。还应注意根据使用部位、基层材料底料和面涂料的不同功能，合理地选用腻子的配合比。

(3)批刮腻子，从上至下，从左至右，先平面后棱角，以高处为准，一次刮回。手要用力向下按腻板，倾斜角为60～80度，用力均匀，清水显木纹要顺木纹批刮，收刮腻子时只准一两个来回，不要多刮。头道腻子批刮主要与基层结合，要刮实；二道腻子要刮平，不得有气泡；最后一道腻子是要刮光，用填平麻眼，为打磨工序创造有利条件。

(4)清漆油漆的施工需分层次进行。不同漆类进行次数均不相同，严禁一次性完成。对本色清漆的装饰面，先进行清漆封闭处理，刷漆二遍（防止饰面受污染）再进行。加工成型后补钉孔，补灰缝，打砂纸，去粉尘后，喷漆二遍（不能留痕迹、不能有发白现象、不能有微细气泡等缺陷，做完的油漆面应平滑，手感丰满）。

(5)不管是油刷还是喷射施工，对不该油漆的部位应先保护起来，严禁有油漆粘上后再铲除的处理方式。

(6)打磨：

①基层打磨：干磨，用1-11/2号砂纸。线角处用对折砂纸的边角砂磨。边缘棱角要打磨光滑，去其锐角，以利涂料的黏附。

②层间打磨：干磨或湿磨，用0号砂纸、1号旧砂纸或280～320号水砂纸。木质面上的透明涂层应顺木纹方向直磨，遇有凹凸线角部位可以运用直磨、横交叉的方法轻轻打磨。

③面漆打磨：用400号以上水砂纸打磨。打磨边缘、棱角、曲面时不可用垫块，要轻磨并随时查看，以免磨透、磨穿漆面。

(7)涂刷：涂刷时要注意刷匀、刷到。蘸漆量每刷要等量，用力均匀，每笔刷涂面积和长度要一致（40cm～50cm），应顺木纹方向刷涂，不能来回多刷，以免出现皱纹或将底漆膜拉起。刷具采用不脱毛、富有弹性的旧排笔或底纹笔。

(8)在整套工序完成后，油漆层完全自然干燥后，再进行保护处理。

3.质量验收标准

(1)所用的油漆品种、颜色是否符合设计和选定的色板要求。使用配组漆时，必须按规定配比调和。

(2)如有配色要求时，每次同一面层的油漆必须一次调制，一次刷完，避免色差。

(3)涂刷均匀、黏结牢固，不得漏涂、透底、起皮、流挂和反锈，漆膜厚薄均匀，颜色一致。木纹清晰、柔和、光滑、无挡手感。一米外不见钉眼。

(4)检测标准：

项次	项目	要求	检验方法
1	颜色	均匀一致	观察
2	光泽、光滑	光泽均匀一致光滑	观察、手摸检查
3	刷纹	无刷纹	观察
4	裹棱、流坠、皱皮	不允许	观察
5	装饰线、分色线直线度允许偏差（mm）	1	拉5米线用钢直尺检查

十七、裱糊工程

1.基层处理：基层墙面应平整，明显凹凸不平处要修补抹平，较小的麻面、污斑，刮腻子填补磨平。除保证平整外，墙面要保持干燥，以防止裱贴后产生发霉现象。墙面应用刷帚清扫干净，无粉尘、浮灰。并在墙面刷一层底胶。

2.弹线：要求横平竖直，考虑墙纸对称均匀，幅面匀称。每个墙面第一张纸都要弹线找直，作为准线，第二张起，先上后下对缝依次裱糊。弹垂线时在墙顶钉一钉，系一铅锤到踢脚板上缘处，然后弹垂直线。弹线要细、直。水平线以挂镜线为准，无挂镜线时要弹水平线，控制水平度。对于有窗口的墙面，为了使壁纸花纹对称，应在窗口弹好中线，再往两边分线；如窗口不在中间，为保证窗间的阳角花饰对称，应弹窗间墙中心线，再由中心线向两侧分格弹垂线。

3.裁剪：墙纸要根据材料规格和墙面尺寸，统筹规划，编号按序粘贴，壁纸墙纸的下料长度应比裱贴部位的尺寸略长100mm～150mm。如果带花纹图案时，应先将上口的花饰全部对好，并根据图案整倍数裁割，以便花型的拼接。裁好的墙纸卷成卷，横放在盒内，防止玷污与碰毛纸边。

4.裱糊粘贴：选好位置，吊垂线，确保第一块墙纸粘贴垂直、平坦。胶粘剂应随用随配，以当天施工用量为限，羟甲基纤维素先用水溶化，经10小时左右后，用细眼纱过滤，除去杂质，再与其他材料调配，搅拌均匀。胶液的稀稠程度，以便于裱贴为度。用排笔把胶液均匀刷到墙上，再把裁好的成卷墙纸，自上而下按对花要求渐渐放下，用湿毛巾将墙纸抹平贴牢，用刀片割去上下多余纸料。裱贴可采取搭接法，即相邻两幅在拼缝处，后贴的一幅压前一幅3cm左右，然后用直尺与割刀在搭接范围内的中间，将双层壁纸切透，把切掉的两小条壁纸撕下来。有图案的壁纸，为了保证图案的完整性和连续性，裱贴时可采取拼接法，先对图案后拼缝。从上至下图案吻合后，再用刮板斜向刮胶，将拼缝处赶密实，然后从拼缝处刮出多余的胶液，并擦干净。对于重要重叠对花的壁纸，应先裱贴对花，待胶液干到一定程度后，裁下余边再刮压密实。用刀时着力均匀。一次直切，以免出现刀痕或搭接起丝的现象。裱贴拼贴时，阴角处应搭接，阳角处不得有接缝，应包角压实。墙面明显处用整幅壁纸，不足一幅的应裱贴在较暗或不明显部位。与挂镜线、踢脚板、贴脸等部位的连接应紧密，不得出现缝隙。再从上往下均匀地赶胶，排出气泡，并用时擦去多余的胶液。

5.修整：若发现局部不合格，应及时采取补救措施。如纸面出现皱纹、死褶时，应趁纸未干，用湿毛巾拭纸面，用手舒平，再用胶辊滚压赶平。若壁纸干结，则要返工重新裱贴。

6.施工控制和检测标准：

保证项目	质量要求			检验方法
	墙纸、墙纸必须结牢固，无空鼓、翘边、皱折等缺陷			观察或用手轻触检查
	项次	项目	质量要求	
基本项目	1	裱糊表面	色泽一致，无斑痕，无胶痕	观察检查
	2	各幅拼接	横平竖直，图案端正，拼缝处花纹基本吻合，距墙1.5m处正视，不显拼缝，阴角处搭接顺光，阳角处搭接无接缝	
	3	裱糊与挂镜线、踢脚板、电气槽盒等交接	交接紧密、无缝隙、无漏贴和补贴，不糊盖需拆卸的活动件	

第五节 //// 成品与半成品质量保护

成品保护是指各装饰工程队在施工过程中对已完成的成品（包括半成品）和经最终检验试验后，在与业主竣工交接前的成品进行的保护。要认真执行谁施工谁负责的制度，各施工队对各自施工范围内的工程成品保护工作负责。成品保护管理工作由项目组牵头，技术组、安全组参加，共同负责日常督促检查，并随着工程进展定期组织各施工队参加的检查考核工作。要贯彻群保与专保相结合的成品保护与保卫工作网，要对参加施工的全体职工进行成品保护与保卫工作的全员教育；讲清搞好此项工作的重要性；提高认真执行各项成品保护与保卫措施施工的自觉性。

一、成品保护一般规定

1.必须认真贯彻分项工程施工方案中有关成品的保护措施，制订的措施一定要及时有效。重要的保护部位及措施要经项目部审批。

2.钢梯、室内工具式脚手架，工作平台，双轮车等下脚必须穿鞋（即胶皮套），否则不允许在做好的地面（含粗装水泥地面）上施工，违者罚款。

3.任何人不得在已安装完成的石材、瓷砖表面用彩色水笔或油笔勾画，已安装完成的玻璃必须采取有效的措施防止磕碰刮划。

4.在铝合金、不锈钢、玻璃、石材、饰面砖、马赛克、卫生洁具等装饰面上方及扶梯和重要机电设备上方与附近进行电气焊作业前，必须把电火花影响到的所有部位可靠遮挡后方可进行作业，遮挡要用阻燃性材料，严防发生火灾和损坏成品。

5.各专业先后施工的分项工程，后施工不得碰坏或任意拆除先施工的成品，如发生矛盾及时报告项目部协调解决。

6.安装灯具、插座、开关、风口、喷洒头等设备的工人，在已完成的装饰面上操作必须戴白手套，防止污染已装修好的墙面与吊顶天花板。在安装好的地毯上作业人员必须脱鞋或用鞋套及采取防止再次污染的措施。

7.已安装完成的机电设备必须妥善搞好保护工作。施工时必须把机电设备用编织布、帆布或塑料布遮盖好后方可进行操作，以防污染。安装单位在已完成的装修面附近施工时，必须采取措施保护已完饰面。

二、专保人员配备与职责

1.专业成品保护人员的配备要考虑固定岗与流动岗相结合方案。装饰施工现场的保卫工作由项目部统一负责，各工程施工队负责配合和管理。

2.专业成品保护人员职责。

三、保安设置

1.实行出入证制度，负责检查出入证，划分区域保卫的非本区域人员不得进入，没有出入证一律不准进入该装修施工现场。

2.对于高级装修的部位或区域，负责施工和安装的施工队必须派专人或警卫昼夜值班看护设备、防止建材丢失、损坏。

3.无论施工队或个人，不允许将建材、机具、机电设备与材料带出施工现场，施工队退出现场，需运走工具，剩余材料必须由项目部开具出门条，要把名称、数量、车号、退往何处、退料人等填写清楚。

4.负责检查施工用水防止乱流；负责施工完后检查电气焊作业地点是否有火隐患并监督施工现场不允许吸烟，不准大小便；负责看护机电设备和建筑材料不被偷盗，不被破坏和污染。

四、奖励与惩罚

1.对认真负责的成品保护人员，其所管范围未发生丢失建材和机电设备、未发生火灾、跑水和损坏已完成成品者，由项目部给予适当奖励。对不认真负责发生火灾、跑水、丢失物品、损坏成品者处以罚款。

2.项目部对各施工队的成品保护工作定期组织检查评比。评比获优胜者项目部给予奖励，对其他成品保护做得好的施工队和个人将不定期给予奖励，对损坏成品检举揭发有功者要给予奖励。

3.不按施工方案，成品保护措施执行经提出拖延三天以上未解决者予以处罚，拖延一周以上的视情节加倍处罚。

4.损坏和偷盗被抓获加倍赔偿，情节严重者送交有关公安治安部门处理。

5.钢梯、钢脚手架，工作平台，双轮车等在已做好的地面上操作，不按规定下脚套胶皮管者予以处罚。

6.施工现场大小便被发现者予以处罚。

7.未经项目经理部同意在已做的地面（包括水泥砂浆地面）和墙面上打洞、钻孔者，予以处罚。

8.后施工工序任意自选拆除前面已施工的工程，发现后按其损失价值由该拆除施工队负责加倍赔偿。

五、其他

1.加强职工质量教育和培训。

2.项目管理部和各工程施工队对参加施工的全体员工要进行经常的有针对性的质量意识教育、质量管理知识教育、质量标准教育和质量责任教育。各工程施工队结合工程进度定期对施工班组进行一次全面的质量教育。

3.建立质量例会制度。项目部每周组织召开一次由各施工队人员参加的质量碰头会（结合生产例会），研究解决施工中的质量问题，分析质量动态，提出关键部位注意事项。定期召开有各工程施工队负责人及有关人员参加的质量工作会，分析解决施工中发生的质量问题，采取对策措施。

[复习参考题]

◎ 什么是装饰工程质量？

◎ 质量管理的发展大致分为几个阶段？

◎ 质量控制的内容是什么？

◎ 隐蔽工程验收制度包括哪些内容？

◎ 工序交接验收及质量评定包括哪些内容？

◎ 什么是工序交接制度？

[实训练习]

◎ 要求实习学生掌握国家关于质量验收的法规与规范。

◎ 要求实习学生参与实习工地的质量验收工作，并以图片和影像的形式记录施工中出现的质量问题。

◎ 要求实习学生掌握常规工程质量检验与评定方法。

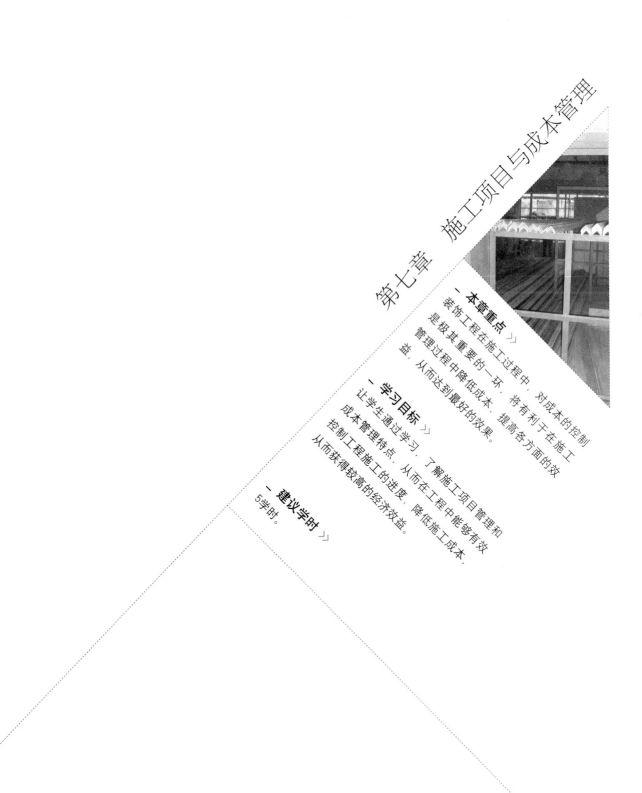

第七章 施工项目与成本管理

本章重点 》

装饰工程在施工过程中，对成本的控制是极其重要的一环，将有利于在施工管理过程中降低成本，提高各方面的效益，从而达到最好的效果。

学习目标 》

让学生通过学习，了解施工项目管理和成本管理特点，从而在工程中能够有效控制工程施工的进度，降低施工成本，从而获得较高的经济效益。

建议学时 》

5学时。

第七章　施工项目与成本管理

第一节 //// 装饰工程项目成本管理概念

一、装饰工程项目成本定义

装饰工程项目成本定义：产品在生产过程中的活劳动和物化劳动投入量，即产品劳动价值的数量。它包括：支付给工人的工资、奖金、保险等费用；消耗的材料费；构配件、施工机具台班费和租赁费，项目部门为施工管理施工所发生的全部费用的支出。是装饰施工中所发生的全部生产费用的总和。

二、成本的形式

根据管理的需要和成本的特性，施工项目成本可分为以下不同的形式：

1.预算成本。工程预算成本是各地区室内装饰业的平均成本，它是根据全国或地区统一工程量计算规则、全国或地区统一室内装饰工程基础定额、各地区劳务市场价格和材料价格及价差系数，按照指导性的费率计算的。预算成本是确定工程造价的基础，也是编制计划成本和评价实际成本的依据。

2.计划成本。它是项目实际成本发生之前预先计算的成本。计算依据有：工程的具体条件，实施该项目的具体措施，特别是各种进度计划、采购计划、劳动力工时计划、设备使用计划等。计划成本是进行成本控制和核算的依据。

3.施工成本。它是项目施工过程中实际发生的人、财、物、信息等各项费用的总和。

三、成本的分类

成本分直接成本和间接成本。

1.直接成本：直接耗用，并直接计入工程对象的费用。

2.间接成本：非直接用于，也无法直接计入工程对象，但为进行工程施工所必需的费用。

四、项目成本的管理原则

项目成本管理是施工项目管理的重要内容，也是施工企业成本管理的基础，在对项目施工进行成本管理时，应遵循以下原则：

1.成本最低化原则；

2.全面成本管理原则；

3.成本责任制原则；

4.成本管理有效化原则；

5.成本管理科学化原则。

第二节 //// 装饰工程项目成本控制与核算

成本核算对象应根据工程合同的内容、施工生产的特点、生产费用发生情况和管理上的要求来确定。成本核算对象划分要合理，在实际工作中，往往划分得过粗，把相互之间没有联系或联系不大的单项工程或单位工程合并起来，作为一个成本核算对象，不能反映独立施工的工程实际成本水平，不利于考核和分析工程成本的升降情况；当然，成本核算对象如果划分得过细，会出现许多间接费用需要分摊，增加核算工作量，又难以做到成本准确。

一、成本核算对象划分的方法

1.装饰工程一般应以每一独立编制施工图预

算的分部工程为成本核算对象。独立招标投标的装饰工程可以作为独立的单位工程进行工程成本换标。

2.规模较大的装饰工程，可以将工程划分为若干分部分项的工程作为成本核算对象。

3.装饰工程中涉及建筑改扩建、安装、古建等分部工程的，固定额标准不同，可分别作为成本换算对象。

4.工程成本明细账的建立和成本核算对象确立后，所有的原始记录都必须按照确定的成本核算对象填制，为集中反映各个成本核算对象应负担的生产费用，应按每一成本核算对象设置工程成本明细账，并按成本项目分设专栏，以便计算各成本核算对象的实际成本。

二、成本核算程序

1.对所发生的费用进行审核，以确定应计入工程成本的费用和计入各项期间费用的数额。

2.将应计入工程成本的各项费用，区分为哪些应当计入本月的工程成本，哪些应由其他月份的工程成本负担。

3.将每个月应计入工程成本的生产费用，在各个成本对象之间进行分配和归集，计算各工程成本。

4.对未完工程进行盘点，以确定本期已完工程成本。

5.将已完工程成本转入"工程结算成本"科目中。

6.结转期间费用。

三、建立成本核算的制度

1.建立成本核算的原始记录管理制度；

2.建立成本计量验收制度；

3.建立财产、物资的管理与清查盘点制度；

4.建立成本内部价格核算制度；

5.建立成本内部稽核制度。

四、成本控制运行

1.项目经理部应坚持按照增收节支、全面控制、责权利相结合的原则，采用目标管理的方法对实际施工成本等发生过程进行有效控制。

2.项目经理部根据计划目标成本的控制要求，做好施工采购策划。通过生产要素的优化配置，合理使用、动态管理，有效控制实际成本。

3.项目经理部应加强施工定效管理和施工任务单管理，控制活动动机和物化劳动的消耗。

4.项目经理部应加强施工调度，避免因施工材料计划不同和盲目调度造成窝工损失、机械利用率降低、物料积压等而使施工成本增加。

5.项目经理部应加强施工合同管理和施工索赔管理，正确运用施工合同条件和有关法规，及时进行索赔。

五、成本费用核算与分配

工程成本核算，就是将工程施工过程中发生的各项生产费用，根据有关资料，通过"工程施工"分科目进行汇总，然后再直接或分配计入有关的成本核算对象，计算出各个工程项目的实际成本。成本核算总的原则是：能分清受益对象的直接计入，分不清的需按一定标准分配计入。各项费用的核算方法如下：

1.人工费的核算：装饰工程一般采用定额人工工资或合同约定的工程量单价制度。项目经理部可根据项目进行计时、计件或分项承包约定的形式确定人工费。劳资双方应就约定的形式和价格签订合法的协议，并按实际施工的工程量计算。另外加班奖励费、国家规定的各类劳动保护费等均应列入劳动力成本。

2.材料费的核算：应根据发出材料的用途，划分工程耗用与其他耗用的界限，只有直接用于工程所耗用的材料才能计入成本核算对象的"材料费"成本科目，为组织和管理工程施工所耗用的材料及各种施工机械所耗用的材料，应先分别通过"间接费用"、"机械作业"等科目进行归集，然后再分配到相应的成本项目中。

3.材料费的归集和分配的方法：凡领用时能够点清数量、分清用料对象的，应在领料单上注明成本核算对象的名称，财会统计据以直接汇总计入成本核算对象的"材料费"项目；领用时虽然能点清数量，但属于集中配料或统一下料的，则应在领料单上注明"集中配料"，月末由材料部门根据配料情况，结合材料耗用定额编制"集中配料耗用计算单"，据以分配计入各受益对象；既不易点清数量、又难分清成本核算对象的材料，可采用实地盘存制计算本月实际消耗量，然后根据核算对象的实物量及材料耗用定额编制"大堆材料耗用计算单"，据以分配计入各受益对象；周转材料、低值易耗品应按实际领用数量和规定的摊销方法编制相应的摊销计算单，以确定各成本核算对象应摊销费用数额。

4.机械使用费的核算：租入机械费用一般都能分清核算对象；自有机械费用，应通过"机械作业"归集并分配。其分配方法如下：可采用台班分配法，即按各成本核算对象使用施工机械的台班数进行分配，此方法比较适用于单机核算的情况。也可以采用预算分配法，即按实际发生的机械作业费用占预算定额规定的机械使用费的比率进行分配，这种方法适用于不便计算台班的机械使用费。还可以采用作业量分配法。即以各种机械所完成的作业量为基础进行分配，如以吨/公里计算汽车费用。

5.间接费用的核算：间接费用的分配一般分两次，第一次是以人工费为基础将全部费用在不同类别的工程以及对外销售之间进行分配；第二次分配是将第一次分配到各类工程成本和产品的费用再分配到本类各成本核算对象中。分配的标准是，建筑工程以直接费为标准，安装工程以人工费为标准，产品（劳务、作业）的分配以直接费或人工费为标准。

六、工程成本的计算

施工企业应在工程期末对未完工程进行盘点，按照预算定额规定的工序，折合成已完部分分项工程量，再乘以该部分分项工程预算单价，以计算出期末未完工程成本。利用公式：

期初未完工程成本+本期发生的生产费用+期末未完工程成本=本期已完工程成本

七、应注意的几个问题

1.成本的均衡性问题

施工的过程分三个阶段，人、材、物的投入也有其不同，每个阶段的成本核算也都有其特点，在实际工作中，往往不注意这些。

(1)筹建期存在的问题。施工项目在筹建期间是没有产值的，费用除计入固定资产及福利费以外，其余一般应计入"长期待摊费用"科目，工程开工后分期摊入成本。也就是说，成本费用在当期不体现，这样可以避免工程项目在筹建期就出现人为亏损的现象。

(2)正常施工期存在的问题。冬季有部分分项工程不能施工，但也要有费用发生，发生的费用应计入工程成本，是属于未完工程性质的，应计入相应科目核算。

(3)收尾阶段存在的问题。正常施工期应对收尾的费用予以充分估计，通过预提费用计入成本，这样可以防止工程先盈后亏，也能保证工程尾工阶段有足够的资金支持。

2.分包工程核算问题

分包工程分两种形式：一种是作为自行完成工作量；另一种是不作为自行完成工作量。作为自行完成工程量的分包工程在核算上自然与自营工程相同；不作为自行完成工作量的分包工程在核算上与自营工程没有本质性的差别，在实际工作中，分包工程的核算往往是以款项的支付为依据，而不是采取应收应付制。

3.成本口径差异问题

施工企业成本核算的特殊方式主要是通过预算成本来衡量实际成本的节约和超支，但目前二者的口径有许多不同。

(1)预算上的施工管理费项目与会计核算内容的不同，如：会计上的管理费用，期末转至当期损益，该项费用只与时间相关。

(2)预算上的其他间接费项目与会计核算内容的不同，预算上的其他间接费项目中的劳动保险费与会计核算中管理费用劳动保险费相对应；其他间接费用项目中的临时设施费与会计核算有所不同，会计上通过"临时设施"科目归集临时设施费用，并通过"工程施工其他直接费"科目摊销。

(3)因为预算与会计是两个不同体系，预算成本与实际成本总是存在一些差异。

(4)预算上没有的项目，实际中可能发生的费用。

八、成本核算与项目管理的关系

装饰施工企业由于工程项目点多、战线长、分布面广，项目上的分权管理已经造成企业高层管理机构宏观上不同程度上的失控。造成成本信息失真，实行目标成本管理是个好办法。目标成本是预计收入与目标利润的差额，对于工程项目而言，目标利润只有达到企业所要求的水平，目标才能实现。目标成本管理强调的是有为而治，而不是问题出现了才去补救。

九、成本核算的几个相关问题

1.必须明确成本核算只是一种手段，运用它所提供的一些数据来进行事中控制和事前预测，才是它的目的。

2.必须明确成本核算不只是财务部门、财务人员的事情，而是全部门、全员共同的事情。

3.必须提高财务人员自身业务素质，成本核算人员不仅对成本钻研，而且要掌握施工流程、工程预算等相关知识。

4.必须提高财务人员地位，参与成本决策，使企业一切经济活动按照预定的轨道进行。

第三节 ///// 装饰工程项目成本管理的分析与考核

装饰施工项目成本分析是在成本形成过程中，对装饰施工项目成本进行的评价和剖析总结报告工作，将贯穿施工项目成本管理的全过程。

一、施工项目成本分析方法

1.对比法

按照量价分离的原则，分析影响成本节超的主要因素。包括：①实际工程量与预算工程量的对比分析。②实际消耗量与计划消耗量的对比分析。③实际采用价格与计划价格的对比分析。④各种费用实际发生额与计划支出额的对比分析。

2.连环替代法

在确定施工项目成本各因素对计划成本影响的程度时进行成本分析。

二、成本考核的目的与内容

成本考核是施工项目成本管理的最后环节，搞好成本管理有利于贯彻落实责、权、利相结合的原则，促进成本管理工作的提高。对施工成本的目标考核涉及各个方面。

1.对项目经理成本管理考核的内容

前 期 经 营			过 程 控 制			
记 录 名 称		表单代号	记 录 名 称			表单代号
合同经营	投标答疑记录单	TB-10-C	资金管理	项目经理部资金台账		2-1
	合同经营	1-1		在建工程(资金统计)		2-2
	二算对比表	1-2		单包人工工资汇总表		2-3
材料经营	甲供/控材清单	1-3	统计分析	人员统计	人员动态	2-4
	材料采购合同	□			班组档案	2-5
劳务经营	双包合同（A）	□		进度分析	工程进度汇报表	2-6
	单包合同（B）	□			监测分析汇总表	2-7

决 算 审 计			通 用 表 格	
记 录 名 称		表单代号	记 录 名 称	表单代号
结算审计	分包结算单	3-1	开工备案书	0-1
	分包工程量审核表	3-2	报告	0-2
	完工未审定(资金统计)	3-3	垫资申请	0-3
	完工已审定(资金统计)	3-4	发文记录	0-4
应付明细	完工应付款清单	3-5	收文记录	0-5
			会议记录	0-6
	项目总结(或QC成果)	3-6	工作联系单	0-7
			顾客意见调查表	0-8

2.对施工员成本管理考核的内容

前 期 策 划		过 程 控 制		
记 录 名 称	表单代号	记 录 名 称		表单代号
管理人员和作业班组一览表	施1-1	关键工序	方案的确认	施2-1
作业班组申请评价表	施1-2		放线确定单	施2-2
施工机具和检测设备一览表	施1-3		施工大样确定单	施2-3
技术交底表	施1-4		编制"月（周）进度计划"	
			施工日记	

竣 工 交 付		通 用 表 格	
记 录 名 称	表单代号	记 录 名 称	表单代号

3.施工班组的成本考核内容

加强对施工班组代班人员的素质教育，使其养成节约材料，节约能源的习惯。把合理利用边角料，减少材料浪费，提高施工速度和施工质量作为工人考核标准，制订奖惩制度，从而降低成本提高效益。

三、成本考核的方法

1.成本考核应分层进行

企业对项目经理部进行成本管理考核；项目经理部对项目内部各岗位及各作业队进行分本管理考核。

2.评分制考核

按考核内容平分，按责任成本完成情况和成本管理工作业绩的比例评分。

3.成本考核与相关指标完成情况相结合

成本考核的评分是奖惩的依据，相关指标的完成是奖惩的条件。评分计奖要参考进度、质量、安全和现场标准化管理等的因素。

4.强调成本考核的中间考核

一是月成本考核，在编制好月成本报表后，根据月成本报表的内容结合成本分析和施工生产、成本管理的实际情况进行考核；二是阶段成本考核，根据工程实际情况，可将工程分成几个阶段进行成本考核。

四、降低成本的途径

1.认真进行图纸会审，积极提出修改意见；
2.加强合同预算管理；
3.制订先进、经济合理的施工方案；
4.降低材料成本；
5.制订职工奖惩制度，调动职工生产积极性。

[复习参考题]

◎ 什么是装饰工程项目成本管理？
◎ 试述室内装饰工程项目成本的构成？
◎ 项目成本管理的原则是什么？
◎ 成本考核的目的与内容是什么？
◎ 什么是施工项目成本因素分析法？
◎ 降低施工成本的途径有哪些？
◎ 施工项目成本控制的意义是什么？
◎ 项目经理的考核内容与职责是什么？

[实训练习]

◎ 要求实习学生了解所在项目如何进行成本管理与控制的。
◎ 掌握施工项目成本核算的方法。

第八章 装饰工程料具管理

本章重点

通过本单元的学习，了解室内装饰工程所需的材料、工具、构件以及各种物料加工、订货的供应与管理。

学习目标

以一定的材料为条件，实现装饰工程项目一次性特定目标过程的对物资需求的计划、组织、协调和控制。

建议学时

6学时。

第八章 装饰工程料具管理

第一节 //// 料具管理的内容与任务

一、装饰材料管理的具体任务

装饰工程项目材料管理的层次可分为企业管理层、项目管理层和劳务作业层三个层面。各个层面材料管理的具体任务是：

1.企业管理层：由装饰工程施工单位分管领导或相关材料管理负责人组成。负责材料队伍的建设与培养，重大工程项目材料报价的审定与决策，材料管理制度的颁发与监理。

2.项目管理层：由装饰工程施工单位指派的工程项目经理和项目经理部人员组成，主要任务是：审定合格供应商、承办材料资源开发、订购、储运等业务，负责报价、定价及价格核算，确定工程项目材料管理目标并负责考核，围绕项目管理制订材料管理制度并组织实施。组织管理项目所规定的材料、用料范围，组织合理使用，进行量差的核算，搞好料具进厂验收和保管，确保目标的实施。

3.劳务作业层：是指各个装饰工程项目的具有各种技能的施工操作人员。具体任务是：在限定用料范围内合理使用材料，接受项目管理人员的指导、监督和考核。办理料具的领用和租用，厉行节约，超耗自负。

二、阶段性材料管理的特点

1.施工前准备阶段。在本阶段中要确定项目供料和用料目标，确定项目供料、用料方式及措施；组织装饰材料及制品的采购、加工和储备；组织装饰材料平面布置规划；做好场地、仓库等设施及有关业务的准备。

2.施工中组织管理阶段。在本阶段中要组织材料进场、保管及合理使用；及时提供用料信息，掌握施工变化，调整供应合同；做好进场材料的验收、发放及保管；采用不同的控制手段，组织料具的合理使用。

3.施工收尾阶段。在本阶段中要掌握未完工程，调整用料计划，控制进料；组织多余材料的及时退库；及时拆除临时设施，搞好废旧料的利用和处理；及时进行各项装饰材料的结算以及整个工程物耗水平和管理效果的结算分析。

第二节 //// 材料管理制度

一、材料计划管理制度

装饰工程项目的材料计划是对项目材料需求目标的预测及实现目标的部署和安排。项目材料需求目标是指导与实现项目材料管理的依据。材料计划管理制度应明确规定项目材料需用量、采购、储备、消耗、节约目标的确定及实现上述过程各环节的分工关系，各自的权限、责任以及做法、依据和要求。

1.材料和工具的使用：一般采取限额领用方式，实行节约奖、超耗罚的办法。要求装饰施工工人遵守现场用料制度，在限定的料具用量范围内领用，对领用的料具要负责保管，避免丢失损坏。使用过程中要遵守操作规程，符合用料要求，任务完成后办理退料和结算，搞好内部分配。

2.专用的材料和工具的使用：一般可采取费用承包方式。例如工具费可根据劳务层提供的定额工日，由项目支付相应的工具费；材料费可根据劳务层承担的施工项目，由项目支付其相应的材料费。以上两项均由劳动者根据实际需要到指定部门领用或租用，并由劳动者实行自负盈亏。

二、项目材料供应管理制度

按工程项目提报计划；按工程项目组织配套供应；按工程项目进行考核、评价、计算成本和结算。

三、工程项目材料使用管理制度

1.责、权、利相结合的层层用料承包责任制；

2.工程项目有限消耗的周转材料、大型工具等实行租赁制。

第三节 //// 料具目标管理

一、装饰工程项目的材料目标管理

装饰工程项目的材料目标管理是指企业中标后，在材料供应和使用过程中，为实现预期结果而进行的一系列工作。主要内容包括：确定目标及目标值的测算；制订措施；目标的实施；检查与总结。

装饰工程项目材料管理目标一般是按照材料供应与使用的两个过程建立的。供应目标主要是及时、保质、齐备供应和节约采购费用；使用目标主要是降低材料消耗，节约工程费用。目标一经确定，应通过一定的形式落实到材料供应部门和工程项目施工管理班子，作为对他们进行工作考核、评价和分配的依据。

管理目标包括目的目标和措施目标。目的目标是用一定的量表示最终要获得的结果。例如材料采购降低成本及降低率，材料节约及节约率等；按照项目管理的实施过程，目的目标可分解为总目标、分项目标和子目标，总目标是指整个项目要达到的目的，分项目标和子目标是项目中的某一工程部位、某一分项工程或某一方面工作要达到的目的，对总目标的实现起保证作用。

目标值的计算方法主要有两种。一是经验估算法；二是措施计算法。经验估算法主要是根据过去的统计资料，考虑目前的变化因素求得的目标值，具有经验性。措施计算法是根据所采取的措施结果与原结果比较而求得的目标值，比经验估算法具有一定的科学性。在实际工作中，一般应把这两种方法结合起来使用。

二、装饰工程项目材料需用量

材料需用量是指实现工程项目功能必须要消耗的各种原料、材料、加工预制品的数量，它包括构成工程项目实体的有效消耗量，必要消耗量，以及虽不构成实体，但在促使构成实体的各种材料、制品的形成、转化过程中起辅助作用的那部分必要消耗量。准确地确定材料需用量，对于正确确定造价，搞好供应，合理组织材料消耗都具有重要意义。

我国装饰行业目前招投标大都是依据施工图设计，使用的是统一预算定额，很难体现企业自身的优势和水平，而材料需用量，是决定投标价格和获取利润多少的主要依据之一。装饰工程材料需用量，通常分为一次性需用计划用量和计划期需用量两种。

1.工程项目一次性需用计划用量的确定

一次性需用计划，反映整个工程项目及各个分部、分项材料的需用量，亦称工程项目材料分析。主要用于组织资源和专用特殊材料、制品的落实。

(1)编制依据：设计文件(图纸)和施工方案；技术

措施计划；有关材料消耗定额。

(2)计算程序：根据设计文件、施工方案和技术措施计算工程项目各分部、分项工程的工程量；根据各分部、分项工程的做法套取相应的材料消耗定额，求得各分部、分项工程各种材料的需用量；汇总各分部、分项工程的材料需用量，求得整个工程项目各种材料的总需用量。

(3)基本计算公式：某项材料需用量＝某分项工程量×该项材料单方消耗定额

2.计划期需用量的编制

计划期材料需用量一般是指年、季、月度用料计划，主要用于组织材料采购、订货及供应。其主要的编制依据是：工程项目一次性计划、计划期的施工进度计划及有关材料消耗定额。编制方法有两种：一是计算法，计算法是按计划期装饰施工进度计划中的各分部、分项工程量，套取相应的材料单方消耗定额，求得各分部、分项工程的需用量，然后再汇总求得计划期各种材料的总需用量。二是卡段法，卡段法是根据计划期装饰施工进度的形象部位，从工程项目一次性计划中摘出与施工计划相应部位的材料需用量，然后汇总求得计划期各种材料的总需用量。

三、材料消耗定额

1.材料净用量，这是指材料实用的数量。

2.材料有效消耗，构成产品实体。这是指有部分材料作为结构性部件"隐藏"在隐蔽工程中间了。

3.材料损耗量，亦称工艺损耗，是材料有效消耗过程中不可避免的损耗。

装饰工程实行招标投标后，由于物资供应及其消耗直接影响到工程造价和企业的成本，因而更加受到重视。和过去要求不同的是除了国家、地方颁布的材料消耗定额之外，企业还要通过采取各种节约措施，结合本单位在各类工程中的实际耗用量进行系统分

析，然后提出适合自己单位使用的消耗定额。

4.制订材料消耗定额的四种方法：

(1)实际测定法。是在施工现场或试验室，按照既定的工艺，对材料消耗进行实际测定而计算出的材料消耗定额。在一般情况下，应选择具有代表性的班组和个人，要剔除测定中的不合理因素。

(2)技术计算法。是根据设计图纸、施工方案及施工工艺，剔除不合理因素，经过详细计算制订出来的材料消耗定额。

(3)经验估算法。是根据设计图纸、施工工艺要求，组织有经验的人员，参照有关的资料，经过对比分析和计算制订出的材料消耗定额。

(4)统计分析法。是根据过去的有关统计资料，分析现有的各种影响因素而确定的材料消耗定额。

在实际工作中，上述四种方法应结合起来，互相补充，互相验证。

四、材料储备定额

为了保证装饰工程施工的连续性，必须保持一定的材料储备。材料储备的数量过低，将会影响工程的正常施工，造成停工待料，延误工程进度；储备量过高，将造成材料积压，占用流动资金，并相应加大了保管的工作量，还浪费仓库面积。所有这些，最终都会影响企业的经济效益。因此，合理确定材料储备定额具有十分重要的意义。

装饰施工企业材料储备定额的管理必须注意实物形态和货币形态两个方面。在实物形态方面，关键是储备应既能满足工程需要，又经济合理。对于积压和闲置的物资及时处理；对于短缺的材料注意必要的补充，使之拥有一定储备量，能解决工程急用。在货币形态方面，由于储备资金约占企业流动资金的50%以上，因此必须努力节约存储费用的开支和减少资金的占用。

此外，通过寻求最适宜的货源，建立良好的供应

协作关系，加强运输渠道的联系，缩短各项供应业务的时间等措施来压缩材料的储备天数，对降低材料储备定额都很有效，应给予足够的重视。

五、工程项目材料管理

1. 按工程材料计划保质、保量、及时采供材料。

2. 工程材料需要量计划应包括材料需要量总计划、月计划、周计划。

3. 材料仓库的选址应有利于材料的进出和存放，符合防火、防雨、防盗、防风、防变质的要求。

4. 进场的材料应进行数量验收和质量认证，做好相应的验收记录和标志。不合格的材料应及时更换、退货，严禁使用不合格材料。

5. 材料的计量设备必须经具有资格的机构定期检查，确保计量时需要的精确度。检验不合格的设备不允许使用。

6. 材料必须"三证"齐全。要求复检的材料要有取样送检证明报告。

第四节 //// 装饰工程项目料具计划

装饰工程材料计划是对装饰工程施工所需材料的预测和安排，是材料采购、加工、储备、供货和使用的依据。工程项目材料计划种类很多，作用各不相同，可分为以下两类。

一、按材料计划的作用分类

1. 材料需用计划。需用计划是根据装饰工程项目设计文件、施工方案及施工措施编制的，反映构成工程项目实体的各种材料的品种、规格、数量和时间要求，是编制其他各项计划的基础。

2. 材料供应计划。供应计划亦称平衡计划，是根据需用计划和市场可供货源编制的。反映装饰工程项目所需材料的来源方向，是编制申请(采购)计划的基础。

3. 材料申请(采购)计划。申请(采购)计划是根据供应计划编制的，反映项目部须从市场获得材料的数量，是进行采购、订货的依据。

4. 材料节约计划。节约计划是根据工程项目材料消耗水平及技术节约措施编制的，反映工程项目材料消耗水平及节约量，是控制供应、指导消耗和考核的依据。

二、按计划的使用方向分类

1. 施工用料计划。又称工程用料计划。反映构成工程项目实体的各种材料、制品、构配件的需用量，是装饰工程项目材料计划的最主要部分。

2. 临时设施用料计划。主要反映装饰工程实施过程中，需要搭建的临时设施，包括库房、办公场所、住宿、厕所、电源及水源的材料需用量。

3. 周转材料和工具计划。大型装饰工程常常包括外墙装饰部分，因此必须制订周转材料计划，主要反映脚手架(板)、防护网等的需用量。工具计划主要反映施工所需工具种类及数量，以及制作锯床、工作台、人字梯等所需材料数量。

第五节 //// 装饰工程仓库管理

装饰工程项目材料仓库的用途、面积、位置、构造等一般都由施工组织设计总平面图确定。易燃易爆的材料应单独存放。

一、装饰材料的堆放方式

1. 箱形堆放。凡呈箱形立方体的物品，宜用此种方式。

2.三角形堆放。凡呈圆形或管状的物品，可采用此种方式。

3.阶梯形堆放。凡呈方形物体，宜采用此种方式。

4.梅花形堆放。凡呈桶形物体，可选用此种方式。

5.纵横交叠式。凡呈长方形，且需保持物品干燥时，宜采用此种方式。

6.交错叠式。凡为便于计数，且呈平板形物体，可采用此种方式。

7.平面堆放式。凡平板型物件，常采用此种方式。

8.箱内存放式。凡呈圆球等形的小单件物品，可采用此种方式。

9.多层台架式。凡需利用空间，增加堆放高度，可选用此种方式。

10.各类货架式。凡规格繁多的小件物品，宜采用此种方式。

在仓库中存储的各种材料必须加强保管和维护。由于各种装饰材料的物理化学性质不同，其存储的条件和要求也不相同，如需考虑温度、湿度、光照、尘土、通风、震动等因素，并采取防潮、防晒、防锈、防腐、防震、防火、防霉和防老化等一系列措施，避免材料损坏。因此，仓库管理要有严密的制度，定期组织检查和维护，发现问题，及时处理（见图8-1、图8-2）。

二、施工现场料具管理

1.施工现场外临时存放装饰材料，材料要码放整齐、符合要求；不得妨碍交通和影响市容；堆放散料时应进行围挡，围挡高度不得低于0.5m。

2.料具和构配件应按施工平面布置图指定位置分类码放整齐。场地应平整夯实、有排水设施，码放应符合规定（见图8-3、图8-4）。

3.施工现场各种料具应按施工平面布置图指定位置存放，并分规格码放整齐、稳固，做到一

图8-1 铝合金型材的堆放

图8-2 胶水桶的堆放

图8-3 单元式幕墙的堆放

图8-4 铝合金框料的堆放

图8-5 镀锌角钢的堆放

图8-6 镀锌角钢的堆放

头齐、一条线。砖应成丁、成行，高度不得超过1.5m；砌块材码放高度不得超过1.8m；砂、石和其他散料应成堆，界限清楚，不得混杂（见图8-5、图8-6）。

4.施工现场的材料保管，应依据材料性能采取必要的防雨、防潮、防晒、防冻、防火、防爆和防损坏等措施。贵重物品，易燃、易爆、有毒物品等应及时入库，专库专管，加设明显标志，并建立严格的领退料手续。

三、施工现场材料节约

1.水泥库内外散落灰必须及时清除，水泥袋认真

打包、回收。

2.施工现场应有用料计划，按计划进料，使材料不积压，减少退料。同时做到钢材、木材等料具合理使用，长料不短用，优材不劣用。

3.工人操作应做到活完料净脚下清。

4.施工现场应设垃圾站，及时集中分拣、回收、利用、清运出现场必须到批准的消纳场倾倒，严禁乱倒乱卸。

第六节 //// 装饰材料与工具管理办法

一、限额领料

限额领料是指施工队组所领用的材料必须限定在其所担负施工项目规定的材料品种、数量之内。

搞好限额领料必须有科学、严密的程序和明确的奖罚制度。

1.限额领料的依据。是指确定限额用料品种、数量的依据。一般地讲有两个，即装饰施工材料消耗定额和队组所承担的工程量或工作量。由于定额是在一般条件下确定的，在实际工作中往往由于不同的施工方法、不同的材质都直接影响到定额标准，因此，要根据具体的技术措施来确定限额用量。

2.限额领料的程序。装饰工程项目较大的办公楼、酒店、批量公寓等，可集中采供。施工时采取限额领料，限额领料的程序大体可分为签发、下达、应用、检查、验收、结算和分析七个步骤和环节。

(1)签发。采用限额单或小票形式，根据不同队组所承担的工程项目和工程量，计算限额用料的品种和数量。

(2)下达。将限额单下达到队组并进行用料交底。讲清用料措施、要求及注意事项。

(3)应用。施工队组凭限额单到指定部门领用，管料部门在限额内发料。每次领发数量、时间要做好记录，并互相签认。

(4)检查。在用料过程中，管料部门要对影响用料的因素进行检查，帮助班组正确执行定额，合理使用材料。检查的内容包括：施工项目与定额项目的一致性，验收工程量与定额工程量的一致性，操作是否符合规程，技术措施是否落实，活完是否料净。

(5)验收。施工队组在完成任务后，由工长及有关人员对班组实际完成工程量和用料情况进行测定和验收，作为结算用工、用料的依据。

(6)结算。根据施工队组实际完成的：工程定额材料核对和调整应用材料量并与实耗量进行对比，结算班组用料的节约和超耗。

(7)分析。查找用料节超原因，总结经验，吸取教训。

奖罚，把用料结果与施工队组的利益结合起来，以此增强施工队组节约用料的内在动力。在实行奖励时，应注意在项目内部针对不同材料确定合理的提奖规章，防止弄虚作假；兑现要及时，手续要清楚。

3.实施材料使用监督制度。装饰工程项目采用合格承包商"双包"形式比较普遍。项目经理部应对"双包"项目进行监督、检查；做到工完、料净、场清；建立监督记录；对存在的问题及时分析和处理。同时对材料的"三证"和环保应作为监督的重点。

二、装饰工程施工机具管理

装饰工程施工机具是指班组或个人经常使用，并便于配备到班组或个人保管的工具。这类工具通常是小型生产用具，即包括低值易耗工具和消耗性工具。它具有品种多、数量大、更新快的特点（见图8-7、图8-8）。

根据装饰工程施工机具的特点，在管理上应采取

图8-7　生产工具的堆放

图8-8　工具箱的堆放

图8-9　生产工具的堆放

图8-10　生产工具的堆放

工具费定额承包的办法。由项目经理根据不同工种的日工具费定额，按照班组（个人）所提供的工日数，将工具费发给班组，由班组自行租用或购买，盈亏由班组自负。执行这种办法，有利于调动班组的积极性，增强班组的责任心，有利于减少工具占用、丢失和损坏，延长工具使用寿命。

实行工具费定额承包，必须制订统一的、分工种的日工具费定额和承包办法。首先要正确确定班组（个人）为工程项目提供的工日数，并根据相应的工种日工具费定额计算班组工具承包总额。可采取计划定额工日预拨，按实际定额工日结算，由班组在限额内包干使用的办法。

班组租用或购回的工具，由班组自行保管、维护和使用。预拨工具费高于结算工具费时，由项目经理追回多发的工具费。

为了搞好工具费承包的核算，要建立工具费发放台账，登记各班组提供的工日数和工具费的预拨及结算情况（见图8-9、图8-10）。

三、材料核算管理

使用过程的材料核算，是指承包工程项目以实物量为基础借助价值形式反映和计算材料消耗过程的经济效果。主要包括工程材料费、二次搬运费、暂设工程材料费和工具费。它是整个工程项目成本核算的重要组成部分。

在我国当前情况下，作为项目管理层主要业务的材料成果核算，主要是量差的核算，不应包括价差的影响。这是因为，价差核算属于企业管理层的范围，同时因风险大，每一具体项目难于平衡。执行层核算量差，或借助价值形式核算量差，有利于集中精力降低消耗，有利于企业的整体经济效益。

使用过程的核算，是以各项承包费用作为工程项目的收入，与各项费用的实际支出（即各种料具的消耗）进行对比，求得各项费用的盈余和亏损。

[复习参考题]
◎　简述装饰工程材料管理的重要性。
◎　工地现场材料应当如何管理？
◎　工地现场的材料使用如何实施控制？
◎　为什么要强化材料的定额使用措施？

[实训练习]
◎　提供一个标准客房的图纸，算出客房的材料使用量及材料净成本。

第九章 装饰工程安全管理与文明施工

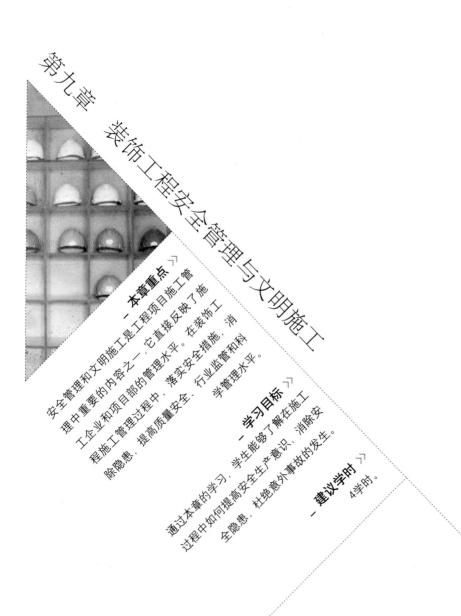

本章重点

安全管理和文明施工是工程项目施工管理中重要的内容之一，它直接反映了施工企业和项目部的管理水平。在装饰工程施工管理过程中，落实安全措施，消除隐患，提高质量安全、行业监管和科学管理水平。

学习目标

通过本章的学习，学生能够了解在施工过程中如何提高安全生产意识，消除安全隐患，杜绝意外事故的发生。

建议学时

4学时。

第九章 装饰工程安全管理与文明施工

第一节 //// 安全管理的基本概况

安全生产是工程施工管理的重要组成部分，在工程施工过程中，必须建立安全生产标化管理，严格执行《中华人民共和国安全生产法》、《中华人民共和国建筑法》、《建筑工程安全生产管理条例》等法律法规。

安全管理坚持以人为本的理念，贯彻"安全第一，预防为主"的方针，对安全生产工作进行的策划、组织、指挥、协调、控制和改进的一系列活动，目的是保障项目施工活动中的人身安全、财产安全、促进生产的发展，保持社会的稳定。

装饰施工安全管理，是指装饰施工过程中，组织安全生产的全部管理活动。通过对生产要素过程控制，使生产要素的不安全行为和状态减少或消除，减少一般事故，杜绝重大伤亡事故，从而保证安全管理目标的实现。

安全生产长期以来一直是我国的一项基本国策，是保护劳动者安全健康和发展生产力的重要工作，必须贯彻执行，同时也是维护社会稳定，促进国民经济稳定、持续、健康发展的基本条件，是文明社会的重要条件。

安全管理可以促进生产，抓好安全，为员工创造一个安全、卫生、舒适的工作环境，可以更好地调动员工的积极性，提高劳动生产率和减少因事故带来的不必要损失。

第二节 //// 安全管理措施

一、施工安全管理的定义

施工安全管理是：坚持以人为本。人的生命是最可贵的，人民群众的生命安全是人民群众根本利益所在，人民群众利益高于一切，因此，要始终把保证人民群众的生命安全放在各项工作的首要位置，为防止在施工过程中产生危及生命安全和人身健康，从技术上、管理上采取的措施。在装饰工程施工中，针对工程特点、施工现场环境、施工方法、劳动力组织、作业方法使用的机械、动力设备、强弱电设施以及各项安全防护设施等制订的确定安全施工的预防措施，称为施工安全管理措施，施工安全管理措施是施工组织设计的重要组成部分。

二、施工安全管理措施编制的原则

项目部在编制施工组织设计时，应当根据建筑工程的特点，制订相应的安全技术措施,对专业性较强的工程项目应当编制专项安全施工组织设计，并采取安全技术措施。项目部应当在施工现场采取维护安全、防范危险、预防火灾等措施，有条件的，应当对施工现场实行封闭式管理。

三、施工安全管理措施编制的要求

1. 施工安全管理要有超前性。应在开工前编制，在工程图纸会审阶段，就应考虑到施工安全。因为，开工前已编审了安全技术措施，用于该工程的各种安全设施有了较充分的时间做准备，及时落实各种安全设施。如果工程有变更设计情况出现，安全技术措施也应及时补充完善。

2. 施工安全管理要有针对性。施工安全技术措施是针对每项工程特点而制订的，编制安全技术措施的技术人员必须掌握工程概况、施工方法、施工环境、条件等第一手资料，并熟悉安全法规、标准等才能编写有针对性的安全技术措施。

3.施工安全管理要有可靠性。安全技术措施均应贯彻于每个施工工序之中，力求细致全面、具体可靠。

4.施工安全管理要有操作性。对大中型项目工程，构造复杂的重点工程必须在施工组织总体设计中编制施工安全技术措施外，还应编制单位工程或分部分项工程的安全施工。对电工、金工、漆工等特殊工种作业，都要编制单项安全技术方案。此外，还应编制季节性施工安全技术措施。

四、施工安全管理措施编制的主要内容

装饰工程大致分为两种：一是结构共性较多的称为一般工程；二是结构比较复杂、技术含量较高的称为特殊工程。应根据工程施工不同的危险因素特点，按照有关规程，结合以往的施工经验与教训，编制安全技术措施。

1.施工安全管理控制要点：第一是落实组织安全管理机构。由项目经理部安全生产科全面负责本工程的安全生产管理监督工作，设项目安全员，各专业班组各设班组安全员，其职能是根据工程特点制订安全措施，项目经理是安全生产第一责任人并深入施工现场，组织培训指导现场安全员学习、了解安全生产情况，组织各类安全活动和定期检查。项目安全员主持各专业班组安全生产活动，制止违章作业，如有违章，有权暂停施工，并进行处理。对各专业队和特殊工种进行安全生产技术交底。第二是进行安全生产教育。对每位职工签订"安全生产责任书"，使职工人人领会"安全生产施工现场纪律"和"安全施工措施"等安全生产规章。

2.认真贯彻"安全第一、预防为主"的方针，健全生产安全保护体系，所有施工人员入场时，均进行三级安全教育，增强职工的自我保护意识，施工时严格遵守安全生产技术规程，杜绝违章操作。

3.凡施工中的特殊工种（架子工、电工、焊工、机械操作工）应进行安全操作训练、考核，并持证上岗。

4.由各级安全职能人员定期对全体职工进行三级安全教育，及时做好安全技术交底，做到人人受教育，人人树立"安全生产"的思想，人人明白本岗位的安全生产要领和注意事项，做到不违章作业。

5.在各施工阶段，运用各种形式，经常进行安全生产宣传，在施工高峰、夜间施工、高空作业时，特别应加强安全生产的意识。

6.安全员和兼职安全员，应及时汇报安全生产情况，由项目经理部进行汇总，并由项目经理部定期开展安全生产活动，通报安全生产情况。

五、施工安全管理措施的实施要求

经批准的安全技术措施具有技术法规的作用，必须认真贯彻执行。遇到因条件变化或考虑不周需变更安全技术措施内容时，应经原编制和审批人员办理变更手续，否则不能擅自变更。

装饰工程开工前，应将工程概况、施工方法和安全技术措施，向参加施工的项目管理人员、工段长进行安全技术措施交底，每个分项工程开工前，应重复进行分项工程的安全技术交底工作。使执行者了解其要求，为落实安全技术措施打下基础。安全交底应有书面材料，双方签字并保存记录。

六、安全管理措施的实行

1.合理布置施工现场平面，临时使用的水电管线架设在设置合理的基础上，应避免与临时道路交叉。严禁将临时线路设在脚手架上。

2.所有机电设备，必须配齐安全防护保险装置，加强机电设备的经常检查、维修、保养，确保安全运转，并规范安全用电制度和奖罚措施。

3.施工现场挂设"十牌二图一栏一室"，在工地上设置有针对性的简明醒目的安全标志和标语。各施工机械均应验收合格后挂牌使用。

4.工地配置专职机修班和专业电工班,进行对工地的机械及架设的电线等方面的检查和整改工作。工地上施工架设的临时用电线路,必须符合当地电力局和建筑电器标准化的有关规定,施工机械设备用电必须安全可靠,做到三级配电,两级保护。

5.工程脚手架搭设,必须有专项技术施工组织设计或搭设方案,报当地安全监督部门备案。搭设必须由具有相关资质的单位施工。脚手架全部采用合格的钢管扣件架、环保的密目网围护、搭设的脚手架必须经安监站验收合格后挂牌使用。施工期间要检查维修。脚手架搭设要经计算,不能超标堆放施工材料,严禁超载、集载。脚手架拆除也应有安全技术施工方案,并有现场监督,确保安全。

6.安全管理措施应包括:防火、防毒、防爆、防洪、防尘、防雷击、防触电、防坍塌、防物体打击、防机械伤害、防高空坠落、防交通事故、防寒、防暑、防疫、防环境污染等方面的措施(见图9-1、图9-2)。

七、安全技术管理

质量安全管理是施工项目管理过程中一个重要的管理对象,贯穿了项目过程中所有的日常工作。系统以ISO-9000质量、ISO-14001环境管理体系、GB/T28001职业健康安全管理以及国家相关质量安全规范为基础,建立一套知识体系作为日常管理中的依据。

图9-1 安全施工场地入口

图9-2 安全标志

第三节 //// 文明施工管理的基本概况

一、文明施工计划

1.在施工过程中,要求坚持文明施工,把文明施工列入施工规划中,特别要做好施工现场的围隔工作,加强保卫值班制度,防止意外伤害。对围隔材料要采用新材料,有一种整洁的感觉,并经常检查保持完好。施工通道选择要避开共用通道,经常清扫作业面和外场,保持整洁。

2.制订文明施工的具体措施,保证施工的正常进行,保障安全生产,营造良好的施工环境,造就高质量的装饰精品。项目部要按文明工地验评标准要求组织施工,遵守业主方制订的有关规定和本企业制订的相应规章制度。企业领导小组定期对工地进行文明施工、场容场貌、生活卫生的检查,征求业主和监理方的意见,进行打分和评定,以有力地促进项目标准化工作达到文明工地的要求。

二、文明施工措施

1.制订工程文明施工标准和规范,按标准和规范组织施工、检查和评比，让文明施工成为施工习惯，而不是突击性工作。

2．工程项目经理将亲自抓文明施工，带领施工员、安全员、班组长每天检查现场，落实各施工区域负责人，营造文明的施工氛围。

3．施工现场周围要设置反映企业精神、时代风貌的醒目宣传标语，工地内设置宣传栏，进行安全文明生产的宣传教育，也用于表彰好人好事，通报违规处罚，及时反映工地内各类动态。在施工现场四周和通道口，要设立警示牌和致歉告示等。标牌应清洁、整齐、完好，内容齐全，规格规范统一。

4．开展文明教育，施工人员在该地施工，均应遵守当地市民的文明规范。施工人员着装整齐，按指定通道进出，上班时间不随便外出乱逛，保持行为举止和语言文明，教育员工维护业主和本企业良好的形象及社会形象，做一个文明市民。

5．加强班组建设，班组文明是工地文明的基础，各班组要形成文明施工日检查制度，布置工作时，同时讲文明施工，有三上岗一讲评的记录，有良好的班容班貌，项目部给施工班组提供一定的活动场所，提高班组整体素质。

6．开展文明施工班组评比工作，给予精神物质奖励，树立榜样作用。建立处罚制度，对违规人员在教育基础上给予必要的经济处罚。

7．加强工地治安综合治理，做到目标管理、制度落实、责任到人。施工现场安全防范措施有力，重点要害部位防范设施有效到位。

8．对施工现场的施工队伍及人员组织应情况明了，建立档案卡片，要与施工班组签订安全文明施工责任书，对施工队伍加强法制教育。

9．建筑材料划区域堆放整齐，按照ISO9001认证体系运行，对所进场的材料挂标志牌，并采取安全保卫措施。

10．维护施工面的卫生工作。及时清理作业区域施工垃圾，做到工完场清；活完品清；当日作业当日清；机具、工具整理清。

11．在施工过程中，工地总包单位和其他施工单位积极协调，做到互助、互谅，保证工程施工的顺利进行（见图9-3）。

三、挂牌施工规范化措施

施工现场的规范化挂牌是一个文明窗口，按照文明标化要求在大门进入显眼处挂置《十牌三图二栏一室》

1．十牌：即《工程立面效果概况》、《项目组织管理机构体系》、《安全生产十项技术措施》、《安全生产六大纪律》、《安全生产十个不准》、《建筑工人文明"八不"守则》、《施工现场职工道德守则》、《工地卫生制度》、《施工现场防火制度》、《百日安全活动》等牌子。

2．三图：即《施工平面布置图》、《现场卫生包干图》、《生活区平面布置图》等。

3．二栏：即《宣传栏》、《报刊栏》等。

4．一室：即阅览室（见图9-4、图9-5）。

四、环境整洁和生活卫生管理措施

1．施工现场按卫生包干图落实包干责任制，并落实到具体清洁人，在施工现场设卫生厕所，厕所要求清洁、无臭气，每日清洁2次以上，并设有冲洗洁净装置，有专人清洁，器具采用瓷质，并设有瓷砖的分隔间。生活区设男女浴室，冬天考虑供应热水，确保工人的洗澡问题。职工宿舍的用具实行统一化，全工地职工统一着工作装，佩戴工作证。宿舍区也应落实卫生制度，施工现场和生活区保证24小时供应开水，并设医务室。

2．保持施工现场及周围的环境卫生，实行分块卫生包干制度，严禁乱倒垃圾、渣土、生活垃圾等废物，施工现场设垃圾堆放场，生活、办公区设带盖垃圾桶，垃圾装袋外运。

图9-3 安全施工培训

图9-4 安全帽的挂放

图9-5 安全标语

3.工地配置必要的劳保用品和应急医药用品、紧急救护用品。

4.严格执行"三包"制度，防止施工用水滴漏，尘土飞扬，噪声起浮，严格进行操作落手清，确保现场的标准化。

五、职工道德教育

1.教育职工爱业兴业，树立良好的职业道德，遵纪守法。

2.组织职工利用工余时间学技术、学业务，开展多种有益身心健康的娱乐活动，严禁在工地聚众赌博、赌力和赌食，遵守法规和有关治安条例。

3.做好成品保护工作，教育职工要尊重他人的劳动成果，在工序交接过程中，后道工序必须对前道工序做好成品保护，严禁在成品上乱涂乱画。

第四节 //// 文明施工及现场管理措施

一、文明施工的一般规定

1.有健全的施工指挥系统和岗位责任制度，工序衔接交叉合理，交接责任明确。

2.有整套的施工组织设计或施工方案。

3.有严格的成品保护措施和制度，大小临时设施和各种材料、构件、半成品按平面布置堆放整齐。

4.施工场地平整，水电线路布置整齐，工具设备状况良好，使用合理，施工作业符合消防和安全要求。

5.实现文明施工，不仅要抓好现场的场容管理工作，而且还要做好现场材料、机械工具、安全、技术、保卫、消防和生活卫生等方面的工作。一个项目的文明施工水平是所属企业各项管理工作水平的综合体现。

二、施工现场管理规定

1.各工程队入场前，必须向项目部出示全部人员的身份证、安全上岗证书等相关证件，特殊工种必须持有《特殊作业操作证》（或代用操作证），并将复印件交工程部存档，经审查合格后方可上岗。

2.各工程施工队入场后，所需临时设施及材料堆放场地必须经项目经理部同意后方可设置使用，各工程施工队使用的临水、临电，必须在指定的位置接引，并严格执行项目部制定的《临水、临电使用规定》。

3.施工队规定在现场堆放料具，必须有专人看护，同时严格遵守项目经理部制定的《消防保卫管理规定》。

4.施工队在现场施工时，如有动火作业，应严格执行建筑工地消防保卫的各项法规及规定，同时认真执行项目经理部制定的《消防保卫管理规定》。

5.施工队入场后，要依照有关的施工管理办法进行文明安全施工，按照安全保护、临时用电、机械安全、保卫消防、现场管理、料具管理、环境保护、环卫卫生等八个方面全力做好现场文明施工自身管理工作。

6.各工程队施工时，要认真做好施工成品、半成品的保护，同时做好施工中自身及流水段的成品保护工作。

7.各工程施工队应按项目经理部的要求按时上报项目经理部下达的各项指标的完成情况。

8.各工程施工队施工时，必须严格执行项目经理部对施工的统一指挥、调度、协调及管理，按时参加由项目经理部人员组织召开的施工生产调度会及各种专题会议，严禁各行其是，盲目施工。

三、施工现场场地管理

1.装饰工地主要入口要设置明显的标牌，如：总平面示意图、施工现场文明施工管理制度、施工现场环境保护管理制度及场容、施工现场安全生产管理制度。标明工程名称、施工单位和工程负责人及项目经理姓名等内容。

2.建立文明施工责任制，划分区域，明确管理负责人，实行挂牌作业，做到现场清洁整齐。

3.装饰施工现场场地平整，及时清扫场地，保证场地施工的正常进行。如遇到有地面工程已装修，要采取有效的措施（如铺木版等）来保障其他墙、顶面工程的开展。

4.装饰工地现场施工的临时用水、用电要有专门人员负责，不能有长流水、长明灯。

5.装饰施工现场的临时设施，包括生产、办公、生活用房、仓库、料场、临时上下水管道以及照明、空调、喷淋系统，要严格按照施工组织设计确定的装饰施工图进行布置、搭建或铺埋。

6.装饰施工现场清洁整齐，做到活完料清，及时

消除在楼梯、楼板上的砂浆、油漆、木屑等杂物。

7.在做大型室内装饰工程时，砂浆、混凝土在搅拌、运输、使用过程中，要做到不洒、不漏、不剩。应用容器或垫板盛放砂浆、混凝土。

8.要有严格的成品保护措施，严禁损坏污染成品、堵塞管道。高层建筑要设置临时便桶，严禁随地大小便。

9.建筑物内现场的垃圾渣土，要通过临时搭建的竖井或利用电梯等措施稳妥下卸，严禁从门窗口向外抛掷，以免发生不必要的事故。

10.装饰施工现场不准乱堆垃圾及杂物。在适当地点设置临时堆放点，并定期外运。清运垃圾及流体物品，要采取遮盖措施，运送途中不得遗留。

11.根据工程性质和所在地区的不同情况，采取必要的维护和遮挡措施，如用工程布等材料，保持外观的整洁与统一。

12.针对施工现场情况设置宣传标语和黑板报，并适时更换内容，切实起到传递信息、褒优贬差的作用。

13.装饰施工现场严禁居住家属，并严禁居民、家属、小孩在施工现场穿行、玩耍。

[复习参考题]

◎ 为什么说安全管理是项目施工管理的重要内容？

◎ 安全管理在项目施工中主要包含哪些内容？

◎ "十牌三图二栏一室"指的是什么？

◎ 如何理解"安全第一、预防为主"的方针？

◎ 文明施工的基本要求是什么？

[实训练习]

◎ 提供一套施工图，要求根据图纸平面做一套安全施工的平面布置方案。

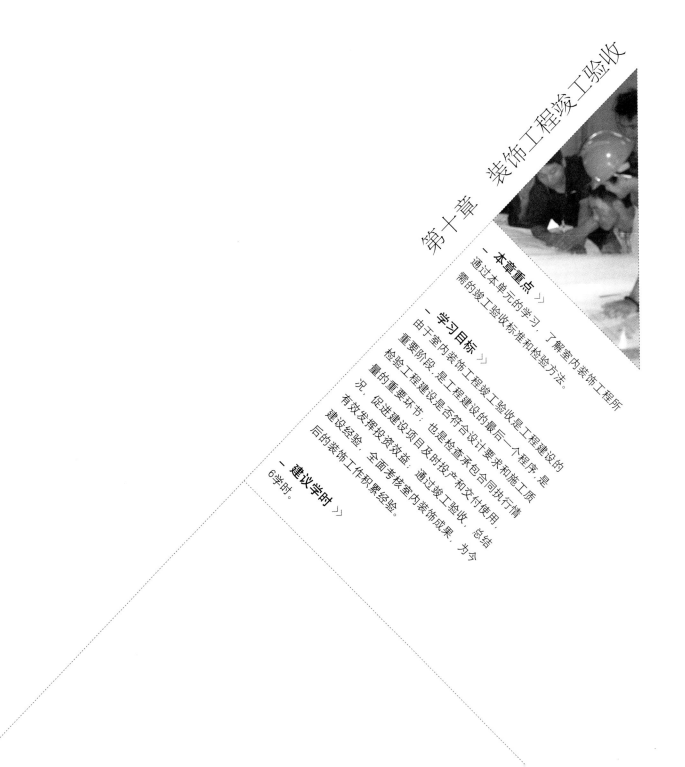

第十章　装饰工程竣工验收

本章重点》

通过本单元的学习，了解室内装饰工程所需的竣工验收标准和检验方法。

学习目标》

由于室内装饰工程竣工验收是工程建设的重要阶段，是工程建设的最后一个程序，是检验工程建设是否符合设计要求和施工质量的重要环节，也是检查承包合同执行情况，促进建设项目及时投产和交付使用，有效发挥投资效益；全面考核室内装饰成果，总结建设经验，通过竣工验收，为今后的装饰工作积累经验。

建议学时》

6学时。

第十章　装饰工程竣工验收

第一节 //// 竣工验收的内容及依据

一、工程竣工验收概述

1. 装饰工程竣工验收是装饰投资效益转入生产和使用的标志。同时也是施工项目管理的一项重要工作。

2. 装饰工程项目竣工验收的交工主体是承包人，验收主体是发包人。

3. 竣工验收的施工项目必须具备规定的交付竣工验收的条件。

二、验收内容

1. 抹灰工程：材料复验、工序交接检验、隐蔽工程验收。

2. 门窗工程：门窗工程应对下列材料及其性能指标进行复验：人造木板的甲醛含量；建筑外墙金属窗、塑料窗的抗风压性能、空气渗透性能和雨水渗透性能；预埋件和锚固件；隐蔽部位的防腐、嵌填处理。

3. 吊顶工程：吊顶工程应对下列隐蔽工程项目进行验收：吊顶内管道、设备的安装及水管试压；木龙骨防火、防腐处理；预埋件或拉结筋；吊杆安装；龙骨安装；填充材料的设置。

4. 轻质隔墙工程：轻质隔墙工程复验、交接检验及隐蔽工程验收。主体结构完成后经相关单位检验合格；轻质隔墙工程应对下列隐蔽工程项目进行验收：隔墙中设备管线的安装及水管试压；木龙骨防火、防腐处理；预埋件或拉结筋；龙骨安装；填充材料的设置。

5. 饰面板（砖）工程：饰面板（砖）工程应对下列材料及其性能指标进行复验。室内用花岗石（大于200平方米）的放射性指标，粘贴用水泥的凝结时间、安定性和抗压强度；外墙陶瓷面砖的吸水率；寒冷地

区外墙陶瓷面砖的抗冻性；外墙饰面砖样板件黏结强度检测；后置埋件的现场拉拔检测。饰面板（砖）工程应对下列隐蔽工程项目进行验收：

6. 涂饰工程：涂饰工程工序交接检验、样板间（件）检验。工序交接检验：涂饰基层检验合格。

7. 地面工程：地面工程应对下列材料及性能进行复试：地面装饰材料按国家现行标准复试；防水材料的复试；地面一次、两次蓄水试验。建筑地面下的沟槽、暗管敷设；基层（垫层、找平层、隔离层、填充层、防水层）做法；穿地面管道根部处理。

8. 防水工程：防水工程材料应对下列材料进行复验：高聚物改性沥青防水卷材对拉力、最大拉力时延伸率、不透水性、柔度、耐热度复验；合成高分子防水卷材应对断裂拉伸强度、扯断伸长率、不透水性、低温弯折性复验。合成高分子防水涂料和聚合物乳液建筑防水涂料应对断裂延伸率、拉伸强度、低温柔性、不透水性（或抗渗性）复验。

9. 裱糊、软包及细部工程：裱糊、软包及细部工程装饰材料应按国家现行标准复试。裱糊、软包工程交接检验：基层检验合格。

三、验收依据

竣工验收标准的依据是批准的设计文件、施工图、设计变更通知书、设备技术说明书、有关装饰工程施工文件，以及现行的施工技术验收规范、双方签订的施工承包合同、协议及其他文件等。

四、竣工验收具备的条件

1. 完成装饰工程设计和合同规定的内容；

2. 有完整的技术档案和施工管理资料；

3. 有工程使用的主要装饰材料、装饰构配件和设

备的进场试验报告；

4.有设计、施工、监理等单位分别签署的质量合格文件；

5.有施工单位签署的装饰工程保证书等。

五、装饰施工质量验收的强制性规定

1.装饰装修材料产生的环境污染物的控制种类

规范控制的室内环境污染物有氡、甲醛、氨、苯和总挥发性有机化合物。民用建筑工程根据控制室内污染的不同要求，划分为以下两类：一是环境污染物的浓度限量；二是无机非金属装饰材料放射性指标限量。

2.室内装饰施工中选用材料的强制性条文和有关规定

对装饰材料如：人造木板、饰面人造木板、无机非金属、木地板、石材、水性涂料、水性胶粘剂、水性处理剂等必须有相关的测试文件（报告）。

3.装饰施工及环境质量验收的强制性条文和有关规定

主要有：《装饰装修材料质量验收强制性条文和有关规定》；《装饰装修工程施工与工程质量验收强制性条文和有关规定》；《抹灰、门窗、吊顶、饰面板（砖）及细部工程质量验收的强制性条文和有关规定》。

第二节 //// 竣工验收的准备

一、竣工验收准备

技术措施是竣工验收的关键。项目经理部必须严格贯彻执行质量检验的有关规定，抓好施工过程的质量控制，确保各环节、各部位的工程质量。切实做到自检、互检、交接检。

1.工程项目落实三测检制是确保工序质量的基础。施工班组必须认真执行自检、互检、交接检制度，以工序或分项目工程施工中和施工完后，操作者和班组必须按标准进行自检并做出记录，达到合格以上标准后由工长组织检查验收，经验收合格后方可进行下道工序。

2.预检：需要预检的工序，由各施工队负责人组织有关人员，进行预检验收，并按有关文件中的要求填写预检记录，交项目经理部。

3.隐蔽工程检查验收。凡属隐检的项目（含土建、暖卫、电气），在班组自检合格的基础上，由项目经理组织，项目部技术主管，质量员等参加检查验收，合格后由项目部质检员填写"隐蔽工程检查验收记录"并通知监理进行隐检验收。隐检合格后，由建设、监理代表签字后将"记录"存档，并作为下道工序的依据。未经隐检或隐检不合格的，不得进入下道工序施工（见图10-1～图10-6）。

图10-1 顶面轻钢龙骨吊顶隐蔽工程验收　　图10-2 墙面轻钢龙骨隔墙隐蔽工程验收　　图10-3 地砖隐蔽工程验收

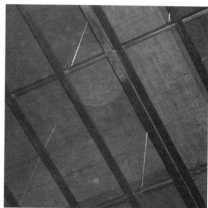

图10-4　墙面干挂预埋件隐蔽工程验收　　　　图10-5　顶面轻钢龙骨吊顶隐蔽工程验收　　　　图10-6　顶面轻钢龙骨吊顶隐蔽工程验收

4.分项工程质量验评。分项工程质量验评是评定分部分项工程质量等级的基础。分项工程施工结束后，在班组自检的基础上，由项目部技术主管组织质量员、施工队负责人、工长、班组长参加，进行检查验收。合格后由质量员填报分项工程质量检验评定表，核定质量等级。凡分项工程质量达不到合格或未完成预定等级的，应进行返修。未达到合格标准前不得进行下道工序施工。

5.分部工程的质量验评。分部工程完成后由各工程施工负责人将本施工队工程分部所有分项工程质量验评进行整理、检查、统计、填写分部工程质量验评表，同时将有关质量保证资料整理齐全。由项目部技术主管组织有关人员对分部工程质量进行验收。

6.单位工程质量验评及竣工验收。单位工程完工后，由项目经理组织有关人员对工程进行全面检查。项目经理部应完成施工项目竣工验收合格的基础上向发包人发出预约竣工验收通知书，说明拟交工项目情况，商定有关竣工验收事宜。

二、竣工验收管理

1.经招投标或单独签订施工合同的单位工程，竣工后可单独进行竣工验收。在一个单位工程中满足规定交工要求的专业工程，可征得发包人同意，分阶段进行竣工验收。

2.单项工程竣工验收应符合设计文件和施工图纸的要求，满足生产需要或具备使用条件，并符合其他竣工验收的条件要求。

3.工程项目已按设计要求全部施工完成，符合规定的建设项目竣工验收标准，可由发包人组织设计、施工、监理等单位进行工程项目竣工验收，中间竣工并已办理移交手续的单项工程，不再重复进行竣工验收（见图10-7）。

图10-7　隐蔽工程验收

第三节 //// 竣工验收、移交和善后事宜

一、制订项目验收的计划

工程完工后，施工企业或项目经理部应通知业主及相关部门进行工程验收。项目经理部要编制详细的竣工收尾工作计划，并严格按照计划组织实施工程验收的准备工作，及时沟通、及时协助验收。

二、项目符合验收的条件

全部竣工计划项目已经完成，符合工程竣工报验条件；工程质量自检合格，中间验收检查记录齐全；设备安装经过调试，具备单机试运行要求；工程四周规定距离以内的工地达到完工、料净、场清；工程技术经济文件收集、整理齐全等。

三、项目竣工验收

项目施工企业要按工程质量验收标准，组织专业人员和有关部门进行质量检查评定，实行监理的项目应邀请相关监理机构进行初步验收。初步验收合格后，施工企业或项目管理部门应向业主提交工程竣工报告，约定有关项目竣工移交手续。业主要按项目竣工验收的法律、行政法规的部门规定，一次性或分阶段竣工验收（见图10-8~图10-12）。

图10-8 地面工程(踢脚线)验收

图10-9 顶面工程(石膏板)验收

图10-10 顶面工程(矿棉板)验收

图10-11 顶面工程(穿孔铝板)验收

图10-12 顶面工程（铝塑板）验收

四、项目竣工文件归档

项目竣工验收应根据批准文件和工程实施文件，达到国家法律、行政法规的部门规章对竣工条件的规定和合同约定的竣工验收要求，提出《工程竣工验收报告》，有关项目的管理人员和相关组织应签署验收意见，签名并加盖单位公章后归入工程档案。其他工程文件也应按照国家发布的现行标准，规定《建设工程文件归档整理规范》GB/T50328、《科学技术档案案卷构成的一般要求》GB/T11822等要求进行归档。移交的工程文件应与编制的清单目录相一致，并且，同样须有交接的签字手续以符合移交的规定。

五、项目验收过程中的其他相关事宜

1.竣工验收在工程质量、室内空气质量及经济方面存在个别的不涉及较大问题时经双方协商一致签订"解决竣工验收遗留问题协议"（作为竣工验收单附件）后亦可先行入住。

2.在一般情况下，工程自验收合格双方签字之日起，在正常使用条件下装饰装修工程保修期限为两年。

六、项目竣工后要做的工作

1.工程竣工结算。项目竣工结算的编制、审查、确定，按建设部《建筑工程施工发包与承包计价管理办法》以及有关规定执行。项目经理部要编制项目竣工结算的一般资料，并连同竣工结算报告一起交给业主，双方应在规定的时间内进行竣工结算核实，若有不同意见，应及时协商沟通，按照契约约定的方式进行相应的修改，达成共识。

2.项目竣工决算。项目工程竣工后，项目经理部应依据工程建设资料并按照国家相关规定编制项目竣工决算，决算的内容应符合财政部的规定。决算要反映建设项目的实际造价和投资效果。

七、项目回访与保修

项目回访和质量保修应纳入项目经理部的质量管理体系。要建立质量回访制度，回访和保修工作的计划要形成文件，每次回访要有记录，并对质量保修进行验证。回访记录应含有使用者对质量的反馈意见。

[复习参考题]

◎ 简述隐蔽分项工程质量如何验收。

◎ 简述建筑装饰装修分部工程质量如何进行验收。

◎ 单位工程如何组织竣工验收？

◎ 竣工验收以后及时要做的工作有哪些？

◎ 竣工后有哪些资料需要及时归档？为什么？

[实训练习]

◎ 结合工地实习做一套竣工验收的资料。

附件：常用室内装饰材料质量验收标准

一、胶合板质量标准

1.胶合板尺寸允许公差

表1　胶合板尺寸允许公差(mm)

胶合板公称厚度	公差范围	胶合板公称长度	两对角线公差	长度和宽度公差
3-不足8	±0.4		4	
8-不足12	±0.6	≤1220		
12-不足16	0.8±	>1200～1830	5	+8
16-不足20	1.0	>1830～2135	6	负偏值不许有
自20以上	1.5	>2135	7	

2.阔叶树胶合板材质缺陷限度

表2　阔叶树胶合板材质缺陷限度

缺陷名称	项目		面板			背板
			胶合板等级			
			一等	二等	三等	不限
节子夹皮补片	每平方米板面上的总个数		4	5	6	不限
	尺寸(mm)	不健全节	10　5mm以上者不计		不限	50
		死节	4　2mm以下并不密集者不计	6	12　4mm以下者不计	
		浅色夹皮	10	40	不限	不限
		彩色夹皮	10浅色夹皮不计	20　100　长度10mm以下者不计		
	补片			40	60	120
	注：补片与本板的纹理方向应相似。二等板上还应本色相近。其缝隙：一、三等板上分别不得大于0.1和0.4mm，背板上应小于1mm					
变色			极轻微	不显著	不限	
	注：①桦木允许有伪心材；②环孔显心材(如水曲柳)的异色材料，一等板上极轻微；③髓斑按斑条件，但二级板上不得密集					
裂缝	长度(mm)　宽度(mm)		100　0.5	200　0.5	300　1.0	不限5
	注：①一、二等板不允许有密集的发丝干裂；②水曲柳、桦木和南方阔叶树材制成的胶合板，其裂缝限度可适当放宽					
虫孔排钉孔	8	尺寸(mm)		2	4	
	每平方米板面上的个数		4	4　直径2mm以下者不太影响美观时不计	不密集	
腐朽			不许有		极轻微	轻微

二、硬质纤维板质量标准

1.纤维板尺寸允许公差

表3 纤维板尺寸允许公差 (mm)

幅度尺寸(宽×长)	厚度	尺寸允许公差		
		长、宽度	厚度	
			3.4	5
610×1220 915×1830 915×2135 1220×1830 1220×2440 1000×2<000	3(3.2) 4、5(4.8)	±5	±0.3	0.4

2.纤维板外观质量标准

表4 纤维板外观质量标准

缺陷名称	允许限度			缺陷名称	允许限度		
	一 等	二 等	三 等		一 等	二 等	三 等
水 渍	2%	10%	30%	压痕：板面上可以	深0.2mm	深0.4mm	深0.6mm
油 污	不许有	不显著	显 著	鼓泡、分层、水湿、炭化、裂痕、边角松	不许有	不许有	不许有
斑 纹	不许有	不许有	轻 微				
粘 痕	不许有	不许有	1%				

三、刨花板质量标准

刨花板外观质量要求

表5 刨花板外观质量要求

缺陷名称	计算方法		允许范围		
			平压板		挤压板
			一级品	二级品	
板边透裂	长度不超过(mm)				120
	宽度不超过(mm)				2
	每边允许条数				2
局部松软	中 部			80	
				2	
	边 部	15	25	1	
		1/10	1/6	1/6	
		1	1	1	
表面夹杂物	允许限度		轻微	不显著	不显著
压 痕	深度不超过(mm)			0.8	0.4
	面积不超过(cm²)		8	12	
	凸凹条痕宽度不超过(mm)				

缺陷名称	计算方法	允许范围		
		平压板		挤压板
		一级品	二级品	
砂光不匀 边角缺损	每平方米允许个数	1	2	2
	漏砂累计不超过板面的(%)	10	20	10
	宽度不超过(mm)	不许有	10	10

注：公称幅面尺寸范围外的各种缺陷一律不限。

四、细木工板质量要求

1.细木工板的尺寸允许偏差

表6　细木工板的尺寸允许偏差(mm)

名　称		允许偏差	
		砂光细木工板	不砂光细木工板
公称厚度	≤16	±0.6	±0.8
	≥16	±0.8	±1.0
长度和宽度		+5mm，不许有负公差	
翘曲度		0.2	0.3
波纹度		0.3	0.5
两对角线误差		≤0.2%	
四边不直度		0.3%	

2.细木工板的加工缺陷

表7　细木工板的加工缺陷

加工缺陷名称	检量项目	面　板			背　板
		细木工板等级			
		一	二	三	
拼　缝	缝隙宽度(nlm)	0.1	0.2	0.3	1.5
	拼缝条数不超过	2	3	允　许	
	注：①一、二等板的拼板需本色相近，纹理方向一致； ②宽度自1000mm以上的细木工板，拼缝条数可按上述规定增加一条； ③二等板上允许有长度不大于200mm，宽度不大于0.5mm的局部缝隙不密				
毛刺沟痕	总面积占板面积百分比不得超过	1 深度不大于0.4mm	2 深度不大于0.4mm	允　许	
压痕允许	——	直径不超过4mm每板上不超过3处	面积不超过5cm平方，深度不超过0.4mm。每板不超过5处	面积不超过30cm平方	
透胶污染	总面积占板面积百分比不得超过	1	3	20	
面板叠层	长度(mm)	不允许		300	允　许
	宽度(mm)			5	

3.细木工板的材质缺陷

表8　细木工板的材质缺陷

木材名称	检查项目		面板			背板
			细木工板等级			
			一	二	三	
节子夹皮补片	每平方米板面上的总个数不超过		4	5	6	允许
	尺寸(mm)	不健全节	10 5以上者不计	25 5以下者不计	允许	允许
		死节	1 2以下者不计	6　12 4以下者不计	50	
		浅色夹皮 深色夹皮	10 10 浅色夹皮个数不计	40 20 长度10以下者不计	允许 100	允许
		补片	—	40	60	120
	注：补片与本板的纹理方向应相似。二等板上还应本色相近。 其缝隙：二、三等板上分别不得大于0.1和0.4mm，背板上应小于1mm					
变色	允许			总面积占板面积百分比不得超过	5	20
					浅色	
	注：①桦木允许有伪心材； ②环孔显心材(如水曲柳)的异色边心材，按浅色变色计； ③髓斑按斑条计，但二等板面上不得相互交织密集					
裂缝	长度(mm) 宽度(mm)		100 0.5	200 0.5	300 1.0	不限 3
	注：①一、二等板不允许有密集的发丝干裂； ②水曲柳、桦木和南方阔叶树材制成的细木工板，其裂缝限度可适当放宽					
虫孔、排钉孔	尺寸(量长径)(mm)		8	2	4	
	每平方米板面上的个数不超过		4	4 直径2mm以下者不太影响美观时不计	不密集	
腐朽	总面积占板面积百分比不得超过		不许有		1	30
					不会剥落	

五、木地板与水泥木屑板质量要求

1.木地板面材的选材标准

表9　木地板面材的选材标准

木材缺陷			Ⅰ 级	Ⅱ 级	Ⅲ 级
活 节	节 径	不计个数时应小于(mm)	10	15	20
		计数个数时不应大于板材宽的	1／3	1／3	1／2
	个 数		3	5	6
死节			允许，包括在活节总数中		
髓心、虫眼			不露出来表面的允许		
裂缝，深度及长度不得大于厚度及材长的			1／5	1／4	1／3
斜纹，斜率不大于(%)			10	12	15
油 眼			Ⅰ、Ⅱ级非正面允许，Ⅱ级不限		
其 他			浪形纹理、圆形纹理、偏心及化学变色允许		

2.水泥木屑板的质量标准

表10　水泥木屑板的尺寸允许偏差

名 称		允许偏差		
		优等品	一等品	合格品
公称厚度(mm)	4～8	±0.5	±0.7	±0.7
	10，20	±0.7	±1.0	±1.0
	24，40	±1.2	±1.5	±1.5
长度和宽度		±5mm		

表11　水泥木屑板的外观质量要求(mm)

项 目		允许范围		
		优等品	一等品	合格品
外观缺陷	掉 角	不 允 许	不允许	影响板面的破坏尺寸不得同时超过10
	非贯穿裂纹			长度不得超过30
	坑包、麻面			不得同时超过
			10	20
	污染面积(mm²)			不得同时超过
			50	100
不平整度（mm／m）		±4	±6	
方正度(mm／m)		≤±2		
平直度(mm／m)		≤±1		

六、花岗石质量标准

1.花岗石板规格允许公差

表12 花岗石板规格允许公差(mm)

名　称	粗磨和磨光板材		机刨和剁斧板材	
	一级品	二级品	一级品	二级品
长度公差范围	+0 −1	+0 −2	+0 −2	+0 −3
宽度公差范围	+0 −1	+0 −2	+0 −2	+0 −3
厚度公差范围	+2	+2 −3	+1 −3	+1 −3

2.花岗石板平度允许公差

表13 花岗石板平度允许偏差(mm)

平面长度范围	粗磨和磨光板材		机刨和剁斧板材	
	一级品	二级品	一级品	二级品
<400	0.4	0.5	1.0	1.2
>400	0.6	0.8	1.5	1.7
>800	0.8	1.0	2.0	2.2
>1000	1.0	1.2	2.5	2.8

3.花岗石板角度允许公差

表14 花岗石板角度允许公差

平板长度	粗磨和磨光板材		机刨和剁斧板材	
	一级品	二级品	一级品	二级品
≤400	0.4	0.6	1.0	1.2
>400	0.6	0.8	1.5	1.7

七、聚酯大理石板材质量标准

1.正面平面度允许偏差

表15 聚酯大理石板材正面平面度允许偏差 (mm)

平面长度范围	允许偏差	
	一级品	二级品
<400	≤0.6	≤0.7
≥400	≤0.8	≤1.0
≥500	≤1.2	≤1.4
≥800	≤1.6	≤1.5
≥1000	≤2.0	≤2.2

2.板材邻边垂直度允许偏差

表16　聚酯大理石板材邻边垂直度允许偏差（mm）

长度范围	允许偏差	
	一级品	二级品
<400	≤0.5	≤0.3
≥400	≤0.8	≤1.0

八、大理石板材质量标准

1.大理石板平度允许公差

表17　大理石板平度允许偏差（mm）

平板长度范围	最大偏差值	
	一级品	二级品
<400	0.3	0.5
≥400	0.6	0.8
≥800	0.8	0.8
≥1000	1.0	1.2

2.大理石板材角度允许偏差

表18　大理石板角度允许偏差（mm）

板材长度范围	最大偏差值	
	一级品	二级品
<400	0.4	0.6
≥400	0.6	0.8

3.大理石板材不允许棱角缺陷范围

表19　大理石板材不允许棱角缺陷范围

缺陷部位	不允许的缺陷范围(mm²)	
	一级品	二级品
正面棱	长×宽>2×6之积	长×宽>3×8之积
正面角	长×宽>2×2之积	长×宽>3×3之积
底面棱角	深度×板材厚度的1／4	深度,板材厚度的1／2

4.花岗石磨光板的光泽度

表20　花岗石磨光板的光泽度

板材代号	板材品种	光泽度指标（不低于）	
		一级品	二级品
301	济南青	90	80
301－A	济南青	90	80
301－B	济南青	90	80
351	浅　红	85	70
361	乳　白	85	70

5.花岗石板棱角缺陷允许范围

表21　花岗石板棱角缺陷允许范围

缺陷部位	最大允许范围(mm²)	允许处数	
		一级品	二级品
正面棱	>4×1 ～≤10×2	每米一处	每米两处
正面角	≤2×2	每块板材一处	每块板材两处
底面棱角	≤25×15或≤40×10	每块板材两处	每块板材三处

注：1.周长不足1m超过0.5m者按1m计；　2.面棱角缺陷深度不得超过板材厚度的1／3。

6.花岗石的剁斧板材剁面的坑窝规定

表22　花岗石剁斧板材剁面的坑窝规定

面积(m²)	允许范围(mm³)	允许处数
<0.2	20×20×3	一处
0.2 ～0.3	20×20×3	二处
>0.3～0.5	20×20×3	三处

7.花岗石板色斑允许范围

表23　花岗石板色斑允许范围

平板长度(mm)	允许范围(mm²)	粗磨和磨光板材		机刨和剁斧板材	
		一级品	二级品	一级品	二级品
≤800	≤50×30	不允许有	允许有两处	允许有	允许有两处
>800	≤50×30	不允许有	允许有	不允许有	允许有

注：面积小、于15mm×15mm不以色斑论。

九、水磨石板质量标准

1.水磨石板规格允许公差

表24　水磨石板规格允许公差　(mm)

产品名称	一级品			二级品		
	长	宽	厚	长	宽	厚
地面、墙面、镶条、柱子扳、踏步立板	+0 −1	+0 −1	+1 −2	+0 −2	+0 −2	+1 −3
踢脚板、阳角	+1 −2	+0 −1	+1 −2	+2 −3	+0 −2	+2 −3
镶边、三角板	+0 −1	±2	±2	+0 −2	+0 −3	+2 −3
压顶、扶手、门窗套	+1 −2	+0 −1	+0 −1	+2 −3	+0 −2	+0 −2
踏　步	+0 −2	±2	+1 −2	+0 −3	+2 −3	+1 −3
窗台板、台面	±3	±2	+1 −2	+3 −4	+2 −3	+1 −3
隔断板	±4	±4	+1 −2	+4 −5	+4 −5	+2 −4

2. 水磨石板平面偏差

表25　水磨石板平面偏差

长度范围	允许偏差
<400	0.8
≥400	1.0
≥500	1.5
≥800	2.0
≥1000	3.0

3. 水磨石板角度偏差允许范围

表26　水磨石板角度偏差允许范围

长度范围	允许偏差	
	一级品	二级品
<400	≤0.5	≤0.8
≥400	≤0.8	≤1.0

十、建筑玻璃制品质量标准

1. 玻璃材料应符合下列标准要求

浮法玻璃：GB 11614。

压花玻璃：JC/T 511。

夹丝网玻璃、夹线玻璃：JC 433。

钢化玻璃：GB/T 9963。

吸热玻璃：JC 536。

半钢化玻璃：GB 17841。

(1) Ⅲ类夹层玻璃不使用夹丝玻璃及钢化玻璃。

(2) 聚碳酸酯板、聚氨酯板、丙烯酸酯板等塑料材料应符合相应标准、技术条件或订货文件的要求。

(3) 聚乙烯缩丁醛等中间层材料应符合相应标准、技术条件或订货文件的要求。

2. 外观质量

(1) 裂纹：不允许存在。

(2) 爆边：长度或宽度不得超过玻璃的厚度。

(3) 划伤和磨伤：不得影响使用。

(4) 脱胶：不允许存在。

(5) 气泡、中间层杂质及其他可观察到的不透明物等点缺陷允许个数须符合相关规定。

3. 尺寸允许偏差

(1) 长度与宽度

平面夹层玻璃长度及宽度的允许偏差应符合表27的规定。

表27　边长尺寸允许偏差(mm)

总厚度D	长度或宽度L	
	L≤1200	1200<L<2400
4≤D<6	+2 −1	− −
6≤D<11	+2 −1	+3 −1
11≤D<17	+3 −2	+4 −2
17≤D<24	+4 −3	+5 −3

一边长度超过2400mm的制品、多层制品、厚片玻璃总厚度超过24mm的制品、使用钢化玻璃作原片玻璃的制品及其他特殊形状的制品，其尺寸允许偏差由供需双方商定。

(2)叠差

夹层玻璃最大叠差应符合表28的规定。

表28　最大允许叠差(mm)

长度或宽度L	最大允许叠差mm
L<1000	2.0
1000<L≤2000	3.0
2000<L≤4000	4.0
4000≤L	6.0

注：表中一般数值均以mm为单位。

(3)厚度

对于多层制品、原片玻璃总厚度超过24mm 及使用钢化玻璃作为原片时，其厚度允许偏差由供需双方商定。

①干法夹层玻璃的厚度偏差

干法夹层玻璃的厚度偏差不能超过构成夹层玻璃的厚片允许偏差和中间层允许偏差之和。中间层总厚度小于2mm时，其允许偏差不予考虑。中间层总厚度大于2mm时，其允许偏差为±0.2mm。

②浮法夹层玻璃的厚度偏差

湿法夹层玻璃的厚度偏差不能超过构成夹层玻璃的原片允许偏差与中间层的允许偏差之和。

中间层的允许偏差见表29。

表29　浮法夹层玻璃-中间层的允许偏差(mm)

中间层厚度D	允许偏差mm
D<1	±0.4
1≤D<2	±0.5
2≤D<3	±0.6
3≤D	±0.7

十一、陶质釉面砖的质量标准

1.尺寸允许偏差

表30　白色陶质釉面砖尺寸允许偏差(mm)

尺　寸		允许偏差
长　度	108,152	±0.5
厚　度	5	±0.4
		−0.3

2.外观质量标准

表31 白色陶质釉面砖外观质量要求

缺陷名称	一级品	二级品	三级品	缺陷名称	一级品	二级品	三级品
裂 纹	不允许	不允许	釉下裂总长≥20mm	釉 泡	少 许	不严重	不影响使用
斑 点	少 许	不严重	不严重	剥 边	不明显	平放不易看出	不 限
落 脏				釉 缕			
棕 眼	少 许	不严重	不严重	波 纹			
坯 粉				桔 釉			
缺 釉	少 许	不严重	不影响使用	烟 熏	不允许	稍有异色	不 限
磕 碰				色 差	不明显	稍有异色	不严重

3.外观缺陷允许偏差

表32 白色陶质釉面砖外观缺陷允许范围(mm)

缺陷名称	一级品	二级品	三级品
裂 纹	不允许	不允许	釉下裂纹总长>20.0
落 脏	℄0.5 3个 0.5<℄<1.0 1个	0.5<℄≤1.0 2个	0.5<℄≤3.0 3个
斑 点	℄0.5 3个 0.5<℄<1.0 1个 ℄<0.5个 不限但在1cm²内不超过5个	0.5<℄≤1.0 1个 1.0<℄<2.0 1个	2.0<℄≤3.0 3个 3.0<℄≤10.0 1个
坯 粉	0.5<℄≤1.0 5个 1.0<℄≤2.0 1个	0.5<℄≤2.0 2个 2.0<℄≤3.0 1个	不 限
缺 釉	正面不允许 边缘宽1.5，总长≥5.0	正面0.5<℄≤1.0 2处 1.0<℄≤1.5 1处 边缘宽2.0，总长>20.0	总面积50mm²
磕 碰	3×1一处不允许通边或角部 2×1一处不允许通角， 背面碰深≥砖厚的1/2	3×1两处不允许通边， 角部2×2一处不允许通角， 背面碰深≥砖厚的2/3	3×1两处可通边，角部2×2一处可 通或3×3一处不允许通边角背面 碰深≥砖厚的2/3
棕 眼	℄0.5 3个 破口泡不允许	0.5<℄≤1.0 2个 1.0<℄≤1.5 2个 破口泡℄1.5 2个或不允许	1.5<℄≤0.3 3个

十二、彩色釉面砖质量标准

1.尺寸允许偏差

表33 彩色釉面砖尺寸允许偏差

基本尺寸		允许偏差
边 长	<150	±1.5
	150～250	±2.0
	>250	±2.5
厚 度	<12	±1.0

2.外观质量要求

表34 彩色釉面砖外观质量要求

缺陷名称	优等品	一级品	合格品
缺釉、斑点、裂纹、落脏、棕眼、熔洞、釉缕、釉泡、烟熏、开裂、磕碰、波纹、剥边、坯粉	距离砖面1m处目测有可见缺陷的砖数不超过5%	距离砖面2m处目测有可见缺陷的砖数不超过5%	距离砖面3m处目测，缺陷不明显
色 差	距离砖面3m处目测不明显		
分 层	各级彩釉砖均不得有结构分层缺陷存在		
背 纹	凸背纹的高度和凹背纹的深度均不小于0.5mm		

3.最大允许变形

表35 彩色釉面砖最大允许变形

变形种类	优等品	一级品	合格品
中心弯曲度	±0.50	±0.60	±0.80
翘曲度	±0.50	±0.60	±0.60
边直度	±0.50	±0.60	±0.70
直角度	±0.60	±0.70	±0.70
			±0.80

十三、陶瓷锦砖质量标准

1.尺寸允许偏差

表36 单块锦砖的尺寸允许公差(mm)

项目	规格尺寸	允许公差	项目	规格尺寸	允许公差
边长	≤25.0	±0.5	厚度	4.0	±0.5
	>25.0			4.5	±0.2

2.外观质量缺陷允许范围

表37　陶瓷锦砖边长≤25mm的外观质量缺陷允许范围

| 缺陷名称 | 表示方法 | 单位 | 缺陷允许范围 | | | | 备注 |
| | | | 一级品 | | 二级品 | | |
			正面	背面	正面	背面	
污点	最大直径	mm	0.3~0.5	0.5—1.0		1.0~1.5	(1)高度应≤0.2mm (2)小于允许范围的缺陷一级品不允许密集
起泡	最大直径	mm	0.3~0.5	0.5~1.0		1.0~1.5	(1)高度应≤0.2mm (2)小于允许范围的缺陷一级品不允许密集 (3)开口泡不允许存在
缺角	宽　度 深　度	mm mm	1.0~1.5 1.5	2.0~2.5 2.5		2.5~3.0 3.5	(1)宽度≤0.1mm的不允许存在 (2)正、背面不允许同一角部
缺角	长　度 宽　度 深　度	mm mm mm	2.0~3.0 1.5 1.5	3.0~5.0 2.0 2.0		5.0~7.0 2.5 2.5	正、背面不允许在同一侧面
变形	挠　度	mm	不允许		0.3		
大小头	两平行边之差	mm	0.2		0.4		
色泽			基本一致		稍有色差		
夹层	面　积	%	不允许	<20		<40	高度≤0.2mm
麻面	面　积	%	不允许	<20		<40	高度≤0.2mm

注：在缺陷允许范围内，正、背面各限一种缺陷，允许一处存在。

十四、聚氯乙烯壁纸

1.尺寸规格

表38　壁纸每卷段长标准表

级　别	每卷段数(不少于)	最小段长(不小于)
优等品	2段	10m
一等品	3段	3m
合格品	6段	3m

2.外观质量要求

表39　壁纸外观要求

等级＼名称	优等品	一等品	合格品
色　差	不允许有	不允许有明显差异	允许有差异，但不影响使用
伤痕和皱折	不允许有	不允许有	允许基纸有明显折印，但壁纸表面不许有死褶
气　泡	不允许有	不允许有	不允许有影响外观的气泡
套印精度	偏差不大于0.7mm	偏差不大于1mm	偏差不大于2mm
露　底	不允许有	不允许有	允许有2mm的露底，但不允许密集
漏　印	不允许有	不允许有	不允许有影响外观的漏印
污染点	不允许有	不允许有目视明显的污染点	允许有目视明显的污染点，但不允许密集

十五、装饰墙布外观质量标准

1.外观质量

表40　装饰墙布的外观质量标准

疵点名称	一等级	二等品	备　注
同批内色差	4级	3～4级	同一包(300m)内
右中左色差	4～5级	4级	指相对范围
前后色差	4级	3～4级	指同卷内
深浅不匀	轻　微	明　显	严重为次品
折　皱	不影响外观	轻微影响外观	明显影响外观为次品
花纹不符	轻微影响	明显影响	严重影响为次品
花纹印偏	1.5cra以内	3cra以内	
边　疵	1.5em以内	3em以内	
豁　边	1cm以内三只	2cra以内六只	
破　洞	不透露胶面	轻微影响胶面	透露胶面为次品
色条色泽	不影响外观	轻微影响外观	明显影响为次品
油污水渍	不影响外观	轻微影响外观	明显影响为次品
破　边	1cm以内	2cra以内	
幅　宽	同卷内不超过1.5m	同卷内不超过：2cm	

2.物理性能

表41　装饰墙布主要物理性能指标

项目名称	单　位	指　标	附　注
密　度	8／m	115	
厚　度	mm	0.35	
断裂强度	N／5x20cm	纵向：770	
		横向：490	
断裂伸长率	%	纵向：3	
		横向：8	
冲击强度	N	347	Y631型织物破裂试验机
耐　磨			Y522型圆盘式织物耐磨机
静电效应	静电值(v)	184	感应式静电仪，室温19±1度
	半衰期(s)	1	相对湿度50±2%，放电电压5000V
	单洗褪色(级)	3～4	
	皂洗色(级)	4～5	
	干摩擦(级)	4～5	
	湿摩擦(级)	4	
	刷洗(级)	3～4	
	日晒(级)	7	

十六、浮法玻璃产品标准

浮法玻璃的外观质量

表42　浮法玻璃的外观质量

缺陷名称	说　明	优等品	一等品	合格品
光学变形	光入射角	厚3mm，55° 厚≥3mm，55°	厚3mm，50° 厚≥3mm，50°	厚3mm，40° 厚≥3mm，40°
气　泡	长0.5～1mm 每平方米允许个数	3	5	10
	长>1mm 每平方米允许个数	长1mm～1.5mm 2	长1mm～1.5mm 3	长1mm～1.5mm　4 长>1.5mm～5mm　2
夹　杂　物	长>1mm 每平方米允许个数	1	2	3
	长0.3～1mm 每平方米允许个数	长1mm～1.5mm 50mm边部	长1mm～1.5mm 1	长1mm～2mm
划　伤	宽≤0.1mm 每平方米允许条数	长≤50mm	长≤50mm	长≤100m 6
划　伤	宽>0.1mm 每平方米允许条数	不许有	宽0.1mm～0.5mm 长≤50mm　1	宽0.1mm～1mm 长≤100mm　3
线　道	正面可以看到的 每片玻璃允许条数	不许有	50mm边部 1	2
雾　斑 (沾锡、麻点 与光畸变点)	表面擦不掉的点状或纹 点，每平方米允许数	肉眼看不出		斑点状，直径≤2mm4个 条纹状，宽≤2mm 长≤50mm　2条

十七、普通平板玻璃产品标准

1.外观等级

表43　普通平板玻璃外观等级

缺陷种类	说　明	特选品	一等品	二等品
波筋(包括波纹棍子花)	允许看出波筋的最大角度	30°	45° 50mm，边部，60°	60° 100mm，边部90°
气　泡	长度1mm以下的	集中的不允许	集中的不允许	不　限
	长度大于1mm的，每平方米面积允许个数	≤6mm，6	8mm，8 8～10mm，2	<10mm，10 10～20mm，2
划　伤	宽度0.1mm以下的每平方米面积允许条数	长度≤50mm 4	长度≤100mm 4	不　限
	宽度大于0.1mm的每平方米面积允许个数	不许有	宽0.1～0.4mm 长<100mm 1	宽0.1～0.8mm 长<100mm 2
砂　粒	非破坏性，直径0.5～2mm每平方米面积允许个数	不许有	3	10
疙　瘩	非破坏性的透明疙瘩波及范围直径不超过3mm每平方米面积允许个数	不许有	1	3
线　道		不许有	30mm边部允许有宽0.5mm以下的1条	宽0.5mm以下的2条

注：1.集中气泡是指100mm直径圆面积内超过6个；　2.砂粒的延续部分，如角能看出者当线道论。

2.厚度偏差

表44　普通平板玻璃的厚度偏差(mm)

厚　度	允许偏差范围	厚　度	允许偏差范围
2	±0.15	5	±0.25
3	±0.20	6	±0.30
4	±0.20		

十八、夹丝玻璃外观质量

夹丝玻璃的外观质量

表45　夹丝玻璃的外观质量要求表

项　目	说　明	优等品	一等品	合格品
气　泡	直径3～6mm的圆泡，每平方米面积内允许个数	5	数量不限，但不允许密集	
	长泡，每平方米面积内允许个数	长6～8mm 2	长6～10mm 10	长6～10mra 10 长10～20mm 4
花纹变形	花纹变形程度	不许有明显的花纹变形		不规定
异　物	破坏性的	不允许		
	直径0.5～2.0mm非破坏性的 每平方米面积内允许个数	3	5	10
裂　纹		目测不能识别		不影响使用
磨　伤		轻　微	不影响使用	
	金属丝夹入玻璃内状态	应完全夹入玻璃内，不得露出表面		
	脱　焊	不允许	距边部30mm内不限	距边部100mm内不限
	断　线	不允许		
	接　头	不允许	目测看不见	

十九、夹层玻璃与空心玻璃砖外观质量标准

1. 夹层玻璃的外观质量表

表46　夹层玻璃的外观质量要求

缺陷名称	优等品	合格品
胶合层气泡	不允许存在	直径300mm圆内允许长度为1～2mm的胶合层气泡2个
胶合层杂质	直径500mm圆内允许长2mm以下的胶合层杂质2个	直径500mm圆内允许长3mm以下的胶合层杂质4个
裂　痕	不允许存在	
爆　边	每平方米玻璃允许有长度不超过20mm自玻璃边部向玻璃表面延伸深度不超过4mm， 自玻面向玻璃厚度延伸深度不超过厚度的一半	
	4个	6个
叠　差 磨　伤 脱　胶	不得影响使用，可由供需双方商定	

2.空心玻璃砖外观质量

表47 空心玻璃砖外观质量指标

缺陷名称	质量指标	缺陷名称	质量指标
明显气泡	不允许有	划 痕	正面大于10mm的划痕多于2条
隐蔽气泡	允许小于0.8mm灰泡非密集的存在；0.8～3mm气泡，允许有2个	裂 纹	不允许有
耐火材料杂质	不允许有	缺 口	一个侧面不允许超过深2mm长5mm的缺口存在
砂 粒	不允许有		
透明结节	不允许有	剪刀痕迹	从边缘起，超过30mm外不允许有剪刀痕

二十、中空玻璃与玻璃马赛克质量标准

1.中空玻璃尺寸允许偏差

表48 中空玻璃尺寸允许偏差(mm)

边 长	允许偏差	厚 度	公称厚度	允许偏差	对角线长	允许偏差
小于1000	±2.0		18以下	±1.0	<1000	4
1000～2000	±2.5	≤6	18～25	±1.5	1000～2500	6
2000～2500	±3.0	>6	25以上	±2.0		

2.中空玻璃的性能要求

表49 中空玻璃的性能要求

项 目	试验条件	性能要求
密 封	在试验压力低于环境气压10±100.5kPa 厚度增长必须≥0.8mm，在该气压下保持2.5h后 厚度增长偏差≤15%为不渗漏	全部试样不允许有渗漏现象
露 点	将露点仪温度降到≤—40℃，使露点仪与试样表面接触3mm	全部试样内表面无结露或结霜
紫外线照射	紫外线照射168h，使紫外线照射仪与试样表面接触3mm	试样内表面上不得有结雾或污染的痕迹
气候循环及高温、高湿	气候试验经320次循环，高温、高湿试验经224次循环 试验后进行露点测试	总计12块试样，至少11块无结露或结霜

3.玻璃马赛克的外观质量要求

表50 玻璃马赛克的外观质量要求

缺陷名称		表示方法	缺陷允许范围(mm)	
变 形	凹 陷	深 度	不大于0.2	
	弯 曲	弯曲度	不大于0.5	
缺 角		损伤长度	3.0～4.0，允许一处	
缺 边		长 度	3.0～4.0	允许一边
		宽 度	1.0～2.0	
疵 点			不允许存在	
裂 纹			不允许存在	
皱 纹			不允许密集	
开口式气泡		长 度	不大于1	

二十一、轻钢龙骨质量要求

1.外观质量要求

表51　外观质量要求

缺陷种类	优等品	一等品	合格品
腐蚀、损伤、黑斑、麻点	不允许	无严重的腐蚀、损伤、麻点。面积不大于1cm²的斑点每米长度内不多于5处	

2.龙骨断面尺寸允许偏差

表52　龙骨断面尺寸允许偏差(mm)

项　目			优等品	一等品	合格品
长度(L)				± 30 -30	
覆面龙骨断面尺寸断面尺寸	尺寸A	A≤30		± 1.0	
		A>30		± 1.5	
	尺寸B		± 0.3	± 0.4	± 0.5
其他龙骨断面尺寸	尺寸A		± 0.3	± 0.4	± 0.5
	尺寸B	B≤30		± 1.0	
		B>30		± 1.5	

3.侧面和底面的平直度

表53　侧面和底面的平直度

类　别	品　种	检测部位	优等品	一等品	合格晶
墙　体	横龙骨和竖龙骨	侧面和底面	0.5	0.7	1.0
	通贯龙骨	侧面和底面			
吊　顶	承载龙骨和覆面龙骨	侧面和底面	1.0	1.5	2.0

二十二、石膏板质量要求

1.外观质量要求

表54　外观质量要求

波纹、沟槽、污痕和划伤等缺陷		
优等品	一等品	合格品
不允许	允许有，但不明显	允许有，但不影响使用

2.耐火纸面石膏板外观质量要求

表55　耐火纸面石膏外观质量要求

波纹、沟槽、污痕和划伤等缺陷		
优等品	一等品	合格品
不允许	不明显	不影响使用

二十三、锯材的质量标准

1.尺寸允许公差

表56　阔、针叶树锯材尺寸允许公差

种　类	尺寸范围	允许公差	种　类	尺寸范围	允许公差
长度(m)	不足2.0	+3cm　−1cm	宽度、厚度(mm)	自20以下	+2　−1
				21～100	±2
	自2.0以上	+6cm　−2cm		101以上	±3

2.锯材缺陷限度

表57　阔、针叶树锯材缺陷限度

缺陷名称	缺陷范围	阔叶树允许限度				针叶树允许限度			
		特等锯材	普通锯材			特等锯材	普通锯材		
			一　等	二　等	三　等		一　等	二　等	三　等
活　节	最大尺寸不得超过材宽	10%	20%	40%	不　限	10%	20%	40%	不　限
死　节	任意材长1cm范围内的个数不得超过	3个	5个	10个		2个	4个	6个	
腐　朽	面积不得超过所有材料面积的	不许有	不许有	10%	25%	不许有	不许有	10%	25%
裂纹夹皮	长度不得超过材长	5%	10%	30%	不　限	10%	15%	40%	不　限
虫　害	任意材长1cm范围内的个数不得超过	不许有	不许有	15	不　限	不许有	不许有	8	不　限
钝　棱	最严重缺角尺寸,不得超过材宽的	10%	25%	50%	80%	15%	25%	50%	80%
弯　曲	横弯不得超过	0.3%	0.5%	2%	3%	0.5%	1%	2%	4%
	顺弯不得超过	1%	2%	3%	不　限	1%	2%	3%	不　限
斜　纹	斜纹倾斜高不得超过水平长	5%	10%	20%	不　限	5%	10%	20%	不　限

注:长度不足2m的不分等级,其缺陷允许限度不低于三等。

题 库

一、填空题

1.装饰施工组织设计，是用来指导装饰工程施工管理全过程的各项施工活动的综合性指导文件。它涉及内容复杂，包括：＿＿＿＿＿＿＿＿＿，＿＿＿＿＿＿＿＿＿，＿＿＿＿＿＿＿＿＿，＿＿＿＿＿＿＿＿＿。

2.最佳的施工方案的选择依据是＿＿＿＿＿＿＿＿＿＿＿＿＿＿＿＿＿＿。

3．"三宝"是指＿＿＿＿＿＿＿＿，＿＿＿＿＿＿＿＿。

4.安全生产的方针是＿＿＿＿＿＿＿＿＿。

5.影响施工进度的因素是＿＿＿＿＿＿＿＿，＿＿＿＿＿＿＿，＿＿＿＿＿＿＿。

6.新进场的劳动者必须经过上岗前的"三级"安全教育，即：＿＿＿＿＿教育、＿＿＿＿＿教育、＿＿＿＿＿教育。

7．"三违"指：违章指挥、违章作业、＿＿＿＿＿＿＿＿＿。

8．"四口"系指：＿＿＿＿＿＿＿＿，＿＿＿＿＿＿＿＿，＿＿＿＿＿＿＿＿。

9.照明灯与易燃物之间应保持一定的安全距离，普通灯不宜小于＿＿＿＿＿＿＿＿，高热灯不宜小于＿＿＿＿＿＿＿，且不得直接照射易燃物。

10.搭拆脚手架时，工人必须戴＿＿＿＿＿，系＿＿＿＿＿，穿＿＿＿＿＿。

11.对电箱规定要求"＿＿＿＿＿＿＿，＿＿＿＿＿＿，＿＿＿＿＿＿＿"，配电箱内电器配置要正确，安装端正牢固，排列整齐，进入的电源线接入，严禁使用＿＿＿＿＿＿＿。

12.工程质量管理是在吸收生产企业质量管理的基础上发展而来，质量管理的发展大致分为三个阶段：＿＿＿＿＿＿＿，＿＿＿＿＿＿＿，＿＿＿＿＿＿＿。

13.工程质量管理中"质量"含义包括三个方面，＿＿＿＿＿＿＿，＿＿＿＿＿＿，＿＿＿＿＿＿。

14.进行工序质量控制时，应着重于以下四方面的工作：＿＿＿＿＿＿＿，＿＿＿＿＿＿，＿＿＿＿＿＿，＿＿＿＿＿＿。

15.工作质量是＿＿＿＿＿＿＿＿＿＿＿＿。

16.工序质量包含两方面的内容：＿＿＿＿＿，＿＿＿＿＿＿＿。

17.工序质量控制是＿＿＿＿＿＿＿＿＿。

18.施工项目管理的阶段项目管理建设程序分为6个阶段：＿＿＿＿＿＿，＿＿＿＿＿，＿＿＿＿＿＿，＿＿＿＿＿＿，＿＿＿＿＿＿。

19.施工项目管理的重点，集中在＿＿＿＿＿，＿＿＿＿＿＿＿，＿＿＿＿＿，＿＿＿＿＿＿。

20.根据成本控制和成本管理分类：＿＿＿＿＿，＿＿＿＿＿，＿＿＿＿＿。

21.根据生产费用计入成本的方法＿＿＿＿＿，＿＿＿＿＿＿。

22.施工项目成本管理应遵循原则是＿＿＿＿原则、＿＿＿＿＿原则、＿＿＿＿＿原则、＿＿＿＿＿原则。

23.成本分析的方法是＿＿＿＿＿＿＿，＿＿＿＿＿，＿＿＿＿＿＿。

24.施工项目经理代表公司全面履行施工合同约定的内容,是履约过程中_____的_____、_____、_____的人。

二.单项选择题

1.(　　)是装饰工程施工单位或工程项目从事材料经营活动的管理人员组成,主要任务是:承办材料资源开发、订购、储运等业务,负责报价、定价及价格核算,确定工程项目材料管理目标并负责考核,围绕项目管理制订材料管理制度并组织实施。

A 劳务层

B 执行层

C 决策层

D 管理层

2.(　　)是对项目材料需求目标的预测及实现目标的部署和安排。准备确定项目材料需求目标,是指导与实现项目材料管理的依据。

A 装饰工程项目的施工计划

B 装饰工程项目的组织措施计划

C 装饰工程项目的材料计划

D 装饰工程项目的合同计划

3.对不按施工方案,成品保护措施执行经提出拖延三天以上未解决者罚施工队(　　)元,拖延一周以上的视情节加倍处罚。

A 50～100

B 100～300

C 200～500

D 500～1000

4.灯槽制作安装、门套线/实木线条安装、窗套安装工程属于(　　)。

A 楼地面工程

B 门窗工程

C 安装工程

D 细木工程

5.在进行设备安装前,必须注意采取保护面板的措施,一般应铺高(　　)厚以上的橡胶板,上垫胶合板作临时性保护措施。

A 3mm　　B 5mm　　C 7mm　　D 9mm

6.消防系统施工完毕后,各部位的设备部件要有(　　),防止碰动跑水,损坏装修成品。

A 通风措施

B 保护措施

C 防静电措施

D 防渗措施

7.轻钢骨架及罩面板安装时应注意保护好棚内管线。轻钢骨架的龙骨、吊杆不准固定在(　　)及其他设备上。

A 楼面

B 钢架

C 柱网

D 通风管道

8.门窗框扇进场后应妥善保管,入库存入,垫起离开地面(　　)并垫平,按使用先后顺序将其码放整齐,露天临时存放时,上面应用苫布盖好,防止雨淋。

A 20cm～40cm

B 10cm～20cm

C 30cm～50cm

D 40cm～60cm

9.装饰施工过程中,组织安全生产的全部管理活动。通过对生产要素过程控制,使生产要素的不安全行为和状态减少或消除,达到减少一般事故,杜绝伤亡事故,从而保证安全管理目标的实现的管理方式是(　　)。

A 安全管理

B 文明施工管理

C 装饰施工安全管理

D 安全技术管理

10.施工现场在中标进场即按平面布置图围好围墙，围墙高度不低于（　　　），围墙内外墙面刷白、标语、警语书写规范整齐，在现场实行电脑监控、电脑管理。施工现场实行砼硬化地面并设排水管沟，生活废水和污水经符合环卫化粪池后排入指定河道。在施工现场不影响施工作业的通道边、大门口处种盆景、草木，以美化现场施工环境。现场按生活区平面布置图搭设标准化职工宿舍、办公用房和生活卫生设施和服务设施。

　　A 1.5m　　B 2m　　C 2.5m　　D 3m

11.工程建设重大事故报告和调查程序规定，重大事故的调查工作必须坚持（　　　）、尊重科学的原则。

　　A 调查研究

　　B 数据说话

　　C 实事求是

　　D 求真务实

12.三级安全教育是指（　　　）三级。

　　A 公司、项目经理部、施工班组

　　B 公司领导、项目经理、施工班长

　　C 项目经理部、专业分包队、施工班长

　　D 项目经理、安全员、工人

13.装饰工地主要入口要设置明显的标牌，"一图四板"齐全，即（　　　）、施工现场文明施工管理制度、施工现场环境保护管理制度及厂容、施工现场安全生产管理制度。

　　标明工程名称、施工单位和工程负责人及项目经理姓名等内容。

　　A 平面示意图

　　B 总平面示意图

　　C 鸟瞰示意图

　　D 施工示意图

14.电焊机摆放应平稳，一次侧首必须使用漏电保护开关控制，一次电源线不得超过（　　　）;焊机机壳做可靠接零保护。电焊机一、二次侧接线应使用铜材质鼻夹压紧，接线点有防护罩。焊机两次侧必须安装同焊把线和回路零线，长度不宜超过30m。

　　A 2m　　B 3m　　C 5m　　D 10m

15.机电设备安装单位完成安装工程后，报请（　　　）验收，验收合格后方可办理移交手续。

　　A 项目部

　　B 材供部

　　C 主管部门

　　D 项目经理

16.装饰工地主要入口要设置明显的标牌，（　　　）齐全，即总平面示意图、施工现场文明施工管理制度、施工现场环境保护管理制度及厂容、施工现场安全生产管理制度。

　　标明工程名称、施工单位和工程负责人及项目经理姓名等内容。

　　A 一图四制

　　B 三图一栏

　　C 三栏一牌

　　D 一图四板

17.项目部每周组织召开一次有各施工队人员的质量碰头会，研究解决施工中的质量问题，分析质量动态，提出关键部位注意事项。每月召开（　　　）有各工程施工队负责人及有关人员参加的质量工作会，分析解决施工中发生的质量问题，采取对策措施。

　　A 一次　　B 两次　　C 三次　　D 四次

18.一等普通纸面石膏板的外观质量要求波纹、沟槽、污痕和划伤等缺陷。

　　A 不允许有

　　B 允许有，但不明显

　　C 允许有，但不影响使用

　　D 允许有，影响美观

19.细木工板的加工过程中，宽度自（　　　）以上的细木工板，拼缝条数可按上述规定增加一条。

A 1000mm　　　　B 1200mm

C 800mm　　　　D 2400mm

20. 钢化玻璃的爆边每片玻璃每米边长上允许有长度不超过20mm, 自玻璃边部向玻璃板表面延伸深度不超过（　　　）, 自板面向玻璃板厚度延伸深度不超过厚度一半的爆边。

A 3mm　　B 6mm　　C 8mm　　D 10mm

21. 胶合层气泡直径300mm圆内允许长度为1~2mm的夹胶玻璃为（　　　）。

A 优等品　　　　B 合格品

C 一等品　　　　D 二等品

22. 色差允许有差异, 但不影响使用; 伤痕和皱折允许基纸有明显折印, 但壁纸表面不许有死折的壁纸为（　　　）。

A 一等品　　　　B 优等品

C 合格品　　　　D 二等品

23. 机刨和剁斧板材的花岗石板规格中, 厚度公差范围为 0, -2, 长度公差范围为 0, -2, 宽度公差范围为1, -3的花岗石是（　　　）。

A 一级品　　B 优等品

C 合格品　　D 二级品

三、多项选择题

1. 施工组织设计的编制依据是（　　　）。

A 招标文件

B 招标施工图纸

C 招标答疑

D 现场踏勘情况

E 中国建筑工业出版社《建筑分项工程施工工艺标准》

F 中国建筑工业出版社《建筑装饰工程质量管理》

G 中国建筑工业出版社《实用建筑装饰施工手册》

2. 最佳的施工方案的选择依据（　　　）。

A 工程质量目标

B 工程进度目标

C 安全生产目标

D 服务目标

E 协调目标

F 效益管理目标

3. 影响施工进度的因素有（　　　）。

A 相关单位的延误

B 施工条件、天气的变化

C 工程材料、资金的延误

D 施工组织方案的变更

E 其他特殊原因

4. 检验配备机械设备的状况原则是（　　　）。

A 技术先进性

B 使用可靠性

C 便于维修性

D 运行安全性

E 经济实惠性

F 适应

5. 调度工作的主要内容（　　　）。

A 督促检查施工准备工作

B 检查和调节劳动力和物资供应工作

C 检查和调节现场平面管理

D 检查和处理总分包协作配合关系

E 掌握气象、供电、供水情况

6. "四口" 指的是（　　　）。

A 楼梯口

B 电梯井口

C 预留洞口

D 通道口

E 临边

7. 在早上（　　　）之前, 晚上（　　　）之后, 作业时, 不动用噪音很大的设备。

A 7:00, 12:00

B 8:00, 10:00

C 6:00, 6:00

D 9:00, 5:00

8.木工作业区或室内木制品装饰区或其他易燃品堆放处，每（　　）平方米必须设置清水灭火器（　　）只，在每只100A电箱处必须设置干粉灭火器。

A 50, 3

B 80, 1

C 100, 4

D 50, 2

9.临时电线严禁拖地，必须架于（　　）以上，电线接头或破皮必须严密包扎。

A 1.5m

B 2.0m

C 1m

D 2.4m

10.多层建筑在施工的临边如阳台边、楼板边、屋面边必须有可靠严密的防护，可用钢管栏杆。上杆高（　　），下杆（　　）。

A 1.2m, 0.5m

B 1m, 1m

C 1.5m, 0.8m

D 1.8m, 0.3m

11.现场平面布置图包括（　　）。

A 逃生路线

B 消防器材

C 药箱

D 安全网

12.质量员应熟悉、掌握（　　）。

A 国家规范

B 公司通知

C 地方规范

D 公司管理程序

E 公司管理规定

F 部门文件

G 行业标准

13.全面质量管理简称PDCA，内容包括（　　）。

A 计划

B 实施

C 检查

D 处理

E.工程质量不符合工程建设推荐性标准

14.质量员在施工过程的检查方法（　　）。

A 眼睛看

B 耳朵听

C 手摸

D 检测设备测量

E 感官的检查

F 检测仪器的试验

15.施工任务书形式很多，一般包括下列内容（　　）。

A 项目名称

B 工程量

C 劳动定额

D 计划工数

E 开竣工日期

F 质量及安全

16.工程质量管理中"质量"含义包括（　　）。

A 工程质量

B 工序质量

C 工作质量

D 材料质量

17.装饰工程的最终效果，施工操作过程起着决定性作用，所以加强施工过程施工操作的质量监控是相当关键的。必须从以下措施入手（　　）。

A 建立"样板间制度"

B 实行班组自检制度

C 建立巡查制度

18.质量因素控制内容包括（　　）。

A 人员

B 材料

C 操作

D 机具

E 方案

19.质量员应在施工中的监测阶段包括（　　）。

A 前后工序不同班组之间的交接验收检查

B 分项、子分部和分部工程完工的检查验收

C 单位工程完工前的竣工验收

D 隐蔽工程完成后，封闭前的检查验收

20.项目经理主要职责是（　　）。

A 合同履约的负责人

B 项目计划的制订和执行监督人

C 项目组织的指挥员

D 项目协调工作的纽带

E 项目控制的中心

21.根据成本控制和成本管理分为（　　）。

A 预算成本

B 计划成本

C 实际成本

D 直接成本

22.降低成本的途径为（　　）。

A 认真进行图纸会审，积极提出修改意见

B 加强合同预算管理

C 制订先进、经济合理的施工方案

D 降低材料成本

E 制订职工奖惩制度，调动职工生产积极性

23.对施工班组的成本考核内容（　　）。

A 节约材料，节约能源

B 合理利用边角料，减少材料浪费

C 施工速度和施工质量

D 施工人员出勤率

24.向项目经理汇报材料成本和应付款情况，是

（　　）的职责和工作。

A 材料员

B 施工员

C 预算员

D 资料员

25.制订材料消耗定额的方法主要有（　　）。

A 实际测定法

B 技术计算法

C 经验估算法

D 统计分析法

E 卡段法

26.木门窗清色油漆工程包括：（　　）。

A 每遍油漆前，都应将地面、窗台清扫干净，防止尘土飞扬，影响油质量

B 每遍油漆后，都应将门窗扇用信，防止门窗扇、框油漆粘贴，破坏漆膜，造成修补及损伤

C 刷油后立即将滴在地面和污染墙上及五金上的油漆清擦干净

D 刷油漆后应将滴在地面或窗台上及污染在墙上的油点刷干净

E 油漆完成后应派专人负责看管

27.施工平面图包括（　　）。

A 地下、地上的一切建筑物、构筑物和管线位置

B 测量放线标桩、杂土及垃圾堆放场地

C 垂直运输的平面布置，脚手架、防护棚的位置

D 材料、加工成品、施工机具的堆放场地

E 预留扩建位置

28.质量安全管理系统以（　　）为基础，建立一套知识体系作为日常管理中的依据。

A ISO 9000质量

B ISO14001环境管理体系

C GB／T28001职业健康安全管理

D 国家相关质量安全规范

29.凡施工中的特殊工种（　　）应进行安全操作

训练、考核，并持证上岗。

    A 架子工

    B 电工

    C 焊工

    D 机械操作工

30.施工安全管理控制要点有（   ）。

    A 安全管理机构落实

    B 安全生产教育

    C 安全技术管理

    D 安全管理措施的实行

31.室内装饰工程交工验收是装饰投资效益转入生产和使用的标志。同时也是施工项目管理的一项重要工作。一般分为（   ）等。

    A 水电完成阶段

    B 泥水完成阶段

    C 木作完成阶段

    D 漆作完成阶段

32.分项工程质量验评是评定分部工程和单位工程质量等级的基础。分项工程施工结束后，在班组自检的基础上，由项目（   ）参加，进行检查验收。

    A 技术主管组织质检员

    B 施工队负责人

    C 工长

    D 班组长

33.普通平板玻璃的外观质量分为（   ）三类。

    A 特选品

    B 一等品

    C 二等品

    D 优等品

四、判断题：正确的在（ ）打"√"，不正确的在（ ）打"×"。

对一批材料进场验收过程中要对实物进行观察、触摸、几何尺寸测量、完好程度及必要的其他检查外，还应对其提供的材质证明文件进行检查，对所附检测报告检查的内容包括：

    1.检测机构的合法性；   （ ）

    2.若为复印件应加盖项目部印章以保持追溯性；

                           （ ）

    3.查看检测结果应符合项目特殊要求； （ ）

    4.国家强制监督检测的报告其自报告发布之日后两年内有效；   （ ）

    5.查该批材料生产日期是在检测报告有效期覆盖的范围内，提供的报告可作为该批材料材质证明文件，否则报告不能作为该批材料材质证明文件。

                          （ ）

五、简答题

1.什么是施工项目进度控制？

2.影响施工进度的因素有哪些？

3.施工进度控制措施有哪些？

4.什么是施工任务书？

5.什么是施工的调度工作？

6.什么是施工资料？包括哪些内容？

7.工程管理的发展大致分为几个阶段？

8.什么是工序质量？工序质量控制的内容是什么？

9.什么是室内装饰工程项目管理？

10.降低施工成本的途径有哪些？

11.项目经理的考核内容与职责是什么？

12.装饰工程材料消耗定额及管理的总则有哪些？

13.限额领料的程序有哪些步骤和环节？

14.安全管理的基本概况有哪些？

15.请简要说明施工现场场地管理的内容。

16.请简要说明硬质纤维板质量标准。

17.交工验收组织的基本情况有哪些？

后记 >>

本教材是江苏省教育厅2006年教育教学改革的科研立项课题。

经历了三年时间的准备，现在终于与大家见面了。在这三年中，我们承受了太多的事情，既要完成繁重的教学任务，又要完成其他科研论文，还要参加社会实践，又适逢学院搬迁和教学评估以及创建江苏省示范院校。三年来，我们在学院领导的关怀下，在同事们的共同努力下，克服了重重困难，完成了本教材的编写。

在本教材中，平国安先生完成了第一、第二和第三章内容的编写；夏吉宏先生完成了第四、第五、第六和第七章的编写；顾星凯先生完成了第八、第九和第十章的编写。需要说明的是：在教材的编写中，我们参考了许多的资料和相关的书籍，主要有：

1.《中华人民共和国建筑法》（全国建筑施工企业项目经理培训教材）

2.《中华人民共和国招标投标法》（全国建筑施工企业项目经理培训教材）

3.《建筑装饰装修行业实用标准法规汇编》（中国标准出版社）

4.《室内施工工艺与管理》（平国安编写 中国高等教育出版社）

5.《施工项目技术管理》（中国建筑工业出版社）

6.《施工组织设计编制指南与实例》（李子新等 中国建筑工业出版社）

7.《工程项目施工组织与进度管理便携手册》（陈爱莲等 地震出版社）

8.《建设工程项目管理规范实施手册》（编委会 中国建筑工业出版社）

9.《建筑施工组织与管理》（黄展东编注 中国环境科学出版社）

10.《施工项目质量与安全管理》（全国建筑业企业项目经理培训教材编写委员会）

11.《室内装饰工程施工组织与管理》（刘锋、吾大威主编 上海科学技术出版社）

在这里，我们要感谢在前面做了许多铺垫的人们，是他们的智慧感悟了我们，是他们成就了我们，在此我们要对他们表示衷心的感谢！

2009年12月

03

王向阳 等 编著

建筑装饰材料

目录 contents

第一章 建筑装饰工程材料的基本知识

本章重点 》
建筑装饰材料的基本性质：材料的定额与预算。

学习目标 》
理解、掌握建筑装饰材料的基本性质、材料的基本知识及相关概念，材料的技术标准和标准代号，定额与施工预算，材料使用的各种影响因素。
包括：材料的基本性质、材料的技术标准和标准代号、定额与施工预算、材料使用的各种影响因素。

建议学时 》
3学时。

第一章　建筑装饰工程材料的基本知识

所谓材料，通俗地说，就是人造物品的原料，是指能被人类用来制作有用物品的物质。它是人类社会生存和发展的物质基础，材料技术的每一进步，都可看做是人类文明发展的里程碑。建筑装饰工程材料，指的是在建筑装饰施工中所使用的原料或起同等作用的成品、半成品的总称，如石材、木材、水泥、沙子、烧结砖、玻璃、塑料等等。建筑装饰材料在装饰工程中一方面对建筑物起到加固、修补、保护的作用，另一方面则可以装饰建筑物室内外的界面，美化环境。

一、建筑装饰材料的基本性质

建筑装饰材料的基本性质指的是材料处在不同的使用条件和使用环境下所必须考虑的最基本的具有共性的性质。建筑装饰材料在使用中将承受自重力和各种外力的作用，受到周围介质如水、蒸气、腐蚀性气体等的影响，以及各种物理作用如温度差、湿度差、摩擦等。为保证建筑物的正常使用，建筑装饰材料除了必须具备装饰效果外，还要有抵抗上述各种作用的能力和性质。这些性质是大多数建筑装饰材料均须考虑的性质，也即建筑装饰材料的基本性质。

1. 材料的体积与质量

材料的体积是指物体占有的空间尺寸。由于材料的物理状态不同，同一种材料可以表现出不同体积。材料的体积单位为cm^3或m^3。体积有下列三种表现形式：

（1）绝对密实体积：材料没有孔隙的体积，不包括内部孔隙。

（2）表观体积：指整体材料的外观体积，包括材料内部孔隙。

（3）堆积体积：指散粒状的材料在堆积状态下的总体外观体积。

材料的质量是指材料内所含物质的多少。材料的质量单位为g或kg。

2. 材料的密度

一般来说，材料在绝对密实状态下单位体积的质量称为密度。但是具体来说，材料的密度又有下列三种表现形式：

（1）绝对密度：材料具有的质量与其绝对密实体积之比（如玻璃、钢材）。

（2）表观密度：材料具有的质量与其表观体积之比。

（3）堆积密度：材料具有的质量与其堆积体积之比。

3. 材料的空隙率

散粒状材料（如沙、石等）在一定的疏松堆放状态下，颗粒之间空隙的体积，占堆积体积的百分率，称为材料的空隙率。在配置混凝土时，沙、石的空隙率是作为控制集料级配的重要依据。

4. 材料的亲水性与憎水性

材料与水接触时，根据其能否被水湿润，分为亲水性和憎水性两类。亲水性是指材料表面能被水湿润的性质。憎水性是指材料表面不能被水湿润的性质。建筑材料大多是亲水性材料，如水泥、混凝土、沙、石、砖、木等。只有少数为憎水性材料，如沥青、石蜡等。憎水性材料常被用做防水材料，或是亲水性材料的覆面层，以提高其防水和防潮性能。而亲水材料在施工中的意义也是显而易见的，如釉面地砖、水泥砂浆都需要水去湿润。

5. 材料的吸水性

材料在水中吸收水分的能力称为材料的吸水性，陶瓷和玻璃的吸水性差，木材和普通纤维石膏板的吸水性强，人造皮革比天然皮革的吸水性差。材料的吸水能力以吸水率来表代，吸水率有下列两种表现形式：

（1）质量吸水率：是指材料在吸水饱和时，所吸水分质量占材料干燥时质量的百分比。

（2）体积吸水率：是指材料在吸水饱和时，所吸水分的体积占干燥材料自然状态下体积的百分比。

材料吸水后对材料的各种性能产生不利影响，如形变、腐朽等。因此，在材料的运用中，对吸水性强的材料应作防潮、防水处理。

6. 材料的吸湿性与还湿性

材料的吸湿性是指材料在潮湿的空气环境中吸收水分的性质。材料吸收空气中的水分后，会导致自重增加，保温隔热能力降低，强度和耐久性下降。材料的还湿性是指当材料比较潮湿时，一旦处于干燥的空气环境中，便会向空气中释放水分的性质。

7. 材料的耐水性

材料长期在水中浸泡并能够维持原有强度的能力，称为材料的耐水性。

8. 材料的抗渗性

材料的抗渗性：是指材料抵抗压力水渗透通过的能力。许多材料常含有孔隙、孔洞等，当材料水压差较大时，水会从高压侧通过材料的孔隙渗透到低压侧，造成材料使用功能的损坏。对于地下建筑等，因常受到压力水的的作用，必须选择具有良好抗渗性的材料，而防水材料的抗渗性要求则更高。

9. 材料的抗冻性

材料在吸水饱和状态下，经过多次冻融循环并保持原有材料性能的能力，称为材料的抗冻性。寒冬季节，材料表里结冰，内部体积膨胀造成材料膨胀开裂。当温度回升冰冻融化时，内部裂缝仍滞留有水分。当材料再次受冻结冰时，材料将再次受冻膨胀开裂，如此反复冻融循环，造成材料损伤。在寒冷地区的建筑物，须选用具有抗冻性的材料。

10. 材料的强度

材料在受外力的作用下，能够抵抗变形不受破坏的能力，称为材料的强度。材料在外力作用下的形式有拉、压、弯曲和剪切等形式，因而对应有抗拉强度，抗压强度，抗弯强度，抗剪强度。钢材抗拉、压、弯曲、剪切强度都比较高。水泥混凝土、烧结砖、石材等并非匀质的材料抗压强度较高，但抗拉、折强度较低。木材顺纹方向抗拉强度高，而横纹方向抗折强度低。为了减少建筑物的固定荷载，建筑装饰施工中，应多使用质轻高强的建筑装饰材料。如纤维玻璃钢、塑钢、铝合金等质轻高强的建筑装饰材料，此类材料是未来建筑装饰材料研究发展的主要方向。

11. 材料的弹性与塑性

材料的弹性是指材料在外力作用下产生变形，当外力去除后能恢复为原来形状、大小的性质就是材料的弹性；材料的塑性是指材料在外力作用下，或在一定加工条件下产生永久变形而不破坏的性质。如金属材料的机械成型，木材在热压或蒸气压的作用下可以进行弯曲造型等。

12. 材料的脆性与韧性

材料的脆性：是指材料在外力作用下，突然产生破坏的性质。具有脆性的材料如天然石材、玻璃、陶瓷等；材料的韧性：是指材料在振动或冲击作用下产生较大变形而不突然破坏的性质。具有韧性的材料如铝合金材料、木材、玻璃钢、有机复合材料等。

13. 材料的硬度与耐磨性

材料的硬度是指材料表面抵抗硬物挤压或刻画受伤的能力。陶瓷材料的硬度在各类材料中是较高的。

材料的耐磨性是指材料表面抵抗摩擦不被损伤的能力。耐磨性强弱常用磨损量作为衡量的指标：磨损量越小，耐磨性越好。金属、强化复合地板、化纤地毯等的耐磨性都较好。

材料的硬度越大，其耐磨性就越好，但不易加工。

14. 材料的热容性、导热性、耐热性、耐燃性、耐火性

材料的热容性是指材料受热时吸收热量或冷却时放出热量的能力。

材料的导热性是指材料两侧有温差时，材料热量由温度高的一侧向温度低的另一侧传递热量的能力。金属材料的导热性比非金属材料强。

材料的耐热性指金属或非金属材料在长期的热环境下抵抗热破坏的能力，金属材料的耐热性比非金属材料要强。但在高温下，大多数材料都会有不同程度的破坏，甚至熔化或燃烧。

材料的耐燃性是指材料抵抗火焰和高温侵袭的能力，根据耐燃性，可以分为不燃、难燃和易燃材料。玻璃、石材、陶瓷等为不燃材料，工程塑料、人造纤维织物经阻燃处理后为难燃材料，木材、化纤织物、有机溶剂型涂料为易燃性材料。

耐火性是指材料长期抵抗高温而不熔化的性能。耐火材料具有在高温下不形变、能承载的性能。如许多复合材料都具有良好的耐火性能。

15. 材料的耐久性

材料的耐久性是指材料在使用期间，能够抵抗环境中不利因素的作用而不会产生变质并能保持原有材料性能的能力，称为材料的耐久性。耐久性是对材料综合性质的一种评述。比如抗冻性、抗渗性、耐化学腐蚀性、材料强度、耐磨性等都与材料的耐久性有密切的关系。

16. 材料的隔音性与吸音性

材料的隔音性是指材料阻止声波透射的能力，此类材料一般具有密度高的共同特点，隔音性能好；材料的吸音性是指材料吸收声波的能力，此类材料一般为质轻、疏松、多孔的纤维材料，如石膏板、矿棉吸声板等。在工程施工运用中，常采用在材料表面开较多圆、方孔的施工处理方式来增加材料的吸音能力，使材料内部孔隙相连通。如各种金属微孔板以及具有多孔网状结构的网状复合吸声板。吸声板常用于高档宾馆、演播厅、影剧院等的顶棚和墙面。

17. 材料的装饰性

材料的装饰性是指运用建筑装饰材料对建筑物室外、室内进行装饰时，可以充分利用各种材料的美感效果，满足人们的审美需求。运用材料进行装饰，可对建筑物主体形成保护，使之具有保温、防水、抗冻、隔音、吸音等功能，同时，材料的表面恰当的质感、形状、色彩、肌理的处理能够极大地增强建筑物的艺术表现力。

二、材料的技术标准、标准代号

材料的技术标准、标准代号有以下几种：

（1）国家标准：如GB为国家强制性标准、GB/T为国家推荐性标准。

（2）行业标准：如JC为建材行业强制性标准、JC/T为建材行业推荐性标准。

（3）地方标准：如DB为地方强制性标准、DB/T为地方推荐性标准。

（4）企业标准：如QB为企业标准。

如技术标准的代号GB123968—99，其GB表示国家标准中强制性标准，123968表示标准的编号，99表示标准颁布的年代。

三、材料的定额与施工预算

1. 材料的定额

定额是国家主管部门颁布发行的用于规定完成建筑安装产品所需消耗的人力、物力和财力的数量标准。按定额的费用性质定额可以分为以下几种：

（1）建筑工程预算定额。确定建筑装饰工程人工、材料、机械台班消耗量的定额。

（2）安装工程预算定额。确定设备安装、水电工程人工、材料、机械台班消耗量的定额。

（3）费用定额。确定间接费、法定利润、税金取费标准的定额。

建筑安装工程预算定额是建筑工程预算定额和安装工程预算定额的总称，简称预算定额。

工程预算表

建设单位：××××旅游贸易公司

工程名称：××××大厦东立面装饰工程

2006年 1月 10日

定额编号	工料名称及规格	单位	数 量	单 价（元）	其中：工资（元）	总 价（元）	其 中：工资（元）
5—80	200×200mm地弹门钢结构横梁基础制作	m²	322.04	121.80	48.43	39224.47	15596.40
3—87	200×200mm地弹门钢结构横梁进口九夹板包基础	m²	322.04	30.39	3.48	9786.80	1120.70
3—101	200×200mm地弹门钢结构横梁铝塑板饰面制作	m²	322.04	119.45	21.75	38467.68	7004.37
5—77（换）	地弹门门扇制作（12mm钢化玻璃）地弹门侧亮制作（12mm普通玻璃）	m²	845.35	215.87	44.75	182485.70	37829.41
5—77（换）	地弹门上亮制作（12mm普通玻璃）	m²	413.84	121.43	33.56	50859.74	13888.47
5—86	不锈钢拉手安装	副	230.00	187.80	5.80	43194.00	1334.00
5—88	地弹簧安装	台	230.00	232.83	29.00	53550.90	6670.00
7—127	地弹门12mm厚玻璃门扇磨边	m²	920.00	6.20	2.90	5704.00	2668.00
市价	地弹门12mm厚玻璃门扇钻孔	个	460.00	5.00	0.00	2300.00	0.00
市价	地弹门玻璃门扇贴警示条	副	230.00	10.00	0.00	2300.00	0.00
3—73（换）	隐框玻璃幕墙制作（坚美牌彩色铝材、6mm厚绿玻璃）	m²	345.72	580.00	60.03	200517.60	20753.57
5—48	推拉窗、平开窗制作（坚美牌1.2mm彩色铝材、5mm厚绿玻璃）	m²	580.80	185.53	26.52	107755.82	15402.81
5—51	固定窗制作（坚美牌铝材）	m²	2870.66	189.72	16.12	544621.62	46275.04
7—219	玻璃地弹门、隐框幕墙、平开窗、固定窗、成品保护	m²	5378.37	3.65	0.35	19631.05	1882.43
	合 计					1300399.38	170425.20

<一>直接工程费 （1）+（3）+（4）+（5）+（6）	1382495.85
（1）定额直接费	1300399.38
（2）定额人工费	182431.20
（3）其他直接费 （2）×9.72%	17732.31
（4）现场管理费 （2）×14.88%	27145.76
（5）流动施工津贴 182431.20/29.00（元/工日）×3.50	22017.56
（6）临时设施费 （2）×7.27%	15200.84
<二>间接费 （2）×24.28%	44294.30
<三>法定利润 （2）×28.23%	51500.32
<四>上级管理费 ［（1）+（3）］×0.60%	7908.79
<五>税金 ［<一>+<二>+<三>+<四>］×3.413%	50723.98
<六>造价组成 ［<一>+<二>+<三>+<四>+<五>］	1536923.24

人民币大写：壹佰伍拾叁万陆仟玖佰贰拾叁元贰角肆分。

2．施工预算

施工预算有以下两种：

（1）施工图预算：是确定工程造价、对外签订工程合同、办理工程拨款和贷款、考核工程成本、办理竣工结算的依据，也是工程招、投标过程中计算标底、投标报价的依据。见上页工程预算表（编制投标文件的主要内容之一）。

（2）施工预算：是企业内部使用的预算，确定施工企业各项成本支出、降低成本，结合施工预算定额编制的预算。

四、材料使用的客观制约

所有的建筑都是由各种材料按设计方案、施工组织的要求构筑而成。材料是建筑装饰工程的物质基础，也是建筑装饰工程的质量基础。科技的发展，为繁荣的装饰材料市场提供了种类极为丰富的新型材料。装饰材料的使用，所达成的目的是实用、经济而美观，这也是室内设计的基本原则。其中美观是装饰的主动性因素，是设计创造力的体现。但是，装饰材料的使用又不能完全是艺术性地发挥，建筑装饰工程同时是一个理性的过程，受到客观因素的制约，当建筑物的使用性质不同，建筑装饰发生的地域、环境、条件不同，甚至装饰的部位不同时，装饰材料的使用也相应地受到各种制约。

1．地域性

建筑所在地区的气候条件，特别是温湿度的变化，对室内装饰材料的使用影响很大。例如，当使用装饰织物壁纸、壁布装饰墙面时，在南方等地区常会出现发霉的现象。加气混凝土砌块是一种比较理想的用于砌筑墙体的轻质材料，但用于东北等地区时，材料在耐久性方面将出现问题。

2．不同装饰部位的要求

建筑的顶棚、墙面、地面、门窗等不同的部位，对装饰材料和施工方法的要求是不同的。在进行室内装饰时，应根据使用部位的不同而使用不同的装饰材料，确定相应的施工方法。例如顶棚用材，顶棚是建筑内部空间的上部界面，也是室内装饰设计处理的重要部位。现代顶棚装饰材料可以是丰富多样的（图1-1），但使用重量较大的石材饰面恐怕就不太合适。

顶棚从上部吊顶结构上可分为悬吊式顶棚（图1-2）和直接性顶棚（图1-3）。直接性顶棚是在楼板底面直接喷浆和抹灰或粘贴其他装饰材料的吊顶工程，一般用于装饰性要求不高的住宅、办公楼及其他民用建筑。悬吊式顶棚是预先在顶棚的基础结构里预埋好金属构件，然后将各种平板、曲形板等各种材料吊挂在顶棚上，悬吊式顶棚是室内装饰工程的一

图1-1 采用木饰面材料作为造型的顶棚

图1-2 悬吊式顶棚

个重要组成部分，吊顶具有保温、隔热、隔音和吸音的作用，可调节室内空间的大小，增强美感。悬吊式顶棚的高低、造型、色彩、照明和构造处理，直接对人们的视觉、听觉产生一定的影响，它的装饰效果直接影响整个建筑空间的装饰效果。顶棚除了有优美的造型外，在功能和技术上还必须处理好声学（吸收和反射）、人工照明、空气调节（通风换气）、智能监控、消防自动喷淋系统、智能监控、电脑网络等技术问题。因此材料的使用，在任何部位，都要尽量做到功能性与审美性的统一（图1-4、图1-5）。

图1-3 直接性顶棚

图1-4 功能与美观相统一的顶棚造型

图1-5 优美而有韵律的顶棚造型

3. 环境因素

这里所说的环境，是一种"微环境"，指的是材料使用的现场环境和作业条件。在这种环境和条件之下，材料的使用不当，或是错误的施工方法，将对材料的寿命和功能产生不利影响。例如，在一些住宅中，过厅（或过道）与卫生间有共用的墙体。这种情况下，过厅（或过道）的墙面装饰就不宜采用油漆，因为这将导致墙面鼓泡、剥落等问题。因为以油漆涂饰卫生间墙体的外侧面后，所形成的漆膜妨碍了墙体中的水分向外挥发，而这部分墙体的含水率又注定是比较高的。

许多装饰材料对施工时的温度条件都有一定的要求。例如：各种涂料都对最低成膜温度有明确的规定；水泥砂浆类材料的施工温度，一般也应在0℃以上；高级装饰抹灰，甚至要求施工时的温度不低于0°C。因此，应按照施工季节的不同而分别选择合适的材料；在不同季节施工时，也应针对不同的装饰材料，施以季节性的防护措施以保证工程质量。例如，常常根据气候特点对装饰部位和工序进行整体安排，并采取保护措施等。

4. 质量等级要求

抛开设计因素和建筑标准不谈，仍可从所用材料的等级及施工质量这两方面，划分建筑装饰的档次和质量等级。因此，应根据装修质量等级的不同选用不同的材料，确定相应的施工质量标准。即使使用同一种材料，装饰的结果（即质量等级）也

因施工要求和程序的不同分为不同档次。例如，同是油漆饰面，少的只涂饰2～3遍，多的则需涂饰十几遍。因此，高档和低档涂饰对施工要求的差异是十分明显的。又如，同为在墙面上安装镜子，有的直接固定在墙上，而有的则需在玻璃镜后加设胶合板、毡垫、油毡（或油纸）防潮层等。此外，同一种材料本身也有着不同的质量等级。例如，同是大理石，因表面的光洁度、纹理、颜色等的不同，也有着优劣之分。因此，在装修中，应注意所选材料的品种、材料本身的质量、施工质量标准等，都要与建筑装饰总的质量标准相吻合。

5. 装饰目的的影响

建筑装饰的功效，主要体现在保护主体材料、满足使用功能要求、装饰美化这三个方面。但是，在实现这三方面要求时，各有侧重。有些是以满足功能要求为主，兼顾保护和装饰作用，有些则是以实现装饰作用为主，兼顾保护与功能方面的要求。此外，正如上面所谈到的，材料的使用还受到使用地域、现场环境、施工季节、应用部位、质量等级等因素的制约，装饰时对所有这些要求考虑得面面俱到，不仅是不明智的，也是不可能实现的。因此，了解和明确材料的使用目的，是材料使用的重要前提，只有首先明确材料的使用目的（指最主要的、影响最大的一项或几项内容），在主要目的首先被满足的前提下，尽可能地兼顾其他方面的要求，才能做到材料使用、施工方法编制的合理性和全面性。

6. 装饰材料与施工机具

室内装饰离不开装饰材料，也离不开装饰施工机具。从某种意义上来说，装饰施工机具方面的条件，不仅是装饰工程质量与工效的保证，而且在很大程度限制了装饰材料和装饰做法的选择。例如，当没有冲击钻、型材切割机等设备时，要想顺利地完成铝合金门窗安装、轻钢龙骨吊顶等是不可能的，甚至连吸顶灯具等设施的安装都是困难的。又如，在没有电动磨石子机的情况下，铺制水磨石地面也几乎是不能实现的。

五、材料价格与经济性

1. 材料价格

装修时，面对品种繁多的材料及其变幻莫测的价格，人们常感到无从下手。材料的实际市场价格，会有相当幅度的波动，因为我国近年对绝大多数建筑材料，尤其是装饰材料取消了国家计划价，而改由市场调节。因此，同种材料的价格在不同地区会出现差异，甚至在同一地区、同一厂家生产的同种产品，在同一商店中出售，在不同的时间也可能出现不同的价格。具体来说，由于原材料成本和生产工艺的差异，导致生产某种产品的成本存在差异，因此，不同厂家生产的同种产品就会存在不同价格。而同种产品在不同的商店中，由于进货渠道、批发层次等的不同，也理所当然地会具有不同的价格。再者，价格本身就是受多种因素所影响的，诸如材料的类型、档次、性能、质量等等，因此，同类不同档或同类同档但具有不同性能的材料，以及质量等级不同的材料，也理应具有不同的价格。例如，同为陶瓷釉面地砖，防滑地砖就比普通地砖价格稍高。这种由于材料具有附加性能而导致价格也增加的情况，在装饰与装修材料中是很常见的。

对装饰材料的使用，也应考虑到是否经济实用。首先需要纠正的是认为价格高效果才好，效果好一定价格高的观念。虽然，材料的价格与需要达到的装饰效果有关，但是价格也受到材料的资源情况、供货能力等因素的影响。同时，装饰效果也不单单取决于使用什么材料，还与施工做法及材料的组合运用有关。高价格的材料拼凑在一起不见得装饰效果就好，低价格的材料经过独具匠心的运用，同样可以出彩。其次，虽然在装修的档次与材料的价格这两者的关系上，应采取"量体裁衣"的原则，但仍应考虑如何用最少的价钱，去换回最大的效益。整体上一味追求材料的档次的做法固然是不可取的，而不顾整体水平，片面、孤立地强调使用某种昂贵材料的做法，同样是经济上的不智之举。因此，对于材料价格问题，不应孤立地加以考虑，而应将材料的价格与材料的功能、装饰效果等因素综合起来考虑，以便从众多因素的平衡中，求得最佳的解决。

2. 市场供应情况

要注意材料的供应情况，包括现货供应能力、期货的时间等。在正式确定材料之前，应对目前市场上各种装饰材料（包括不同规格的同种材料）的供应情况进行充分的了解。当选用市场上严重紧缺的材料时，应特别慎重。此外，当欲选一些易损材料时，还应仔细考察运输距离和运输条件的影响。因为当运输距离较大，而又缺乏可靠的保护措施时，势必会使这些材料的损耗率增大，造成不必要的经济损失。

3. 批量问题

在购置任何材料之前，应精确地计算出各种材料的需要数量，以减少不必要的浪费。但是，这一指导思想常常被人们曲解成"宁缺毋滥"，认为在购买材料时宁可少了以后再追补，也不应多买。殊不知，这样做会带来一系列的问题。首先，材料的用量是由多项因素决定的。一般，可用下式来表示，材料的总用量＝材料的实际需用量＋自然损耗率×实际需用量＋施工损耗＋附加用料量。除了材料的实际需用量比较确定之外，公式中的其余各项，对于不同的材料，取值也不一样（施工损耗量还与操作技术水平的高低有关）。而附加用料量，实际上是为日后进行局部修补所储备的少量材料，因此，对于一些基本上不需考虑修补、更换的材料，或是虽然可能产生破坏，但却无法修复的材料，均可不考虑此项材料用量。显然，如何确定材料的总量，涉及很多方面，并不能简单地根据使用面积来确定。其次，像壁纸、涂料、瓷砖、纺织物等材料，均属于容易产生色彩偏差的材料。换句话说，对于这一类材料，当产品的生产批号不同时，在同色的产品之间存在一定的色彩差异，是十分正常的。因此，当购买这些材料时，如果不一次将所需数量全部买足，将完全无法保证所购材料在色彩上的一致性。所以，综合来看，无论购买什么材料，在精确计算出的材料用量之外留出一定的余量，并一次将全部用量买足，是处理批量问题一个比较好的方法。

4. 材料的采购

在建筑装饰工程中，材料的选择、采购、生产、使用、检验、贮运、保管等任何一个环节的失误都可能对工程质量造成重大影响，因此，材料的品质对建筑装饰工程的质量起决定性的作用。建筑装饰工程材料的采购由施工工地现场材料员购置。材料员要服从工地现场项目经理的安排，根据工程施工进度计划和材料计划采购单上所列材料的名称、数量、规格等的要求，采购到既合格耐用又经济合理的材料。建筑装饰工程技术人员、材料员要掌握建筑装饰工程材料的基本性质、色彩、质感、肌理、形状等方面的基本知识，密切关注建筑装饰材料市场价格信息，准确选择采购工程所需的各种材料。采购的材料必须要有产品合格证书及质量检测证书等。材料运输要根据材料的性质进行安排，以免受潮破损，材料入库要先验收后入库，分门别类堆放，要防雨雪、防锈、防火、防碰撞倾倒，并建立完善的出入库手续及材料保管制度。

5. 建筑装饰材料的发展趋势

随着科技的高速发展，建筑装饰材料日新月异，具有以下发展趋势：

（1）更新换代速度加快。新外观、新性能、新技术、多功能的高档装饰材料，尤其是科技含量高的新型建筑装饰材料不断涌现。

（2）广泛应用环保、健康、绿色的装饰装修材料。

（3）废弃物综合利用。越来越多地使用区别于传统建筑装饰材料的低能耗、可回收的新型建筑装饰材料。

[复习参考题]

◎ 建筑装饰材料在建筑装饰工程中的作用是什么？

◎ 什么是材料的亲水性和憎水性？它们在实际工程中的意义如何？

◎ 什么是材料的质量吸水率？体积吸水率指的又是什么？

◎ 试简要说明材料的吸湿性、耐水性、抗渗性和抗冻性各指的是什么？

◎ 什么是材料的强度？有哪些具体的表现形式？

◎ 弹性材料和塑性材料有何不同？

◎ 举例说明什么是脆性材料，什么是韧性材料。

◎ 材料的耐热性、耐燃性和耐火性分别指的是什么？

◎ 什么是材料的耐久性？包括哪些内容？

◎ 请指出施工图预算与施工预算的区别。

◎ 材料的使用受哪些因素影响和制约，试简要说明。

◎ 试述建筑装饰材料的发展趋势。

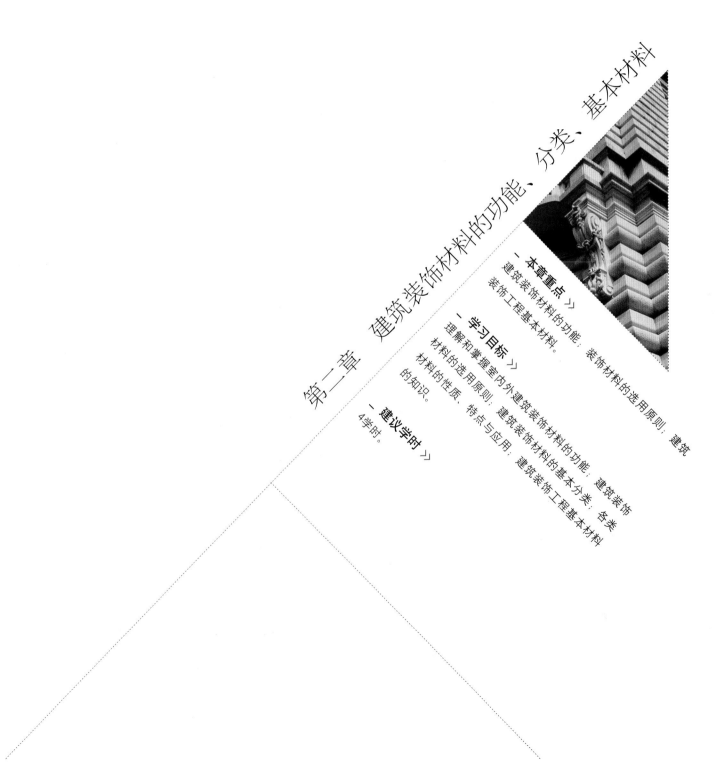

第二章 建筑装饰材料的功能、分类、基本材料

本章重点》
建筑装饰材料的功能；装饰材料的选用原则；建筑装饰工程基本材料。

学习目标》
理解和掌握室内外建筑装饰材料的功能；建筑装饰材料的选用原则；建筑装饰材料的基本分类；各类材料的性质、特点与应用；建筑装饰工程基本材料的知识。

建议学时》
4学时。

第二章 建筑装饰材料的功能、分类、基本材料

一、建筑装饰材料的功用

1. 室外饰面材料的功用

（1）保护墙体（图2-1、图2-2）

建筑装饰材料除承担自身结构荷载外还需达遮风挡雨、保温隔热、阻断噪音、抵挡腐蚀、提高墙体的耐久性等目的。但是，材料的运用不得改变原建筑墙体设计的承重结构。

（2）装饰立面（图2-3～图2-11）

运用材料的质感、肌理、形状、色彩及施工工艺形式可以取得美观大方的艺术装饰效果。如以天然大理石、花岗岩、铝塑板、耐磨抛光砖、不锈钢、钢材、涂料等为建筑装饰材料，在施工工艺方面采取拉毛、拼花、线缝分割的形式，运用对比、节奏、韵律、比例等形式美的法则，可创造出形式各异、气氛不同的多种建筑装饰风格。

图2-3 用木材装饰，体现质朴的气氛

图2-1 运用涂料等建筑材料对建筑墙体进行保护

图2-4 对石材进行分割线缝加工，增强装饰效果

图2-2 巴黎蓬皮杜艺术文化中心，外部的钢材也是对内部空间的保护

图2-5 深圳金茂大厦，运用不锈钢板、不锈钢方管等材料在墙面上进行大小方格形分割的装饰处理，特别是其圆形中心部位大方格形的分割，创造出通透、光洁、明亮、豪华的装饰效果

图2-6 运用铝塑板、不锈钢、玻璃对建筑立面进行装饰

图2-7 某大堂综合运用多种材质的装饰效果

图2-8 摩纳哥某建筑，天然花岗岩表面采用镜面和拉毛的处理方式，使建筑物的立面在材料肌理方面，呈现出强烈的视觉对比效果

图2-9 法国尼斯某建筑，运用红、黄色涂料在室外墙面中的装饰运用

图2-10 运用天然石材装饰的墙面，呈现出庄重大气的效果

图2-11 德国慕尼黑某建筑，运用钢材、热反射镀膜玻璃等材料对建筑物的立面进行装饰

2．室内饰面材料的功用

建筑装饰室内空间界面由内墙、地面、吊顶三部分围合而成。建筑装饰材料除了满足墙面、地面、顶棚的使用功能外，还需创造出舒适、美观的工作生活环境。另外，照明灯具（图2-12）、家具陈设、音响、空气调节、智能监控、消防自动喷水系统、电脑网络等（图2-13、图2-14）的施工安装，也是对室内界面进行装饰的一个重要方面。

图2-12 奥地利维也纳某餐厅，水晶吊灯在顶棚上施工安装的装饰效果

图2-13 实用与装饰相统一的顶棚管线

图2-14 灯具、空气调节、智能监控、消防自动喷淋系统等在顶棚上施工安装的装饰效果

（1）内墙饰面材料的功用

内墙饰面材料有保护墙体、装饰内墙立面的作用。抹灰、刷乳胶漆能够有效地保护清洁墙体。纸面石膏板经常作为墙面和顶棚的基础饰面材料，由于其吸湿性强、耐水性差，不宜应用于潮湿的区域，但纸面石膏板防火性能好。内墙面装饰应根据材料的质感、色彩等进行装饰综合运用。墙面的装饰材料常根据设计要求采用天然大理石（图2-15、图2-16）、天然花岗岩（图2-17）、天然木材饰面板（图2-18、图2-19）、涂料（图2-20）、装饰织物（图2-21、图2-22）、瓷砖（图2-23）等，以便达到最佳装饰效果。

图2-15 梵蒂冈圣彼得大教堂，运用天然大理石制作的内墙面，呈现出天然石材美观的质感

图2-16 梵蒂冈圣彼得大教堂，运用天然大理石制作的内墙面，呈现出富丽堂皇的装饰效果

图2-17　法国奥塞美术馆，天然花岗岩在墙面上的装饰运用

图2-20　涂料在建筑表面的装饰效果

图2-18　意大利威尼斯，表面具有美丽肌理纹样的木质三夹板在墙柱面上的装饰运用

图2-21　奥地利萨尔茨堡，装饰织物在餐厅的墙面上得到广泛的运用

图2-19　木质饰面夹板在墙面上的装饰运用

图2-22　奥地利萨尔茨堡，装饰织物挂毯在墙面上的装饰运用

图2-23 意大利佛罗伦萨，内墙釉面砖在墙面上的装饰运用

（2）地面饰面材料的功用

地面饰面的作用是保护地面基层，美化装饰地面。地面装饰必须符合使用需求，钢筋混凝土楼板、现浇钢筋混凝土楼板强度高、耐久性好，但感觉粗糙、生硬，就必须依靠饰面材料来弥补，另外，对地面进行饰面，还可解决现浇水泥楼板渗水、受腐蚀等问题。常用的地面装饰材料有：硬木地板（图2-24）、复合地板（图2-25）、花岗岩（图2-26）、大理石（图2-27、图2-28）、耐磨地砖（图2-29）、防滑地砖（图2-30）、地塑、防静电地板等。材料须根据室内使用功能，结合空间的分割形态、材料色彩和质感，人流状况、环境条件、人的心理感受等综合因素搭配选用。

图2-24 大面积长条硬木地板在地面上铺设的效果

图2-25 复合地板在地面上榫、槽状接缝的铺设式样

图2-26 法国罗浮宫，花岗岩在地面上拼花的铺设式样

图2-27 梵蒂冈圣彼得大教堂，天然大理石在地面上拼花的铺设式样

图2-28　梵蒂冈圣彼得大教堂，天然大理石在地面上拼花的铺设式样

图2-29　某餐厅耐磨地砖在地面上的铺设式样

图2-30　防滑地砖在泳池周边地面的铺设式样

（3）吊顶饰面的功用

吊顶饰面有保护吊顶、装饰顶面的作用。顶棚是室内装饰的一个重要组成部分，装饰效果直接影响整个室内装饰效果。吊顶材料的运用应充分考虑照明、暖通、消防、音响等技术要求。例如，有声学上要求的应铺设吸音材料。顶棚造型的风格应与照明灯具式样（见图2-31）、通风口式样、家具陈设相协调，既有对比更要统一。顶棚装饰工艺复杂，应重点考虑预埋照明线路（见图2-32）的安全使用问题（电线、PVC套管等装饰材料应符合国标，防止火灾发生）。

图2-31　德国慕尼黑某商场，顶棚造型与照明灯具式样协调一致

图2-32　顶棚照明线路必须穿聚氯乙烯管，未穿聚氯乙烯管的装饰工程，具有较大的安全隐患

二、建筑装饰材料的选用原则

建筑装饰材料的选用应从满足使用功能、装饰功能、耐久性以及经济合理性四个方面进行选择应用。

1. 满足使用功能

建筑装饰材料的选用应根据设计意图及装饰效果具体部位的使用功能综合考虑。室内外立面、地面装饰最基本的功能是保护墙体和地面，必须考虑材料的强度、耐磨性、耐水性以及防火、防水、防潮的特性。墙面材料常用的如涂料、天然花岗岩、天然大理石、陶瓷锦砖、蘑菇石、铝塑板、铝合金型材、玻璃、壁纸、壁布等，地面材料如天然花岗岩、天然大理石、陶瓷锦砖、耐磨抛光地砖、复合地板等，首先满足的都是对界面的保护功能。另外，对室内外装饰材料的选择还要考虑隔声、保温、隔热、吸声、照明等性能，以便创造一个既舒适又安全的生活环境。

2．满足装饰功能

建筑装饰既是一种对环境进行改造的工艺技术，又是人们为了满足视觉的审美要求对建筑物内外界面进行优化的艺术。建材的色彩、质感、肌理、线型、耐久性等的运用将直接影响建筑物的装饰效果。

（1）材料色彩

色彩有冷暖色调区分，是构成影响环境的重要因素。不同色彩带给人不同的心理感受，如暖色产生兴奋、热烈之感，冷色产生清凉、幽雅、宁静的氛围。通过材料色彩的各种编排组合，可以达成丰富的艺术装饰效果（图2-33、图2-34）。

图2-33　红与黄，临近色的协调组合

图2-34　墙面运用不同材料进行对比色装饰的效果

（2）材料质感

不同材料有其不同的表面质地，或有光泽、或凹凸、或有深浅、或细腻、或粗糙，材料质地不同，给人的感觉也不相同。玻璃给人通透明亮的感受，汉白玉有高贵典雅、庄重之感，毛石则让人觉得质朴粗犷（图2-35）。

（3）材料线型

主要指用墙立面装饰的分格缝或者凹凸线条来构成装饰的效果。如石材边线倒45°斜角或镶嵌其他材质线条形成装饰线型（图2-36）。

图2-35　同是石材，却有光洁与粗犷两种质感的对比

图2-36　摩纳哥某建筑，天然石材在墙面上运用分格线缝，边线倒45°斜角的圆边以及浮雕装饰图案的处理形式，创造优美的装饰效果

（4）材料肌理

材料肌理包括尺度、线型、纹理三个方面。材料尺度、线型应根据装饰部位选择长短宽窄合适的材料。材料纹理应着重于表现材料的天然纹理和图

案、以获得华丽高贵或典雅朴素等各种装饰艺术效果（图2-37）。

材料的色彩、质感、线型、肌理等方面的装饰效果，在材料的选用中应综合考虑，使其达到和谐统一的效果。

3. 满足耐久性

材料的耐久性就是指材料在使用过程中经久耐用的性质。建筑物外部要经常受到日晒、雨淋、冰冻等的侵袭，而建筑物室内又经常受清洗、摩擦等外力影响，因此，对材料耐久性的考量是必要的。如商场、卫生间地面需用耐磨防滑地砖或花岗岩等材料（图2-38），而办公室、洽谈室、卧室则多采用硬木地板或复合地板等材料（图2-39），以保证材料的耐久使用。

4. 经济合理性

建筑装饰材料，由于品牌、质地不同，价格相差悬殊，建筑装饰中应统筹考虑各种价格材料的选择使用。基础设施的照明线路、暖通、给排水材料要选择品质优良的材料，起装饰作用的关键部位及使用频繁的部分要加大投资。反之，其他非重点部分的装饰可以选择中等档次材料进行基本装饰，以便创造出既经济合算又美观大方的装饰空间（图2-40）。

图2-38　耐磨抛光地砖在商场地面上的铺设

图2-39　复合地板在洽谈室地面中的铺设，确保材料的耐久使用

图2-37　墙面、地面各材料皆有其肌理

图2-40　经济，却颇有品位的装饰材料组合

三、常用建筑装饰材料的性质与应用

种类	材料名称及规格	主要特点、性质	主要应用
天然石材	花岗岩板材、大理石板材、蘑菇石	强度高、硬度大、耐磨性好、颜色肌理丰富多样、耐久性、装饰性好。	大型公共建筑、商业建筑、纪念馆、博物馆、银行、宾馆、办公楼等的室内外墙面、地面。
陶瓷	釉面地砖	强度高、硬度大、耐磨性好、釉面层颜色多种丰富、装饰性好。	大型公共建筑、商业建筑、纪念馆、博物馆、银行、宾馆、办公楼等的室内墙面、地面。
	陶瓷锦砖	强度高、硬度大、耐磨性好、颜色丰富多样、装饰性好、无釉。	大型公共建筑、商业建筑、纪念馆、博物馆、银行、宾馆、办公楼等的室外墙面、地面等。
	大型陶瓷饰面板	强度高、硬度大、耐磨性好、颜色图案多种丰富、装饰性好、规格尺寸大。	大型公共建筑、商业建筑、纪念馆、博物馆、银行、宾馆、办公楼的室内外墙面、地面等。
混凝土、装饰砂浆	普通混凝土、彩色混凝土砂浆	强度高、耐磨性好、颜色多样丰富。	大型公共建筑、民用建筑等的墙面。
	水磨石板	强度高、耐磨性好、耐久性高、颜色多种丰富。	普通公共建筑的墙面、地面。
	装饰灰浆	强度高、耐久性高、颜色多种、耐污染性较差。	普通公共建筑的墙面。
石膏板、矿物棉板	石膏板	轻质、保温隔热，吸音、防火性好、强度低。	大礼堂、影剧院、会议室、播音室、办公楼顶棚、墙面等。
	双面石膏纸板	轻质、保温隔热，吸音、防火性好、强度低。	大礼堂、影剧院、会议室、播音室、办公楼的顶棚、隔墙等。
	矿物棉板	轻质、保温隔热，吸音、防火性好、强度低。	大礼堂、影剧院、会议室、播音室、办公楼的顶棚、墙面等。
木装饰品	胶合板	种类多、幅宽大、颜色肌理多样丰富、装饰性好。	各类建筑的顶棚、墙面、家具等。
	纤维板	抗弯折强度高、胀缩小。	各类建筑的顶棚、墙面、家具等。
	木龙骨	规格尺寸多、易加工、易胀缩、防火性差。	各类建筑顶棚、墙面、家具的基础结构等。
	木装饰线条	规格尺寸多、易加工、易胀缩、防火性差、立体感强、花纹美丽多样。	各类建筑顶棚，墙面，家具阴、阳角的收口等。
	实木地板	规格尺寸多、易加工、易胀缩、防火性差、花纹图案美丽、弹性好。	公共建筑、家居的地面。
	复合地板	防火性好、花纹图案美丽丰富、轻质、耐磨、易铺贴。	公共建筑、家居的地面。
塑料饰品	塑料卷材	花纹图案美丽丰富、轻质、耐磨、易铺贴。	办公楼、家居的地面。
	PVC塑料扣板	花纹图案美丽丰富、耐水、耐腐蚀。	公共建筑、家居的顶棚、墙面。
	有机玻璃板	颜色多种、耐水、耐腐蚀性好，透射强、硬度小。	公共建筑护栏、户外广告灯箱。
	玻璃钢装饰板	轻质、强度大、颜色多种、耐水、耐腐蚀性好，不透明。	隔墙、隔断、文字装饰。

种类	材料名称及规格	主要特点、性质	主要应用
玻璃	平板玻璃	透明、脆。	各类建筑物的门窗。
	磨砂玻璃	不透明、脆。	各类建筑物的门窗、隔断。
	吸热玻璃	吸热，有各种颜色。	各类建筑物门窗。
	压花玻璃	表面压花、透光不透明、立体感强。	宾馆、酒店、办公楼、会议室、卫生间等的门窗、隔断。
	夹丝玻璃	防火性好，外力作用破碎时不会四处飞溅，安全性好。	建筑物门窗有防火及安全性要求的部位。
	玻璃砖	强度大，隔音。由两块空心玻璃砖热溶接而成，内侧压有花纹。	门厅、宾馆、酒店、办公室等的非承重性墙或隔断。
	激光玻璃	在各种光线的照射下会产生艳丽的颜色，随角度观察不同，颜色也随之变化。	娱乐场所隔断、地面。
金属装饰材料	不锈钢板、管	有亮光、亚光、砂光、彩色等各种品种，经久耐用，与周围建筑物交相辉映。	建筑物墙柱面、门套、扶手、栏杆、防盗门窗等。
	彩色涂层钢板	涂层附着力强，颜色多种，色泽鲜艳，施工方便。	大型建筑物的护壁板、吊顶、卷闸门等。
	轻钢龙骨、铝合金龙骨	强度高、防火性好，安装施工方便。	隔断、顶棚的骨架。
	铝合金方格板、条形板	图案颜色丰富美观、色泽均匀、耐腐蚀。	建筑物天棚，墙面的隔断。
	铝合金门窗	颜色多样，系列产品多，耐腐蚀、强度高、隔音性好。	各类建筑物的门窗。
装饰织物	壁纸	美观耐用、色彩柔和、纹样丰富。	宾馆、酒店、计算机房、会议室、住宅、娱乐场所等的顶棚、墙面。
	壁布	透气耐磨、花纹多样、色彩丰富。	宾馆、酒店、计算机房、会议室、住宅、娱乐场所等的顶棚、墙面。
	绸缎	柔软细腻、图案丰富、色彩艳丽华贵。	宾馆、酒店、计算机房、会议室、住宅、娱乐场所等的顶棚、墙面。
	地毯	柔软、细腻、色彩图案丰富。	宾馆、酒店、计算机房、会议室、住宅、娱乐场所等的顶棚、墙面。
涂料	仿瓷涂料	光亮、坚硬，有瓷釉光泽、耐腐蚀。	各类建筑物的墙面、顶棚。
	多彩涂料	色彩丰富多样、耐擦洗、抗渗水性好。	各类建筑物的墙面、顶棚。
	水泥真石漆	色彩丰富多样、耐擦洗、抗渗水性好。	各类建筑物的墙面、顶棚。
	乳胶漆	色彩丰富多样、耐擦洗、抗渗水性好。	各类建筑物的墙面、顶棚。
	油漆	耐磨、防腐蚀，有亮光泽、亚光泽和透明、不透明的区别。	各类建筑物的墙面、顶棚，室内家具等。

四、建筑装饰材料的基本分类

按材料的基本成分划分为：

1.金属材料

金属材料分为黑色金属（铁、钢等）和有色金属（铝、锌、铜等）。

2.非金属材料

非金属材料分为有机材料和无机材料。有机材料是指含碳原子的化合物，如木材、竹材、橡胶、沥青、塑料、壁纸、壁布等；无机材料是指不含碳原子的化合物，如天然大理石、天然花岗岩、陶瓷制品、水泥、沙子、石灰、石膏、玻璃制品、混凝土等。

3.复合材料

可分为有机与无机材料的复合化合物（如沥青混凝土）和金属与非金属材料复合化合物（如玻璃钢、水泥石棉制品、钢筋混凝土等）。

五、建筑装饰工程基本材料

1.墙体材料

指用于构筑建筑物承重或非承重墙体的材料。墙体材料主要有以下几种：

（1）烧结砖

是经高温焙烧成型的墙砖。烧结砖主要有烧结普通砖（红砖、青砖）（图2-41～图2-43）和烧结空心砖（烧结多孔砖、空心砖）。

图2-42 用烧结砖进行装饰的墙面

图2-43 烧结砖墙体的装饰效果

（2）非烧结砖

是不经高温焙烧，通过材料搅拌成型并自行固化形成的粉煤灰砖、煤渣砖等。

（3）砌块

砌块主要有以下几种：普通混凝土砌块，是指以集料和水泥浆胶结而成的材料（图2-44）；装饰混凝土砌块，是指表面处理成不同装饰效果的混凝土砌块。如材料表面凿毛、坍陷、颗粒、磨光、劈离等。

图2-41 某餐厅，红砖作为室内墙面的装饰材料

图2-44 普通水泥混凝土砌块是以集料和水泥胶结而成的墙体材料

（4）复合板材料

复合板材料主要有以下几种：钢丝网水泥夹芯复合材料，表面材料为钢丝网，内芯材料为泡沫塑料（图2-45）；彩色钢板夹心板材，表面材料为彩色镀锌钢板，内芯材料为泡沫塑料；玻璃纤维水泥轻质多孔隔墙板，耐碱玻璃纤维与水泥预制而成的非承重轻质板材，板材厚度为60mm、90mm、120mm等，板材长度为2500—3500mm，板材宽度为60mm，板材内部孔洞为Φ38、Φ60两种；隔墙龙骨，采用镀锌钢板、冷轧钢板做原料加工而成的薄壁型钢骨料（图2-46），隔墙龙骨型号有U50、U75、U100等系列，壁厚为0.5—1.5mm，长度为3000mm。

2．胶凝材料

将散粒状材料（沙、石头）或块状材料（砖砌块）黏结起来成为整体的材料称为胶凝材料。胶凝材料主要有以下几种：

（1）水泥

水泥是粉状的水硬性胶凝材料。水泥加水成浆体后，在空气或水中逐渐凝结硬化，最终形成坚硬的石质材料。装饰工程中常用的水泥有普通硅酸盐水泥和白色硅酸盐水泥。普通硅酸盐水泥硬化后多为灰色的外观，为了改变水泥单调的装饰颜色，工程中常使用有色硅酸岩水泥。水泥强度等级有32.5、42.5、52.5、62.5四种型号。袋装水泥一般每袋净重为（50±1）kg，水泥在运输和保管时不得受潮，存放袋装水泥时，地面垫板要离地30cm，四周应离开墙体30cm，水泥贮存期不宜过长，一般不得超过3个月。

图2-45 钢丝网聚氯乙烯夹芯板作为隔墙的装饰材料，表面钢丝网抹水泥砂浆、石灰砂浆或混合砂浆制作成轻质、强度大的墙体，砂浆表面可以粘贴瓷板、陶瓷锦砖等材料，制作的隔墙具有施工简便灵活的特点，大量应用在有防潮渗水要求的部位

图2-46 U75轻钢龙骨和双面石膏纸板制作的隔墙具有质轻高强、保温隔热、吸音、防火性好、施工简便灵活的特点，广泛应用在大礼堂、影剧院、会议室、播音室、酒店、办公楼的顶棚、隔墙等部位（林辉摄）

（2）石灰

石灰是以碳酸钙类岩石的原料经800℃—1300℃高温煅烧而成的胶凝材料。石灰主要用于墙体砌筑、墙面抹灰、天棚抹灰等。石灰贮运应特别注意防潮，不得与易燃易爆物品混放，以免造成安全事故。石灰贮存期为一个月，过期则会降低胶凝性。

（3）石膏

石膏是以硫酸钙矿物为原料煅烧到107℃—170℃时而成的胶凝材料。石膏具有良好的装饰性，可制作各种内墙隔板、吊顶板材、石膏线、石膏花饰等，具有体积稳定、保温隔热、质量轻、防火性能好的特点。

3. 集料

集料是建筑砂浆及混凝土的主要组成材料。建筑装饰工程集料有沙、卵石、碎石、煤渣等（图2-47~图2-49）。

图2-47 卵石、青砖铺设的地面（林辉摄）

图2-48 碎石铺设的地面（林辉摄）

图2-49 碎石铺设的地面

（1）沙子

粒径在5mm以下的岩石颗粒。沙子按产地有河沙、海沙、山沙三种，沙子按细度可分为粗沙、中沙、细沙三种。

（2）卵石

粒径在5mm以上的天然岩石颗粒。

（3）碎石

岩石由机械加工破碎成大于5mm的颗粒。

（4）煤渣

以工业废料为原材料，经加工而成的轻集料。

4. 水泥混凝土

水泥混凝土是由胶凝材料、集料和水按一定的比例配制，经搅拌、振实成形，再经养护而成的材料。水泥混凝土具有抗压强度高、耐久性好、原料丰富、生产工艺简单的特点，是建筑物的重要材料之一（图2-50~图2-52）。水泥混凝土应根据建筑物的使用功能选择相应强度等级的水泥、集料或掺入外加剂来满足建筑物不同部位的强度要求。混凝土外加剂有：减水剂，其作用为减少水泥、水的用量；早强剂，其作用为加速早期的强度；引气剂，其作用为能均匀分布在拌和物中，引入的气泡能提高混凝土的耐久性。水泥混凝土按混凝土的制作方式可分为：现场灌注混凝土，现场灌注楼地面、墙、柱等（图2-53）；工厂预制混凝土制品，预制水磨石板、预制钢筋混凝土板。

图2-50 混凝土在建筑外立面的装饰效果

图2-51 水泥地面，混凝土界面的组合

图2-52 水泥地面、混凝土界面与室内家具的组合

图2-53 现浇钢筋混凝土：梁、柱、楼地面

5. 建筑砂浆

建筑砂浆一般分为建筑普通砂浆和彩色装饰砂浆两种：

（1）建筑普通砂浆

是由胶凝材料、细集料、水及外加剂拌制而成的可塑性建筑材料。按砂浆中所用胶凝材料可分为水泥砂浆、石灰砂浆、混合砂浆。

注：混合砂浆是指在砂浆中加入石灰粉、石灰膏等工业废料而成的可塑性建筑材料，主要用于改善砂浆强度，节约水泥用量的材料。

（2）彩色装饰砂浆

是指通过改变砂浆的颜色（如加入适量的颜料）而成的砂浆，可以获得某种特殊的装饰效果。常用的装饰砂浆有：涂抹彩色砂浆、彩色喷涂砂浆及滚涂彩色砂浆等。

6. 建筑钢材

建筑钢材是指经过压力加工制作成各种断面形状的成品材料。根据断面形状特点，钢材可分为：

（1）型材

钢轨、圆钢、方钢、扁钢、六角钢、工字钢、槽钢、等边或不等边角钢以及直径在5—9mm的圆钢及螺纹钢（图2-54）。

（2）板材

例如厚钢板（大于4mm）、薄钢板（小于4mm）、钢带（长而窄并成卷）。

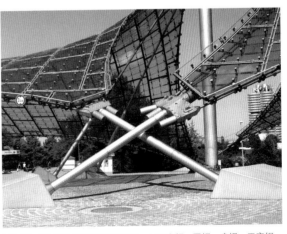

图2-54 德国慕尼黑奥林匹克公园，运用方钢、圆钢、扁钢、工字钢、槽钢等装饰材料制作的建筑

（3）管材

无缝钢管（有口径无接缝钢管）（图2-55、图2-56）、焊接钢管（用钢板或钢带经弯曲成型焊接而成）。

图2-55 法国巴黎某建筑，钢管脚手架的连接固定式样

图2-56 钢管脚手架的局部连接式样

（4）金属制品

钢丝、钢丝绳等。

扁钢、圆钢及方钢主要运用于建筑中的地下基础、现浇钢筋混凝土梁、柱、楼地面及建筑门窗护栏、制造各种螺栓、厂房扶梯、栏杆、机械配件等（图2-57～图2-59）。由于钢材具有重量大、长度长的特点，在钢材运输保管的过程中，就必须了解所运输的钢材长度及重量，以便安排相应的运输吊车。钢材保管存放应按品种、规格分类放置，架空搁放，以免受潮生锈。

图2-57 不锈钢栏杆

图2-58 卢森堡某建筑，扁钢、圆钢及方钢用于制作栏杆

图2-59 德国慕尼黑奥林匹克公园，运用喷塑方钢、圆钢、扁钢、工字钢、槽钢等装饰材料制作的建筑立面

7. 建筑木材

木材在建筑装饰工程中运用十分广泛，木材按树种可分为：针叶树和阔叶树。针叶树树叶细长如针，树干笔直，纹理平顺，强度较高，干湿变形少，多为常绿树。材质较软而轻，故称软材。如：松、柏。主要应用于建筑物构件的承重及骨架材料；阔叶树树叶宽大、叶脉呈网状，树干弯曲，笔直部分较短，纹理美观，材质坚硬，故称硬材。如

樟木、榉木、柚木、水曲柳、桦木等，主要应用于
家具、地板等装饰性强的部位。

木材按用途可分为：原条、原木和锯材。原条
系指已经去皮、根、树梢的木料，但尚未按一定尺
寸加工成规定直径和长度的材料；原木系指已经除
去皮、根、树梢的木料，并已按一定尺寸加工成规
定直径和长度的材料；锯材系指按一定的尺寸加工
锯解成材的木料。

8. 建筑门窗

建筑装饰工程中常用的门窗有：木门窗（图
2-60～图2-67）、钢门窗（图2-68～图2-70）、
铝合金门窗（图2-71、图2-72）、塑钢门窗（图
2-73、图2-74）、玻璃地弹簧门（图2-75～图
2-77）等。目前运用较广泛的建筑门窗为铝合金
门窗、塑钢门窗。门一般由门框、门扇和五金件
组成，门的种类有平开门、推拉门、折叠门、卷
帘门、弹簧门、旋转门等（图2-78、图2-79）；
窗一般由窗框、窗扇和五金件组成，窗的种类有
固定窗、侧开窗、上开窗、下开窗、推拉窗、百
叶窗等。铝合金门窗材料壁厚一般不得小于1.2—
2.0mm，常用的铝合金门窗型材有50、70、90等系
列。玻璃幕墙有全隐、半隐及明框三种形式，铝合
金型材有120、145、190等各种系列。塑钢门窗根
据窗框型材厚度可分为45、50、55、60、75、80、
85、90、95、100等不同系列，是以PVC为主要原料
加工生产的型材，采用热熔焊接的方法加工成型。

9. 建筑防水材料

沥青和沥青油毡属于高分子防水材料。随着科
技的进步，防水材料的发展也日新月异。建筑装饰
工程中常用的防水材料有以下几种：

（1）APP沥青防水材料

APP沥青防水材料可制成覆膜光面、细沙、
彩沙、岩石等表面式样，具有防止卷材在贮运中黏
结和容易粘贴其他装饰材料（如瓷板、釉面砖等）
达到改善外观的作用。材料主要运用于屋面、卫生
间、开水房、地下室等有防水要求的场所。

图2-60　法国巴黎某商店，木质门装饰式样

图2-61　法国巴黎某商店，木质门装饰式样

图2-62　奥地利格拉茨某商店，木质门装饰式样

图2-63　木质门装饰式样

图2-64　奥地利格拉茨某餐厅，木质窗装饰式样

图2-65　木质门装饰式样

图2-66　奥地利维也纳自然博物馆，木质门装饰式样

图2-67　奥地利维也纳某住宅，木质门装饰式样

图2-69　法国巴黎蓬皮杜艺术文化中心，钢门窗装饰式样

图2-70　奥地利格拉茨某建筑，钢门窗装饰式样

图2-68　法国巴黎新凯旋门某建筑，钢门窗装饰式样

图2-71 国外某建筑上的铝合金窗样式

图2-72 铝合金型材窗在建筑立面上的应用

图2-73 塑钢门窗系列型材

图2-74 塑钢门窗构造式样

图2-75 德国法兰克福某门面，不锈钢全玻璃地弹门的装饰式样

图2-76 奥地利格拉茨某大厦，不锈钢全玻璃地弹门的装饰式样

图2-78 奥地利格拉茨某大厦门入口旋转门

图2-79 某酒店的旋转门式样

图2-77 某商店玻璃地弹门

（2）防水涂料

聚氨酯防水材料是以聚氨酯为主要成分的防水涂料。由主料与辅料（固化剂、增黏剂、填充剂等）按一定的比例涂刷施工，也可同水泥等按一定的比例混合施工。

（3）黏土瓦

是传统的坡形屋面防水材料。有平板瓦、槽形瓦、S形瓦等形状，广泛运用于公共建筑、民宅等的屋面防水。

（4）彩色水泥瓦

是以水泥砂浆为主要原料经挤压、切割表面、上色、养护等工序生产的材料，主要有大波瓦、小波瓦、水波瓦等形式。

10．建筑保温、隔声、吸音材料

常用的建筑保温材料有以下几种：

（1）加气混凝土砌块

是以石灰、水泥、细沙、煤灰、引气剂等辅助材料加工生产的材料。常见的规格：长度为600mm，高度为200—300mm，宽度为75—300mm。

（2）水泥膨胀珍珠岩

膨胀珍珠岩是以天然珍珠岩为原料，经高温加热使其自身膨胀而成的多孔轻质颗粒，其颗粒结构如蜂窝泡沫状。该材料具有保温性好的特点，广泛应用于屋面作为保温材料，也常替代集料拌和成保温混凝土。

（3）聚苯乙烯泡沫塑料

聚苯乙烯泡沫塑料是以树脂为原料生产的保温材料，用于墙体（如轻钢龙骨隔墙）填充作为保温、隔声、吸音材料。常见的材料规格：2000—3000×600—1000×10—120mm。

（4）矿物棉

是以矿物为原料，经高温熔化为液体，再经喷吹、离心工艺制成棉丝状、颗粒状、板状等多种形式的纤维材料。一般运用于建筑物地面、墙面的复合保温及工厂生产复合保温墙板。

11．骨架材料

主要运用于建筑物的顶棚、墙面、地面等装饰部位作为基础骨架材料，具有固定、支撑的作用。骨架材料根据使用材料的不同可分为：木龙骨骨架、轻钢龙骨骨架、铝合金龙骨骨架。

（1）木龙骨骨架

木龙骨主要作为室内顶棚、墙面、地面的基础骨架材料，是用原木加工制作成一定规格尺寸的锯材。由于木龙骨防火性能差，在施工过程中应刷防火涂料，同时由于木龙骨易加工的特点，在造型复杂的顶棚制作中应用比较广泛（图2-80、图2-81）。常见的木龙骨规格为：25×25×2000—3000mm、30×30×2000—3000mm、50×50×2000—3000mm。

图2-80 顶棚木质龙骨骨架基础

图2-81 顶棚木质龙骨骨架基础

（2）轻钢龙骨骨架

轻钢龙骨是用镀锌钢板或薄钢经加工生产而成的骨架材料，由于材料具有防火性能好的特点，与木龙骨相比较而言，更加广泛作为建筑物顶棚、隔墙的基础骨架材料。轻钢龙骨类型有：U型轻钢龙骨和T型轻钢龙骨等。

A．顶棚轻钢龙骨

顶棚轻钢龙骨主要有U38、U50、U60系列等类型，轻钢龙骨吊顶按载重能力分为不上人型轻钢龙骨吊顶和上人型轻钢龙骨吊顶。上人型轻钢龙骨吊顶与不上人型轻钢龙骨吊顶的区别在于：上人型轻钢龙骨的吊顶骨架主材料及配件具有壁厚、吊杆粗、强度大的特性。上人型轻钢龙骨吊顶的骨架材料不仅要承受自身重量，还要承受维护人员到吊顶顶棚里面维修设施设备走动产生的荷载。上人型轻钢龙骨吊顶主要运用在大型公共建筑及有暖通等要求的顶棚工程。顶棚轻钢龙骨主要材料有：主龙骨、次龙骨、吊杆、吊挂件、接插件、挂插件等（图2-82、图2-83）。

B．隔墙轻钢龙骨

隔墙轻钢龙骨主要有U50、U75、U100等系列材料，主要运用在大型公共建筑或商业建筑，如纪念馆、博物馆、银行、宾馆、办公楼等作为轻质隔墙工程的骨架材料。主要材料有：沿顶龙骨、沿地龙骨、竖龙骨、通贯龙骨。配件有：支撑卡、角托、卡托等（图2-84、图2-85）。

图2-82　顶棚轻钢龙骨骨架基础

图2-83　顶棚轻钢龙骨骨架基础

图2-84　隔墙轻钢龙骨骨架基础

图2-85　隔墙轻钢龙骨骨架基础

（3）铝合金龙骨骨架

铝合金龙骨是金属材料铝合金经模型挤压成型的骨架材料，多为T形材料，可自由组合成规格为300×300mm、600×600mm、600×1200mm等方格形状的吊顶形式。铝合金龙骨吊顶根据饰面板安装方式有浮搁式和嵌入式的吊顶形式。铝合金龙骨主要材料有：主龙骨、次龙骨、吊杆、吊挂件等（图2-86、图2-87）。

图2-86　隔墙轻钢龙骨骨架基础

图2-87　铝合金方管龙骨骨架基础

[复习参考题]

◎ 室内外装饰饰面材料的功能各有哪些？

◎ 装饰装修材料选用原则是什么？

◎ 装饰装修材料的基本分类有哪些？

◎ 什么是墙体材料，试列举常用的墙体材料并予以说明。

◎ 集料指的是什么？常用的集料有哪几种？

◎ 试列举建筑钢材的种类并加以说明。

◎ 试对建筑木材的概念加以解释。

◎ 试述骨架材料的分类。

第三章 金属装饰材料

一、本章重点 》

不锈钢制品、铝合金制品及铜合金制品的特点
与应用。

二、学习目标 》

掌握金属装饰材料的基本分类；不锈钢材料、
铝合金材料及铜合金材料的概念、特点、制品
分类。

三、建议学时 》

2学时。

第三章　金属装饰材料

　　金属装饰材料具有较强的光泽及色彩感，耐火、耐久，广泛应用于室内外墙面、柱面、门框等部位的装饰中。金属装饰材料分为两大类：一是黑色金属。指铁和以铁为基体的合金。如生铁、铁合金、不锈钢、铸铁、碳钢等，简称钢铁。主要用于骨架、扶手、栏杆等载重的部位（图3-1～图3-3）。二是有色金属。指除铁以外的金属及其合金，如铝、铜、钛等及其合金等。有色金属大多呈现出漂亮的色彩和独特的金属质感，主要运用在表面修饰的部位。

一、不锈钢材料

1. 不锈钢材料的特点

　　钢是由铁冶炼出来的，在钢中加入主要以铬元素为主的元素就可制作成不锈钢。铬元素性质活跃，与大气中的氧化合后生成一层紧固的氧化膜，从而保护合金钢，使其不易生锈。铬元素含量越高，抗腐蚀性越强。

图3-2　法国巴黎蓬皮杜艺术文化中心，黑色金属呈现简洁大方的格调，现代气息浓厚

图3-3　黑色金属制作的门廊

2. 不锈钢制品种类

　　不锈钢制品主要有以下几种：

　　（1）不锈钢板、管材（图3-4～图3-8）。不锈钢制品品种较多，装饰性好。不锈钢制品的五金装饰配件有：门拉手、合叶、门吸、门阻、滑轮、毛巾架、玻璃幕墙的点支式配件等；生活日用品有：不锈钢水瓶、不锈钢茶壶、不锈钢沙锅、不锈钢刀等。不锈钢制品材料应用在装饰工程中主要为板材，不锈钢板材厚度一般在0.6—2.0mm之间，主

图3-1　黑色金属制作的门廊

要应用在墙柱面、扶手、栏杆等的装饰。不锈钢板材在加工厂按设计尺寸定型，再运输到施工现场定位、焊接、磨光。不锈钢板材有亮光板、亚光板、砂光板之分。板材规格为：1000×2000mm、1200×3050mm等。不锈钢管管材主要运用在制作不锈钢电动门、推拉门、栏杆、扶手、五金件等方面。

（2）彩色不锈钢板材。彩色不锈钢是在不锈钢表面进行着色处理，使其成为红、黄、绿、蓝等各种色彩的材料。板材厚度0.8、0.9、1.2mm等，规格为：1000×2000mm、1200×3050mm等。

（3）不锈钢复合管。不锈钢复合管是在普通钢管材的表面覆盖一层不锈钢材料，主要目的是为了节省不锈钢原材料，或者运用在有承重及强度要求的场所，如健身房、舞蹈练功房的扶手等。

图3-5　各类不锈钢制品

图3-6　运用镀钛不锈钢管材制作的扶手

图3-4　运用不锈钢管材制作的扶手

图3-7　橱窗中的不锈钢材料

图3-8 比利时布鲁塞尔某大厦，运用镀钛不锈钢板制作的门檐

二、铝合金材料

铝在有色金属中是属于比较轻的金属，银白色铝加入合金元素镁、铜、硅等元素就成了铝合金。铝合金具有质轻、抗腐蚀的特点，在建筑装饰工程中运用十分广泛。如铝合金门窗料、玻璃幕墙龙骨、顶棚吊顶龙骨、室外招牌龙骨及室内墙面隔墙龙骨等（图3-9~图3-12）。铝合金除了银白色运用较广泛之外，还有古铜、红、黄、绿、蓝等各种颜色的铝合金材料，彩色铝合金的材料可以通过厂家调配选定颜色给予定制。

铝合金制品种类

铝合金制品种类繁多，常用的有：铝合金门窗、铝合金通风口、铝合金百叶窗、铝合金拉闸门、铝合金穿孔方板、铝合金扣板等。铝合金门窗料和铝合金装饰板是建筑装饰工程中运用最广泛的材料。

（1）铝合金门窗

其特点为：质轻（铝合金根据门窗洞大小比例分割每平方米铝型材耗量为4.5—5.5kg，而钢门窗耗钢量为15—20kg。铝型材比钢材质轻3倍左右）、色泽美观（可以镀成银白色、古铜色、蓝色、绿色等各种颜色与建筑外观相匹配）、性能好（铝合金门窗密封性好，隔声、保温）、抗腐蚀、加工维修灵活方便。铝合金门窗装配是由各种铝合金门窗料经切割、下料、打孔、铣槽、攻钉等加工环节制作而成门窗框料，再和玻璃、连接件、五金配件组合装配成型。铝合金的门框料是由扁管、铝合金方

管、压座、上轨、下轨、上横、下横、光企、钩企、单边封、双边封及五金配件：滑轮、锁、密封胶条、拉毛、连接件等材料组成。

图3-9 铝合金龙骨与玻璃幕墙组合的效果

图3-10 某建筑立面运用铝合金型材窗的装饰效果

图3-11 红色铝合金方管进行横线组合排列的形式，其制作的墙面具有极强的视觉冲击力

图3-12 卫生间顶棚采用嵌入式铝合金穿孔方板的吊顶式样

（2）铝合金装饰板

铝合金装饰板有条形和方形等形状，可制成不同色泽的纹样。铝合金装饰板在顶棚、墙面上均得到广泛的应用。铝合金条形板规格为：100—300

×6000mm，长度为6m。铝合金穿孔方形板的规格为：300×300mm、600×600mm、600×1200mm等，铝合金方形板的各种形状孔的样式（圆、方、三角孔等）是通过机械穿孔而成，铝合金方形板有吸声、防火、防尘、防潮、耐腐蚀等特点，广泛应用在公共建筑、民居卫生间、办公大楼等场所的顶棚和墙面。

三、铜合金材料

由于铜强度不高，易折断，工程中一般运用加入锌、锡等元素的合金铜装饰材料。铜成本较高，一般运用在高级装饰工程中起点缀修饰作用的主要部位，使其显得金碧辉煌、豪华、高贵（图3-13，图3-14）。铜合金制品如：铜艺扶手、栏杆、铜质门拉手、门锁、合叶、门阻、洁具龙头、灯具、复合地板铜嵌条、楼梯踏步止滑条等。

图3-13 合金铜门锁

图3-14 合金铜门檐造型

第四章　装饰石材

一 本章重点 》

天然花岗岩、天然大理石及人造石材的特点与应用。

一 学习目标 》

掌握装饰石材的基本分类：天然花岗岩、天然大理石的概念、特点、质量要求和应用；人造石材的概念、特点和应用。

一 建议学时 》

2学时。

第四章　装饰石材

　　装饰石材是由各种天然岩石加工而成。从矿山中获取的荒料，经锯切、研磨、酸洗、抛光等工艺加工，可以切割成块状、板状材料。石材分为天然石材和人造石材两大类。天然石材常见的有用于内外墙和地面的花岗石，以及常用于内墙的大理石。

一、天然花岗岩

　　天然花岗岩有红、黑、绿、白、黄、灰等各种颜色，是工程中应用十分广泛的装饰材料。天然花岗岩是酸性岩石，结构密实、质地坚硬、抗压强度高，具有优良的耐磨、抗腐蚀、抗冻的性能。常用于地面、墙面、包柱、家具台面、地弹门门框等部位。天然花岗岩板材是将矿山开采出来的大块毛石料经过整形锯割、抛光、上蜡等加工工序完成的制品。花岗岩切割加工出来后的成品具有粗面板材和镜面板材的形式。工程中应用比较多的花岗岩板材规格为600×600×20mm的方形石材，特殊规格尺寸或特殊造型（圆弧形）石材一般都在工厂里定尺加工完成。由于花岗岩质量与品质悬殊较大，价格也相差很大，50—800元/m²不等。天然花岗岩色差较大，硬度高，易脆，选购时应注意石材颜色纹路要尽量接近，并注意材料的缺角、裂纹、色斑、平整度等是否符合质量要求。

1. 天然花岗岩质量要求

　　缺角：长、宽度≤2mm。裂纹：长度不能超过板边长的1/10，裂纹板尽量少选用。色斑：面积不超过15×30mm。平整度：≤0.5mm。厚度差：≤1mm。

2. 天然花岗岩的应用

　　印度红、中国红、挪威红、蓝钻、黑金沙等高级石材主要运用在高档豪华装饰工程中。常常在建筑物的外墙面作为石材幕墙，在高级宾馆、酒店、银行大厅里作为墙面、地面、柱面的装饰及地面图案拼花（图4-1～图4-8）。枫叶红、揭阳红、芝麻白、芝麻黑属于中低档装饰石材，主要运用在普通装饰工程中的墙面、地面及柱面。

图4-1　天然花岗岩在地面及水池中的运用

图4-2　天然花岗岩在喷水池中的运用

二、天然大理石

　　天然大理石有绿、白、米黄等各种颜色，是装饰工程中应用十分广泛的装饰材料。天然大理石常运用在地面、墙面、包柱、家具台面、地弹门的门框等部位。其特点为：精密细腻的颗粒结构的岩石；硬度小、不耐磨；施工过程中容易泛碱，石材反面应作防水泛碱处理；大理石抗风化能力差，只适宜室内墙面、地面、柱面的装饰。天然大理石价格也比较昂贵，选购时应注意材料的质量应合乎标准。

1. 天然大理石的质量要求

　　缺角：长、宽度≤2cm。裂纹：≤10mm。平整度：≤0.5mm。色斑：≤6cm²。

图4-3　比利时布鲁塞尔某建筑，天然花岗岩在墙面上的运用

图4-6　天然花岗岩在墙、地面上的运用

图4-4　天然花岗岩在墙面上的装饰运用

图4-7　天然花岗岩在喷泉中的运用

图4-5　天然花岗岩在墙面上的运用

图4-8　法国罗浮宫，天然花岗岩在地面上进行图案拼花

2．天然大理石的应用

汉白玉、金花米黄、大花白、大花绿等高档大理石常应用于室内高级装饰工程的墙面、地面及柱面中，制作加工而成的装饰线条常常应用于柜台面作为收口线或者作为各种角线和门套线等（图4-9～图4-14）。

图4-11　梵蒂冈圣彼得大教堂，天然大理石在墙、地面上的运用（林辉摄）

图4-9　天然大理石在墙面上的运用

图4-12　天然大理石在地面上进行图案拼花

图4-13　天然大理石在地面上进行图案拼花

三、人造石材

人造石材，是由大理石、花岗石等的碎骨料与其他黏结剂结合共同形成。人造石材一般多为板材制品，其特点为：工艺上以模具成型，具有较好的艺术效果；材质上以水泥、树脂等为胶凝材料，肌理变化丰富、古朴自然，表面可涂刷各种色彩；色彩上运用天然碎石或石碴为集料，加入颜色，效果自然；重量上可视要求制成薄壳型，降低重量；施工简便，可在制品反面设置金属预埋件，与墙体预

图4-10　佛罗伦萨圣母之花大教堂，天然大理石在墙面上的运用

图4-14 法国罗浮宫，天然大理石在墙面上的装饰运用

埋件焊接或绑扎，再浇灌水泥砂浆。但尽管如此，人造石材在表现效果上，花纹不如天然石材自然，在强度、耐磨性和光洁度上，也不如天然的花岗石和大理石。

常用人造石材一般有微晶玻璃和人造大理石两大类：

（1）微晶玻璃（水晶玻璃）。可以是晶莹剔透的无色水晶外观，也可以是色彩斑斓的形式，呈现出大理石、花岗岩的肌理纹样。具有良好的装饰性，它是以石英、云石或工业废渣等为原料，经高温熔解成形的建材。

（2）人造大理石（图4-15～图4-17）。是以树脂或水泥等为胶结剂，天然碎石、颜料为原料，经模制、浇捣、固化、脱模、烘干、抛光等工序制成的人造石材。人造大理石具有以下的特点：耐水、耐冻、耐磨；成本低；加工方便；肌理纹样丰富美观。人造石装饰品的种类有：浮雕类、艺术磨石类、镂空类、墙面装饰面砖类和欧式柱头、柱身、窗套饰线类。浮雕类为浅浮雕效果，一般用于建

筑物室内外墙面的浮雕壁画。艺术磨石类为工业化加工产品，多呈现几何图形，用水泥沙石加入颜色搅拌成型，线条清晰明块，广泛应用于公共场所的地面装饰。镂空类类似"水泥花格子"，可制作出镂空纹样的各种题材，材质上接近石材。墙面装饰面砖类如蘑菇石，表面凹凸不平，中间突出，质感粗犷。欧式柱头、柱身、窗套饰线类，规格尺寸不限，可随意制模加工。

[复习参考题]

◎ 试述天然花岗岩的特点及其在装饰中的应用。

◎ 简述天然大理石的特点及在建筑装饰中的应用。

◎ 工程中使用天然大理石应满足什么样的质量要求？

◎ 什么是人造石材？简述人造石材的种类及在建筑装饰中的功用。

图4-15 运用人造大理石材料制作的门面装饰

图4-16 运用人造石制作的门檐

图4-17 运用人造石装饰品制作的建筑立面

第五章 陶瓷装饰材料

《 本章重点 》

陶瓷装饰材料的种类、特点及相关质量要求。

《 学习目标 》

了解和掌握陶瓷装饰材料的基本概念和种类：墙地砖、陶瓷锦砖、玻化砖、广场砖、建筑琉璃制品、园林陶瓷等陶瓷制品的特点、规格、相关质量要求和在装饰中的应用。

《 建议学时 》

4学时。

第五章　陶瓷装饰材料

陶瓷装饰材料是建筑装饰工程中常用的材料，品种、样式极为丰富，主要包括墙地砖、琉璃制品、卫生洁具、园林陶瓷等，可制成各式壁画及各种艺术陈设品。陶瓷是陶器和瓷器的总称，是使用黏土类（包括瓷土和黏土。瓷土：烧制瓷器的黏土，俗称高岭土；黏土：含沙粒很少，有黏性的土壤，具有养分丰富、通气透水性差的特点）及其他天然矿物等为原料，经过粉碎加工、造型、煅烧等过程而成型的产品。陶瓷一般分为陶质制品和瓷质制品两大类。陶质制品是指以陶土、沙土为原料，经1000℃左右烧制而成的粗糙多孔、无光、敲击声音喑哑的陶质制品，有时局部也施釉；瓷质制品是指以瓷土、长石粉、石英粉等为主要原料，经1300—1400℃高温烧制而成的制品。结构细密、光洁，釉层晶莹剔透，声音清脆。陶瓷建筑装饰材料及制品有陶瓷墙地砖、陶瓷锦砖、玻化砖、陶瓷麻面砖、建筑琉璃制品、园林陶瓷等。

一、陶瓷墙地砖

1. 内墙釉面砖

是以陶土为原料经压制成坯、干燥、煅烧而成，表面施有釉层，因此称为釉面砖。釉面砖品种规格丰富，有单色、多色图案等品种。常用规格：152×152×5mm、200×150×5mm、200×300×5mm、300×300×5mm等。内墙面砖的生产有朝大规格产品方向发展的趋势。釉面砖按其质量一般分为优等品、一级品、合格品三个等级。

（1）质量要求。中心弯曲度：≤±0.5—0.6mm。翘曲度：≤±0.5—0.7mm。边直度：≤±0.5—0.7mm。色差：基本一致。

（2）内墙釉面砖的运用。主要运用在卫生间、水房、走廊等部位，便于清洁且美观耐用。由于内墙釉面砖吸水率大，表面釉层吸水率小，不能用在室外，以免因温度升高或降低导致釉层脱落、开裂。白色釉面砖（色纯白、釉面光亮）、多色图

案釉面砖（釉面光亮晶莹，色彩、纹理丰富，可仿制天然大理石或花岗岩纹理，或描绘装饰图案，文字）等内墙釉面砖主要应用于室内墙面、地面、柱面的普通装饰工程中（图5-1、图5-2）。

图5-1　内墙釉面砖在卫生间墙面上的运用

图5-2　意大利佛罗伦萨某餐厅，内墙彩色釉面砖在墙面上的运用

2. 墙地砖

墙地砖是以优质陶土为原料，加入其他配料，制压煅烧至1100℃左右成型的材料。与釉面砖相比，墙地砖在厚度上、硬度上得到了增加，降低了吸水率。产品规格繁多，应用极为广泛。墙地砖的规格为：边长：100—1200mm；厚度：8—12mm，产品生产有朝大规格发展的趋势。墙地砖从生产工艺上看，可分为平面、麻面、毛面、磨光、抛光、纹点、压花、浮雕等品种。从表面装饰上可分为有釉、无釉两种。

（1）墙地砖质量要求。边长：≤±2.5mm。厚度：≤±1mm。中心弯曲度：≤±1mm。翘曲度：≤±1mm。

（2）墙地砖的运用。主要应用在公共建筑、厂房、卫生间、教室、医院的墙面、地面、楼梯踏步等场所（图5-3～图5-7）。

图5-5　法国巴黎某商场，墙地砖在地面上的运用

图5-3　地砖在家居室内地面上的运用

图5-6　奥地利萨尔茨堡某酒吧　墙地砖在地面上的运用

图5-4　奥地利格拉茨某餐厅，墙地砖在地面上的运用

图5-7 室内墙地砖的温馨效果

二、陶瓷锦砖

俗称马赛克，是用优质陶土烧制而成规格较小的墙地砖。有颜色图案丰富，形状各异的多种品种。常见的形状有正方形、矩形、六边形、三角形等，边长20—30mm，最大在50mm以内，厚度在3—5mm之间。表面分有釉和无釉两种。为便于施工，陶瓷锦砖一般在出厂前按300×300mm规格铺贴在牛皮纸上。陶瓷锦砖的特点：坚硬、色泽美观、耐酸碱、耐磨、防水、防滑（图5-8）。

图5-8 地面上色彩缤纷的马赛克装饰

三、玻化砖

优质的墙地砖，是一种采用彩色颗粒土混合制成的原料，经压制使坯体无釉而煅烧成的材料。玻化砖具有仿天然木材、石材等各种肌理纹样的饰面式样。玻化砖的规格有：300×300mm、400×400mm、500×500mm、600×600mm、800×800mm、800×1200mm等。玻化砖厚度：8—15mm，玻化砖规格可根据工程要求定制生产。玻化砖有无光和抛光两种形式，具有耐磨、高强度、抗冻的特点，常常应用于各类建筑物的墙地面（图5-9）。

图5-9 金花米黄耐磨抛光地砖在地面上的铺设和青砖铺设的柱子在材质上产生强烈的对比

四、陶瓷麻面砖

陶瓷麻面砖（俗称广场砖）。表面粗糙、耐磨、防滑，颜色多样，常见规格：100×100mm，厚度：10mm，主要运用于广场、人行道的地面铺设，应充分利用广场砖颜色多种、搭配自由的特点，创造出优美的装饰效果（图5-10、图5-11）。

五、建筑琉璃制品

琉璃制品，是用优质黏土制坯、施釉的陶瓷产品。釉料是用铝和钠的硅酸化合物，常见的颜色有绿色和金黄色。琉璃制品代表材料：屋顶琉璃瓦及饰件，琉璃制品是传统的陶瓷珍品（图5-11、图5-12）。

图5-10 陶瓷麻面砖（广场砖）在地面上的铺设

图5-11 屋顶琉璃瓦及饰件在园林建筑中的运用

图5-12　屋顶琉璃瓦及饰件在园林建筑中的运用

六、园林陶瓷

是供园林及室外装饰的陶瓷艺术品，有实用价值也有艺术欣赏价值，也是传统的陶瓷产品。园林陶瓷主要品种：陶瓷花窗、栏杆、扶手、桌凳、花盆、壁雕、壁画等（图5-13）。

图5-13　园林陶瓷壁画在室内墙面上的运用

[复习参考题]

◎　什么是陶瓷装饰材料？陶制品和瓷制品的区别是什么？

◎　什么是釉面砖和墙地砖？它们的质量要求分别是什么？

◎　陶瓷锦砖和陶瓷麻面砖分别指的是什么？

◎　什么是玻化砖？它的特点是什么？

◎　建筑琉璃制品和园林陶瓷分别指的是什么？

第六章 玻璃装饰材料

本章重点 》

深加工玻璃制品的特点及应用。

学习目标 》

掌握玻璃装饰材料的基本概念和分类；平板玻璃材料的概念、特点、使用要点、常见质量缺陷；深加工玻璃制品的品种；各种深加工玻璃制品的概念、特点及用途。

建议学时 》

3学时。

第六章　玻璃装饰材料

玻璃是一种质地坚硬而脆的透明物体。一般用石英砂、石灰石、纯碱等混合后，使其在1550—1600℃高温下熔化，成型冷却后制成。玻璃的特性主要有：玻璃在光线射入后，会产生透射、反射、吸收（光线能透过玻璃的性质称透射；光线被玻璃阻挡，并按一定的角度返回射出称为反射；光线通过玻璃后，一部分光损失在玻璃中，称为吸收）的作用。玻璃抗压强度高，抗拉、抗弯折性很小，外力作用下易碎。

随着现代建筑工艺技术的高度发展，玻璃装饰材料由过去单纯的采光和装饰功能，逐步走向控制光线、调节热量、节约能源、控制噪音、降低建筑物自重、改善环境以及提高建筑物的艺术性等的全方面综合发展。玻璃装饰材料新品种的不断问世，为建筑装饰工程设计和选材提供了极其广阔的空间。如用熔融玻璃制成的极细的玻璃纤维，具有较好的绝缘、耐热、抗腐蚀、隔音等功效；用玻璃纤维及其织物增强的塑料制成的玻璃钢，具有质轻而硬的特点。

一、玻璃材料的分类

玻璃按使用功能可分为下列两个大类：

（1）平板玻璃（图6-1～图6-4）。包括透明玻璃、不透明玻璃（磨砂、压花）、装饰性玻璃（压花、刻花、着色等形式）、安全玻璃（在玻璃中夹胶、夹丝）、镜面玻璃（背面涂汞、产生高反射）等。

（2）建筑构件玻璃制品。玻璃砖、玻璃波形瓦、曲面玻璃、玻璃棉、玻璃纤维等。

二、平板玻璃

平板玻璃即普通平板玻璃，亦称原片玻璃，起透光、挡风雨、隔音、防尘等作用，具有一定的机械强度，但性脆易碎。按生产工艺不同，分为引拉法平板玻璃和浮法玻璃。引拉法工艺主要生产2、3、4、5、6mm厚玻璃，浮法工艺主要生产3、4、5、6、8、

图6-1　国外某建筑，平板玻璃用做幕墙材料

图6-2　着色玻璃运用在教堂门窗的效果

图6-3　磨砂玻璃门对室内气氛的烘托

图6-4 室内磨砂玻璃门

10、12mm厚玻璃。平板玻璃是玻璃中生产量最大且使用最多的一种，也是生产特殊功能玻璃的基础材料，如制作夹层防弹玻璃、防火玻璃、中空玻璃等。常用的玻璃规格为：1500×2000mm、2500×3000mm。在建筑装饰工程中，应经常根据设计要求，定制玻璃尺寸，以达到节约施工生产成本的目的。

1. 平板玻璃的包装运输

平板玻璃应用木箱或集装箱包装，吊装运输注意玻璃的重量，以免产生安全事故。堆放时应在地面上安放垫木，并倾斜一定角度靠墙堆放。应注意堆放重量，尽量分散地面区域的承重量。在运输装载时，应直立紧靠，不得摇晃，并防止雨水浸入，避免产生相互粘连而致不易分开。卸载玻璃时，要在地面上安放垫木，小心抬放，防止震动倒塌。

2. 平板玻璃的加工

工程中使用的玻璃一般都需要进行裁割等加工程序才最后装配到建筑物中，有些玻璃经切割后还需钻孔、开槽、磨砂、磨边、彩绘等功能性与装饰性的加工，增加玻璃的实用性和装饰性。

3. 玻璃常见的质量缺陷

玻璃常见的质量缺陷有：

（1）波筋

玻璃中最常见的缺陷，当人用肉眼与玻璃成一定角度观察时，会看到玻璃板面上有一条条像波浪的条纹，透过玻璃观察物体会产生变形、扭曲等现象。主要原因是制造玻璃过程中厚薄不匀、表面不平整，光线通过玻璃时会产生不同的折射，形成光学畸变。

（2）气泡

玻璃液中含有气体，在成型后就形成气泡，气泡影响视线通过使物象变形，气泡大小有1—10mm。

（3）线道

是玻璃上出现很细很亮连续不断的条纹。

（4）夹杂物

玻璃中夹杂的异物，突出的异状颗粒。

三、深加工玻璃制品

1. 磨砂玻璃

是平板玻璃用硅砂、合金钢砂等作研磨材料加水制成的表面粗糙、透光不透视的材料。常运用在卫生间、办公室等要求不能透视的场所。

2. 玻璃镜

在平板玻璃上镀银、涂底漆，最后涂上灰色的保护面漆制作成的材料。如卫生间、衣柜、舞蹈训练房的玻璃镜。

3. 钢化玻璃

由于普通平板玻璃质脆，外力作用下破碎后具有尖锐的棱角，很容易伤人。为了减少玻璃的脆性、提高强度，常采用钢化（淬火）或者夹丝、夹层的方法来处理。钢化玻璃是将平板玻璃在加热炉中加热到接近软化，改变消除内部应力，形成高强度的钢化玻璃。钢化玻璃应用广泛，主要应用在公共场所门窗玻璃、高层建筑玻璃幕墙、汽车门窗及挡风玻璃等（图6-5～图6-8）。钢化玻璃具有以下特点：

（1）强度高。比普通玻璃高了3—5倍，抗冲击力好。

（2）安全性好。局部受力破损会破裂成无数颗粒小块，没有棱角，不易伤人。

图6—5 巴黎蓬皮杜艺术文化中心，钢化玻璃运用在建筑物的室外门檐

图6—6 德国慕尼黑某建筑，钢化玻璃运用在建筑物的室外门窗

图6—7 奥地利格拉茨某建筑，钢化玻璃运用在建筑物的立面

图6—8 钢化玻璃运用在建筑物的入口门廊

（3）热稳定性好。不受气温影响产生爆裂。

（4）形体完整性好。钢化玻璃不能切割，强度大，边角不能磨边，钻孔。因此，应在工程施工过程中提前进行设计定制。

4. 夹丝玻璃

又称防火玻璃，能够在耐火过程中保持其完整性和隔热性，是具有防火功能的透明采光材料。它是将预先编织好的钢丝网（直径约0.2—0.4mm）压入已经软化的玻璃之中。如遇外力冲击玻璃破碎，但玻璃与钢丝网仍黏结成一体，具有裂而不散的特点。夹丝玻璃厚度有6、7、10、12、15、19mm等多种规格（图6—9～图6—11）。

图6—9 奥地利维也纳某建筑，夹丝玻璃运用在商场的橱窗

图6-10 阿姆斯特丹某建筑，夹丝玻璃运用在建筑物的立面（林辉摄）

图6-11 阿姆斯特丹某建筑，夹丝玻璃运用在建筑物的立面（林辉摄）

5. 夹层玻璃

又称"防弹玻璃"，是由两片或多片平板玻璃嵌夹透明薄膜塑料黏结而成的复合玻璃。夹层玻璃如果遭遇外力作用破碎，在中间夹层薄膜塑料衬片的作用下，只产生裂纹和极少量的玻璃碎屑，不脱落伤人、具有耐热、耐寒、耐久等特点。主要运用在有防爆、防盗、防弹的场所，如汽车挡风玻璃、银行营业柜台及屋顶采光天窗等（图6-12、图6-13）。

图6-12 夹层玻璃运用在商场的采光顶棚

图6-13 意大利佛罗伦萨某商场，夹层玻璃运用在商场的顶棚，作为屋顶采光天窗

6. 吸热玻璃

吸热玻璃是一种可以吸收光线能量，控制光线通过的玻璃。吸热玻璃可有效地吸收红外线，降低通过玻璃的热量，同时使可见光线通过，保持良好的透明度。吸热玻璃一般是通过加入适量有吸热作用的氧化物制成，玻璃常见的颜色为蓝色、绿色、茶色、灰色等。吸热玻璃已广泛应用在建筑装饰工程的门窗工程，能够节约冷气能耗。同时，由于吸热玻璃对太阳光能量的吸收，会使玻璃的温度升高，应注意玻璃与窗框的衔接密封处理，避免玻璃炸裂现象的发生。与普通平板玻璃相比较，吸热玻璃具有降温的作用。

7. 热反射玻璃

也称热反射镀膜玻璃，是在平板玻璃表面涂覆一层金属氧化物，使之成为既具有很强的热反射能力，同时又具备良好透光性能的材料。热反射玻璃反射率可达到30%左右，是普通平板玻璃反射率的4倍左右。因此，热反射镀膜玻璃能够较好地阻止太阳光线的射入，降低室温。热反射镀膜玻璃膜层加工方法主要采用喷涂、真空镀膜溅射等加工工艺（图6-14～图6-16）。热反射镀膜玻璃的特点如下：

（1）反射能力强、单面透像

热反射镀膜玻璃膜层薄，室外朝太阳光面有镜面玻璃的特点，反面又有普通平板玻璃透明的特点。

（2）装饰性强

镀膜层可镀成金黄色、宝石蓝、绿、银灰等多种不同颜色，在建筑物上广泛运用在门窗、玻璃幕墙等部位，整体装饰效果极强。

图6-14 德国法兰克福某建筑，热反射镀膜玻璃运用在建筑物的门窗

图6-15 德国法兰克福某建筑，热反射镀膜玻璃运用在建筑物的立面

图6-16 德国法兰克福某建筑，综合采用热反射镀膜玻璃、铝塑板、铝合金型材的建筑物

8. 中空玻璃

也称隔热玻璃，是采用两层或两层以上的普通平板玻璃组合成一个整体，四周采用胶接、焊接等方法进行密封，内部填充干燥的气体制作成型。两层玻璃之间的空气层的厚度一般在6—12mm之间，

由于空气层的作用，中空玻璃具有较强的隔热保温、隔声的功能。中空玻璃主要应用在有采光、隔热、保温、隔声、安全要求的建筑物、汽车、轮船的门窗等部位。有特殊安全功能要求的采光天棚和玻璃幕墙采用的中空玻璃（图6-17），较多运用钢化、夹丝、夹层等玻璃作原片制作而成。

9. 空心玻璃砖

是由两个凹形玻璃砖坯体组成，经胶接或熔接而成的玻璃制品，四周密封后，内部由干燥的空气形成空腔。玻璃砖壁厚：80—100mm；长宽边规格：190×190mm、240×240mm、300×300mm等，玻璃砖内侧压有各种花饰纹样，空心玻璃砖主要应用在建筑物墙体和室内隔断。空心玻璃砖的特点如下：

（1）隔热保温、节约能源。

（2）透光不透视。

（3）隔绝噪音。

（4）强度高、抗压。

（5）防火性能好，能有效阻止火势蔓延。

10. 热熔玻璃

又称水晶玻璃，是将平板玻璃加热软化并压模成型。可加工出各种形状和色彩的艺术装饰品。

11. 玻璃锦砖

又称玻璃马赛克，有红、黄、蓝、白、金、银色等各种丰富的颜色，有透明、半透明、不透明等品种。玻璃锦砖的规格为：20×20mm、30×30mm、40×40mm、50×50mm；厚度：4—6mm，背面有槽纹，便于施工粘贴。玻璃锦砖是一种小规格的材料，主要应用在外墙面、地面的装饰。玻璃锦砖的特点如下：

（1）不吸水、表面光滑、便于清洁。

（2）经济、美观、实用。

（3）体积小、重量轻、施工简洁方便。

12. 其他特种多功能玻璃

特种多功能玻璃有下列几种：

（1）可钉玻璃。把碳化纤维与硼酸玻璃混合加

图6-17 比利时布鲁塞尔某建筑，中空玻璃运用在建筑物的门窗

热而成，不脆，可用钉子钻孔。

（2）无菌玻璃。在玻璃加工过程中，加入适量的铜原子制造出的玻璃材料，具有无菌的功效。

（3）隔音玻璃。这是用5mm厚软树脂把两层玻璃粘在一起，具有吸收声音的功效。

（4）发电玻璃。吸收太阳光的能量后可以进行发电。

（5）防盗玻璃。玻璃为多层结构，每层之间嵌有极细的金属丝、金属丝与防盗装置相连，遇外力作用会自动报警。

（6）自净玻璃。这是在玻璃表面涂有一层二氯化酞的"光触酸"，太阳光紫外线能自动将玻璃上的污染进行化解洁净。

（7）薄膜玻璃。厚度极薄，只有0.003mm。

（8）调光玻璃。能自动调节透明度的玻璃，两层玻璃中间有一层导电膜，可通过遥控器控制玻璃的亮度。

[复习参考题]

◎ 简述玻璃的概念及特性。

◎ 平板玻璃常见的质量缺陷有哪些？

◎ 什么是夹丝玻璃、夹层玻璃？

◎ 什么是中空玻璃、钢化玻璃？

◎ 什么是热反射玻璃？它的特点是什么？

◎ 什么是空心玻璃砖？它的特点是什么？

◎ 玻璃锦砖指的是什么？有何特点？

第七章 木材装饰材料

一 本章重点 》

木材的加工应用（人造板材的主要类型及特点）；

木材的装饰应用（木装饰制品的种类、特点）。

一 学习目标 》

掌握木材的分类、构造与识别、木材的性质等基本知识；木材的加工应用；人造板材的主要类型及特点；常用木装饰制品的种类、特点及应用。

一 建议学时 》

4学时。

第七章　木材装饰材料

　　木材按树种分为阔叶树和针叶树，按用途可分为原条、原木和锯材，按硬度可分为硬木、软木。由于木材肌理丰富多样，具有较好的弹性、韧性和易于加工等特点，在建筑装饰工程中得到了极为广泛的应用。

一、木材的构造与识别

1．木材的构造

　　树木是由树根、树干、树冠三部分组成，通过树的横切面可以清晰地看到木材的构造，从横切面上看，树木主要由树皮、木质部、髓心三部分构成（图7-1）。年轮与髓线构成木材美丽的天然纹理（图7-2）。在工程中所使用的装饰木材主要是树干径切方向或弦切方向上的各种锯材，树干径切面或弦切面上的各种沟槽肌理构成了木材美丽的花纹。树皮分为内外两层。外层粗糙，是树木的保护层；内层松软，容易腐烂。木质部分为心材和边材，心材颜色较深，边材颜色较浅。树木的生长是靠形成层逐步不断扩张生长形成的，因此也就形成了"年轮"。心材较硬，抗腐蚀、耐磨性均比边材好。髓心是树木横切面的中心部分，也是树木最早生长的部位，木质强度相对较低，易腐蚀，因此径切锯材一般不用髓心部分。

2．木材的识别

　　木材应根据导管、年轮、髓线、树皮等方面来确定识别树种。

（1）导管

　　导管是阔叶树独有的输导组织，在树木的横切面上呈现许多大小不同的孔眼，叫管孔。导管用以给树木纵向输送养料，在树木的纵切面上呈沟槽状，构成纹样优美的肌理。阔叶树材管孔大小并不一样，随树种而异，有的可见，有的不可见，需在显微镜下才能观察到。根据年轮内管孔分布情况，阔叶树材分为：环孔状材（指在一个年轮内，早材

图7-1　树的横切面可以清晰地看到木材的构造

图7-2　木材清晰的年轮和髓线

管孔比晚材管孔大，沿着年轮呈环状排列。如水曲柳、黄菠萝等）、散孔状材（指在一个年轮内，早晚材管孔的大小没有显著区别，呈均匀分布。如桦木、椴木等）和半散孔材（介于环孔状材和散孔状材之间，早材到晚材管孔逐渐变小，界限不明显。如核桃楸等）。

（2）年轮

　　树木的加粗是由于形成层逐步不断扩张生长而成的，每经过一个周期，树木就增加一圈，这些同心的圆圈叫生长轮。在寒带和温带地区，气候四季分明，每年只长一圈木质层，所以生长轮又称年轮。年轮的宽窄反映树木生长的快慢，生长快的树种如泡桐，一个年轮的宽度达到3—4cm；生长慢的树种如云杉、黄杨，1cm宽度需好几个年轮生长。

（3）髓线

针叶树材内部构造简单、髓线细而不明显；阔叶树材内部构造复杂、髓线粗大、明显清晰。

（4）树皮

树皮是树干的外围组织，分为外皮和内皮。内皮是输送养料的主要渠道，外皮颜色各异。如白桦的外皮雪白，松木的外皮红褐色。

二、木材的性质

木材具有以下的性质：

（1）干缩湿胀性。木材干燥时，水分减少，木材尺寸和体积缩小，叫干缩；木材由于吸收水分引起尺寸和体积的增大叫湿胀。干缩湿胀都会使木材产生变形。建筑装饰工程应用的木材存放时间应长一些，避免木材因干缩湿胀而产生变形。

（2）木材强度高、硬度大、弹性、韧性好。

（3）木材纹理美观、装饰性强。

三、木材的加工应用

一方面，树木经锯切出的板材的尺寸、枋材截面的宽度和厚度，与装饰工程中往往需要大规格、大面积铺设的要求有较大的差距。另一方面，从自然环境保护、节约自然资源等方面考虑，也要求对自然木材进行深加工，以便更加综合有效地利用。木质人造板材就是以木材、木质碎料为原料，采用胶粘剂或其他添加剂进行深加工的板材，该种材料因为其灵活的适应性，在建筑装饰工程中得到广泛的应用。

1. 胶合板

胶合板是将原木或锯材切成薄木再用胶粘剂胶合而成的三层或三层以上的板材。胶合板具有以下的特点：胶合板胶合层数在12mm以下的常为奇数，有三夹板、五夹板、九夹板、十二夹板等（图7-3）；幅面宽、施工方便，一般规格为1220×2440mm；强度高，平整度好，不易干缩变形。胶合板案板的结构分为以下几种：

（1）胶合板，即全部由单板黏结而成。胶合板容易加工，如组接（射钉固定或胶粘）、锯切、表面涂装。较薄的三层、五层胶合板，在一定的弧度

图7-3 运用十二夹板作为梁、柱装饰的基础材料

内可以进行弯曲造型。厚层胶合板则可通过加热软化，然后液压、弯曲、成型，并通过干燥处理，使其形状保持不变。

（2）夹心胶合板，也称大芯板、细木工板。即板芯由断面相等的木条按顺序排列相互拼接，然后在板芯上下面各贴上一层三夹板或单片板。夹心胶合板具有强度高、硬度大、不易变形的特点，板材表面平整，主要适宜于家具制作。规格1220×2440mm。

（3）复合胶合板即以金属板材作饰面板，其他非金属材料作芯板胶合而成的板材，如铝箔贴面板。

2. 纤维板

纤维板是以植物纤维（木屑、刨花、树枝、稻草、竹子等）为原料，经纤维分离，加入黏合剂热压制成的一种人造板材。板材质地细腻，强度高，应用在家具制作及作为墙面保温、隔音的材料。

3. 刨花板

刨花板主要是利用木材生产过程中的各种废料（如木丝、木屑、木片、刨花等）经干燥等加工环节加入一定的胶粘剂热压而成。刨花板具有良好的隔音、隔热性，强度均匀，并且加工方便，表面还可进行各种贴面和涂装工艺。除可用做家具基材外，还可作为室内吸音和保温隔热材料。

四、木材的缺陷

木材作为材料也有欠缺而不够完美的地方，如木材内、外部容易受细菌、害虫的危害或人为损伤，会降低木材原有的使用价值。

木材的缺陷有以下几种：

（1）节子：树干与枝条相接的部分，称为节子。

（2）裂纹：木材纤维之间分离所产生的裂隙，叫开裂或裂纹。

（3）腐朽：由于细菌的侵入，使树木细胞壁受到破坏，变得松软易碎，呈粉末状，称为腐朽。

（4）伤疤：受机械损伤、火烧或鸟害形成的伤痕称为伤疤。

（5）变形：锯材在干燥、保管过程中产生的形状改变（如弯曲、翘曲等），称为变形。

（6）变色：木材的正常颜色发生了变化。

五、木材运用应注意的事项

木材应用要注意的事项为：防腐（用防腐剂涂刷、喷涂或浸渍，杀灭木材腐菌）、防虫（涂刷、喷涂或浸渍防虫剂阻止白蚁的侵蚀）和防火（涂刷、喷涂或浸渍防火涂料将木材进行阻燃处理）。

六、木材的装饰应用

由于木材有纹理美观、易于加工等特点，建筑装饰工程中木材作为饰面材料得到广泛的应用。如各种饰面的装饰夹板、木质地板、木质线条、防火板等都具有良好的装饰效果。

1. 木质装饰夹板

木质装饰夹板是表面一层具有肌理，纹样美丽的木质三夹板。如榉木、柚木、红檀、沙贝利、黑胡桃、红胡桃、白橡、红影等（图7-4～图7-7）。

图7-4 法国奥塞美术馆，木质装饰夹板制作的服务台

图7-5 法国罗浮宫，木质装饰夹板制作的橱窗

图7-6 木质装饰夹板制作的橱柜

图7-7 木质装饰夹板对立面的装饰

2．木质地板、竹地板

木质地板种类繁多，具有优美的纹理及弹性。按木材形状可分为条形地板和拼花地板；按质地分为硬木地板、软木地板；按树种分为阔叶树材地板和针叶树材地板。具体来说，地板有以下几种：

（1）条形木地板。是呈长条形的木质板材，宽度：90—120mm；长度：600mm、750mm、900mm、1200mm等；厚度：20mm—30mm。条形木地板有企口、平口式样。平口是上、下、左右平齐的条木（图7-8）；企口是用机器设备将木条四周断面加工成榫槽状，拼装端头的接缝相互错开，用钉子固定安装。

（2）拼花木地板。将几块短条形木板按一定的图案拼装的板材，呈正方形，长宽规格：250—400mm之间；板厚：20mm。拼花地板对地面平整度要求较高，否则会出现翘曲的现象。

（3）硬木地板。是指用阔叶树材制作的地板，地板木质坚硬、纹理细腻、耐磨性好。制作地板使用的硬木有：柚木、水曲柳、核桃木、龙眼、檀木、桦木等。硬木地板广泛运用在宾馆、酒店、体育馆、会议室、家居等的地面装饰。

（4）软木地板。是指用针叶树材制作的地板，木质较软，耐磨性差。制作地板使用的树种有：杉木、松木、柏木等。软木地板主要运用在普通室内装饰工程的地面装饰或作为饰面板的基础材料（图7-9）。

（5）竹地板。是用天然优质竹加工成竹条，经胶合、压力下拼制成型的企口长条地板。竹地板一般都经过刨平、打磨、抛光、着色、上漆等程序，属于工程施工中直接可安装的成品材料，产品经久耐用，不变形，广泛应用在室内的地面装饰。

图7-8 某餐厅半口条形木地板在室内顶棚中的运用

图7-9 软木地板的铺设效果

3．木材装饰线

木材装饰线是用纹理美丽的各种树种按一定的设计图案加工而成。按使用部位不同有阴角线、阳角线、平线、门套线、档门线、踢脚线等，主要运用于家具、墙面、地面、顶棚等需衔接收口的部位，线条可根据建筑物的装饰效果自由设计、生产、定制（图7-10）。

图7-10 用木线条进行装饰的墙面背景

[复习参考题]

◎ 常通过哪些结构特征对木材进行识别？

◎ 什么叫木材的年轮？

◎ 木材的性质是怎样的？

◎ 什么是木质人造板材？试述其分类及各自的特点。

◎ 胶合板按结构可分为哪几类？

◎ 木材的缺陷有哪些？

◎ 木材的使用有哪些应注意的事项？

◎ 硬木地板、软木地板和木材装饰线分别指的是什么？

第八章 有机装饰材料

本章重点 》

塑料制品的类型及装饰应用；建筑涂料、胶粘剂的类型和应用。

学习目标 》

掌握和了解塑料的概念、组成成分、塑料制品的装饰应用；建筑装饰有机涂料的类型、特点、应用；胶粘剂的分类及应用。

建议学时 》

4学时。

第八章　有机装饰材料

有机材料是指含碳原子的化合物，如塑料、橡胶、涂料、沥青等，这些化合物是由人工合成的。常用的建筑装饰有机材料主要有塑料制品、建筑涂料、胶粘剂等。

一、塑料

塑料是以树脂（天然树脂或人造合成树脂）等高分子化合物（两种或两种以上的物质，经化学反应后生成的另一种物质）为基本成分，加入填料与配料（增塑剂等）混合后加热加压而成的具有一定形状的塑性材料。在常温、常压下保持形状不变，具有质轻、绝缘、耐磨、耐腐蚀等特点。

1. 树脂

树脂是塑料中最主要的基本成分，是具有可塑性的，固态或半固态的高分子有机化合物。树脂分为天然树脂和合成树脂。天然树脂是天然的产物，一般是指由树木分泌出的脂液，也有指昆虫分泌物即天然树脂虫胶的。如松香就是一种天然树脂。合成树脂是以煤、石油、天然气为原料的低分子量的化合物，经过各种化学反应而产生的高分子量的树脂状物质。

2. 添加剂

增加添加剂的目的是为了改善塑料的性质，常用的添加剂有以下几种：

（1）填充料。加入碳、石灰、铝粉、玻璃纤维等填充料，增加塑料强度、韧性。

（2）固化剂。加入胺类等固化剂，加快塑料的固化速度。

（3）着色剂。加入着色剂，能够获得满意的色彩效果。

（4）增塑剂。加入增塑剂，能够提高塑料的可塑性。

3. 塑料的特点

塑料具有以下的特点：

（1）强度高、质量轻，便于安装施工。

（2）装饰性强。可制成各种天然的纹样，美观大方。

（3）电绝缘性好，耐腐蚀。

（4）阻燃性差，易老化。

4. 塑料制品的应用

塑料制品主要有以下几种：

（1）PVC装饰扣板

以树脂为主要原料，可以制成肌理纹样、图案颜色丰富的长条形板材料。材料长度：6000mm；宽度：200—300mm，可根据设计施工需要定制材料的规格。材料具有质轻、耐腐蚀、防水的特点，广泛运用于室内顶棚、隔断等有防水要求的场所（如卫生间的顶棚）。

（2）塑料地板（地砖）

俗称地塑。具有质轻、耐磨、易清洁、纹样肌理丰富的特点，运用胶粘剂与地面黏结，施工具有方便快捷的特点。地塑规格：2000×30000mm—50000mm；塑料地砖规格：450×450mm（图8-1）。

图8-1　地塑地板（林辉摄）

（3）塑料壁纸

是以PVC为原料，经压花等工艺程序制成的装饰图案丰富的材料。在墙面装饰过程中，根据室内功能要求，还可选择具有耐水、防火等性能的塑料壁纸。塑料壁纸规格：宽530—1200mm，长10000—50000mm（图8-2、图8-3）。

（4）玻璃钢

玻璃钢是用玻璃纤维及其织物增强的塑料。质轻、硬度大、不导电、耐腐蚀，可以代替钢材制造机器零件等。也可制成各种型材及格子板，有透明与不透明之分。制作的材料颜色丰富，表面平整，耐老化，如玻璃钢字等（图8-4～图8-6）。

图8-2 法国巴黎某商店，有机塑料壁纸在室外门面中的运用

图8-4 德国法兰克福某商店，玻璃钢文字在室外门面中的运用

图8-3 奥地利格拉茨某橱窗，红色有机塑料壁纸在室外门面中的运用

图8-5　德国慕尼黑某商店，玻璃钢文字在室外门面中的运用

图8-6　法国巴黎某商店，玻璃钢文字在室外门面中的运用

图8-7　红色有机玻璃灯箱

（5）塑钢门窗

是用聚氯乙烯为原料，加入各种添加剂，内有钢衬的型材。塑钢门窗具有保温隔音性好、耐腐蚀、抗老化、防火性能好、加工安装方便以及平整美观的特点。

（6）有机玻璃板

材料有透明与不透明之分，色彩上有红、黄、蓝、绿等各种不同的颜色。常见的规格为：1000×2000mm；板材厚度：2—12mm。有机玻璃板广泛运用在室内外墙面、顶棚的装饰中（图8-7~图8-11）。

图8-8　德国慕尼黑奥林匹克公园，有机玻璃作为建筑屋顶的主材料

二、建筑涂料

涂料是一种有机高分子胶体的混合溶液。涂在建筑物的表面上，能与被涂物很好地黏结并形成完整的固体薄膜。最早使用的涂料是以从植物种子中榨取的油或漆树中的漆液为主要原料加工制成的，因此也把涂料称为油漆。习惯上人们常将溶剂性的涂料称为油漆，而把乳液性涂料称为乳胶漆、涂料。

图8-9　有机玻璃板局部造型

图8-10 有机波纹板在室内墙面装饰中的运用

图8-11 奥地利格拉茨博物馆，有机玻璃作为建筑的主材料

1. 涂料的作用

涂料具有以下的作用：

（1）保护作用

生活中的各种物体很多是由金属、木材制作的，这些材料在大气中暴露，常常会被腐蚀，或是生锈，把涂料涂在材料表面上可形成坚韧的保护膜层，使材料不会因受侵蚀而老化，延长材料的使用时间。

（2）装饰作用

涂料品种多，含有多种不同的颜料，颜色丰富多彩。根据设计要求，可以制成各种绚丽多彩的纹理效果，也可以将材料表面进行亚光或者亮光的处理，从而强化材料的表现效果（图8-12～图8-15）。

（3）标志作用

涂料具有不同的颜色，容易识别，提高安全性。

图8-12 醒目的建筑外墙涂料装饰

图8-13 色漆在建筑外墙的装饰效果

图8-14 奥地利格拉茨商场,红色的色漆涂在木材表面上

图8-15 涂料在建筑墙面上的应用

2. 涂料的分类

涂料按化学成分可分为有机涂料、无机涂料和有机、无机复合涂料。涂料按使用方式不同分为清漆、磁漆、底漆、泥子、调和漆等几种。

（1）有机涂料

有机涂料有以下几种类型：

①溶剂型涂料。溶剂型是以高分子合成树脂为主要成膜物质，加入有机溶剂、颜料等材料加工而成的涂料。有较好的硬度及光泽，耐腐蚀、耐磨，广泛应用在建筑物室内外墙、地面的装饰。

②水溶性涂料。水溶性涂料是以合成树脂为主要成膜物质，以水为稀释剂，加入适量的颜料等材料加工而成的涂料。耐水性差，一般只适合室内的内墙涂刷。

③乳胶涂料。是以合成树脂为主要成膜物质，加入乳化剂、适量的颜料等材料加工而成的涂料。涂料颜色丰富鲜艳，耐水、耐擦、无毒、无害，广泛应用在室内外墙面装饰（图8-16、图8-17）。

（2）无机涂料

是以石灰水、大白粉、滑石粉为主要原料加入适量动植物胶配制的涂料。涂料耐水性差，适宜简易装饰。

（3）有机、无机复合涂料

有机、无机复合涂料，主要是为了节约资源，克服有机、无机涂料各自缺点，利用各自优点而开发的复合涂料。

图8-16 奥地利萨尔茨堡某旅馆,黄、白色乳胶漆在室内天棚中的运用

图8-17　德国法兰克福某餐厅，红色乳胶漆在室内墙面上的运用

（4）清漆

又名树脂漆。是一种不含颜料的透明黏稠液体，常需加入一定量的固化催干剂，涂在物体表面能变成坚固有弹性的薄膜，既可保护底材，又可保持原材料的自然材质美感。清漆是制造磁漆、底漆和泥子的主要材料。

（5）磁漆

是在清漆中加入颜料的有色漆，不透明。颜料赋予涂料着色和覆盖作用，并能够改善涂料的物理和化学性能，提高涂膜的机械强度、附着力和耐光、耐热、耐腐蚀的能力（图8-18）。

（6）底漆

又称打底漆。是直接涂在材料表面的基层漆，底漆可以是透明的，也可以是有颜色的，能够使材料与随后涂上的涂料很好地进行黏结，对材料起保护作用。

（7）泥子

在清漆中加入颜料或填料调配而成，主要修复材料粗糙不平部位，增加材料的平整度。

（8）调和漆

有色漆的一种。是已经调和好可以直接使用的涂料，适用于涂刷建筑物、工具、车辆、室内外门窗及一些档次不高的物体表面。

三、胶粘剂

胶粘剂是指具有良好的黏结性能，能将两种物体牢固胶结密封起来的材料。各种不同性能的胶粘剂能胶粘金属、陶瓷、玻璃、皮革、织物、玻璃钢、木材等各种材料。因此胶粘剂在工程中应用十分广泛（图8-19）。

图8-18 阿姆斯特丹某商场，绿色有色漆在室内顶棚中的运用，色彩鲜明

图8-19 硅酮结构密封胶应用在玻璃与金属的胶结

1. 胶粘剂的分类

胶粘剂按胶粘材料性质分为有机胶粘剂和无机胶粘剂两大类，按胶粘材料用途分为结构型胶粘剂和非结构型胶粘剂。

（1）有机胶粘剂

有机胶粘剂有天然动植物胶粘剂和合成胶粘剂两种类型。

（2）无机胶粘剂

无机胶粘剂有磷酸盐型胶粘剂、硅酸盐型胶粘剂和硼酸盐型胶粘剂三种类型。

（3）结构型胶粘剂

结构型胶粘剂是指要求胶结物体强度相当高的胶粘剂。

（4）非结构型胶粘剂

非结构型胶粘剂是指具有一定的胶粘强度，但不能承受较大的压力的胶粘剂。

2. 胶粘剂的应用

胶粘剂的应用产品主要有以下几种类型：

（1）107、108胶（无色透明胶体），粉末壁纸胶（粉末状，需要加水使用）等胶粘剂。主要应用在壁纸、墙布的黏结。

（2）ＡＨ-93大理石胶粘剂。是一种由环氧树脂等高分子合成材料的胶粘剂，白色或粉色膏状黏稠的外观，黏结强度高，适应大理石、花岗岩、马赛克、瓷砖等与水泥基层的黏结。

（3）透明丙烯酸酯胶。是无色透明黏稠状的胶粘剂，固化时间约6—8小时，适用在铝合金框与玻璃之间的黏结密封。

（4）硅酮结构密封胶。黑色的黏稠状胶粘剂，用于门窗玻璃、玻璃幕墙的结构密封。

（5）聚酯酸乙烯胶结剂。也称白胶，黏稠状，白色，广泛应用在竹木类材料的黏结。

3. 胶粘剂选用的原则

胶粘剂选用的原则为：根据胶粘材料的性质，选用相应用途的胶粘剂；根据胶结材料要求的胶粘强度，选用相应胶粘强度的胶粘剂。

[复习参考题]

◎ 什么是塑料？其特点如何？

◎ 试述塑料添加剂的种类及用途。

◎ 建筑装饰塑料制品主要有哪些？各有何特点和用途？

◎ 建筑装饰涂料有哪些作用？

◎ 有机涂料有哪几种类型？

◎ 从使用方式角度，列举几种常用涂料，谈谈它们的用途。

◎ 胶粘剂可以分为哪几类？

◎ 列举几种常用的胶粘剂应用产品，谈谈它们的用途。

◎ 胶粘剂选用的原则是什么？

第九章 装饰织物

本章重点》
地毯、壁纸、壁布的装饰应用。

学习目标》
了解和掌握装饰织物的类型、常用装饰织物制品：
地毯、挂毯、壁纸、壁布的装饰应用。

建议学时》
1学时。

第九章 装饰织物

装饰织物是指以纤维纱或线等为原料，经编织工艺制成的绸、布、呢子、地毯等装饰材料。织物由于其柔软舒适的手感、丰富的颜色和美观图案，在建筑装饰工程中，如果运用妥当，可以成为渲染室内气氛的点睛之笔（图9-1~图9-6）。

一、常用装饰织物种类

常用装饰织物按使用部位分为以下几种类型：

（1）地毯

是以动物纤维（毛纤维和丝纤维）和植物纤维（麻纤维和棉纤维等）为原料，经过编织等生产工艺制成的地面铺装材料。其丰富的纹样、肌理、色彩和图案，可以烘托出舒适、柔软、优美的室内气氛。

（2）窗帘、帷幔

安装悬挂在窗户用以遮挡太阳光曝射的织物制品。有分割空间、遮蔽光线、阻止灰尘进入内部的作用。通过窗帘的开启，可以自由调节室内光线的明暗，从而塑造或改变室内装饰的环境气氛。

图9-2　意大利威尼斯某餐厅，装饰织物遮阳布在室内天棚中的装饰运用

图9-3　窗帘在室内的醒目装饰运用

图9-4　法国巴黎某酒吧，装饰织物篷布在室外门檐中的装饰运用

图9-1　装饰织物制作的墙上装饰

图9-5　意大利罗马某商店，装饰织物绸在室内天棚中的装饰运用

图9-6　纱类装饰织物制造朦胧效果

（3）家具、陈设覆盖的织物

主要是指对家具、陈设物起遮盖保护作用的装饰织物，可以防止家具、陈设物的磨损及灰尘进入，并调节室内环境气氛。装饰织物主要有床罩、桌布、沙发巾、钢琴罩等覆盖物。

（4）其他织物

采用织花或编结工艺，或印染、印花等修饰方法加工而成的壁挂、壁布、屏风等。图案种类丰富，艺术气息浓郁，具有良好的装饰性。

二、装饰织物制品

常见装饰织物制品有地毯、挂毯和壁纸、壁布等。

1. 地毯

地毯柔软而有弹性，保温、吸声作用强，并具有图案美观、装饰性强的特点，是优良的地面铺设材料。

地毯的分类

地毯按照材质可分为以下几种类型：

A.羊毛地毯：用纯绵羊毛为原料编织而成的地面铺设材料。具有质地柔软、弹性大、拉力强的特性，主要以手工制作为主。羊毛地毯广泛应用在居室客厅、宾馆酒店走廊、会议室等高档装饰工程中（图9-7～图9-10）。

B.混纺地毯：混纺地毯是用羊毛纤维与合成纤维混纺编织的地毯。合成纤维的加入，可改善羊毛的耐磨性，质地相对羊毛地毯柔软性稍弱，但不易受腐蚀而老化。混纺地毯图案种类丰富，广泛应用在高中档装饰工程中。如居室客厅、卧室、酒店、宾馆走廊、会议室的地面铺设。

C.化纤地毯：是纯粹用合成纤维为原料制作的地毯。与混纺地毯相比，其柔软度稍弱。如腈纶、涤纶地毯。化纤地毯以机器加工编织为主，价格相对低廉，着色相对单一。但由于其价格低廉，运用也非常广泛。化纤地毯由面层、防松动层和背衬三个部分组成，具有耐磨、弹性大、阻燃自熄性好、幅面规格大的特点。

图9-7　酒店客房过道上的图案地毯

图9-8 装饰织物纯绵羊毛地毯图案

图9-9 装饰织物纯绵羊毛地毯图案

图9-11 壁纸、壁布在室内墙面上的装饰运用

图9-10 清新图案的羊毛地毯

D.塑料地毯：是采用聚氯乙烯树脂、增塑剂等原料加工制作的地面铺设材料。一般用于室外环境及门口由于雨水多而造成地面易打滑的公共场所，价格低廉，运用广泛。

2. 挂毯

又称艺术壁毯，是悬挂在墙面上的艺术装饰品。挂毯规格多，外观形式丰富，色彩艳丽，图案美观大方，可有主题，装饰性强。挂毯一般采用人工编织方法制作而成。

3. 壁纸、壁布

壁纸、壁布又称墙纸、墙布（图9-11），是一种使用时用胶粘剂粘贴在墙面上的装饰织物制品。材料质地柔软，图案丰富多样，耐洗，施工方便，在家居、宾馆、酒店的卧室墙面上运用较为广泛，可以很好地塑造室内环境气氛，达成清新雅致、温馨祥和的艺术效果。

（1）壁纸

是以纸或泡沫塑料为基层，面层用草、麻、木材等天然纤维材料做原料，经复合加工而成的装饰织物材料。壁纸种类繁多，立体感强，图案丰富，成卷包装，施工方便。

（2）壁布

是用棉麻等天然纤维和化学纤维为原料经无纺成型，上树脂、印花等工序制作而成的装饰织物材料。材料图案丰富，成卷包装，施工简单方便，无毒无害，主要运用在高级建筑装饰工程的墙面中。

[复习参考题]

◎ 常用装饰织物按使用部位分，有哪几种类型？

◎ 地毯按照材质，可以分为哪几种类型？各有什么特点？

◎ 壁纸和壁布各指的是什么？

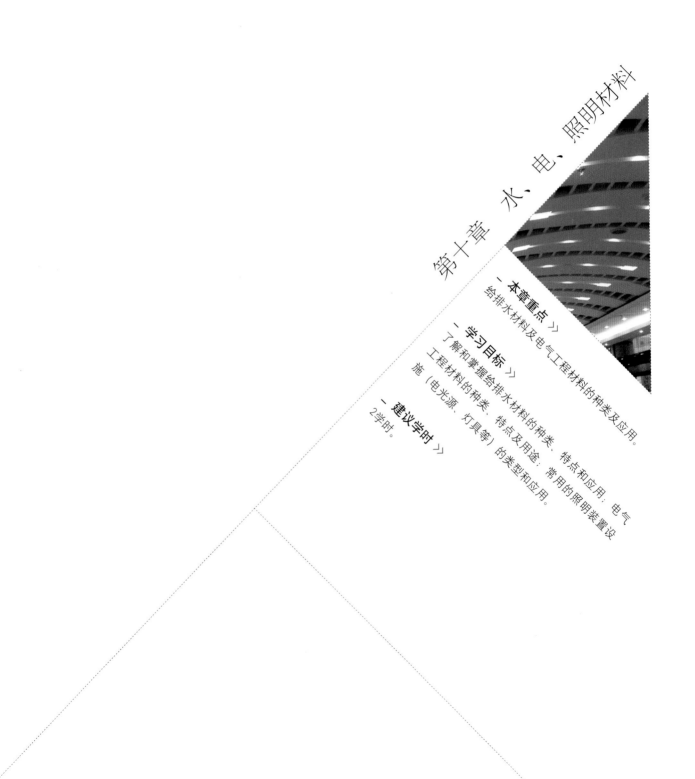

第十章　水、电、照明材料

本章重点 》
给排水材料及电气工程材料的种类及应用。

学习目标 》
了解和掌握给排水材料的种类、特点和应用；电气
工程材料的种类、特点及用途；常用的照明装置设
施（电光源、灯具等）的类型和应用。

建议学时 》
2学时。

第十章　水、电、照明材料

水电照明材料是建筑装饰工程中非常重要的基础材料，水电材料在建筑装饰工程中一般都采取预埋在建筑物的墙体内或者隐藏于悬吊式的顶棚里。因此，材料的使用必须进行精密的计算及详尽的考虑。应重点考虑水、电、照明材料的负荷，要选购品质优良的材料进行施工，确保给排水工程畅通不渗漏，电器照明工程安全正常工作（图10-1、图10-2）。

图10-1　法国奥塞美术馆，照明材料在悬吊式的采光顶棚中的运用

图10-2　照明材料在悬吊式天棚中的运用

一、给排水材料

给排水材料是供应、排放生产生活用水以及各种污废水的设施材料。按材料的不同性质分为铸铁给排水材料、镀锌无缝钢管给排水材料、硬质聚氯乙烯塑料管、铝塑复合管等给排水材料。

1. 铸铁水管

采用生铁铸造而成的管材。具有使用时间长、价格低等优点。缺点是性脆、重量大，未经防锈处理，易生锈腐蚀。在建筑装饰工程中使用逐渐减少。

2. 镀锌无缝钢管

用钢锭轧制成的管状的管材。具有使用时间长、不易生锈、耐腐蚀等优点。价格稍高，重量大，运用较为广泛。

3. 硬质聚氯乙烯塑料管

是以聚氯乙烯树脂为原料，加入辅助剂经过挤压成型的管状型材。管材以白色、灰色为主，表面平整光滑。主要运用于多层、高层建筑的生活用水管道。具有耐腐蚀、管内壁光滑、重量轻、容易切割安装及强度高的特点。在热溶状态下运用热溶器械进行黏结，是当前建筑装饰工程中运用十分广泛的给排水建材。

4. 铝塑复合管

是铝和塑料加入热溶剂等原料，通过高热高压成型的给排水管材。具有耐腐蚀、抗老化、保温、质轻、加工安装方便的特点，广泛应用在建筑物的给水管道、气暖管道、天然气管道等领域，但价格较高。

5. 给水管道部件

常用的给水管道部件有：

（1）水龙头

自来水管上的开关，可控制水温、水流量大小的部件。

（2）阀门

能控制调节水流量、压力的装置。

6. 常用水表

常用水表有干式水表、湿式水表之分；有总表和分表之分，总表计量大，分表计量则相对较小。

7. 给排水配件

常用的给排水配件有：90°弯头、45°弯头、三通、S形存水弯、P形存水弯、地漏、法兰等。

8. 卫生洁具

常用的卫生洁具有：洗面盆、坐便器、蹲便器、小便器、水箱等。沐浴房配套材料有：毛巾架、衣钩、化妆镜、肥皂盒、纸巾盒、浴帘等。

二、电气工程材料

在建筑装饰工程中，常用的电气工程材料有电线、PVC线管、接线盒、进出线盒、各种电光源、开关、插座、电表、各种照明灯具等。

1. 电线

电线是传送电能的导线。主要用铜或铝制成，规格种类多，有多股导线和单股导线之分，有暴露的和用绝缘体包起来的导线材料。电缆线则是装有绝缘层和保护外皮的导线，通常比较粗，由多股彼此绝缘的导线构成，用于电力输送。绝缘体的材料应不导电，隔绝电流通过。电线分类如下：

（1）铜芯导线

有单股与多股导线之分，在导线型号中常用不带"L"的字母标识，如BV、BVV，根据导线截面面积导线有0.2—64平方毫米的各种规格。

（2）铝芯导线

在导线型号中带"L"的字母如BLV，是铝芯聚氯乙烯绝缘导线。

2. PVC线管

是将电线穿入管材中，防止电线老化，便于维修，增加防火性能的聚氯乙烯管材。材料性能优良、耐腐蚀、韧性好、可弯曲、不开裂、阻燃自熄性好，只需与配件装配并用胶粘剂连接即可，质轻、施工方便，有白色、灰色等品种（图10-3）。

图10-3 聚氯乙烯电线管和接线盒在墙面上的固定应用

3. 接线盒、进出线盒

主要用于电线分配去向，固定安装聚氯乙烯电线管的材料。

4. 照明装置设施

常用的照明装置设施有各种电光源、开关、插座、电表、各种照明灯具等。

（1）常用电光源

常用的电光源有以下几种类型：

A.白炽灯泡（图10-4）。是通过钨丝加热而发光的一种热辐射光源。

B.反射型普通照明灯泡。采用聚光型玻壳制造，内部圆锥部分镀有一层反射性较好的镜面铝膜，光线集中，也称聚光灯。

C.磨砂普通照明灯泡。表面玻壳采用磨砂制造工艺。

D.彩色装饰灯泡。运用各种颜色玻壳制成的照明灯泡，有透明不透明之分。

E.荧光灯管。分直形、U形、圆形荧光灯管，有冷光和暖光之分，具有比普通白炽灯发光效率高、寿命长、省电节能的特点（图10-5、图10-6）。

（2）开关、插座、电表

A.开关。接通和截断电流通过的材料，有拉线开关和按钮开关等形式。

B.漏电保护开关。电流短路能自动截断电流的装置。

图10-4 常用的电光源：白炽灯泡

图10-5 意大利佛罗伦萨某服装店，筒灯、暗藏式荧光灯管日光灯在层叠式天棚中的运用

图10-6 德国法兰克福某餐厅，暗藏式荧光灯管日光灯在层叠式天棚中的运用

C.插座。连接在电源上，跟电器的插头连接时电流就通入电器的材料，有单相二孔、单相三孔、三相四孔等多种型号。

D.电表。显示用电量读数的装置。

（3）照明灯具

可算是一种实用性与装饰性紧密结合的室内陈设品，可充分调节室内外的光线及色彩，极大增强室内外的环境艺术气氛。照明灯具有普通灯具、荧光灯、艺术花灯、园林绿化照明灯以及功能性灯具等各种类型（图10-7～图10-12）。

A.普通灯具：圆球吸顶灯、半圆球吸顶灯、方形吸顶灯、软线吊灯。

B.荧光灯：分组装型和成套型。有吊链式、吸顶式、嵌入式等类型。

C.艺术花灯：有吊灯、吸顶灯等多种形式，品种规格繁多。

D.园林绿化照明灯具：如直立式灯柱。

E.功能性灯具：有壁灯、射灯、反射灯、水下照明灯、筒灯、舞厅舞台灯具等。

图10-7 法国罗浮宫，筒灯，壁灯在悬吊式的天棚和墙面上的运用

图10-8 商场天棚上筒灯的运用

图10-9 法国罗浮宫，荧光灯作为天棚的灯带

图10-10 法国罗浮宫，轨道射灯在天棚上的运用

图10-11 艺术花灯在天棚上的运用

图10-12 奥地利格拉茨某音乐工作室，反射灯、舞台灯具在天棚上的
运用

[复习参考题]

◎ 什么是给排水材料？常用的有哪些？

◎ 什么是硬质聚氯乙烯塑料管？

◎ 什么是铝塑复合管？

◎ 常用的电气工程材料有哪些？

◎ 常用的电光源有哪几种类型？

◎ 常用的照明灯具有哪几种类型？

第十一章 五金装饰材料

NANNINI

本章重点》

门、窗五金材料的种类及应用。

学习目标》

掌握五金装饰材料的基本概念；门、窗五金材料的种类及装饰应用。

建议学时》

1学时。

第十一章 五金装饰材料

五金装饰材料是指金、银、铜、铁、锡金属制品材料。由于五金装饰材料具有品种丰富、功能齐全、造型优美、市场需求量大的特点，这类装饰材料正朝着功能性与艺术装饰性相结合的道路蓬勃发展。五金装饰材料在室内装饰中如果运用恰当，可以对最终效果起到画龙点睛的作用。本章主要对门、窗五金装饰材料进行介绍。

一、门、窗分类

根据门窗使用的材料不同，门可分为不锈钢地弹门、卷闸门、铝合金地弹门、卷闸门、推拉门、木质门、塑钢门、彩钢卷闸门等（图11-1、图11-2）；窗可分为木窗、铝合金窗、钢窗、塑钢窗等。

图11-1 德国慕尼黑某店面，不锈钢地弹门

图11-2 德国法兰克福某大门入口，不锈钢电动推拉门

二、门、窗五金材料

门、窗五金材料有下列几种：

（1）执手锁

有单开门执手锁和双开门执手锁、一般用钢、铜等金属原料制作。

（2）门拉手

以不锈钢、石材、铜材、木材等原料制作，大小规格多样（见图11-3～图11-5）。

图11-3 不锈钢门拉手

图11-4 水晶玻璃门拉手

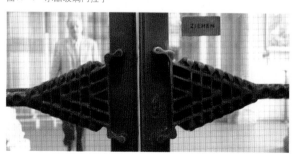

图11-5 铜门拉手

（3）门上下插销

不锈钢、铜或其他合金材料制造。固定门开启的装饰材料。

（4）合叶

不锈钢、铜等各种材质制造，是门与门框的连接件。

（5）门阻

门开启后，对敞开进行固定的五金材料，有铜、不锈钢等材质。门阻安有磁性吸铁。

（6）轨道

有铝合金轨道和不锈钢材质的轨道，轨道应用在门、家具等需要前后左右进行推拉的部位。

（7）地弹簧

是门与地面连接、转动，并能自动关闭的材料。分重型、轻型两种，重型地弹簧承重能力强，运用在承重量大的门装饰中，轻型地弹簧主要运用在承重量小的门装饰中（图11-6）。

（8）闭门器

打开门后能自动关闭门的材料（图11-7）。

（9）不锈钢上下门夹

表面材料为不锈钢，内有铝芯或者钢芯，固定、开启门的装饰材料（见图11-8～图11-10）。

（10）铝合金窗栓、滑轮

窗栓是铝合金门窗直接扣合的窗锁，滑轮便于窗扇推拉，滑轮应采用质量较好的材料，以免产生重复维修的现象。

（11）铁钉、自攻螺钉、纹钉、直钉、水泥钉、铁丝

用于各种材料的连接加固。铁钉规格多种，大小不一；自攻螺钉有螺纹；纹钉非常细小，需要用专用机具射入；水泥钉可以钉在坚硬的水泥墙面中，弹性小、易脆；铁丝粗细不一，用于绑扎固定物体。

（12）家具（柜门）拉手、合叶

家具拉手、合叶可以用多种材料制作，样式美观大方，有点缀修饰的功效。家具的合叶同门的合叶具有一样的功效，但规格偏小。

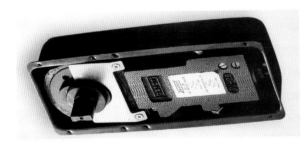

图11-6 不锈钢弹簧门配件：地弹簧

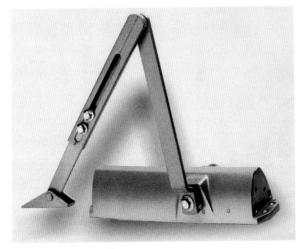

图11-7 门配件：闭门器

图11-8 地弹门的不锈钢上门夹的样式

图11-9 意大利佛罗伦萨某商店，不锈钢门夹的样式

图11-10 地弹门的不锈钢上门夹的样式

[复习参考题]

◎ 什么是五金装饰材料？

◎ 门、窗五金材料有哪几种？

第十二章　新型建筑装饰环保材料和绿色设计

一、本章重点 》

新型建筑装饰材料的特点；新型建筑装饰环保材料的装饰设计应用。

二、学习目标 》

了解和掌握新型建筑装饰材料的特点；绿色设计的概念；新型建材发展的主要方向及其应用。

三、建议学时 》

2学时。

第十二章 新型建筑装饰环保材料和绿色设计

过去的一个世纪里，工业技术的迅猛发展，在造就越来越繁荣的物质文明的同时，对我们所处的环境也造成了毁灭性的破坏。进入新世纪以来，人们对发展的看法，对环境的认识，正经历着革命性的变化。在21世纪，节约自然资源，保护地球生态环境已成为全人类的共识。在建筑材料领域，科学技术的高速发展，已经使得用工业废渣、废料生产轻质、高强度、多功能的新型环保材料成为今天的现实。而更多低能耗、可回收、多功能的人性化绿色环保建材也将成为今后研究的方向。纳米技术的应用，就代表了这样一种可能，它必将为建筑装饰材料的发展提供更加广阔的空间。"纳米"是一种极微小的长度单位。一纳米等于千分之一微米，大约是原子3—4倍的宽度。纳米技术运用在建筑装饰材料生产中，就是要人类按照自己的意志直接操纵物质的单个原子、分子，制造出具有特殊功能的建筑装饰材料。如：自净玻璃。玻璃表面涂有一层极微薄的膜层，太阳光照射的红外线与膜层起反应，能将玻璃上的灰尘及污垢进行自我化合清洁；纳米布，就是一种用生物活性功能纤维制造的材料，它能很好地激活人体细胞，从而提高人体免疫力。因此运用纳米技术生产的建筑装饰材料，是今后新型建材发展的重要方向。

一、新型建筑装饰材料

1. 新型建筑装饰材料的特点

新型建筑装饰材料具有以下特点：

（1）更新换代快。

（2）轻质、高强度。

（3）外观新、性能优。

（4）无污染，节约能源，保护环境。

（5）功能多，科技含量高。

2. 常用新型建筑装饰材料的品种

新型建筑装饰材料有隐形多彩涂料、铝塑板、圆孔铝板、不锈钢方格板、阳光板、复合地板、钢丝网聚氯乙烯夹芯板、人造石、波纹装饰板、有机皱纹板、有机玲珑、装饰波音软片、点支式玻璃幕墙不锈钢配构件、烤漆电线管架等（图12-1～图12-10）。

二、绿色设计和建筑装饰材料环保化

1. 绿色设计

20世纪60年代末，《为真实世界而设计》的作者——美国设计理论家维克多·巴巴纳克，针对人类面临的一系列最紧迫的问题，强调设计师的社会及伦理价值，认为应该认真对待有限的地球资源的使用问题，并为保护地球的环境服务。绿色设计的概念开始浮出水面。到了20世纪80年代末，绿色设计成为一股国际设计潮流。绿色设计反映了人们对于现代科技的高速发展所带来的负面影响——环境及生态遭到破坏的反思，同时也体现出设计师道德和社会责任心的回归。

绿色设计也称为生态设计，是在设计阶段就将环境因素和预防污染的措施纳入产品设计过程之中，使优化环境性能作为产品的设计目标和出发点，力求使产品对环境的不利影响降为最低。绿色设计的核心是"3R"，即Reduce, Recycle, Reuse，不仅要减少物质和能源的消耗，减少有害物

图12-1 人造石在室内吧台上的应用

图12-2 烤漆电线管架

图12-3 点支式玻璃幕墙

图12-4　彩色有机板在天棚上的装饰运用

图12-5　点支式玻璃幕墙不锈钢配构件

图12-6 门廊顶部的铝塑板饰面

图12-7 黄色波音软片在墙面上的装饰运用

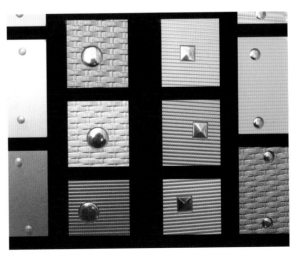

图12-8 波纹装饰板

图12-9　有机玲珑在吧台立面上的装饰运用

图12-10　装饰波音软片

质的排放，而且要使产品及零部件能够方便地分类回收并再生循环和重新利用。

绿色设计的主要方法：第一，模块化设计。即对一定范围内的不同功能、相同功能不同性能、不同规格的产品在功能分析的基础上，划分并设计出一系列功能模块，通过模块的选择和组合可以构成不同的产品，满足不同的使用需求。模块化设计既可解决产品规格、产品设计制造周期和生产成本之间的矛盾，又可为产品的快速更新换代、提高质量、维护简便、废弃后拆卸、回收以及增强产品的竞争力提供必要条件。第二，循环设计。循环设计也称回收设计，是对环境造成污染最小的一种设计的思想和方法。对于达到寿命周期的产品，其有使用价值的部分要充分回收利用，无使用价值的部分须采取相应措施进行处理，使其对环境的影响降到最低。在进行产品设计时，充分考虑产品零部件及材料回收的可能性、回收的价值以及回收处理方法（如可拆卸性设计）等一系列问题，最终达到零部件及材料资源的有效利用。

绿色设计在建筑装饰领域，主要体现为对材料选择、采光、通风、照明、节能、陈设等多方因素的综合整合设计，在设计中体现环保化、可持续的原则。在空间的功能作用得以保证的情况下，建筑装饰的绿色设计应具有以下特征：材料均为环保节能的品牌产品；室内保持自然通风，无人为阻挡；多使用昼光，避免眩光对人眼的伤害；同一空间的同种材料使用得到合理控制，无污染叠加现象；装饰设施制作、使用、维修、拆除简便；资源得到节约与再利用；人工环境与周围的生态环境相协调等。

2. 新型建筑装饰环保材料的运用

所谓"环保材料"，就是对人体健康和环境空间有利无害的各种材料，如具有空气净化、抗菌、防震、电化学效应、红外辐射效应、超声和电场效应等对人类生活有益功能的材料。

室内环境污染的主要因素，一是建筑装饰材料产生的放射性污染。如运用在建筑中的花岗岩、水泥等材料含"氡"微量元素，会对人体产生一定程度的放射作用，使人有致癌的潜在危险。在我国《天然石材的放射防护卫生分类标准》中，将天然石材根据放射性元素含量的不同分为A、B、C三类，其中只有A类适合居室内部装修，B类和C类都是可能对人体产生危害的放射性超标的石材。但天然花岗岩、大理石只要不取自含铀、镭等高放射性密集区，就可以放心使用。二是一些装饰材料中含有挥发性有毒化学物质，以及有些被用作装饰材料阻燃剂的物质造成空气污染。因此，在居室装修好后，6个月内应保持良好的通风状态，将室内环境的空气污染降到最低。

居室装修环境污染日益严重的主要因素，几乎全来源于装饰材料，因此，选择环保材料进行居室装修就显得格外重要。环保材料按使用原料可分为：利用废渣为原料生产的建材；利用化学石膏生产的建材；利用废弃的有机物生产的建材；各种替代木材料；利用高科技生产的低成本建材等品种。环保材料按功能可分为：把污染气体转化成各种无害的气体或酸类空气净化建材；有机、无机抗菌复合建材；直接对人们起到健康作用的保健建材。

室内空气污染导致了建筑材料研究发展上的新方向。新世纪建材的研究开发应着眼于有利于人身健康，有利于人与生态环境相协调。由此出现了纳米、保健、空气净化材料等新型环保材料，开辟了建材发展史上崭新的领域。

纳米材料是环保材料的一种，指的是人类按照自己的意志直接操纵单个原子、分子，制造出特定功能的产品。纳米科技是20世纪90年代初迅速发展起来的新兴科技，纳米科技以空前的分辨率为我们揭示了一个可见的原子、分子世界，这表明人类正越来越向微观世界深入。有资料显示，纳米技术将在21世纪成为仅次于芯片制造的第二大产业。纳米材料对颜料、陶瓷、水泥等制品的改性将有很大贡献。纳米氧化铝添加在陶瓷中，可以显著地起到增强、增韧作用。纳米材料在解决陶瓷材料的脆性问题、提高陶瓷材料的应用价值、制造光学功能材料、制冷材料和各种功能的涂覆材料等方面都具有广阔的前景。

纳米稀土材料是今后建材研究的新方向。我国是稀土生产大国，资源丰富。研究开发利用纳米稀土材料，将它们应用于各种功能材料，可以极大地提高材料的使用价值。如，纳米稀土空调使用的材料是由多种稀土金属、稀有金属、氧化物加入特殊纳米材料，通过高科技合成的，能够过滤空气中的有害物质，增加室内空气的含氧量。经科学检测，它对甲醛的去除率超过96%，对苯的去除率为89.8%，对香烟的去除率为60.7%。应用纳米技术生产的纳米稀土空调借助于空气净化和水处理的技术，将掀开21世纪环保健康空调的新篇章。

21世纪居室装修选用的材料，不仅要考虑材料的经济性、节能、保湿、吸声、隔音和美观等因素，还要考虑制造和使用能否再循环，是否有利于人的健康，能否降低地球环境的负担，具体体现在空气净化、抗菌、产生负离子等新的环保功能。例如，日本最大的建筑材料制造厂家之一的ＩＮＡＸ公司，曾围绕着"地球环境和新产品创造"这一主题，推出了一系列2000ＥＣＯ新产品，如卫生洁具、厨房用品、水净化系统、各类面砖和地砖。这些产品的共同特点是：产品科技含量高，不但做到了轻质、高强度，大大地减轻建筑荷载，而且在使用过程还可节水、节电、防污染，可通过回收，减少垃圾的排放，重视对再生材、废材的综合利用，以达到节约资源的目的。

生态环境和一切物质的变化和发展，都处在永不停息的循环过程中。20世纪，生态循环的破坏给人类带来了生存危机。为了消除地球环境的负载，减少生产过程中排放的废弃成为21世纪必须解决的主题。21世纪70年代以来，德国提倡生态建筑，日本提倡环境住宅。近年，联合国教科文组织进行了"零排放"工厂的试验，其目的就是将工厂生产经营过程中的废弃物减少到零。

环境意识的增强，使得人们对"环保绿色建材"的研究开发，成为21世纪建材行业发展不可逆转的趋势，它是世界可持续发展的需要，也是整个人类赖以健康生存所要解决的重大课题。

[复习参考题]

◎ 新型建筑装饰材料具有哪些特点，试举出生活中的例子加以说明。

◎ 列举一些常用的新型建筑装饰材料的品种。

◎ 什么是绿色设计？其核心和主要方法是什么？

◎ 试述绿色设计在建筑装饰领域的表现。

◎ 试述室内环境污染的主要来源和因素。

◎ 什么是纳米材料，试举例说明。

后记 >>

在建筑装饰业蓬勃发展的今天，与装饰相关的专业在全国各地的大专院校中如雨后春笋般涌现，越来越多的青年学生有志于投身室内、环境艺术等领域，将自己热情和才华贡献给国家的建设事业。而材料学，是建筑装饰专业领域学习的重要环节。材料学的教学质量，直接关系到学生们对日后的工作上手的快慢。如何让学生在学校教育的有限时间里尽快掌握材料的基本理论知识，并对施工技术有所真切的了解，是我们作为高校教学者，一直在苦苦思索的事情。

材料在建筑与装饰中的运用并非仅仅是材料功能、属性的堆砌和技术的组合，它的最终目的是要实现技术与艺术、理论与实践的圆满结合。详尽的文字和繁复地阐述图表，对于一般的初学者而言，并不一定是理想的知识传达手段。对于教学而言，学习的有效性和生动性同样是教学中必须考虑的重要环节。现有的许多材料学教材和书籍在这方面是存在不足之处的。这就促成本书的思路：尽可能地通俗一些，简明一些，形象一些。它符合材料学教学的规律，也更易为初学者所接受。

本书可以作为大专院校建筑装饰及室内设计专业学生的教学参考书，亦可作为专业领域从业者从事技术实践的参考。参与本书著作的，都是建筑装饰行业里富有经验的施工管理者和高校教师，他们全面的理论知识与丰富的实践经验，将使本行业的有志青年们受益。然而由于材料科学的体系异常宽广，本书成书时间仓促，编排中的不足与瑕疵在所难免，希望有关专家和广大读者朋友们不吝指正。

参考书目 >>

1. 陈雅福编著：《新型建筑材料》，中国建材工业出版社，1994

2. 任福民、李仙粉主编：《新型建筑材料》，海洋出版社，1998

3. 龚洛书主编：《新型建筑材料性能与应用》，中国环境科学出版社，1996

4. 王立久主编：《新型建筑材料》，中国电力出版社，1997

5. 赵方冉主编：《装饰装修材料》，中国建材工业出版社，2002

6. 曹文达编著：《建筑装饰材料》，中国电力出版社，2002

7. 廖红编著：《建筑装饰材料手册》，江西科学技术出版社，2004

8. 姜继圣、罗玉萍、兰翔编著：《新型建筑绝热、吸声材料》，化学工业出版社，2002

9. 葛勇编著：《建筑装饰材料》，中国建材工业出版社，1998

10. 张玉明、马品磊编著：《建筑装饰材料与施工工艺》，山东科学技术出版社，2004

11. 王国建、刘琳编著目《建筑涂料与涂装》，中国轻工业出版社，2002

12. [美] 约翰·派尔著，刘先觉等译：《世界室内设计史》，中国建筑工业出版社，2003

13. 吴骥良主编：《建筑装饰设计》，天津科学技术出版社，2001

14. 国振喜主编：《建筑装饰工程施工及验收手册》，冶金工业出版社，1999

15. 潘全祥主编：《材料员必读》，中国建筑工业出版社，2001

16. 顾建平主编：《建筑装饰施工技术》，天津科学技术出版社，2001

17. 叶斌编著：《装饰设计空间艺术》，福建科学技术出版社，2003

18. 艾永祥等编著：《装饰工程禁忌手册》，中国建筑工业出版社，2002

19. 曹茂盛等编著：《纳米材料学》，哈尔滨工业大学出版社，2002

20. 《建筑装饰装修行业最新标准法规汇编》，中国建筑工业出版社，2002

04

张洪双 等 编著

材料与工艺

目录 contents

概　述
OUTLINE

　　本教材以建筑装饰材料为主线，主要阐述装饰材料的种类、特性及用途等。同时兼顾施工工艺要求，注重新材料、新技术、新工艺介绍。

　　本教材共分为九章节：

　　第一章主要讲述建筑材料的分类，建筑材料技术标准，材料的选择及发展趋势。第二章主要讲述装饰涂料的组成、分类、功能，外墙、内墙、地面、防火涂料的主要技术性能、特点、用途及施工工艺。第三章主要讲述玻璃装饰材料的种类及表面加工，普通平板玻璃的特点和用途、分类和规格、技术质量要求。第四章主要讲述外墙面砖、陶瓷锦砖、内墙面砖的特点和用途，内墙面砖的品种、形状和规格。第五章主要讲述天然大理石、天然花岗石、人造石材的特点及用途，石材的干挂和湿挂工艺。第六章主要讲述白色水泥、彩色水泥、装饰水泥的应用，装饰砂浆的组成，装饰砂浆的种类及饰面特性。第七章主要讲述墙面装饰材料的种类、特性及施工工艺。第八章主要讲述地面装饰材料的种类及用途，实木地板和复合地板的区别，塑料地板和活动地板的特点，地面材料的工艺要求。第九章主要讲述顶棚材料的种类、性能、规格、用途及施工工艺。

　　高等院校建筑与艺术设计专业、高等职业学院、高等专科学校、成人高等院校等高校使用。

编　者

建筑装饰材料基本知识

本章要点
· 建筑材料的分类
· 建筑材料技术标准
· 建筑材料的选择及发展趋势

第一节 建筑装饰材料的分类

建筑装饰材料的品种、花色非常繁杂,要想全面了解和掌握各种建筑装饰材料的性能、特点和用途,首先应对其进行分类,常用分类方法有如下两种:

一、按化学成分分类

根据化学成分的不同,建筑装饰材料可分为金属材料、非金属材料和复合材料三大类。

二、按装饰部位的分类

根据装饰部位的不同,建筑装饰材料可分为墙面装饰材料、地面装饰材料、顶棚装饰材料、门窗装饰材料、建筑五金配件、卫生洁具、管材型材、胶结材料。具体分类见表1-1。

表1-1 装饰材料按装饰部位的分类

序号	类型		材 料 举 例
1	墙面装饰材料	涂料类	无机类涂料(石灰、石膏、碱金属硅酸盐、硅溶胶等) 有机类涂料(乙烯树脂、丙烯树脂、环氧树脂等) 有机无机复合类(环氧硅溶胶、聚合物水泥、丙烯酸硅溶胶等)
		壁纸、墙布类	塑料壁纸、玻璃纤维贴墙布、织锦缎、壁毡等
		软包类	真皮类、人造革、海绵垫等
		人造装饰板	印刷纸贴面板、防火装饰板、PVC贴面装饰板、三聚氰胺贴面装饰板、胶合板、微薄木贴面装饰板、铝塑板、彩色涂层钢板、石膏板等
		石材类	天然大理石、花岗石、青石板、人造大理石等
		陶瓷类	彩釉砖、墙地砖、马赛克、大规格陶瓷饰面板、霹雳砖、琉璃砖等
		玻璃类	饰面玻璃板、玻璃马赛克、玻璃砖、玻璃幕墙材料等
		金属类	铝合金装饰板、不锈钢板、铜合金板、镀锌钢板等
		装饰抹灰类	斩假石、剁斧石、仿石抹灰、水刷石、干粘石等
2	地面装饰材料	地板类	木地板、竹地板、复合地板、塑料地板等
		地砖类	陶瓷墙地砖、陶瓷马赛克、缸砖、水泥花砖、连锁砖等
		石材板块	天然花岗石、青石板、美术水磨石板等
		涂料类	聚氨酯类、苯乙烯丙烯酯类、酚醛地板涂料、环氧类涂布、地面涂料等

表1-1 续

序号	类型		材料举例
3	顶棚装饰材料	吊顶龙骨	木龙骨、轻钢龙骨、铝合金龙骨等
		吊挂配件	吊杆、吊挂件、挂插件等
		吊顶罩面板	硬质纤维板、石膏装饰板、矿棉装饰吸声板、塑料扣板、铝合金板等
4	门窗装饰材料	门窗框扇	木门窗、彩板钢门窗、塑钢门窗、玻璃钢门窗、铝合金门窗等
		门窗玻璃	普通窗用平板玻璃、磨砂玻璃、镀膜玻璃、压花玻璃、中空玻璃等
5	建筑五金配件		门窗五金、卫生水暖五金、家具五金、电器五金等
6	卫生洁具		陶瓷卫生洁具、塑料卫生洁具、石材类卫生洁具、玻璃钢卫生洁具、不锈钢卫生洁具
7	管材型材	管材	钢质上下水管、塑料管、不锈钢管、铜管等
		异型材	楼梯扶手、画（挂）镜线、踢脚线、窗帘盒、防滑条、花饰等
8	胶结材料	无机胶凝材料	水泥、石灰、石膏、水玻璃等
		胶粘剂	石材胶粘剂、壁纸胶粘剂、板材胶粘剂、瓷砖胶粘剂、多用途胶粘剂等

三、技术材料的类型

我国常用的标准有如下三大类：

1.国家标准

国家标准有强制性标准（代号GB）、推荐性标准（代号GB/T）。

2.行业标准

如建筑工程行业标准（代号JGJ）、建筑材料行业标准（代号JC）等。

3.地方标准(代号DBJ)和企业标准(代号QB)。

标准的表示方法为：标准名称、部门代号、编号和批准年份。

第二节　建筑装饰材料的作用

一、外装饰材料的作用

1.对建筑物的保护作用

外装饰的目的应兼顾建筑物的美观和对建筑物的保护作用。外墙结构材料直接受到风吹、日晒、雨淋、霜雪和冰雹的袭击，以及腐蚀性气体和微生物的作用，耐久性受到威胁，选用适当的外墙装饰材料，对建筑物可以起保护作用，有效地提高建筑

建筑物的耐久程度。

2.改善城市环境

建筑物的外观效果主要取决于总的建筑体形、比例、虚实对比、线条等平面、立面的设计手法。而外装饰的效果则是通过装饰材料的质感、线条和色彩来表现的。质感就是材料质地的感觉，主要通过线条的粗细、凹凸面对光线吸收、反射程度的不同而产生感观效果。这些方面都可以通过选用性质不同的装饰材料或对同一种装饰材料采用不同的施工方法来体现，如丙烯酸酯涂料，可以做成有光的、亚光的和无光的；也可以做成凹凸的、拉毛的或彩砂的。

色彩不仅影响到建筑物的外观、城市的面貌，也与人们的心理与生理息息相关。外装饰材料的色彩应考虑到建筑物的功能、环境等多种因素。一组好的建筑能起到改善城市环境的作用。色彩靠颜料来实现。因而应首先选用与周围环境相协调的、耐久性好、稳定性好的着色颜料。

3.节约能源

有些新型、高档的装饰材料除了具有装饰、保护作用之外，还有其他功能。如现代建筑中大量采用的吸热玻璃(包括吸热和热反射玻璃)，它可吸收或反射太阳辐射热能的50%～70%，从而大大节约

能源。

二、内装饰材料的作用

室内装饰主要指内墙装饰、地面装饰和顶棚装饰。

内墙装饰的目的是保护墙体，保证室内使用条件，创造一个舒适、美观和整洁的生活环境。

1.保护建筑内部结构

在一般情况下，内墙饰面不承担墙体热工的作用。但在墙体本身热工性能不能满足使用要求时，就在内侧面涂抹珍珠岩类保温砂浆等装饰涂层。内墙面中传统的抹灰能起到"呼吸"作用，调节室内空气的相对湿度，起到改善使用环境的作用；室内湿度高时，抹灰能吸收一定的湿气，使内墙表面不至于马上出现凝结水；室内过于干燥时，又能释放出一定的湿气，起到调节环境的作用。

2、改善内部环境

内墙饰面的另一项功能是辅助墙体起到声学功能，如反射声波、吸声、隔声的作用。

内墙的装饰效果同样也是由质感、线条和色彩三个因素构成。所不同的是，人对内墙饰面的距离比外墙面近得多，所以，质感要细腻逼真(如似织物、麻布、锦缎、木纹)，线条可以是细致的也可以是粗犷有力的。色彩根据主人的爱好以及房间内在的性质决定，至于明亮度可以用浅淡明亮的，也可以是平整无反光的装饰材料。

地面装饰的目的同样是为了保护其底材料，并达到装饰效果，满足使用要求。

普通的钢筋混凝土楼板和混凝土地坪的强度和耐久性均好，而人们对地面的感觉是硬、冷、灰、湿。对于加气混凝土楼板或灰土垫层，因其材性较弱，必须依靠面层来解决耐磨损、耐碰撞和冲击，以及防止擦洗地面的水渗入楼板引起钢筋锈蚀或其他不良因素。这种敷面材料就是地面饰面。对于标准高的建筑地面，还兼有保温、隔声、吸声和增加弹性的功能。

第三节 室内装饰的基本要求与装饰材料的选择

一、室内装饰的基本要求

室内装饰的艺术效果主要靠材料及做法的质感、线型及颜色三方面因素构成，也即常说的建筑物饰面的三要素，这也可以说是对装饰材料的基本要求。

1.质感

任何饰面材料及其做法都将以不同的质地感觉表现出来。例如，结实或松软、细致或粗糙等。坚硬而表面光滑的材料如花岗石、大理石表现出严肃、有力量、整洁之感。富有弹性而松软的材料如地毯及纺织品则给人以柔顺、温暖、舒适之感。同种材料不同做法也可以取得不同的质感效果，如粗犷的集料外露混凝土和光面混凝土墙面呈现出迥然不同的质感。

饰面的质感效果还与具体建筑物的体形、体量、立面风格等方面密切相关。粗犷质感的饰面材料及做法用于体量小、立面造型比较纤细的建筑物就不一定合适，而用于体量比较大的建筑物效果就好些。另外，外墙装饰主要看远效果，材料的质感相对粗些无妨。室内装饰多数是在近距离内观察，甚至可能与人的身体直接接触，通常采用较为细腻质感的材料。较大的空间如公共设施的大厅、影剧院、会堂、会议厅等的内墙适当采用较大线条及质感粗细变化的材料有好的装饰效果。室内地面因使用上的需要通常不考虑凹凸质感及线型变化，但陶瓷锦砖、水磨石、拼花木地板和其他软地面虽然表面光滑平整，却也可利用颜色及花纹的变化表现出独特的质感。

2.线型

一定的分格缝、凹凸线条也是构成立面装饰效果的因素。抹灰、刷石、天然石材、混凝土条板等设置分块、分格，除了为防止开裂以及满足施工接茬的需要外，也是装饰立面在比例、尺度感上的需要。例如，目前多见的本色水泥砂浆抹面的建筑物，一般均采取划横向凹缝或用其他质地和颜色的材料嵌缝，这种做法不仅克服了光面抹面质感平乏的缺陷，同时还可使大面积抹面颜色欠均匀的感觉减轻。

3.颜色

装饰材料的颜色丰富多彩，特别是涂料一类饰面材料。改变建筑物的颜色通常要比改变其质感和线型容易得多。因此，颜色是构成各种材料装饰效果的一个重要因素。

不同的颜色会给人以不同的感受，利用这个特点，可以使建筑物分别表现出质朴或华丽、温暖或凉爽，向后退缩或向前逼近等不同的效果，同时这种感受还受着使用环境的影响。例如，青灰色调在炎热气候的环境中显得凉爽安静，但如在寒冷地区则会显得阴冷压抑。

二、装饰材料的选择

室内装饰的目的就是造就一个自然、和谐、舒适而整洁的环境，各种装饰材料的色彩、质感、触感、光泽等的正确选用，将极大地影响到室内环境。一般来说，室内装饰材料的选用应根据以下几方面综合考虑。

1.建筑类别与装饰部位

建筑物有各式各样种类和不同功用，如大会堂、医院、办公楼、餐厅、厨房、浴室、厕所等，装饰材料的选择则各有不同要求。例如，大会堂庄严肃穆，装饰材料常选用质感坚硬而表面光滑的材料如大理石、花岗石，色彩用较深色调，不采用五颜六色的装饰。医院气氛沉重而宁静，宜选用淡色调和花饰较少或素色的装饰材料。

装饰部位的不同，材料的选择也不同。卧室墙面宜淡雅明亮，但应避免强烈反光，采用塑料壁纸、墙布等装饰。厨房、厕所应有清洁、卫生气氛，宜采用白色瓷砖或水磨石装饰。舞厅是一个兴奋场所，装饰可以色彩缤纷、五光十色，选用刺激色调和质感的装饰材料为宜。

2.地域和气候

装饰材料的选用常常与地域或气候有关，水泥地坪的水磨石、花阶砖散热快，在寒冷地区采暖的房间里，如长期生活在这种地面上会引起太冷的感觉，从而有不舒适感，故应采用木地板、塑料地板、高分子合成纤维地毯，其热传导低，使人感觉温暖和舒适。在炎热的南方，则应采用有冷感的材料。

在夏天的冷饮店，采用绿、蓝、紫等冷色材料使人有清凉的感觉。而地下室、冷藏库则要用红、橙、黄等暖色调，为人们带来温暖的感觉。

3.场地与空间

不同的场地与空间，要采用与人协调的装饰材料。空间宽大的会堂、影剧院等，装饰材料的表面组织可粗犷而坚硬，并有突出的立体感，可采用大线条的图案。室内宽敞的房间，也可采用深色调和较大图案，不使人有空旷感。对于较小的房间如目前我国的大部分城市居家，其装饰要选择质感细

腻、线型较细的材料。

4.标准与功能

装饰材料的选择还应考虑建筑物的标准与功能要求。例如，宾馆和饭店的建设有三星、四星、五星等级别，要不同程度地显示其内部的豪华、富丽堂皇甚至于珠光宝气的奢侈气氛，采用的装饰材料也应分别对待。如地面装饰，高级的选用全毛地毯，中级的选用化纤地毯或高级木地板等。

空调是现代建筑发展的一个重要方面，要求装饰材料有保温绝热功能，故壁饰可采用泡沫型壁纸，玻璃采用绝热或调温玻璃等。在影院、会议室、广播室等室内装饰中，则需要采用吸声装饰材料如穿孔石膏板、软质纤维板、珍珠岩装饰吸声板等。总之，随建筑物对声热、防水、防潮、防火等不同要求，选择装饰材料都应考虑具备相应的功能需要。

5.民族性

选择装饰材料时，要注意运用先进的材料与装饰技术，表现民族传统和地方特点。如装饰金箔和琉璃制品是我国特有的装饰材料，这些材料一般用于古建筑或纪念性建筑装饰，表现我国民族和文化的特色。

6.经济性

从经济角度考虑装饰材料的选择，应有一个总体观念。既要考虑到一次投资，也应考虑到维修费用，且在关键问题上宁可加大投资，以延长使用年限，保证总体上的经济性。如在浴室装饰中，防水措施极重要，对此就应适当加大投资，选择高耐水性装饰材料。

第四节 现代室内装饰材料的发展特点

科学的进步和生活水平的不断提高，推动了建筑装饰材料工业的迅猛发展。除了产品的多品种、多规格、多花色等常规观念的发展外，近些年的装饰材料有如下一些发展特点：

一、质量轻、强度高的产品开发

由于现代建筑向高层发展，对材料的容重有了新的要求。从装饰材料的用材方面来看，越来越多地应用如铝合金这样的轻质高强材料。从工艺方面看，采取中空、夹层、蜂窝状等形式制造轻质高强

的装饰材料。此外，采用高强度纤维或聚合物与普通材料复合，也是提高装饰材料强度而降低其重量的方法。如近些年应用的铝合金型材、镁铝合金覆面纤维板、人造大理石、中空玻化砖等产品即是例子。

二、产品的多功能性

近些年发展极快的镀膜玻璃、中空玻璃、夹层玻璃、热反射玻璃，不仅调节了室内光线，也配合了室内的空气调节，节约了能源。各种发泡型、泡沫型吸声板乃至吸声涂料，不仅装饰了室内，还降低了噪声。以往常用作吊顶的软质吸声装饰纤维板，已逐渐被矿棉吸声板所代替，原因是后者有极强的耐火性。对于现代高层建筑，防火性已是装饰材料不可少的指标之一。常用的装饰壁纸，现在也有了抗静电、防污染、报火警、防X射线、防虫蛀、防臭、隔热等不同功能的多种型号。

三、向大规格、高精度发展

陶瓷墙地砖，以往的幅面均较小，现国外多采用300mm×300mm、400mm×400mm，甚至1000mm×1000mm的墙地砖。发展趋势是大规格、高精度和薄型。如意大利的面砖，2000mm×2000mm幅面的尺寸精度为±0.2%，直角度为±0.1%。

四、产品向规范化、系列化发展

装饰材料种类繁多，涉及专业面十分广，具有跨行业、跨部门、跨地区的特点，在产品的规范化、系列化方面有一定难度。

思考题：
1. 试述建筑装饰材料的分类。
2. 对装饰材料的基本要求和选用原则是什么？
3. 建筑装饰材料的作用。

第2章

建筑装饰涂料

本章要点
- 装饰涂料组成、分 类、功能
- 外墙、内墙、地面、防火涂料的主要技术性能、特点、用途及施工工艺

第一节 涂料概述

涂料是指涂敷于物体表面，与基体材料很好地粘结并形成完整而坚固保护膜的物质。用于建筑物的装饰和保护的涂料称为建筑涂料。涂料在物体表面干结形成的薄膜称之为涂膜，又称涂层。建筑涂料主要用于建筑物表面，其主要功能是保护建筑物、美化环境及提供特种功能。建筑装饰中涂料的选用原则主要体现在以下三个方面：

一、建筑装饰效果

建筑装饰效果主要是由质感、线型和色彩这三个方面决定的，其中线型是由建筑结构及饰面方法所决定的，而质感和色彩则是涂料装饰效果优劣的基本要素。所以在选用涂料时，应考虑到所选用的涂料与建筑物的协调性及对建筑形体设计的补充效果。

二、耐久性

耐久性包括两个方面的含义，即对建筑物的保护效果和装饰效果。涂膜的变色、玷污、剥落、粉化、龟裂等都会影响装饰效果或保护效果。

三、经济性

经济性与耐久性是辩证统一的。经济性表现在短期经济效果和长期经济效果，有些产品短期经济效果好，而长期经济效果差，有些产品则反之。因此要综合考虑，权衡其经济性，对不同建筑部位选择不同的涂料。

第二节 涂料的基本组成

涂料最早是以天然植物油脂、天然树脂如亚麻子油、桐油、松香、生漆等为主要原料，故以前称为油漆。目前，许多新型涂料已不再使用植物油脂，合成树脂在很大程度上已经取代天然树脂。因此，我国已正式采用涂料这个名称，而油漆仅仅是一类油性涂料而已。

一、涂料的组成

按涂料中各组成分所起的作用，可分为主要成膜物质、次要成膜物质和辅助成膜物质。如表2-1所示。

表2-1 涂料的组成

涂料	主要成膜物质	油料	干性油	挥发成分
			半干性油	
			不干性油	
		树脂	天然树脂	
			人造树脂	
			合成树脂	
	次要成膜物质	颜料	着色颜料	
			体质颜料	
			防锈颜料	
	辅助成膜物质	辅助材料	悬浮剂	
			防皱剂	
			润湿剂	
			乳化剂	
		溶剂	助溶剂	成固分体
			催化剂	

1.主要成膜物质

主要成膜物质也称胶粘剂或固着剂。其作用是将涂料中的其他组分粘结成一体，并使涂料附着在被涂基层的表面形成坚固的保护膜。主要成膜物质一般为高分子化合物或成膜后能形成高分子化合物的有机物质。如合成树脂或天然树脂以及动植物油等。

(1)油料

在涂料工业中，油料（主要为植物油）是一种主要的原料，用来制造各种油类加工产品、清漆、色漆、油改性合成树脂以及作为增塑剂使用。在目前的涂料生产中，含有植物油的品种仍占较大比重。

(2)树脂

涂料用树脂有天然树脂、人造树脂和合成树脂三类。天然树脂是指天然材料经处理制成的树脂，主要有松香、虫胶和沥青等；人造树脂系由有机高分了化合物经加工而制成的树脂，如松香甘油酯（酯胶）、硝化纤维等；合成树脂系由单体经聚合或缩聚而制得的，如醇酸树脂、氨基树脂、丙烯酸酯、环氧树脂、聚氨酯等。其中合成树脂涂料是现代涂料工业中产量最大、品种最多、应用最广的涂料。

2.次要成膜物质

次要成膜物质的主要成分是颜料和填料（有的称为着色颜料和体质颜料），但它不能离开主要成膜物质而单独构成涂膜。

(1)颜料

颜料是一种不溶于水、溶剂或涂料基料的一种微细粉末状的有色物质，能均匀地分散在涂料介质中，涂于物体表面形成色层。颜料在建筑涂料中不仅能使涂层具有一定的遮盖能力，增加涂层色彩，而且还能增强涂膜本身的强度。颜料还有防止紫外线穿透的作用，从而可以提高涂层的耐老化性及耐候性。

颜料的品种很多，按它们的化学组成可分为有机颜料和无机颜料两大类；按它们的来源可分为天然颜料和合成颜料；按它们所起的作用可分为白色颜料、着色颜料和体质颜料等。

(2)填料

填料又称为体质颜料。它们不具有遮盖力和着色力。这类产品大部分是天然产品和工业上的副产品，价格便宜。在建筑涂料中常用的填料有粉料和粒料两大类。

3.辅助成膜物质

(1)溶剂和水

溶剂与水是液态建筑涂料的主要成分，涂料涂刷到基层上后，溶剂和水分蒸发，涂料逐渐干燥硬化，最终形成均匀、连续的涂膜。它们最后并不留在涂膜中，因此称为辅助成膜物质。溶剂和水与涂膜的形成及其质量、成本等有密切的关系。配制溶剂型合成树脂涂料选择有机溶剂时，首先应考虑有机溶剂对基料树脂的溶解力，此外，还应考虑有机溶剂本身的挥发性、易燃性和毒性等对配制涂料的适应性。

(2)助剂

建筑涂料使用的助剂品种繁多，常用的有以下几种类型：催干剂、固化剂、催化剂、引发剂、增塑剂、紫外光吸收剂、抗氧剂、防老剂等。某些功能性涂料还需采用具有特殊功能的助剂，如防火涂料用难燃助剂，膨胀型防火涂料用发泡剂等。

二、建筑涂料的名称及型号

1.建筑涂料的命名原则

国家标准《建筑涂料》(CB2705—92)对涂料的命名，作了如下规定：

(1)涂料全名＝颜色或颜料名称＋成膜物质名称＋基本名称

涂料颜色应位于涂料名称的最前面。若颜料对漆膜性能起显著作用，则可用颜料的名称代替颜色的名称，仍置于涂料名称的最前面。

(2)涂料名称中的成膜名称应作适当简化，如聚氨基甲酸酯简化成为聚氨酯，如果漆基中含有多种成膜物质时，可选取起主要作用的那一种成膜物质命名。

(3)基本名称仍采用我国已广泛使用的名称，如清漆、磁漆等。

(4)在成膜物质和基本名称之间，必要时可标明专业用途、特性等。

2.建筑涂料型号

国家标准《建筑涂料》(CB2705—92)对涂料型号作了如下规定：

(1) 涂料型号

涂料的型号分三部分：第一部分是涂料的类别，用汉语拼音字母表示；第二部分是基本名称，用两位数字表示；第三部分是序号。

(2) 辅助材料型号

辅助材料的型号分两部分：第一部分是辅助材料种类；第二部分是序号。辅助材料种类，按用途划分：X—稀释剂，P—防潮剂，G—催干剂，T—脱漆剂，H—固化剂。

涂料类别及基本编号见表2—2。

表2-2　涂料类别

序　号	代　号	类　　别	序　号	代　号	类　　别
1	Y	油脂漆类	10	X	烯树脂漆类
2	T	天然树脂漆类	11	B	丙烯酸漆类
3	F	酚醛漆类	12	Z	聚酯漆类
4	L	沥青漆类	13	H	环氧漆类
5	C	醇酸漆类	14	S	聚氨酯漆类
6	A	氨基漆类	15	W	元素有机漆类
7	Q	硝基漆类	16	J	橡胶漆类
8	M	纤维素漆类	17	E	其他漆类
9	G	过氯乙烯漆类			

涂料的基本名称代号按《建筑涂料》(GB2705-92)规定见表2-3。

表2-3　基本名称编号

代　号	代表名称	代　号	代表名称	代　号	代表名称
00	清　油	31	(覆盖)绝缘漆	54	防油漆
01	清　漆	32	(磁烘)绝缘漆	55	防水漆
02	厚　漆	33	(粘合)绝缘漆	60	防火漆
03	调和漆	34	漆包线漆	61	耐热漆
04	磁　漆	35	硅钢片漆	62	变色漆
05	烘　漆	36	电容器漆	63	涂布漆
06	底　漆	37	电阻漆	64	可剥漆
07	腻　子		电位器漆	65	粉末涂料
08	水溶漆、乳胶漆	38	半导体漆	80	地板漆
09	大　漆	40	防污漆、防蛆漆	81	渔网漆
10	锤纹漆	41	水线漆	82	锅炉漆
11	皱纹漆	42	甲板漆	83	烟囱漆
12	裂纹漆		甲板防滑漆	84	黑板漆
14	透明漆	43	船壳漆	85	调色漆
20	铅笔漆	50	耐酸漆	86	标志漆
22	木器漆	51	耐碱漆		路线漆
23	罐头漆	52	防腐漆	98	胶　液
30	(浸渍)绝缘漆	53	防锈漆	99	其　他

表2-4　建筑涂料分类

序　号	分类方法	涂　料　种　类
1	按涂料状态分	1.溶剂型涂料　2.乳液型涂料　3.水溶性涂料　4.粉末涂料
2	按涂料的装饰质感分	1.薄质涂料　2.厚质涂料　3.复层涂料
3	按主要成膜物质分	1.油脂　2.天然树脂　3.酚醛树脂　4.沥青　5.醋酸树脂 6.氨基树脂　7.硝萆纤维素　8.纤维酯、纤维醚　9.烯类树脂 10.丙烯酸树酯　11.聚酯树脂　12.环氧树脂　13.聚氨基甲酸酯 14.索有机聚合物　15.橡胶　16.机聚合物
4	按建筑物涂刷部位分	1.外墙涂料　2.内墙涂料　3.地面涂料　4.顶棚涂料　5.屋面涂料
5	按涂料的特殊功能分	1.防火涂料　2.防水涂料　3.防霉涂料　4.防结露涂料　5.防虫涂料

三、建筑涂料的分类

建筑涂料的品种繁多，从不同角度可以有不同的分类方法，从涂料的化学成分、溶剂类型、主要成膜物质的种类、产品的稳定状态、使用部位、形成效果及所具有的特殊功能等不同角度来加以分类。建筑涂料分类见表2-4。

四、建筑涂料的功能

建筑涂料具有以下功能：

1.保护作用

建筑涂料通过刷涂、滚涂或喷涂等施工方法，涂敷在建筑物的表面上，形成连续的薄膜，厚度适中，有一定的硬度和韧性，并具有耐磨、耐候、耐化学侵蚀以及抗污染等功能，可以提高建筑物的使用寿命。

2.装饰作用

建筑涂料所形成的涂层能装饰美化建筑物。若在涂料中掺加粗、细骨料，再采用拉毛、喷涂和滚花等方法进行施工，可以获得各种纹理、图案及质感的涂层，使建筑物产生不同凡响的艺术效果，以达到美化环境，装饰建筑物的目的。

3.改善建筑的使用功能

建筑涂料能提高室内的亮度，起到吸声和隔热的作用；一些特殊用途的涂料还能使建筑具有防火、防水、防霉、防静电等功能。

第三节　外墙涂料

一、外墙涂料的功能

外墙涂料主要功能是装饰和保护建筑物的外墙面，使建筑物外貌整洁美观，从而达到美化城市环境的目的（见图2-1）。同时能够起到保护建筑物外墙的作用，延长其使用时间。为了获得良好的装饰与保护效果，外墙涂料一般应具有以下特点：

1.装饰性好

外墙涂料色彩丰富多样，保色性好，能较长时间保持良好的装饰性。

2.耐水性好

外墙面暴露在大气中，要经常受到雨水的冲刷，因而作为外墙涂料应具有很好的耐水性能。某

图2-1 外墙面涂料

些防水型外墙涂料其抗水性能更佳，当基层墙面发生小裂缝时，涂层仍有防水的功能。

3.耐玷污性好

大气中的灰尘及其他物质玷污涂层后，涂层会失去装饰效能，因而要求外墙装饰层不易被这些物质玷污或玷污后容易清除。

4.耐候性好

暴露在大气中的涂层，要经受日光、雨水、风沙、冷热变化等作用。在这类因素反复作用下，一般的涂层会发生开裂、剥落、脱粉、变色等现象，使涂层失去原有的装饰和保护功能。因此作为外墙装饰的涂层要求在规定的年限内不发生上述破坏现象，即有良好的耐候性。此外，外墙涂料还应有施工及维修方便、价格合理等特点。外墙涂料特点、技术性能、用途见表2-5。

二、常用外墙涂料

1.过氯乙烯外墙涂料

这种涂料的主要特性为干燥速度快，常温下2h全干；耐大气稳定性好；具有良好的化学稳定

表2-5 外墙涂料特点、技术性能、用途

品　种	特　点	技 术 性 能	用　途
04外墙饰面涂料	由有机高分子胶粘剂和无机胶粘剂制成。无毒无味，涂层厚且呈片状，防水、防老化性能良好，涂层干燥快，粘结力强，色泽鲜艳，装饰效果好。	粘结力：0.8Mpa 耐水性：20℃浸1000h无变化 紫外线照射：520h无变化 人工老化：432h无变化 耐冻融性：25次循环无脱落	适用于各种工业、民用建筑外墙粉刷之用。
乙-丙外墙乳胶漆	由乙丙乳液、颜料、填料及各种助剂制成。以水作稀释剂，安全无毒，施工方便，干燥迅速，耐候性、保光性较好。	粘度：≥17 固体含量：不小于45% 干燥时间：表干≤30min 　　　　　实干≤24h 遮盖力：≤170g/m² 耐湿性：浸96h破坏<5% 耐碱性：浸48h破坏<5% 耐冻融循环：>3个循环不破坏	适用于住宅、商店、宾馆、工矿、企事业单位的建筑外墙饰面。
彩砂涂料	丙烯酸酯乳液为胶粘剂、彩色石英砂为集料，加各种助剂制成。无毒、无溶剂污染、速干、不燃、耐强光、不褪色、耐污染性好。	耐水性：浸水1000h无变化 耐碱性：浸碱溶液1000h无变化 耐冻融性：50次循环无变化 耐洗净性：1000次无变化 粘结强度：1.5Mpa 耐污染性：高档<10% 一般35%	用于板材及水泥砂浆抹面的外墙装饰。
新型无机外墙涂料	以碱金属硅酸盐为主要成膜物质，加以固化剂、分散剂、稳定剂及颜料和填料调制而成。具有良好的耐候、保色、耐水、耐洗刷、耐酸碱等特点。	固体含量：35%～40% 粘度：30～40s 表面干燥时间：<1h 遮盖力：<300g/m² 附着力：100% 耐水性：25℃浸24h无变化 耐热性：80℃5h无发粘开裂现象 紫外线照射：20h稍有脱粉 涂刷性能：无刷痕 沉淀分层情况：24h沉淀5ml	用于宾馆、办公楼、商店、学校、住宅等建筑物的外墙装饰或门面装饰。

性，在常温下能耐25%的硫酸和硝酸、40%的烧碱以及酒精、润滑油等物质，但这种涂料的附着力较差；热分解温度低（一般应在60℃以下使用）以及溶剂释放性差；此外，含固量较低，很难形成厚质涂层，且苯类溶剂的挥发会污染环境、伤害人体。

2.氯化橡胶外墙涂料

这种涂料又称橡胶水泥漆。它是以氯化橡胶为主要成膜物质，再辅以增塑剂、颜料、填料和溶剂经一定工艺制成。为了改善综合性能有时也加入少量其他树脂。这种涂料具有优良的耐碱、耐候性，且易于重涂维修。

3.聚氨酯系列外墙涂料

这类涂料是以聚氨酯树脂或聚氨酯与其他树脂复合物为主要成膜物质的优质外墙涂料。一般为双组分或多组分涂料。固化后的涂膜具有近似橡胶的弹性，能与基层共同变形，有效地阻止开裂。这种

涂料还具有许多优良性能，如耐酸碱性、耐水性、耐老化性、耐高温性等均十分优良，涂膜光泽度极好，呈瓷质感。

4.苯-丙乳胶漆

苯-丙乳胶漆由苯乙烯和丙烯酸酯类单体通过乳液聚合反应制得苯-丙共聚乳液。是目前质量较好的乳液型外墙涂料之一。

这种乳胶漆具有丙烯酸酯类的高耐光性、耐候性和不泛黄性等特点。而且耐水、耐酸碱、耐湿擦洗性能优良，外观细腻、色彩艳丽、质感好，与水泥混凝土等大多数建筑材料有良好的粘附力。

5.氯-偏共聚乳液厚涂料

它是以氯乙烯-偏氯乙烯共聚乳液为主要成膜物质，添加其他高分子溶液（如聚乙烯醇水溶液）等混合物为基料制成。这类涂料产量大，价格低，使用十分广泛，常用于六层以下住宅建筑外墙装饰。耐光、

耐候性较好，但耐水性较差，耐久性也较差，一般只有2~3年的装饰效果，容易玷污和脱落。

6.彩色砂壁状外墙涂料

这种涂料简称彩砂涂料，是以合成树脂乳液（一般为苯-丙乳液或丙烯酸乳液）为主体制成。着色骨料一般采用高温烧结彩色砂料、彩色陶料或天然带色石屑。彩砂涂料可用不同的施工工艺做成仿大理石、仿花岗石质感和色彩的涂料，因此又称为仿石涂料、石艺漆、真石漆。涂层具有丰富的色彩和质感，保色性、耐水性、耐候性好，涂膜坚实，骨料不易脱落，使用寿命可达10年以上。

7.水乳型合成树脂乳液外墙涂料

这类涂料是由合成树脂配以适量乳化剂、增调剂和水通过高速搅拌分散而成的稳定乳液为主要成膜物质配制而成。

其他乳液型外墙涂料品种还很多，如乙-顺乳胶漆、乙-丙乳胶漆、丙烯酸酯乳胶漆、乙-丙乳液厚涂料等等。所有乳液型外墙涂料由于以水为分散介质，故无毒，不易发生火灾，环境污染少，对人体毒性小，施工方便，易于刷涂、滚涂、喷涂，并可以在潮湿的基面上施工，涂膜的透气性好。目前存在的主要问题是低温成膜性差，通常必须在10℃以上施工才能保证质量，因而冬季施工一般不宜采用。

8.复层建筑涂料

它是由两种以上涂层组成的复合涂料。复层建筑涂料一般由基层封闭涂料（底层涂料）、主层涂料、面层涂料所组成。复层建筑涂料按主涂层涂料主要成膜物质的不同，分为聚合物水泥系、硅酸盐系、合成树脂乳液系和反应固化型合成树脂乳液系四大类。

9.硅溶胶无机外墙涂料

它是以胶体二氧化硅为主要成膜物质，加入多种助剂经搅拌、研磨调制而成的水溶性建筑涂料。涂膜的遮盖力强、细腻，颜色均匀明快、装饰效果好，而且涂膜致密性好，坚硬耐磨，可用水砂纸打磨抛光，不易吸附灰尘，对基层渗透力强，耐高温性及其他性能均十分优良。硅溶胶还可与某些有机高分子聚合物混溶硬化成膜，构成兼有无机和有机涂料的优点。

第四节　内墙涂料

一、内墙涂料的功能

内墙涂料的主要功能是装饰及保护室内墙面，使其美观整洁，让人们处于舒适的居住环境中见（图2-2）。为了获得良好的装饰效果，内墙涂料应具有以下特点：

1.色彩丰富、细腻、调和

内墙的装饰效果主要由质感、线条和色彩三个因素构成。采用涂料装饰以色彩为主。内墙涂料的颜色一般应突出浅淡和明亮。由于众多居住者对颜色的喜爱不同，因此要求建筑内墙涂料的色彩丰富多彩。

2.耐碱性、耐水性、耐粉化性良好，且透气性好

由于墙面基层是碱性的，因而涂料的耐碱性要好。室内湿度一般比室外高，而且为了清洁方便，要求涂层有一定的耐水性及刷洗性。透气性不好的墙面材料易结露或挂水，使人产生不适感，因而内墙涂料应有一定的透气性。

3.涂刷容易，价格合理

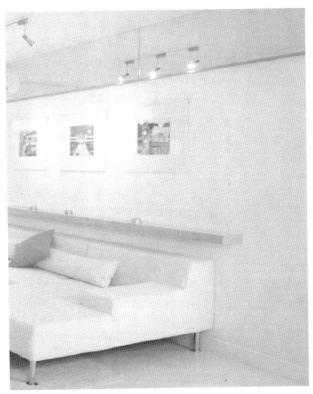

图2-2　内墙涂料

二、内墙涂料的分类

刷浆材料石灰浆、大白粉和可赛银等是我国传统的内墙装饰材料，因常采用排笔涂刷而得名。石灰浆又称石灰水，具有刷白作用，是一种最简便的内墙涂料，其主要缺点是颜色单调，容易泛黄及脱粉；大白粉亦称白垩粉、老粉或白土等，为具有一定细度的碳酸钙粉，在配制浆料时应加入胶粘剂，以防止脱粉。大白浆遮盖力较高，价格便宜，施工及维修方便，是一种常用的低档内墙涂料。可赛银是以碳酸钙和滑石粉等为填料，以酪素为胶粘剂，掺入颜料混合而制成的一种粉末状材料，也称酪素涂料。表2-6为涂料品种、特点、技术性能及用途。

1.乳胶漆

乳液型外墙涂料均可作为内墙装饰使用。但常用的建筑内墙乳胶漆以平光漆为主，其主要产品为醋酸乙烯乳胶漆。近年来醋酸乙烯-丙烯酸酯有光内墙乳胶漆也开始应用，但价格较醋酸乙烯乳胶漆贵。

（1）醋酸乙烯乳胶漆

醋酸乙烯乳胶漆是由醋酸乙烯共聚乳液加入颜料、填料及各种助剂，经研磨或分散处理而制成的一种乳液涂料。该涂料具有无毒、不燃、涂膜细腻、平滑、透气性好、价格适中等优点，但它的耐水性、耐碱性及耐候性不及其他共聚乳液，故仅适宜涂刷内墙，而不宜作为外墙涂料使用。

（2）乙-丙有光乳胶漆

乙-丙有光乳胶漆是以乙-丙共聚乳液为主要成膜物质，掺入适当的颜料、填料及助剂，经过研磨或分散后配制而成半光或有光内墙涂料。用于建筑内墙装饰，其耐水性、耐碱性、耐久性优于醋酸乙烯乳胶漆，并具有光泽，是一种中高档内墙装饰涂料。

乙-丙有光乳胶漆的特点是：

①在共聚乳液中引入了丙烯酸丁酯、甲基丙烯酸甲酯、甲基丙烯酸、丙烯酸等单体，从而提高了乳液的光稳定性，使配制的涂料耐候性好，宜用于室外。

②在共聚物中引进丙烯酸丁酯，能起到内增塑作用，提高了涂膜的柔韧性。

③主要原料为醋酸乙烯，国内资源丰富，涂料的价格适中。

2.聚乙烯醇类水溶性内墙涂料

（1）聚乙烯醇水玻璃涂料

这是一种在国内普通建筑中广泛使用的内墙涂料，其商品名为"106"。它是以聚乙烯醇树脂的水溶液和水玻璃为胶粘剂，加入一定数量的体质颜料和少量助剂，经搅拌、研磨而成的水溶性涂料。

聚乙烯醇水玻璃涂料的品种有白色、奶白色、湖蓝色、果绿色、蛋青色、天蓝色等。适用于住宅、商店、医院、学校等建筑物的内墙装饰。

（2）聚乙烯醇缩甲醛内墙涂料

聚乙烯醇缩甲醛内墙涂料是以聚乙烯醇与甲醛进行不完全缩醛化反应生成的聚乙烯醇缩甲醛水溶

表2-6 涂料品种、特点、技术性能及用途

品 种	特 点	技 术 性 能	用 途
106内墙涂料（聚乙烯醇水玻璃涂料）	是用聚乙烯醇树脂水溶液和水玻璃为基料，混合定量的填料、颜料和助剂，经过混合研磨、分散而成。具有无毒无味，能在稍湿的墙面上施工，封面有一定的粘结力，涂层干燥快，表面光洁平滑，能形成一层类似无光泽的涂膜。	容器中状态：经搅拌无结块、沉淀和絮凝现象粘度：35～75s ：≤90μm 遮盖力：≤300g/m² 白度：≤80度 涂腊的外观：涂膜平整光滑，色泽均匀 附着力：划格试验无方格脱落 耐水性：浸水24h涂层无脱落、起泡和皱皮现象 耐干控性：≤1级	适用于住宅、商店、医院、宾馆、剧场、学校等建筑物的内墙装饰。
803内墙涂料（聚乙烯醇半缩醛）	新型水溶性涂料，具有无毒无味，干燥快、遮盖力强、涂层光洁，在冬季较低温度下不易结冻，涂刷方便，装饰性好，耐湿擦性好，对封面有较好的附着力等优点。	表面干燥时间：35℃<30min 附着力：100% 耐水性：浸24h不起泡不脱粉 耐热性：80℃6h无发粘开裂 耐洗刷性：50次无变化、不脱粉 粘度：50～70s	可涂刷于混凝土、纸筋石灰、灰泥表面，适合大厦、住宅、剧院、医院、学校等室内墙面装饰。

表2-7　地面、顶棚涂料品种、特点、技术性能及用途

品　种	特　点	技术性能	用　途
毛面顶棚涂料	涂层表面有一定颗粒状毛面质感，对棚面不平有一定的遮盖力，装饰效果好。施工工艺简单，喷涂工效高，可减轻强度。	耐水性：48h无脱落 耐碱性：8h无变化、48h无脱落 渗水性：无水渗出 耐刷洗：250次无掉粉 储存稳定性：半年后有沉淀	产品分高、中、低档，适用于宾馆、饭店、影剧院、办公楼等公共建筑物的空间较大的房间或走廊的顶棚装饰。
777地面涂层材料	以水深性高分子聚合物为基料与物制填料、颜料制成。分为A、B、C三组分。A组分425号水泥；B组分色浆；C组分面层罩光涂料。具有无毒、不燃、经济、案例、干燥快、施工简便、经久耐用等特点。	耐磨：0.06g/cm² 粘结强度：0.25Mpa 抗冲击性：50J/cm² 耐火性：20℃，7d无变化 耐热性：105℃，1h无变化	用于公共建筑、住宅建筑以及一般实验室、办公室水泥地面的装饰。
聚氨脂弹性地面涂料	有较高强度和弹性，良好的粘结力，涂铺地面光洁不滑、弹性好、耐磨、耐压、行走舒适、不积尘、易清扫，可代替地毯使用，施工简单等优点。	硬度（邵氏）：60~70% 耐撕力：5~6MPa 断裂强度：5Mpa 伸长率：200% 耐磨性：0.1m²/1061km 粘结强度：4Mpa 耐腐蚀：10%HCl三个月无变化	适用于会议室、图书馆的装饰地面。以及车间耐磨、耐油、耐腐蚀地面。

液为基料，加入颜料、填料及其他助剂经混合、搅拌、研磨、过滤等工序制成的一种内墙涂料。

聚乙烯醇缩甲醛内墙涂料的生产工艺与聚乙烯醇水玻璃内墙涂料的相类似，成本相仿，而耐水洗擦性略优于聚乙烯醇水玻璃内墙涂料。

第五节　地面、顶棚涂料

地面、顶棚涂料的整个施工环境温度应在5℃以上，否则，乳胶涂料无法滚涂。若顶棚也施涂乳胶涂料，操作顺序是先顶棚后墙柱（见表2-7）。

第六节　防火涂料

防火涂料可用在钢材、木材、混凝土等材料上。常用的阻燃剂有：含磷化合物和含卤素化合物等，如氯化石蜡、十溴联苯醚、磷酸三氯乙醛酯等。裸露的钢结构耐火极限仅为0.25h，在火灾中钢结构温升超过500℃时，其强度明显降低，导致建筑物迅速垮塌。钢结构必须采用防火涂料进行涂饰，才能使其达到《建筑设计防火规范》的要求。

防火涂料包括钢结构防火涂料、木结构防火涂料、混凝土楼板防火隔热涂料等。

一、钢结构防火涂料

1.STI-A型钢结构防火涂料

这种防火涂料采用特别保温蛭石骨料、无机胶结材料、防火添加剂与复合化学助剂调配而成，具有高密度、热导率低、防火隔热性好的特点，可用作各类建筑钢结构和钢筋混凝土结构梁、柱、墙及楼板的防火阻挡层。

STI-A涂料的耐火性能：用该种涂料作钢结构防火层，涂层厚度为2~2.5cm时，即可满足建筑物一级耐火等级的要求。其耐候性能：这种涂料经过65℃-150℃循环试验15次后，其抗拉强度、抗压强度均无降低，试件不裂。

2.LG钢结构防火隔热涂料

这种涂料是以改性无机高温粘结剂，配以空心微珠、膨胀珍珠岩等吸热、隔热、增强材料和化学助剂合成的一种新型涂料，具有密度小、热导率低、防火隔热性优良、附着力强、干燥固化快、无毒、无污染等特点，适用于建筑物室内钢结构，也可用于防火墙、防火挡板及电缆沟内铁支撑架等构筑物。表2-8为该涂料的物理力学性能。其防火隔热性能按C,N15-1982标准试验，防火涂层为1.5cm，钢梁耐火极限达1.5h。增减涂层厚度可满足钢结构不同耐火极限的要求（见表2-8）。

LG涂料的耐老化性能：空气冻融循环15次，外观完整；湿热交替循环25次，不裂不粉，经实际考核无异常发生。

表2-8 LG钢结构防火隔热涂料物理力学性能

项　目	指　标
耐水性	水泡2000h无溶损
耐腐蚀性	PH=12不腐蚀
粘结性能	不开裂脱落
热导率	0.09W/(m·K)
抗压强度	0.46MPa

二、木结构防火涂料

1.YZL-858发泡型防火涂料

这种涂料由无机高分子材料和有机高分子材料复合而成，具有轻质、防火、隔热、耐候、坚韧不脆、装饰良好、施工方便等特点，适用于饭店、旅店、展览馆、礼堂、学校、办公大楼、仓库等公用建筑和民用建筑物的室内木结构，如木条、木板、木柱等基材。该涂料的防火性能、理化性能、装饰性见表2-9。

2.YZ-196发泡型防火涂料

这种涂料由无机高分子材料和有机高分子材料复合而成。涂膜退火膨胀发泡，生成致密的蜂窝状隔热层，有良好的隔热防火效果。这种涂料不但隔热、防火，而且耐候、抗潮等性能良好，附着力强，粘结力高，涂膜有瓷釉的光泽，装饰效果良好；适用于各类工业与民用建筑的防火隔热及装饰。这种涂料的防火性能及物理性能见表2-10。

3.膨胀乳胶防火涂料

这种涂料以丙烯酸乳液为粘合剂，与多种防火添加剂配合，以水为介质加上颜料和助剂配制而成。该涂料遇火膨胀，产生蜂窝状炭化泡层，隔火隔热效果显著，适用于涂刷工业与民用建筑物的内层架、隔墙、顶棚(木质、纤维板、胶合板、纸板)等易燃材料，此外也可用于发电厂、变电所及建筑物的沟道和竖井的电缆涂刷。

这种涂料隔火隔热效果好。如涂刷在3mm厚的纤维板上，经800t左右的酒精火焰垂直燃烧10~15min不穿透；涂刷在油纸绝缘和塑料绝缘的电缆线上，经830t煤气火焰喷烧20min内部绝缘完好，可继续通电。这种涂料液漆呈中性，对被涂物基本无腐蚀，干膜附着力为2-3MPa，冲击强度>3MPa，在25℃蒸馏水中浸泡24h不起泡、不脱落，颜色可调成黄、红、蓝、绿等浅色。

4.A60-1改性氨基膨胀涂料

这种涂料以改性氨基树脂为胶粘剂，与多种防火添加剂配合，加上颜料和助剂配制而成。该涂料遇火生成均匀致密的海绵状泡沫隔热层，有显著的隔热、防火、防潮、防油及耐候性好等特性，能调配成多种颜色，有较好的装饰效果；适用于建筑、电缆等火灾危险性较大的物件保护，也适用于车、船及地下工程作防火处理。其防火性能、物理性能见表2-11。

三、混凝土楼板防火隔热涂料(106)

混凝土材料本身是不会着火燃烧的，但它不一定耐火。实践证明，当预应力混凝土楼板遇火灾时，其耐火极限仅为0.5h，也就是说在0.5h左右楼板就会断裂垮塌。如果用涂料保护混凝土楼板，则它可满足《建筑设计防火规范》的要求。

混凝土楼板防火隔热涂料是以无机、有机复合物作胶粘剂，配以珍珠岩、硅酸铝纤维等多种成分原料，用水作溶剂，经机械混合搅拌而成。该涂料具有容重轻、热导率低、隔火隔热、耐老化性能好等特点，原料来源丰富，易于生产，主要用于喷涂预应力混凝土楼板，提高其耐火极限，也可喷涂钢筋混凝土梁、板及普通混凝土结构，起防火隔热保护作用。其主要性能见表2-12。

表2-9 YZL-858发泡型防火涂料性能

名　称		指　标
防火性能	火焰传播比值	10(ASTM D3806标准)
	阻燃性	失重2.5g，炭化体积0.16m³(ASTM D3806)
	耐火性	耐火时间33.7min
理化性能	颜色	白色，根据需要可调成多种颜色
	干燥时间	表干1~2h，实干4~5h
	耐水性	在水中浸泡一周涂层完整无缺
	附着力	>3MPa
	耐候性	45℃、100%湿度的CO_2环境下48h无变化
装饰性能	色泽、光泽	可配成颜色，带有瓷釉光泽，而无瓷质的脆性

表2-10 YZ-196发泡型防火涂料性能

名 称		指 标
防火性能	火焰传播比值 阻燃性 耐火性	10(ASTM D3806标准) 失重3.14g,炭化体积0.052m³ 耐火时间30.3min
理化性能	颜 色 干燥时间 耐水性 附着力 耐候性	白色,根据需要可调成多种颜色 表干1~2h,实干4~5h 在水中浸泡一周涂层无变化 >3MPa 45℃、100%湿度的CO_2环境下48h无变化

表2-11 A60-1改性氨基膨胀涂料性能

名 称		指 标
防火性能	氧指数 火焰传播数值 阻燃性 耐火性	38[薄膜试件(GB 2406-1980)] 10(ASTM D3806-1979) 失重2.2g,炭化体积9.8cm³(ASTM D1360-1979) 耐火时间43min(SS-A-118B-1959)
物理性能	干燥时间 附着力情况 柔韧性 耐水性 耐油性	表干1h,实干24-72h 100%(GB 1720-1979) 1级(GB 1731-1979) 浸泡48h无变化 25号变压器油浸泡120h无变化

表2-12 混凝土楼板防火隔热涂料性能

名 称	指 标
颜 色	灰白色,或按需要配色
表观密度	303kg/m³
导温系数	0.00078m²/h
热导率	0.0895W/(m·K)
比 热	1.3976J/(kg·K)
抗压强度	1.34MPa
抗冻融性	-20~20℃,15次循环无变化
防火隔热性能	按GN 15-1982标准试验,5mm厚涂层,YKB33A预应力混凝土楼板耐火极限为2.4h

第七节 漆类涂料

一、天然漆

天然漆又称大漆,有生漆和熟漆之分。天然漆是将从漆树上取得的液汁,经部分脂水并过滤而得的棕黄色粘稠液体。

天然水漆的特性是:漆膜坚硬,富有光泽、耐久、耐磨、耐油、耐水、耐腐蚀、绝缘、耐热(≤250℃),与基底表面结合力强。缺点是粘度高而不易施工(尤其是生漆),漆膜色深,性脆,不耐阳光直射,抗强氧化和抗碱性差。天然漆的主要成分为复杂的醇素树脂。生漆有毒,干燥后漆膜粗糙,所以很少直接使用。生漆经加工即成熟漆,或改性后制成各种精制漆。熟漆适于在潮湿环境中使用,所形成的漆膜光泽好、坚韧、稳定性高、耐酸性强,但干燥较慢,甚至需2~3个星期。精制漆有广漆和催光漆等品种,具有漆膜坚韧、耐水、耐热、耐久、耐腐蚀等良好性能,光泽动人,装饰性强,适用于木器家具、工艺美术品及某些建筑制品等。

天然漆取于漆树,为我国特产,盛产于陕西、四川、湖南、湖北、贵州等省,福建、浙江、安徽等省也有生产。

二、调合漆

调合漆是在熟干性油中加入颜料、溶剂、催干剂等调合而成的,是最常用的一种油漆。调合漆质地均匀,较软,稀稠适度,漆膜耐腐蚀、耐晒,经久不裂,遮盖力强,耐久性好,施工方便,适用于室内外钢铁木材等表面涂刷。

常用的调合漆有油性调合漆、磁性调合漆等品种。油性调合漆是用干性油与颜料研磨后,加入催干剂及溶剂配制而成。这种漆附着力好,不易脱落，不起龟裂，不易粉化，经久耐用，但干燥较慢，漆膜较软，故适用于室外面层涂刷。磁性调合漆现名多丹脂调合漆，是由甘油松香酯、干性油与颜料研磨后，加入催干剂、溶剂配制而成。这种漆干燥性比油性调合漆好，漆膜较硬，光亮平滑，但抗气候的能力较油性调合漆差，易失光、龟裂，故用于室内较为适宜。

三、清漆

它是以树脂为主要成膜物质，分为油基清漆和树脂清漆两类。油基清漆俗称凡立水，由合成树脂、干性油、溶剂、催干剂等配制而成。油料用量较多时，漆膜柔韧、耐久且富有弹性，但干燥较慢；油料用量少时，则漆膜坚硬、光亮、干燥快，但较易脆裂。油基清漆有钙酯清漆、酚醛清漆、醇酸清漆等。树脂清漆不含干性油，这种清漆干燥迅速，漆膜硬度高，绝缘性好，色泽光亮，但膜脆，耐热及抗大气较差。树脂清漆有如虫胶清漆(俗称泡立水、漆片)，建筑上常用的清漆分述如下：

1.酯胶清漆

又称耐水清漆，是以干性油和甘油松香为胶粘剂而制成的。这种清漆膜光亮，耐水性较好，但光泽不持久，干燥性较差，适合用于木制家具、门窗、板壁等的涂刷及金属表面的罩光。

2.酚醛清漆

俗称永明漆，是以干性油和改性酚醛树脂为胶粘剂而制成的。它干燥快，漆膜坚韧耐久，光泽好，并耐热、耐水、耐弱酸碱。缺点是涂膜容易泛黄。用于室内外木器和金属面涂饰，可得到很好的效果。

3.醇酸清漆

又叫三宝漆，是以干性油和改性醇酸树脂溶于溶剂中而制得。这种漆的附着力、光泽度、耐久性比酯胶清漆和酚醛清漆都好，漆膜干燥快，硬度高，绝缘性好，可抛光，打磨，色泽光亮，但膜脆，耐热及抗大气性较差。醇酸清漆主要用于涂刷室内门窗、木地面、家具等，不宜外用。

4.虫胶清漆

又名泡立水、酒精凡立水，也简称漆片。它是虫胶片(干切片)用酒精(95度以上)溶解而得的溶液。这种漆使用方便，干燥快，漆膜坚硬光亮。缺点是

耐水性和耐候性差，日光曝晒会失光，热水浸烫会泛白，一般用于室内涂饰。

5.硝基清漆

又称清喷漆，简称腊克。是漆中另一类型，它的干燥是通过溶剂的挥发，而不包含有复杂的化学变化。它是以硝化棉即硝化纤维素为基料，加入其他树脂、增塑剂制成。具有干燥快、坚硬、光亮、耐磨、耐久等优点。它是一种高级涂料，适用于木材和金属表面的涂复装饰。在建筑上用于高级建筑的门窗、板壁、扶手等装修。但不宜用湿布揩。

四、磁漆(瓷漆)

磁漆系在清漆的基础上加入无机颜料而制成，因漆膜光亮、坚硬、酷似瓷(磁)器，故为其名。磁漆色泽丰富，附着力强，适用于室内装饰和家具，也可用于室外的钢铁和木材表面。常用的有醇酸磁漆、酚醛磁漆等品种。

五、特种油漆

建筑上常用的特种油漆有各种防锈漆和防腐漆。

防锈漆是用精炼的亚麻仁油、桐油等优质干性油做成膜剂，加入红丹、锌铬黄、铁红、铝粉等防锈颜料制成的。也可加入适量的滑石粉、瓷土等作填料。

红丹漆是目前使用较广泛的防锈底漆，呈碱性，能与侵蚀性介质、中酸性物质起中和作用。红丹还有较高的氧化能力，能使钢铁表面氧化成均匀的Fe_2O_3薄膜，与内层紧密结合，起强力的表面统化作用。红丹与干性油结合所形成的铅皂，能使漆膜紧密，不透水，因此有显著的防锈作用。

在建筑工程中，常用于化工防腐工程的特种漆有：生漆、过氯乙烯漆、酯胶漆、环氧漆、沥青漆等。

第八节 涂料的施工工艺

一、外墙涂料工艺

1.基层处理

(1)基层要有足够的强度，无酥松、脱皮、起砂、粉化等现象。

(2)施工前，必须将基层表面的灰浆、浮灰、附着物等清除干净，用水冲洗更好。

(3)基层的油污、铁锈、隔离剂等必须用洗涤剂

洗净，并用水冲洗干净。

（4）基层的空鼓必须剔除，连同蜂窝、孔洞等提前2-3d用聚合物水泥腻子修补完整。配合比为水泥：107胶：纤维素（2%浓度）：水=1：0.2：适量：适量（重量比）。

（5）抹灰面要用铁抹子压平，再用毛刷带出小麻面，其养护时间一般3d即可。

（6）新抹水泥砂浆湿度、碱度均高，对涂膜质量有影响。因此，抹灰后需间隔3d以上再行涂饰。

（7）基层表面应平整，纹时质感应均匀一致，否则由于光影作用，会造成颜色深浅不一的错觉，影响装饰效果。

2.施工操作要求

（1）采用喷涂施工，空气压缩机压力需保持在0.4~0.7MPa，排气量0.63m³/S以上，以将涂料喷成雾状为准，其喷口直径如下：

① 如果喷涂砂粒状：保持在4.0~4.5mm；

② 如果喷云母片状：保持在5~6mm；

③ 如果喷涂细粉状：保持在2~3mm。

（2）料要垂直墙面，不可上、下做料，以免出现虚喷发花，不能漏喷、挂流。漏喷及时补上，挂流及时除掉。喷涂厚度以盖底后最薄为佳，不宜过厚。

（3）刷涂时，先清洁墙面，一般涂刷两次。本涂料干燥很快，注意涂刷摆幅放小，求得均匀一致。

（4）滚涂时，先将涂料按刷涂作法的要求刷在基层上，随即滚涂，滚刷上必须蘸少量涂料，滚压方向要一致，操作应迅速。

3.注意事项

（1）施工后4-8h内避免淋雨，预计有雨时，停止施工。

（2）风力4级以上时不宜施工。

（3）施工器具不能沾上水泥、石灰等。

（4）本类涂料在5℃以上方可施工，施工后4h内，温度不能低于0℃。

二、内墙涂料工艺

1.基层处理

先将装修表面的灰块、浮渣等杂物用开刀铲除，如表面有油污，应用清洗剂和清水洗净，干燥后再用棕刷将表面灰尘清扫干净。

2.腻子补缺

用腻子将墙面麻面、蜂窝、洞眼等缺残处补好。

3.磨平

等腻子干透后，先用开刀将凸起的腻子铲开，然后用粗砂纸磨平。

4.满刮腻子

先用胶皮刮板满刮第一遍腻子，要求横向刮抹平整、均匀、光滑、密实，线角及边棱整齐。满刮时，不漏刮，接头不留槎，不玷污门窗框及其他部位。干透后用粗砂纸打磨平整。

5.再满刮腻子

第二遍满刮腻子与第一遍方向垂直，方法相同，干透后用细砂纸打磨平整、光滑。

6.涂刷乳胶

涂刷前用手提电动搅拌枪将涂料搅拌均匀，如稠度较大，可加清水稀释，但稠度应控制，不得稀稠不匀。然后将乳胶倒入托盘，用滚刷蘸乳胶进行滚涂，滚刷先作横向滚涂，再作纵向滚压，将乳胶赶开、涂平、涂匀。滚涂顺序一般从上而下，从左到右，先远后近，先边角、棱角，先小面后大面。防止涂料局部过多而发生流坠，滚刷涂不到的阴角处，需用毛刷补齐，不得漏涂。要随时剔除墙上的滚刷毛。一面墙面要一气呵成，避免出现接槎刷迹重叠，玷污到其他部位的乳胶要及时清洗干净。

7.磨光

第一遍滚涂乳胶结束4h后，用细砂纸磨光，若天气潮湿，4h后未干，应延长间隔时间，待干后再磨。

8.涂刷乳胶

一般为两遍，亦可根据要求适当增加遍数。每遍涂刷应厚薄一致，充分盖底，表面均匀。

9.清扫

清扫飞溅乳胶，清除施工准备时预先覆盖在踢脚板、水、暖、电、卫设备及门窗等部位的遮挡物。

三、防火涂料施工工艺

1. 钢件预处理

(1) 将钢件表面处理干净;

(2) 固定六角孔铅丝网或以底胶水(底胶:水=1:5~7)喷扫基面。

2. 涂料抹合

涂料:水=1:1(重量比)在搅拌机搅拌5~10min,即可使用。

3. 喷(刷)施涂

喷(刷)施涂要在底胶成膜干燥后进行,第一遍厚度控制在1.5cm,待干后方可喷涂第二遍。涂料固化快,故需随用随配制,施工时以15~35℃为好,4℃以下不宜施工。

4. 手工抹光

在最后一遍达到设计厚度时,即可。

四、油漆

1. 硝基清漆

(1) 工艺要求

① 对木料表面进行清扫、起钉、无尘土、无污垢等脏物,并用砂纸打磨,水渍、胶水渍须打磨干净,铅笔线必须擦干净,边角要磨光。

② 刷一遍漆片水,调腻子补洞、缺陷、枪眼等不平处,腻子必须略高于平面,后用砂纸打磨,达到表面平整的要求,且木料表面无浮灰。

③ 对有色调要求的清漆,应在腻子中调入所需颜料成糊状,用棉沙蘸糊状腻子,涂于木质表面上,干后用砂纸打磨掉浮灰且露出木纹。

④ 刷一遍漆片水,用毛笔修补颜色,后用砂纸打磨,之后刷第一遍硝基清漆。

⑤ 共刷6遍硝基清漆,且每刷一遍清漆后,都用砂纸磨光。

⑥ 配件必须待封贴后方可油漆(包括铜铰链、门锁、猫眼、电器等)。

(2) 质量要求

① 一般墙面油漆应在地面工程、抹灰工程、木装修工程、水暖电气工程等对油漆质量有影响的工程完工后进行,且施工环境温度不宜低于10℃。

② 油漆涂刷时,基层表面应充分干燥,且木料表面无尘土、污垢,涂刷后应加以保护。防止损伤和尘土污染。

③ 木基层刷油漆时,均应做到横平竖直,交错均匀一致,涂刷顺序为先上后下,先内后外,先浅色、后深色,按板方向理平理直。

④ 每一遍油漆应待前一遍油漆干燥后进行,木工艺要求硝基清漆涂刷一般不少于6遍。如刷亚光清漆在刷第6遍漆时换刷亚光硝基清漆,清漆和稀料用量大致比为1:2。

⑤ 对柜内抽斗内不需涂刷油漆处应用腻子进行大面积修补,打磨后刷一遍漆片。

⑥ 清漆表面质量要求。见表2-13。

⑦ 在涂刷前应按要求颜色制作油漆样板,并经甲方确认后方可施工,并保留样板。

⑧ 木地板施涂涂料不得少于三遍,且常用聚氨酯清漆,先刷靠窗户处地板,向门口方向退刷,长条地板要顺木纹方向刷。刷清漆时,要充分用力刷开,刷匀不得漏刷,刷完一遍后应仔细检查,如发现不平处应用腻子补平,干后打磨,若有大块腻子疤痕,进行处理,待第一遍干燥后再刷第二遍,并关闭门窗防止污染。

⑨ 对有的木料表面有色斑,颜色不均,或对有高级透明涂饰要求的,需露浅木色的应对木材进行脱色处理。

2. 混水漆

(1) 工艺要求

① 先补洞,砂光,批灰再砂光,将浮灰擦净。

② 刷漆片水一遍后刷带色硝基漆一遍,待油漆干燥后磨光,再刷第二遍带色硝基漆一遍。

③ 共刷三遍带色硝基漆,且每遍刷之前应打磨,干布净擦。

表2-13 清漆表面质量要求

项次	项 目	中级涂料(清漆)	高级涂料(清漆)
1	漏刷、脱皮、斑迹	不允许	不允许
2	木纹	棕眼刮平、木纹清楚	棕眼刮平、木纹清楚
3	光亮和光滑	光亮足、光滑	光亮柔和、光滑无挡手感
4	裹棱、流坠、皱皮	大面允许、小面明显处不允许	不允许
5	颜色、刷纹	颜色基本一致、无刷纹	颜色一致,无刷纹
6	五金、玻璃等	洁净	洁净

木材表面刷涂溶剂型混色涂料的主要程序见表2-14。

表2-14　木材表面刷涂溶剂型混色涂料的主要操作程序

项次	工序名称	普通级	中级	高级
1	清扫、起钉子、除油污等	＋	＋	＋
2	铲去胶水、修补平整	＋	＋	＋
3	磨砂纸	＋	＋	＋
4	节疤处点漆片	＋	＋	＋
5	局部刮腻子、磨光	＋	＋	＋
6	第一遍满刮腻子		＋	＋
7	磨光		＋	＋
8	第二遍满刮腻子			＋
9	磨光			＋
10	刷涂、底层涂料		＋	＋
11	第一遍涂料	＋	＋	＋
12	复补腻子	＋	＋	＋
13	磨光	＋	＋	＋
14	湿布擦净		＋	＋
15	第二遍涂料	＋	＋	＋
16	磨光（高级涂料用水砂纸）		＋	＋
17	湿布擦净		＋	＋
18	第三遍涂料		＋	＋

注：1.表中"＋"号表示应进行工序。　　2.木地板刷涂料不得少于3遍。

（2）质量要求见表2-15

表2-15　木材表面刷涂溶剂型混色涂料的质量要求

项次	项目	普通级涂料	中级涂料	高级涂料
1	脱皮、漏刷、反锈	不允许	不允许	不允许
2	透底、流坠、皱皮	大面不允许	大面和小面明显处不允许	不允许
3	光亮和光滑	光亮均匀一致	光亮光滑均匀一致	光亮足、光滑无挡手感
4	分色裹棱	大面不允许小面允许偏差3mm	大面不允许、小面允许偏差2mm	不允许
5	装饰线、分色线平直（拉5m线检查）	偏差不大于3mm	偏差不大于2mm	偏差不大于1mm
6	颜色刷纹	颜色一致	颜色一致刷纹通顺	颜色一致，无刷纹
7	五金、玻璃等	洁净	洁净	洁净

注：1.大面是门窗关闭后的里、外面。　　　　3.设备管道喷刷涂银粉涂料，涂抹应均匀一致，光亮足。

2.小面明显处是指门窗开启后，除大面外，视线能见到部位。

4.施涂无光的涂料、无光混色涂料，不检查光亮。

3.实木门及门套、窗刷(喷)清油漆

实木门及门套、窗刷清油漆操作工艺如下：

（1）基层处理

先将木门窗基层表面上的灰尘、斑迹、胶迹等用刮刀或碎玻璃片刮干净。但须注意不要刮出毛刺，也不要刮破抹灰墙面，然后用1号以上砂纸顺木纹精心打磨，先磨线角，后磨四口平面，直到光滑为止。木门窗基层有小块活翘皮时，可用小刀撕掉。重皮的地方应用小钉子钉牢固，如重皮较大或有烤糊印疤，应由木工修补，并用酒精漆片点刷。

（2）润色汕粉

用大白粉24、松香水16、熟桐油2(重量比)等混合搅拌成色油粉(颜色同样板颜色)，盛在小油桶内。用棉丝蘸油粉反复入于木材表面，擦进木材鬃眼内，然后用麻布或棉丝擦净，线角应及时用竹片除去余粉。应注意墙面及五金上下不得沾染油粉。待油粉干后，用1号砂纸顺木纹轻轻打磨，先磨线角、裁口，后磨四口平面，直到光滑为止。注意保护棱角，不要将鬃眼内油粉磨掉，磨完后用潮布将磨下粉末、灰尘擦净。

（3）满刮油腻子

腻子配合比为石膏粉：熟桐油＝20：7，水适量(重量比)，并加颜料调成石膏色腻子(颜色浅于样板1～2色)。要注意腻子油性不可过大或过小，若过大，刷时不易浸入木质内；若过小时，则钻入木质中，这样刷的油色不易均匀，颜色不能一致。用腻子刀或牛角板装腻子刮入钉孔、裂缝、鬃眼内。刮抹时要横抹竖起，如遇接缝或节疤较大时，应用铲刀、牛角板将腻子挤入缝隙内，然后抹平，一定要刮平，不留松散腻子。待腻子干透后，用1号砂纸顺木纹轻轻打磨，先磨线角、裁口，后磨四口平面，注意保护棱角，来回打磨至光滑为止，并用潮布将磨下的粉末擦净。

（4）刷油色

先将铅油(或调合漆)、汽油、光油、清油等混合在一起过筛(小笤)，然后倒在小油桶内，使用时经常搅拌，以免沉淀造成颜色不一致(颜色同样板颜色)。刷油的顺序，应从外向内、从左向右、从上至下进行，并顺着木纹涂刷。刷门窗框时不得碰到墙面上，刷到接头处要轻飘，达到颜色一致；因油色干燥较快，所以刷油动作应快速、敏捷，要求横平竖直，顺油时刷子要轻飘，避免出刷绺。刷木窗时，先刷好框子上部后再刷亮子；待亮子全部刷完后，将梃钩钩住，再刷窗扇；如为双扇窗，应先扇窗，应先刷左扇后刷右扇；三扇窗应最后刷中间扇；纱窗扇先刷外面后刷里面。刷木门时，先刷亮子后刷门框、门扇背面，刷完后用小木楔子将门扇固定，前后刷门扇正面；全部刷好后检查是否有漏刷，小五金沾染的油色要及时擦净。油色涂刷要求木材色泽一致，而又盖不住木纹，所以每一个刷面必须一次刷，不留接头，两个刷面交接棱口不要相互沾油，沾油后要及时擦掉，达到颜色一致。

（5）刷第一遍清漆

①刷清漆。其刷法与油色相同，但刷第一遍清漆应略加一些稀料(汽油)撤光，便于快干。因清漆粘性较大，最好使用已用出刷口的旧刷子，刷时要少蘸油，要注意不流、不坠，涂刷均匀。待清漆完全干透后，用1号或旧砂纸彻底打磨一遍，将头遍漆面上的光亮基本打磨掉，再用潮布将粉尘擦掉。

②修补腻子。一般要求刷油色后不抹腻子，特殊情况下，可以用油性略大的带色石膏腻子，修补残缺不全之处。操作时必须用牛角板刮抹，不得损伤漆膜，腻子要收刮干净，光滑无腻疤(补腻子疤必须点漆片处理)。

③修色。木材表面上的黑斑、节疤、腻子疤和材色不一致处，应用漆片、酒精加色调配(颜色同样板颜色)或用浅至深清漆色调合漆(铅油)和稀释剂调配，材色深的应修浅，浅提深，将深或浅色木料拼成一色，并绘出木纹。

④打砂纸。使用细砂纸轻轻往返打磨，然后用潮布将粉尘擦净。

（6）刷第二遍清漆

使用原桶清漆不加稀释剂(冬期可略加催干剂)，刷油操作同前，但刷油动作要敏捷，多刷多理，清漆涂刷得饱满一致，不流不坠，光亮均匀，刷后仔细检查一遍，有毛病及时纠正。刷此遍清漆时，周围环境要整洁，宜暂时禁止通行。最后木门窗用梃钩钩住或用木楔固定牢固。

（7）刷第三遍清漆

待第二遍清漆干透后首先要进行磨光，然后过水布，最后涂刷第三遍清漆。

思考题：

1.涂刷类饰面的优点和缺点分别是什么？

2.涂料的主要组成材料是什么？

3.对建筑涂料中的颜料有何要求？为什么？

4.怎样选择建筑涂料？

5.防火涂料阻燃的基本原理有哪些？

第 **3** 章

建筑装饰玻璃

本章要点
- 玻璃装饰材料的种类及表面加工
- 普通平板玻璃的特点和用途，分类和规格，技术质量要求
- 饰面玻璃的种类及用途

第一节 玻璃的基本知识

一、玻璃的生产

玻璃是用石英砂、纯碱、长石和石灰石为主要原料，并加入一些如助熔剂、着色剂、发泡剂、澄清剂等辅助原料，在1550～1660℃高温下熔融、急速冷却而得到的一种无定形硅酸盐制品。其主要化学成分是SiO_2（70%左右）、Na_2O、CaO和少量的MgO、Al_2O_3、K_2O等。

玻璃的生产主要由原料加工、计量、混合、熔制、成型和退火等工艺组成。最常见的玻璃是平板玻璃。平板玻璃的生产主要的不同之处在于成型方法，目前常见的成型方法有垂直引上法、水平拉引法、压延法、浮法等。

垂直引上法是引上机从玻璃液面垂直向上拉引玻璃带的方法。水平拉引法是将玻璃带由自由液面向上引拉70cm后绕经转向辊再沿水平方向拉引，该方法便于控制拉引速度，可生产特厚和特薄玻璃。压延法是利用一对水平水冷金属压延辊将玻璃展延成玻璃带，由于玻璃是处于可塑状态下压延成型，因此会留下压延辊的痕迹，常常生产压花玻璃和夹丝玻璃。浮法是使熔融的玻璃液流入锡槽，在干净的锡液面上自由摊平，逐渐降温退火加工而成玻璃的方法，是最先进的玻璃生产方法，它具有质量好、产量高，生产的玻璃宽度和厚度调节范围大等特点，而且玻璃自身的缺陷如气泡、结石、玻筋、线道、疙瘩等较少。浮法生产的玻璃经过深加工后可制成各种特种玻璃。

二、玻璃的表面加工

在玻璃的生产和使用过程中，常常进行表面加工处理。主要包括：控制玻璃表面的凸凹，使之形成光滑面或散光面，如玻璃的蚀刻、磨光和抛光等；改变表面的薄层，使之具有新的性能，如表面着色、离子交换等；用其他物质在玻璃表面形成薄层使之具有新的性能，如表面镀膜；用物理或化学方法在玻璃表面形成定向应力改善玻璃的力学性质，如钢化。

化学蚀刻和化学抛光是采用氢氟酸对玻璃的强烈腐蚀作用来加工玻璃表面，如形成具有微小凸凹、极具立体感的文字画像或去除表面瑕疵形成非常光亮的抛光效果等。

玻璃在高温下的离子交换是着色离子扩散到玻璃表层使玻璃着色的过程。

镀膜是在玻璃表面形成金属、金属氧化物或有机物的薄膜，使其对光、热具有不同的吸收和反射效果，可制镜、热反射玻璃、导电膜玻璃、低辐射玻璃等。

玻璃的研磨和抛光是玻璃制品重要的冷加工方法。研磨可去除表面粗糙的部分，并达到所需要的形状和尺寸，抛光可去除玻璃表面呈毛面状态的裂纹层，使之变成光滑、透明具有光泽的表面。目前，随着浮法玻璃的大量生产，由于其本身表面已十分平整光滑，所以目前平板玻璃的研磨和抛光已越来越少，但是对于形状特殊的玻璃制品仍需要进行研磨抛光。

三、玻璃的基本性质

玻璃的密度与其化学组成有关，普通玻璃的密度约为$2.45\sim2.55g/cm^3$。除玻璃棉和空心玻璃砖外，玻璃内部十分致密，孔隙率非常小。

普通玻璃的抗压强度为$600\sim1200MPa$，抗拉强度为$40\sim120\ MPa$，抗弯强度为$50\sim130\ MPa$，弹性模量为$(6\sim7.5)\times10^4MPa$。玻璃的抗冲击性很小，是典型的脆性材料。普通玻璃的莫氏硬度为$5.5\sim6.5$，因此玻璃的耐磨性和耐刻划性较高。

玻璃的化学稳定性较高，可抵抗除氢氟酸外的所有酸的腐蚀，但耐碱性较差，长期与碱液接触，会使得玻璃中的SiO_2溶解受到侵蚀。

普通玻璃的比热为$0.33\sim1.05KJ/(kg.K)$，导热系数为$0.73\sim0.82W/(m\cdot K)$。玻璃的热稳定性较差，主要是由于玻璃的导热系数较小，因而会在局部产生温度内应力，会使玻璃因内应力出现裂纹或破裂。玻璃在高温下会产生软化并产生较大的变形，普通玻璃的软化温度为$530\sim550℃$。

玻璃的光学性质包括反射系数、吸收系数、透射系数和遮蔽系数四个指标。反射的光能、吸收的光能和透射的光能与投射的光能之比分别为反射系数、吸收系数和透射系数。不同厚度不同品种的玻璃反射系数、吸收系数、透射系数均有所不同。将透过3mm厚标准透明玻璃的太阳辐射能量作为1，其他玻璃在同样条件下透过太阳辐射能量的相对值为遮蔽系数，遮蔽系数越小，说明透过玻璃进入室内的太阳辐射能越少，光线越柔和。

第二节 常用建筑装饰玻璃

一、平板玻璃

平板玻璃是指未经其他加工的平板状玻璃制品，也称白片玻璃或净片玻璃。按生产方法不同，可分为普通平板玻璃和浮法玻璃。平板玻璃是建筑玻璃中生产量最大、使用最多的一种，主要用于门窗，起采光、围护、保温、隔声等作用，也是进一步加工成其他技术玻璃的原片。

1.平板玻璃的品种和规格

（1）品种

按照国家标准，平板玻璃根据其外观质量进行分等定级，普通平板玻璃分为优等品、一等品、二等品三个等级。浮法玻璃分为优等品、一级品和合格品三个等级。同时规定，玻璃的弯曲度不得超过0.3%。

（2）规格

平板玻璃按其用途可分为窗玻璃和装饰玻璃。根据国家标准《普通平板玻璃》（GB487-1995）和《浮法玻璃》的规定，按其厚度可分为以下几种规格：

引拉法生产的普通平板玻璃：2mm、3mm、4mm、5mm四类。

浮法玻璃：3mm、4mm、5mm、6mm、8mm、10mm、12mm七类。

引拉法生产的玻璃其长宽比不得大于2.5，其中2-3mm厚玻璃尺寸不得小于$400mm\times300mm$，4、5-6mm厚玻璃不得小于$600mm\times400mm$。浮法玻璃尺寸一般不小于$1000mm\times1200mm$，5、6mm最大可达$3000mm\times4000mm$。

2.平板玻璃的用途质量标准和外观等级标准

普通平板玻璃质量标准和外观等级标准见表3-1、表3-2。

3.平板玻璃的用途

平板玻璃的用途有两个方面：$3\sim5mm$的平板玻璃一般是直接用于门窗的采光，$8\sim12mm$的平板玻璃可用于隔断。另外的一个重要用途是作为钢化、夹层、镀膜、中空等玻璃的原片。

二、安全玻璃

安全玻璃是指与普通玻璃相比，具有力学强度高、抗冲击能力强的玻璃。其主要品种有钢化玻璃、夹丝玻璃、夹层玻璃和钛化玻璃。安全玻璃被击碎时，其碎片不会伤人，并兼具有防盗、防火的功能。根据生产时所用的玻璃原片不同，安全玻璃具有一定的装饰效果。

1.钢化玻璃

钢化玻璃又称强化玻璃。它是用物理的或化学的方法，在玻璃表面上形成一个压应力层，玻璃本身具有较高的抗压强度，不会造成破坏。当玻璃受到外力作用时，这个压力层可将部分拉应力抵消，避免玻璃的碎裂。虽然钢化玻璃内部处于较大的拉应力状态，但玻璃的内部无缺陷存在，不会造成破坏，从而达到提高玻璃强度的目的。

钢化玻璃的性能特点是：

（1）机械强度高：同等厚度的钢化玻璃比普通玻璃抗折强度高$4\sim5$倍，抗冲击强度也高出许多。

（2）弹性好：钢化玻璃的弹性比普通玻璃大得

表3-1　　普通平板玻璃的质量标准(GB4871-85)

技 术 条 件		
项 目		允许偏差范围指标
厚度偏差	2mm	±0.15mm
	3mm，4mm	±0.20mm
	5mm	±0.25mm
	6mm	±0.30mm
矩形尺寸	长宽比 最小尺寸[(2，3)×X400×300，(4，5，6)×600×400]的尺寸偏差(包括偏斜)	不得大于2.5mm 不得超过±3mm
弯 曲 度		不得超过0.3%
边部凸出或残缺部分		不得超过3mm
缺 角		一块玻璃只许有一个，沿原角等分线测量不得超过5mm
透光率(玻璃表面不许有擦不掉的白雾状或棕黄色的附着物)	2mm厚者	不小于88%
	3mm厚者	不小于86%
	4mm厚者	不小于86%
	5mm厚者	不小于82%
	6mm厚者	不小于82%

表3-2　　普通平板玻璃外观等级标准(GB4871-1995)

缺陷种类	说　明	优等品	一等品	合格品
波筋(包括波纹辊子花，	不产生变形的最大入射角	60°	45° 50mm边部，30°	30° 100mm边部，0°
气泡	长度1mm以下的	集中的不许有	集中的不许有	不限
	长度大于1mm的每平方米允许个数	≤6mm，6	≤8mm，8 >8～10mm，2	≤10mm，12 >10～20mm，2 >20～25mm，1
划伤	宽≤0.1mm 每平方米允许条数	长≤50mm 3	长≤100mm 5	不限
	宽>0.1mm，每平方米允许条数	不许有	宽≤0.4mm 长<100mm 1	宽≤0.8mm 长<100mm 3
砂粒	非破坏性的，直径0.5～2mm，每平方米允许个数	不许有	3	8
疙瘩	非破坏性的疙瘩波及范围直径不大于3mm，每平方米允许个数	不许有	1	3
线道	正面可以看到的每片玻璃允许条数	不许有	30mm边部 宽≤0.5mm 1	宽≤0.5mm 2
麻点	表面呈现的集中麻点	不许有	不许有	每平方米不超过3处
	稀疏的麻点，每平方米允许个数	10	15	30

注：集中气泡、麻点是指100mm直径圆面积内超过6个。

表3-3　　钢化玻璃的物理力学性能要求(GB9963-88)

项　目		试　验　条　件	要　求
抗冲击性		用直径为63.5mm，质量为1040g的钢球，自1000mm处自由落下冲击试样(610mm×610mm)	6块试样中，破坏数不超过1块
碎片状态	I类	厚度为4mm时，用直径为63.5mm，质量为1040g的钢球自1500mm处自由落下冲击试样(610mm×610mm)，试样不破时，逐次将钢球提高500mm，直至试样破碎。并在5min内称量	所有5块试样中最大碎片的质量不得超过15g
		厚度大于或等于5mm时，用成品作为试样，用尖端曲率半径为(2.2±0.05)mm的小锤或冲头将试样击碎	每块试样在50mm×50mm区域内的碎片数必须超过40个
	II类	用质量为(45±0.1)kg的冲击体(装有φ2.5mm铅砂的皮革袋)从1200～2300mm高处摆式自由落下冲击试样(864mm×1930mm)，使之破坏	4块试样全部破坏并且每块试样的最大10块碎片质量的总和不得超过相当于试样的65cm²面积的质量
	III类	应全部符合I、II类钢化玻璃的规定	
抗弯强度		试样尺寸300mm×300mm	30块试样的平均值不得低于200MPa
可见光透射比		按GB5137.2进行	供需双方商定
热稳定性		1. 在室温放置2h的试样(300mm×300mm)的中心浇注开始熔融的铅液(327.5℃) 2. 同一块试样加热至200℃并保持0.5h，之后取出投入25℃水中	均不应破碎

多，一块1200mm×350mm×6mm的钢化玻璃，受力后可发生达100mm的弯曲挠度，当外力撤除后，仍能恢复原状，而普通玻璃弯曲变形只有几毫米。

(3)热稳定性高。在受急冷急热时，不易发生炸裂是钢化玻璃的又一特点。这是因为钢化玻璃的压应力可抵消一部分因急冷急热产生的拉应力。钢化玻璃耐热冲击，最大安全工作温度为288℃，能承受204℃的温差变化。

(4)安全性好。通过物理方法处理后的钢化玻璃，由于内部产生了均匀的内应力，一旦局部破损就会破碎成无数小块，这些小碎块没有尖锐的棱角，不易伤人，所以物理钢化玻璃是一种安全玻璃。钢化玻璃的物理力学性能要求见表3-3。

钢化玻璃的规格正在向大尺寸方向发展，以更加适应各种工程要求。美国已生产出最大尺寸为2400×3500的钢化玻璃产品，日本生产出尺寸为800×2100钢化玻璃产品，我国生产出最大尺寸为1300×800的钢化玻璃产品。钢化玻璃的规格见表3-4。

由于钢化玻璃具有较好的机械性能和热稳定性，所以在建筑工程、交通工具及其他领域内得到广泛的应用。平板钢化玻璃常用作建筑物的门窗、隔墙、幕墙及橱窗、家具等，曲面钢化玻璃常用于汽车、火车及飞机等方面。

表3-4　钢化玻璃的规格及生产单位

品　名	规　格(mm)	生　产　单　位
普通钢化玻璃	1300×800×5 1200×600×5 1300×1600×5	上海耀华玻璃厂 株洲玻璃厂 洛阳玻璃厂
	1500×900×6 1200×600×6 1100×650×6	厦门新华玻璃厂 沈阳市钢化玻璃厂 沈阳玻璃厂 中国耀华玻璃公司工业技术玻璃厂
钢化吸热玻璃	3~5厚	上海耀华玻璃厂
双面磨光钢化玻璃	5厚	上海耀华玻璃厂 洛阳玻璃厂 沈阳市钢化玻璃厂 中国耀华玻璃公司秦皇岛 工业技术玻璃厂
化学钢化玻璃	1200×600×3 1500×1200×3	沈阳玻璃厂 昆明平板玻璃厂
钢化玻璃	1200×600×5 1200×600×5.6 1200×600×6 1300×800×5 1300×800×5.6 1300×800×6	中国耀华玻璃公司工业 技术玻璃厂
钢化玻璃	(500~1200)×(400~900)×2 (500~1500)×(400~900)×2、4、5	沈阳玻璃厂

2.夹丝玻璃

夹丝玻璃也称防碎玻璃或钢丝玻璃。它是由压延法生产的,即在玻璃熔融状态下将经预热处理的钢丝或钢丝网压入玻璃中间,经退火、切割而成。夹丝玻璃表面可以是压花的或磨光的,颜色可以制成无色透明或彩色的。

(1) 夹丝玻璃的特点

夹丝玻璃的特点是安全性和防火性好。夹丝玻璃由于钢丝网的骨架作用,不仅提高了玻璃的强度,而且当受到冲击或温度骤变而破坏时,碎片也不会飞散,避免了碎片对人体的伤害。在出现火情时,夹丝玻璃受热炸裂,由于金属丝网的作用,玻璃仍能保持固定,隔绝火焰,故又称为防火玻璃。

(2) 夹丝玻璃的规格

根据国家行业标准JC433-91规定,夹丝玻璃厚度分为:6、7、10mm,规格尺寸一般不小于600mm×400mm,不大于2000mm×1200mm。夹丝玻璃的外观质量要求、标准、尺寸偏差分别见表3-5、3-6、3-7。

(3) 夹丝玻璃的用途

夹丝玻璃主要用于天窗、天棚、阳台、楼梯、电梯井和易受震动的门窗以及防水门窗等处。以彩色玻璃原片制成的彩色夹丝玻璃,其色彩与内部隐隐出现的金属丝网相配,具有较好的装饰效果。

3.夹层玻璃

夹层玻璃是在两片或多片玻璃原片之间,用PVB(聚乙烯醇丁醛)树脂胶片,经过加热、加压粘合而成的平面或曲面的复合玻璃制品。用于夹层玻璃的原片可以是普通平板玻璃、浮法玻璃、钢化玻璃、彩色玻璃、吸热玻璃或热反射玻璃等。

夹层玻璃的层数有2、3、5、7层,最多可达9层,对两层的夹层玻璃,原片的厚度常用的有(mm):2+3、3+3、3+5等。夹层玻璃的透明性好,抗冲击性能要比一般平板玻璃高好几倍,用多层普通玻璃或钢化玻璃复合起来,可制成防弹玻璃。由于PVB胶片的粘合作用,玻璃即使破碎时,碎片也不会飞溅伤人。通过采用不同的原片玻璃,夹层玻璃还可具有耐久、耐热、耐湿等性能。夹层玻璃的物理力学性能见表3-8。

夹层玻璃有着较高的安全性,一般在建筑上用作高层建筑门窗、天窗和商店、银行、珠宝的橱窗、隔断等。

表3-5　　夹丝玻璃的外观质量要求

项　目	说　明	一等品	二等品
磨伤	粗100mm，长100mm-200mm	不得超过6条	不限
杂色	非玻璃本身的染色	允许有轻度的黄色边部100mm内允许有色斑、色带	不限
砂粒	0.5mm～2mm的，每平方米内允许个数	5个	10个
开口皱纹		不允许有	不允许有
压辊线	因设备条件不良，造成的版面横线条	不允许有	不允许有

表3-6　　夹丝玻璃的外观质量标准

项　目	说　明	优等品	一等品	合格品
气　泡	直径3～6mm的圆泡，每平方米面积内允许个数	5	数量不限，但不允许密集	
	长泡，每平方米面积内允许个数	长6～8mm 2	长6～10mm 10	长6～10mm 10 长10～20mm 4
花纹变形	花纹变形程度	不许有明显的花纹变形		不规定
异　物	破坏性的	不允许		
	直径0.5～2.0mm非破坏性的，每平方米面积内允许个数	3	5	10
裂纹	—	目测不能识别		不影响使用
磨伤	—	轻微	不影响使用	
金属丝	金属丝夹入玻璃内状态	应完全夹入玻璃内，不得露出表面		
	脱焊	不允许	距边部30mm内不限	距边部100mm内不限
	断线	不允许		
	接头	不允许	目测看不见	

表3-7　　夹丝玻璃尺寸允许偏差

项　目			允许偏差范围
厚度	优等品	6	±0.5
		7	±0.6
		10	±0.9
	一等品	6	±0.6
		7	±0.7
		10	±1.0
弯曲度(%)		夹丝压花玻璃应在	1.0以内
		夹丝磨光玻璃应在	0.5以内
边部凸出、缺口的尺寸不得超过			6
偏斜的尺寸不得超过			4
片玻璃只允许有一个缺角，缺角的深度不得超过			6

表3-8　　夹层玻璃的物理力学性能(GB9962-88)

项目	试验条件	要求
耐热性	试样(300mm×300mm)100℃下保持2h。	允许玻璃出现裂缝，但距边部或裂缝超过13mm处不允许有影响使用的气泡或其他缺陷产生。
耐辐射性	750W无臭氧石英管式中压水银蒸汽弧光灯辐射100h。辐射时保持试样温度为(45±5)℃。	3块试样试验后均不可产生显著变色、气泡及浑浊现象，并且辐射前后可见光透射比的相对减少率不大于10%。
抗冲击性	用直径为63.5mm，质量为1040g的钢球从1200mm处自由落下冲击试样(610mm×610mm)。	6块试样中应有5块或5块以上符合下述条件之一时为合格。a. 玻璃不得破坏；b. 如果玻璃破坏，中间膜不得断裂或不得因玻璃剥落而暴露。
抗穿透性	用质量为(45±0.1)kg的冲击体(装有φ2.5mm铅砂的皮革袋)从300～2300mm高处摆式自由落下，冲击试样(864mm×1930mm)。	构成夹层玻璃的2块玻璃板应全部破坏，但破坏部分不可产生使直径75mm的球自由通过的开口。

4.钛化玻璃

钛化玻璃也称永不碎铁甲箔膜玻璃。是将钛金箔膜紧贴在任意一种玻璃基材之上，使之结合成一体的新型玻璃。钛化玻璃具有高抗碎能力，高防热及防紫外线等功能。不同的基材玻璃与不同的钛金箔膜，可组合成不同色泽、不同性能、不同规格的钛化玻璃。钛化玻璃常见的颜色有：无色透明、茶色、茶色反光、铜色反光等。

三、节能型玻璃

传统的玻璃应用在建筑物上主要是采光，随着建筑物门窗尺寸的加大，人们对门窗的保温隔热要求也相应地提高了，节能装饰型玻璃就是能够满足这种要求，集节能性和装饰性于一体的玻璃。节能装饰型玻璃通常具有令人赏心悦目的外观色彩，而且还具有特殊的对光和热的吸收、透射和反射能力，建筑物的外墙窗玻璃幕墙，可以起到显著的节能效果，现已被广泛地应用于各种高级建筑物之上。建筑上常用的节能装饰玻璃有吸热玻璃、热反射玻璃和中空玻璃等。

1.吸热玻璃

吸热玻璃是能吸收大量红外线辐射能，并保持较高可见光透过率的平板玻璃。生产吸热玻璃的方法有两种：一是在普通钠钙硅酸盐玻璃的原料中加入一定量的有吸热性能的着色剂；另一种是在平板玻璃表面喷镀一层或多层金属或金属氧化物薄膜而制成。

吸热玻璃有灰色、茶色、蓝色、绿色、古铜色、青铜色、粉红色和金黄色等。我国目前主要生产前三种颜色的吸热玻璃。厚度有2、3、5、6mm四种。吸热玻璃还可以进一步加工制成磨光、钢化、夹层或中空玻璃。

吸热玻璃与普通平板玻璃相比具有如下特点：

(1) 吸收太阳辐射热。如6mm厚的透明浮法玻璃，在太阳光照下总透过热为84%，而同样条件下吸热玻璃的总透过热量为60%。吸热玻璃的颜色和厚度不同，对太阳辐射热的吸收程度也不同。

(2) 吸收太阳可见光，减弱太阳光的强度，起到反炫光作用。

(3) 具有一定的透明度，并能吸收一定的紫外线。

由于上述特点，吸热玻璃已广泛用于建筑物的门窗、外墙以及用作车、船挡风玻璃等，起到隔热、防炫光、采光及装饰等作用。

2.热反射玻璃

热反射玻璃是有较高的热反射能力而又保持良好透光性的平板玻璃，它是采用热解法、真空蒸镀法、阴极溅射法等，在玻璃表面涂以金、银、铜、铝、铬、镍和铁等金属或金属氧化物薄膜，或采用电浮法等离子交换方法，以金属离子置换玻璃表层原有离子而形成热反射膜。热反射玻璃也称镜面玻璃，有金色、茶色、灰色、紫色、褐色、青铜色和浅蓝等各色。

热反射玻璃的热反射率高，如6mm厚浮法玻璃的总反射热仅16%，同样条件下，吸热玻璃的总反射热为40%，而热反射玻璃则可高达61%，因而常用它制成中空玻璃或夹层玻璃，以增加其绝热性能。镀金属膜的热反射玻璃还有单向透像的作用，即白天能在室内看到室外景物，而室外看不到室内的景象。

四、结构玻璃

结构玻璃可用于建筑物的各主要部位，如门窗、内外墙、透光屋面、顶棚材料以及地坪等，是现代建筑的一种围护结构材料，这种围护材料不仅具有特定的功能作用，而且能使建筑物多姿多彩。结构玻璃主要品种有：玻璃幕墙、玻璃砖、异形玻璃、仿石玻璃等。

1.玻璃幕墙

（1）玻璃幕墙的作用与形式

玻璃幕墙建筑是用一种薄而轻的建筑材料把建筑物的四周围起来代替墙壁。作为幕墙的材料不承受建筑荷载，只起围护作用，它悬挂或嵌入建筑物的金属框架内，目前多用玻璃作幕墙。玻璃幕墙是以铝合金型材为边框，玻璃为外敷面，内衬以色热材料的复合墙体，并用结构胶进行密封。玻璃幕墙所用的玻璃已由浮法玻璃、钢化玻璃发展到用吸热玻璃、热反射玻璃、中空玻璃等，其中热反射玻璃是玻璃幕墙采用的主要品种。这种幕墙在专门的工厂生产，按建筑设计和施工要求安装在建筑物外墙上，就成了装饰性良好的外墙。玻璃幕墙的结构形式分为元件式、单元式、元件—单元式、嵌板式、包柱式等五种形式。

（2）玻璃幕墙的设计要点

①结构的完整性。幕墙结构的完整性和可靠性是幕墙设计的首要任务。幕墙的自重可使横框构件产生垂直挠曲，全部元件都会沿着风荷作用方向产生水平挠曲，而挠度的大小，决定着幕墙的正常功能和接缝的密封性能。过大的挠度会导致玻璃的破裂，同时框架构件在风荷的作用下，由于竖挺和横框各自的惯性矩设计不当，挠曲得不到平衡，则使缝隙产生不同的挠度值，从而导致幕墙的渗漏。

②活动量的考虑。幕墙设计时要考虑构件之间的相对活动量和附加于墙和建筑框架之间的相对活动量。这种活动不仅是由于风力作用，而且也是由于重力的作用而产生的。由于这些活动而导致了建筑框架变形或移位，因此在设计中不能轻视这些活动量。温度变化产生的膨胀和收缩是产生活动量的重要因素，由于幕墙边框为铝合金材料，膨胀系数比较大，故设计幕墙时，必须考虑接缝的活动量。

③防风雨。幕墙技术的最新发展是采用"等压原理"结构来防止雨水渗透的。简言之，就是要有一个通气孔，使外墙表面与内墙表面之间形成一个空气腔，腔内压力与墙外压力保持相等，而空气腔与室内墙表面密封隔绝，防止空气通过，这种结构大大提高了防风雨泄漏的能力。

④隔热。幕墙构造的主要特点之一，是采用高效隔热措施，嵌入金属框架内的隔热材料是至关重要的。如采用隔热性能良好的中空玻璃或热反射镀膜玻璃作为镶嵌隔热材料的透明部分，不透明部分多数是用低密度、多孔洞、抗压强度很低的保温隔热材料。因此，需进行密封处理和内外两面施加防护措施。一般由三个主要部分构成，即外表面防护层、中间隔热层、内表面防护层。

⑤隔声。幕墙建筑外部的噪声一般是通过幕墙结构的缝隙而传递到室内的，应通过幕墙的精心设计与施工组装处理好幕墙结构之间的缝隙，避免噪声传入。幕墙建筑室内噪声可通过幕墙传递到同一建筑物的其他室内，可采用吸音天花板、吸音地板等措施加以克服。

⑥结露。在幕墙设计中，必须考虑将框架型腔内的冷凝水排出，同时还要充分考虑防止墙壁内部产生水凝结，否则会降低幕墙的保温性能，并产生锈蚀，影响使用寿命。

⑦方向调整。安装时必须对垂直、水平、前后三个方向进行调整。

2.玻璃砖

玻璃砖有空心和实心两类，它们均具有透光而不透视的特点。空心玻璃砖又有单腔和双腔两种。空心玻璃砖具有较好的绝热、隔声效果，双腔玻璃砖的色热性能更佳，它在建筑上的应用更广泛。

玻璃砖的形状和尺寸有多种，砖的内外表面可制成光面或凹凸花纹面，有无色透明或彩色多种。形状有正方形、矩形以及各种异形砖，规格尺寸以115、145、240、300（mm）的正方形居多。

玻璃砖的透光率为40%～80%。钠钙硅酸盐玻璃制成的玻璃砖，其膨胀系数与烧结粘土砖和混凝土均不相同，因此砌筑时在玻璃砖与混凝土或粘土砖连接处应加弹性衬垫，起缓冲作用。砌筑玻璃砖可采用水泥砂浆，还可用钢筋作加筋材料埋入水泥砂浆砌缝内。

玻璃砖主要用作建筑物的透光墙体、淋涂隔断、楼梯间、门厅、通道等和需要控制透光、炫光和阳光直射的场合。某些特殊建筑为了防火，或严格控制室内温度、湿度等要求，不允许开窗，使用玻璃砖既可满足上述要求又解决了采光问题。

除上述两种产品之外，结构玻璃还有异形玻璃、仿石玻璃等多种产品。

五、饰面玻璃

1.彩色平板玻璃

彩色平板玻璃有透明和不透明两种。透明的彩色玻璃是在玻璃原料中加入一定量的金属氧化物面制成。不透明彩色玻璃是经过退火处理的一种饰面玻璃，可以切割，但经过钢化处理的不能再进行切割加工。

彩色平板玻璃的颜色有茶色、海洋蓝色、宝石蓝色、翡翠绿等。彩色玻璃可以拼成各种图案，并有耐腐蚀、抗冲刷、易清洗特点，主要用于建筑物的内外墙、门窗装饰及对光线有特殊要求的部位。

2.釉面玻璃

釉面玻璃是指在按一定尺寸切裁好的玻璃表面上涂敷一层彩色易熔的釉料，经过烧结、退火或钢化等处理，使釉层与玻璃牢固结合，制成具有美丽色彩或图案的玻璃。它一般以平板玻璃为基材。特点是：图案精美，不褪色，不掉色，易于清洗，可按用户的要求或设计图案制作。釉面玻璃具有良好的化学稳定性和装饰性，广泛用于室内饰面层，一般建筑物门厅和楼梯间的饰面层及建筑物外饰面层。

3.压花玻璃

压花玻璃是将熔融的玻璃液在急冷中通过带图案花纹的辊轴滚压而成的制品。可一面压花，也可两面压花。压花玻璃分普通压花玻璃、真空冷膜压花玻璃和彩色膜压花玻璃三种，一般规格为800mm×700mm×3mm。

压花玻璃具有透光不透视的特点，其表面有各种图案花纹且表面凹凸不平，当光线通过时产生漫反射，因此从玻璃的一面看另一面时，物象模糊不清。压花玻璃由于其表面有各种花纹，具有一定的艺术效果。多用于办公室、会议室、浴室以及公共场所分离室的门窗和隔断等处。使用时应将花纹朝向室内。

4.玻璃锦砖

玻璃锦砖又称玻璃马赛克，它含有未熔融的微小晶体（主要是石英）的乳浊状半透明玻璃质材料，是一种小规格的装饰玻璃制品。其一般尺寸为（mm）：20×20、30×30、40×40，厚4~6mm，背面有槽纹，有利于与基面粘结。其成联、粘结及施工与陶瓷锦砖基本相同。

玻璃锦砖颜色绚丽，色泽众多，且有透明、半透明和不透明三种。它的化学成分稳定，热稳定性好，是一种良好的外墙装饰材料。

5.喷花玻璃

喷花玻璃又称胶花玻璃，是在平板玻璃表面贴以图案，抹以保护层，经喷砂处理形成透明与不透明相间的图案。喷花玻璃给人以高雅、美观的感觉，适用于室内门窗、隔断和采光。喷花玻璃的厚度一般为6mm，最大加工尺寸为2200mm×1000mm。

6.乳花玻璃

乳花玻璃是新近出现的装饰玻璃，它的外观与胶花玻璃相近。乳花玻璃是在平板玻璃的一面贴上图案，抹以保护层，经化学处理蚀刻而成。它的花纹清新、美丽，富有装饰性。乳花玻璃一般厚度为3~5mm，最大加工尺寸为2000mm×1500mm。适用于门窗、隔断。

7.刻花玻璃

刻花玻璃是由平板玻璃经涂漆、雕刻、围蜡与酸蚀、研磨而成。图案的立体感非常强，似浮雕一般，在室内灯光的照射下，更是熠熠生辉。刻花玻璃主要用于高档场所的室内隔断或屏风。刻花玻璃一般是按用户要求定制加工，最大规格为2400mm×2000mm。

8.冰花玻璃

冰花玻璃是一种利用平板玻璃经特殊处理形成具有自然冰花纹理的玻璃。冰花玻璃对通过的光线有漫射作用，如作门窗玻璃，犹如蒙上一层纱帘，看不清室内的景物，却有着良好的透光性能，具有良好的装饰效果。

冰花玻璃可用无色平板玻璃制造，也可用茶色、蓝色、绿色等彩色玻璃制造。其装饰效果优于压花玻璃，给人以清新之感，是一种新型的室内装饰玻璃。可用于宾馆、酒楼等场所的门窗、隔断、屏风和家庭装饰。目前最大规格尺寸为2400mm×1800mm。

9.镜面玻璃

镜面玻璃即镜子，指玻璃表面通过化学（银镜反应）或物理（真空铝）等方法形成反射率极强的镜面反射玻璃制品。为提高装饰效果，在镀镜之前可对原片玻璃进行彩绘、磨刻、喷砂、化学蚀刻等加工，形成具有各种花纹图案或精美字画的镜面玻璃。

常用的镜面玻璃有明镜、墨镜（也称黑镜）、彩绘镜和雕刻镜等多种。在装饰工程中常利用镜子的反射和折射来增加空间感和距离感，或改变光照效果。

10.磨（喷）砂玻璃

磨（喷）砂玻璃又称为毛玻璃，是经研磨、喷砂加工，使表面成为均匀粗糙的平板玻璃。用硅砂、金刚砂或刚玉砂等作研磨材料，加水研磨制成的称为磨砂玻璃；用压缩空气将细砂喷射到玻璃表面而成的，称为喷砂玻璃。

这类玻璃易产生漫射，只有透光性而不透视，作为门窗玻璃可使室内光线柔和，没有刺目之感。一般用于浴室、办公室等需要隐秘和不受干扰的房间；也可用于室内隔断和作为灯箱透光片使用。磨砂玻璃还可用作玻璃板。

11.镭射玻璃

镭射(英文Laser的音译)玻璃是国际上十分流行的一种新型建筑装饰材料。它是以平板玻璃为基材，采用高稳定性的结构材料，经特殊工艺处理，从而构成全息光栅或其他图形的几何光栅。在同一块玻璃上可形成上百种图案。

镭射玻璃的特点在于，当它处于任何光源照射下时，都将因衍射作用而产生色彩的变化；而且，对于同一受光点或受光面而言，随着入射光角度及人的视角的不同，所产生的光的色彩及图案也将不同。五光十色的变幻给人以神奇、华贵和迷人的感受。其装饰效果是其他材料无法比拟的。

镭射玻璃大体上可分为两类：一类是以普通平板玻璃为基材制成的，主要用于墙面、窗户和顶棚等部位的装饰；另一类是以钢化玻璃为基材制成的，主要用于地面装饰。此外，还有专门用于柱面装饰的曲面镭射玻璃，专门用于大面积幕墙的夹层镭射玻璃以及镭射玻璃砖等。

镭射玻璃的技术性质十分优良。镭射钢化玻璃地砖的抗冲击、耐磨、硬度等性能均优于大理石，与花岗石相近。镭射玻璃的耐老化寿命是塑料的10倍以上。在正常使用情况下，其寿命大于50年。镭射玻璃的反射率可在10%~90%的范围内任意调整，因此可最大限度地满足用户的要求。

目前国内生产的镭射玻璃的最大尺寸为1000mm×2000mm。在此范围内有多种规格的产品可供选择。

镭射玻璃是用于宾馆、饭店、电影院等文化娱乐场所以及商业设施装饰的理想材料，也适用于民用住宅的顶棚、地面、墙面及封闭阳台等的装饰。此外，还可用于制作家具、灯饰及其他装饰性物品。

思考题：
1.试述平板玻璃的作用。
2.钢化玻璃的性能特点有哪些？
3.玻璃幕墙的形式与作用。
4.装饰玻璃的种类及用途有哪些？

第**4**章

建筑陶瓷

本章要点
· 外墙面砖、陶瓷锦砖、内墙面砖的
  特点和用途
· 内墙面砖的品种、形状和规格

第一节 陶瓷的原料和基本工艺

一、陶瓷概述

一般是由氧化物、非氧化物、金属元素与非金属元素等经烧制而成的化合物。

陶瓷是一种重要的建筑装饰材料，而且也是一种传统的艺术品。

根据烧结程度，陶瓷又可分为瓷质、炻质、陶质三大类。

二、陶瓷原料

陶瓷原料主要来自岩石及其风化物黏土，这些原料大体都是由硅和铝构成的。其中主要包括：

石英：化学成分为二氧化硅。这种矿物可用来改善陶瓷原料过黏的特性。

长石：是以二氧化硅及氧化铝为主，又含有钾、钠、钙等元素的化合物。

高岭土：高岭土是一种白色或灰白色有丝绢般光泽的软质矿物，以产于中国景德镇附近的高岭而得名，其化学成分为氧化硅和氧化铝。高岭土又称为瓷土，是陶瓷的主要原料。

三、釉

釉也是陶瓷生产的一种原料，是陶瓷艺术的重要组成部分。釉是涂刷并覆盖在陶瓷坯体表面的、在较低的温度下即可熔融液化并形成一种具有色彩和光泽的玻璃体薄层的物质。它可使制品表面变得平滑、光亮、不吸水，对提高制品的装饰性、艺术性、强度，提高抗冻性，改善制品热稳定性、化学稳定性具有重要的意义。

釉料的主要成分也是硅酸盐，同时采用盐基物质作为媒溶剂，盐基物质包括氧化钠、氧化钾、氧化钙、氧化镁、氧化铅等。另外釉料中还采用金属及其氧化物作为着色剂，着色剂包括铁、铜、钴、锰、锑、铅以及其他金属。

四、陶瓷的表面装饰

陶瓷坯体表面粗糙，易玷污，装饰效果差。除紫砂地砖等产品外，大多数陶瓷制品都需表面装饰加工。最常见的陶瓷表面装饰工艺是施釉面层、彩绘、饰金等。

1. 施釉

釉面层是由高质量的石英、长石、高岭土等为主要原料制成浆体，涂于陶瓷坯体表面二次烧成的连续玻璃质层，具有类似于玻璃的某些性质，但釉并不等于玻璃，二者是有区别的。

釉面层可以改善陶瓷制品的表面性能并提高其力学强度。施釉面层的陶瓷制品表面平滑、光亮、不吸湿、不透气，易于清洗。

釉的种类繁多，组成也很复杂。按外表特征分类有透明釉、乳浊釉、有色釉、光亮釉、无光釉、结晶釉、砂金釉、光泽釉、碎纹釉、珠光釉、花釉、流动釉等。

施釉的方法有涂釉、浇釉、浸釉、喷釉、筛釉等。

2.彩绘

在陶瓷制品表面用彩料绘制图案花纹是陶瓷的传统装饰方法。彩绘有釉下彩绘和釉上彩绘之分。

（1）釉下彩绘

在陶瓷坯体或素烧釉坯表面进行彩绘，然后覆盖一层透明釉烧制而成的即为釉下彩。

彩料受到表面透明釉层的隔离保护，使彩绘图案不会磨损，彩料中对人体有害的金属盐类也不会溶出。现在国内商品釉下彩料的颜色种类有限，基本上用手工彩画，限制了它在陶瓷制品中的广泛应用。

（2）釉上彩绘

釉上彩绘是在烧好的陶瓷釉上用低温彩料绘制图案花纹，然后在较低温度下（600～900℃）二次烧成的。由于彩烧温度低，故使用颜料比釉下彩绘多，色调极其丰富。同时，釉上彩绘在高强度陶瓷体上进行，因此除手工绘画外，还可以用贴花、喷花、刷花等方法绘制，生产效率高，成本低廉，能工业化大批量生产。但釉上彩易磨损，表面有彩绘凸出感觉，光滑性差，且易发生彩料中的铅被酸所溶出而引起铅中毒。

3.饰金

用金、银、铂或钯等贵金属装饰在陶瓷表面釉上，这种方法仅限于一些高级精细制品。饰金较为常见，其他贵金属装饰较少。金装饰陶瓷有亮金、磨光金和腐蚀金等,亮金装饰金膜厚度只有0.5μm，这种金膜容易磨损。磨光金的厚度远高于亮金装饰，比较耐用。腐蚀金装饰是在釉面用稀氢氟酸溶液涂刷无柏油的釉面部分，使之表面釉层腐蚀。表面涂一层磨光金彩料，烧制后抛光，腐蚀面无光，未腐蚀面光亮，形成亮暗不一的金色图案花纹。

第二节　外墙面砖

外墙面砖是以陶土为原料，经压制成型，而后在1100℃左右煅烧而成，外墙面砖的表面有上釉的和不上釉的，即表面有光泽和无光泽的；有表面光平和表面粗糙的，即具有不同的质感，颜色则有红、褐、黄等。背面为了与基层墙面能很好粘结，常有一定的吸水率，并有凹凸沟槽（见图4-1，图4-2）。

一、外墙面砖特点及用途

外墙面砖具有强度高、防潮、抗冻、不易污染

图4-1　外墙面砖

图4-2　外墙面砖

和装饰效果好，经久耐用等特点。外墙贴面砖是高档饰面材料，一般用于装饰等级较高的工程。它不仅可以防止建筑物表面被大气侵蚀，而且可使立面美观。但是造价偏高、工效低、自重大。因此只能重点使用。

二、外墙面砖的主要规格

外墙面砖的主要规格有100mm×100mm，150mm×150mm，300mm×300mm，400mm×400mm，115mm×60mm，240mm×60mm，200mm×200mm，150mm×75mm，300mm×150mm，200mm×100mm，250mm×80mm等。

三、外墙面砖的不同排列铺贴

不同表面质感的外墙面砖，具有不同的装饰效果，但同一种外墙面砖采用不同的排列方式进行铺贴，也可获得完全不同的装饰效果。

表4-1 内墙面砖的外观质量允许范围(GB/T4100-92)

项　目		优等品	一等品	合格品
表面缺陷	开裂、夹层、釉裂	不允许		
	背面磕碰	深度为砖厚的1/2	不影响使用	
	剥边、落脏、釉泡、斑点、坯粉、釉缕、桔釉、波纹、缺釉、棕眼、裂纹、图案缺陷、正面磕碰	距离砖面1m处目测无可见缺陷	距离砖面2m处目测缺陷不明显	距离砖面3m处目测缺陷不明显
色　差		基本一致	不明显	不一致
白度(白色釉面砖要求)		大于73度或供需双方自定		

表4-2 内墙面砖的技术性能

项　目	说　明	单位	指标	备　注
密　度	—	g/cm³	2.2-2.4	—
吸水率	—	%	<22	—
抗折强度	—	Mpa	2.0-4.0	—
冲击强度	用30g钢球从30cm高处落下三次		不碎	无裂纹
热稳定性	由140℃至常温剧变次数	次	≮3	
硬　度	—	度	85-87	指白色釉画砖
白　度	—	%	>78	指白色釉面砖
弯曲强度	平均值	Mpa	≮16.67	—

第三节　内墙面砖

一、内墙面砖概述

内墙面砖是用瓷土或优质陶土经低温烧制而成，内墙面砖一般都上釉，其釉层有不同类别，如有光釉、石光釉、花釉、结晶釉等。釉面有各种颜色，以浅色为主，不同类型的釉层各具特色，装饰优雅别致，经过专门设计、彩绘、烧制而成的面砖，可镶拼成各式壁画，具有独特的艺术效果（见图4-3）。

二、内墙面砖的技术性能

1.形状

内墙面砖按正面形状分为正方形、长方形和异形。

2.外观质量

内墙面砖按外观质量分为优等品、一等品、合格品，各等级的外观质量应符合表4-1的要求。

图4-3 内墙面砖

3.物理力学性质

根据CB4100-83的规定：建筑物内墙面砖应符合表4-2的技术性能要求。

第四节　地面砖

地面砖是装饰地面用的陶瓷材料。按其尺寸分为两类，尺寸较大的称为铺地砖，尺寸较小而且较薄的称为锦砖（马赛克）（见图4-4）。

图4-4　地面砖

一、铺地砖的种类及规格

铺地砖规格花色多样，有红、白、浅黄、深黄等色，分正方形、矩形、六角形三种；光泽性差，有一定粗糙度，表面平整或压有凹凸花纹；并有带釉和无釉两类。常见尺寸为：

150mm×150mm，100mm×200mm，
200mm×300mm，300mm×300mm，
300mm×400mm，500mm×500mm，
600mm×600mm，800mm×800mm，
厚度为8-20mm。

二、技术性能

1.吸水率

红地砖吸水率不大于8%，其他各色均不大于4%。

2.冲击强度

30g钢球从30cm高处落下6-8次不破坏。

3.热稳定性

自150℃冷至19±1℃循环三次无裂纹。

4.其他性能

由于地砖采用难熔黏土烧制而成，故其质地坚硬，强度高（抗压强度为40-400Mpa），耐磨性好，硬度高（莫氏硬度多在7以上），耐磨蚀，抗冻性强（冻融循环在25次以上）。

第五节　陶瓷锦砖

陶瓷锦砖俗称马赛克，是由各种颜色、多种几何形状的小块瓷片(长边一般不大于50mm)铺贴在牛皮纸上形成色彩丰富、图案繁多的装饰砖，故又称纸皮砖(石)（见图4-5）。

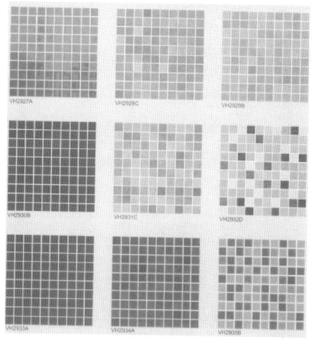

图4-5　陶瓷锦砖

一、外观及尺寸偏差

陶瓷锦砖外观及尺寸偏差见表4-3，锦砖外观缺陷见表4-4。

表4-3 最大边长大于25mm的锦砖外观缺陷的允许范围

缺 陷 名 称	表示方法	缺陷允许范围				备 注
		优等品		合格品		
		正面	背面	正面	背面	
夹层、釉裂、开裂		不允许				
斑点、黏疤、起泡、坯粉、麻面、波纹、缺釉、桔釉、棕眼、落脏、熔洞。		不明显		不严重		
缺角(mm)	斜边长	1.5～2.8	3.5～4.9	2.8～4.3	4.9～6.4	斜边长小于1.5mm的缺角允许存在;正背面缺角不允许在同一角部;正面只允许缺角1处。
	深度	不大于厚砖的2/3				
缺边(mm)	长度	3.0～5.0	6.0～9.0	5.0～8.0	9.0～13.0	正背面缺边不允许出现在同一侧面;同一侧面边不允许有两处缺边;正面只允许两处缺边。
	宽度	1.5	3.0	2.0	3.5	
	深度	1.5	2.5	2.0	3.5	
变形(mm)	翘曲	0.3		0.5		
	大小头	0.6		1.0		

表4-4 最大边长不大于25mm的锦砖外观缺陷的允许范围

缺 陷 名 称	表示方法	缺陷允许范围				备 注
		优等品		合格品		
		正面	背面	正面	背面	
夹层、釉裂、开裂		不允许				
斑点、黏疤、起泡、坯粉、麻面、波纹、缺釉、桔釉、棕眼、落脏、熔洞		不明显		不严重		
缺角(mm)	斜边长	1.5～2.3	3.5～4.3	2.3～3.5	4.3～5.6	斜边长小于1.5mm的缺角允许存在;正背面缺角不允许在同一角部;正面只允许缺角1处。
	深度	不大于厚砖的2/3				
缺边(mm)	长度	2.0～3.0	5.0～6.0	3.0～5.0	6.0～8.0	正背面缺边不允许出现在同一侧面;同一侧面边不允许有两处缺边;正面只允许两处缺边。
	宽度	1.5	2.5	2.0	3.0	
	深度	1.5	2.5	2.0	3.0	
变形(mm)	翘曲	不明显				
	大小头	0.2		0.4		

二、主要技术性质

（1）尺寸偏差和色差。尺寸偏差和色差均应符合JC/T 456-1996《陶瓷锦砖》标准要求。

（2）吸水率。无釉面砖吸水率不宜大于0.2%，有釉面砖不宜大于1.0%。

（3）抗压强度。要求在15~25MPa。

（4）耐急冷急热。有釉面砖应无裂缝，无釉面砖不作要求。

（5）耐酸碱性。要求耐酸度大于95%，耐碱度大于84%。

（6）成联性。锦砖与牛皮纸黏结牢固，不得在运输或铺贴施工时脱落。但浸水后应脱纸方便。

三、陶瓷锦砖特点及用途

陶瓷锦砖是以优质瓷土烧制而成的小块瓷砖，有挂釉和不挂釉两种，目前各地产品多是不挂釉的。具有色泽明净、图案美观、质地坚硬、抗压强度高、耐污染、耐酸碱、耐磨、耐水、易清洗等优点。陶瓷锦砖在室内装饰中，可用于浴厕、厨房、阳台、客厅、起居室等处的地面，也可用于墙面。在工业及公共建筑装饰中，陶瓷锦砖也被广泛用于室内墙、地面，亦可用于外墙。

四、陶瓷锦砖性能规格

陶瓷锦砖产品，一般出厂前都已按各种图案粘贴在牛皮纸上。每张约30cm，其面积约为0.093 m²，重约为0.65 kg，每40张为一箱，每箱约3.7 m²。

第六节　建筑陶瓷施工工艺

一、外墙面砖的铺贴方法

贴砖要点：先贴标准点，然后垫底尺、镶贴、擦缝。

1.基层处理

混凝土基层：镶贴饰面的基体表面应具有足够的稳定性和刚度，同时，对光滑的基体表面应进行凿毛处理。凿毛深度应为0.5~1.5cm，间距3cm左右。

砖墙基体：墙面清扫干净，提前一天浇水湿润。

2.抹底灰

若建筑物为高层时，应在四大角和门窗口边用经纬仪打垂直线找直；如果建筑物为多层时，可从顶层开始用特制的大线坠绷铁丝吊垂直，然后根据面砖的规格尺寸分层设点、做灰饼。横线则以楼层为水平基准线交圈控制，竖向线则以四周大角和通天柱或垛子为基准线控制，应全部是整砖。每层打底时则以此灰饼作为基准点进行冲筋，使其底层灰做到横平竖直。同时要注意找好突出檐口、腰线、窗台、雨篷等饰面的流水坡度和滴水线(槽)。

3.弹线、排砖

外墙面砖镶贴前，应根据施工大样图统一弹线分格、排砖。方法可采取在外墙阳角用钢丝或尼龙线拉垂线，根据阳角拉线，在墙面上每隔1.5-2m做出标高块。按大样图先弹出分层的水平线，然后弹出分格的垂直线。如是离缝分格，则应按整块砖的尺寸分匀，确定分格缝(离缝)的尺寸，并按离缝实际宽度做分格条，分格条一般是刨光的木条，其宽度为6-10mm，其高度在15mm左右。

4.浸砖

饰面砖在铺贴前应在水中充分浸泡，陶瓷无釉砖和陶瓷磨光砖应浇水湿润，以保证铺贴后不致因吸走灰浆中水分而粘贴不牢。浸水后的瓷砖瓷片应阴干备用，阴干的时间视气温和环境温度而定，一般为3~5h，即以饰面砖表面有潮湿感但手按无水迹为准。

二、陶瓷锦砖的铺贴方法

施工工艺流程：基层处理——抹底灰——弹线——铺贴——揭纸——擦缝。

1.基层处理

（1）对光滑的水泥地面要凿毛，或冲洗干净后刷界面处理剂。

（2）对油污地面，要用10%浓度的火碱水刷洗，再用清水冲洗干净。对凹坑处要彻底洗刷干净并用砂浆补平。

（3）对混凝土毛面基层，铲除灰浆皮，扫除尘土，并用清水冲洗干净。

（4）基层松散处，剔除松动部分，清理干净后作补强处理。

2.扫水泥素浆结合层

在清理干净的地面上均匀洒水，然后用扫帚均匀地扫。水、灰比例为 0.5 的水泥素浆，或水泥:107胶:水=1:0.1:4的聚合物水泥浆。注意这层施工必须与下道砂浆找平层紧密配合。

3.贴标块做标筋

先做标志块(贴灰饼),从墙面+500mm水平线下返,在房间四周弹砖面上平线,贴标块。标志块上平线应低于地面标高一个陶瓷锦砖加粘结层的厚度。根据标块在房间四周做标筋,房间较大时,每隔1-1.5m做冲筋一道。有泛水要求的房间,标筋应朝地漏方向以5%的坡度呈放射状汇集。

4.抹找平层

冲筋后,用1:3的干硬性水泥砂浆(手捏成团、落地开花的程度)铺平,厚度约20~25mm。砂浆应拍实,用木杠刮平,铺陶瓷锦砖的基础层平整度要求较严,因为其粘结层较薄。有泛水的房门要通过标筋做出泛水。水泥砂浆凝固后,浇水养护。

5.铺贴陶瓷锦砖

对铺设的房间,应找好方正,在找平层上弹出方正的纵横垂直线。按施工大样图计算出所需铺贴的陶瓷锦砖张数,若不足整张的应甩到边角处。可用裁纸刀垫在木板上切成所需大小的半张或小于半张的条条铺贴,以保证边角处与大面积面层质量一致。

在洒水润湿的找平层上,刮一道厚2-3mm的水泥浆(宜掺水泥重的15%-20%的107胶),或在湿润的找平层上刮1:1.5的水泥砂浆(砂应过窗筛)3-4mm厚,在粘结层尚未初凝时,立即铺贴陶瓷锦砖,从里向外沿控制线进行(也可甩边铺贴,遇两间房相连亦可从门中铺起),铺贴时对正控制线,将纸面朝上的陶瓷锦砖一联一联在准确位置上铺贴,随后用硬木拍板紧贴在纸面上用小锤敲木板,一一拍实,使水泥浆进入陶瓷锦砖缝隙内,直至纸面反出砖缝为止。还有一种铺贴法可称为双粘结层法:即在润湿的找平层上刮一层2mm水泥素浆或胶浆,同时在陶瓷锦砖背面也刮上一层1mm厚的水泥浆,必须将所有砖缝刮满,立即将陶瓷锦砖按规方弹线位置,准确贴上,调整平直后,用木拍板拍平、拍实。并随时检查平整度与横平竖直要求。

6.边角接茬修理

整个房间铺好后,在锦砖面层上垫上大块平整的木板,以便分散对锦砖的压力,操作人员站在垫板上修理好四周的边角,将锦砖地面与其他地面接茬处修好,确保接缝平直美观。

7.刷水揭纸

铺贴后30分钟左右,待水泥初凝,紧接着用长毛棕刷在纸面上均匀地刷水或喷壶喷水润湿,常温下15~30分钟纸面便可湿透,即可揭纸。揭纸手法应两手执同一边的两角与地面保持平行运动,不可乱扯乱撕,以免带起锦砖或错缝。随后,用刮刀轻轻刮去纸毛。

8.拨缝

揭纸后,及时检查缝隙是否均匀,对不顺不直的缝隙,用小靠尺比着钢片开刀轻轻地拨顺、调直。要先拨竖缝后拨横缝,然后用硬拍板拍砖面,要边拨缝、边拍实、边拍平。遇到掉粒现象,立即补齐粘牢。在地漏、管道周围的陶瓷锦砖要预先试铺,用胡桃钳切割成合适形状后铺贴,做到管口衔接处镶嵌吻合、美观,此处衔接缝隙不得大于5mm。拨缝顺直后,轻轻扫去表面余浆。

9.擦缝、灌缝

拨缝后次日或水泥浆粘结层终凝后,用与陶瓷锦砖相同颜色的水泥素浆擦缝,用棉纱蘸素浆从里到外顺缝擦实擦严,或用1:2的细砂水泥浆灌缝,随后,将砖上的余浆擦净,并撒一遍干灰,将面层彻底洁净。

陶瓷锦砖地面,宜整间一次连续铺贴完,并在水泥浆粘结层终凝前完成拨缝、整理。若遇大房间一次铺不完时,须将接茬切齐,余灰清理干净。

冬季施工时,操作环境必须保持+5℃以上。

10.养护

陶瓷锦砖地面擦净24小时后,应铺锯末子进行常温养护4~5d后,达到有一定强度才允许上人。

思考题:
1.墙地砖的主要物理力学性能指标有哪些?
2.为什么陶瓷锦砖既可用于地面,又可用于室内外墙面,而内、外墙面砖不能用于地面?
3.釉面砖在粘贴前为什么要浸水?

第5章

装饰石材

本章要点
- 天然大理石、天然花岗岩、人造石材的特点及用途
- 天然大理石与天然花岗岩的特性
- 石材的干挂和湿挂工艺

第一节 石材的基本知识

石材来自岩石，岩石按形成条件可分为火成岩、沉积岩和变质岩三大类。

一、火成岩（岩浆岩）

火成岩是地壳内部岩浆冷却凝固而成的岩石，是组成地壳的主要岩石，按地壳质量计量，火成岩占89%。由于岩浆冷却条件不同，所形成的岩石具有不同的结构性质，可分为三类：深成岩、喷出岩和火山岩。

1.深成岩

深成岩是岩浆在地壳深处凝成的岩石。由于冷却过程缓慢且较均匀，同时覆盖层的压力又相当大，因此有利于组成岩石矿物的结晶，形成较明显的晶粒，不通过其他胶结物质而结成紧密的大块。深成岩的抗压强度高，吸水率小，表观密度及导热性大；由于孔隙率小，因此可以磨光，但坚硬难以加工。

建筑上常用的深成岩有花岗岩、正长岩和橄榄岩等。

2.喷出岩

喷出岩是岩浆在喷出地表时，经受了急剧降低的压力和快速冷却而形成的。在这种条件的影响下，岩浆来不及完全形成结晶体，而且也不可能完全形成粗大的结晶体。所以，喷出岩常呈非结晶的玻璃质结构、细小结晶的隐晶质结构，以及当岩浆上升时即已形成的粗大晶体嵌入在上述两种结构中的斑状结构。这种结构的岩石易于风化。

当喷出岩形成很厚时，则其结构与性质接近深成岩；当形成较薄的岩层时，由于冷却快，多数形成玻璃质结构及多孔结构。

工程中常用的喷出岩有辉绿岩、玄武岩及安山岩等。

3.火山岩

火山爆发时岩浆喷入空气中，由于冷却极快，压力急剧降低，落下时形成的具有松散多孔、外观密度小的玻璃质物质称为散粒火山岩；当散粒火山岩堆积在一起，受到覆盖层压力作用及岩石中的天然胶结物质的胶结，即形成胶结的火山岩，如浮石。

二、沉积岩（旧称水成岩）

沉积岩是露出地表的各种岩石（火成岩、变质岩及早期形成的沉积岩），在外力作用下，经风化、搬运、沉积、成岩四个阶段，在地表及地下不太深的地方形成的岩石。其主要特征是呈层状，外观多层理和含有动、植物化石。沉积岩中所含矿产极为丰富，有煤、石油、锰、铁、铝、磷、石灰石和盐岩等。

沉积岩仅占地壳质量的5%，但其分布极广，约占地壳表面积的75%，因此，它是一种重要的岩石。

建筑中常用的沉积岩有石灰岩、砂岩和碎屑石等。

三、变质岩

变质岩是地壳中原有的岩石（包括火成岩、沉积岩和早先生成的变质岩），由于岩浆活动和构造运动的影响，原岩变质（再结晶，使矿物成分、结构等发生改变）而形成的新岩石。一般由火成岩变质成的称为正变质岩，由沉积岩变质成的称副变质岩。按地壳质量计，变质岩占65%。

第二节　大理石

大理岩由石灰岩或白云岩变质而成。由白云岩变质成的大理石，其性能比由石灰岩变质而成的大理石优良。大理石的主要矿物成分是方解石或白云石，经变质后，结晶颗粒直接结合呈整体块状构造，所以抗压强度高，约为100~300MPa，质地紧密而硬度不大，比花岗岩易于雕琢磨光。纯大理石为白色，我国常称为汉白玉，分布较小，一般含有氧化铁、二氧化硅、云母、石墨、蛇纹石等杂质，使大理岩呈现红、黄、棕、黑、绿等各色斑驳纹理，因而是高级的室内装饰材料（如图5-1）。

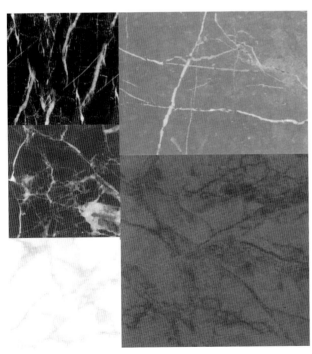

图5-1　大理石

一、天然大理石的主要化学成分

大理石的主要化学成分见表5-1。

二、天然大理石特点

天然大理石的质地比较密，表观密度一般为2600~2700kg/m³。抗压强度较高，约70~350MPa。由于大理石一般都含有杂质，而且碳酸钙在大气中受二氧化碳、硫化物、水汽的作用，也容易风化和溶蚀，而使表面很快失去光泽。所以除少数的如汉白玉、艾叶青等质纯、杂质少的比较稳定耐久的品种可用于室外装饰外，其他品种不宜用于室外，一般只用于室内装饰面。

三、天然大理石的性能

国内部分天然大理石品种及性能见表5-2,部分天然大理石饰面板名称、规格、花色见表5-3。

四、分类

云灰大理石，以其多呈云灰色或云灰色的底面上泛起一些天然的云彩状明花纹而得名。白色大理石，因其晶莹纯净，洁白如玉，熠熠生辉，故又称为巷山白玉、汉白玉和白玉。

五、天然大理石的板材标准

1.天然大理石的规格

天然大理石板材规格分为定型和非定型两类，定型板材其规格见表5-4。

2.技术要求

（1）规格公差

①平板允许公差，按表5-5规定。

②单面磨光板材厚度公差不得超过2mm；双面磨光板材厚度公差不得超过1mm。

③双面磨光板材拼接处的宽、厚相差不得大于1mm。

④异型板与雕刻板的规格公差，要根据设计要求来定。

（2）平度、角度允许偏差按表5-6规定

表5-1　天然大理石化学成分

化学成分	CaO	MgO	SiO_2	Al_2O_3	Fe_2O_3	SO_3	其他(Mn·K·Na)
含量(%)	28-54	13-22	3-23	0.5-2.5	0-3	0-3	微量

表5-2　大理石品种及性能

品　种	性　能	产地
玉锦、齐灰、斑绿、斑黑、水晶白、竹叶青	抗压强度：70Mpa　抗折强度：18 MPa	青岛
香蕉黄、孔雀绿、芝麻黑	抗压强度：127～162MPa　抗折强度：12～20 MPa	陕西
丹东绿、铁岭红、桃红	抗压强度：80～100MPa　密度：2.71～2.78 g/cm²	沈阳
雪花白、彩绿、翠绿、锦黑、咖啡、汉白玉	抗压强度：90～142MPa　抗折强度：8.5～15 MPa　吸水率：0.09～0.16%	江西
紫底满天星、晓霞、白浪花	抗压强度：58～69MPa　密度：2.7 g/cm²	重庆
木纹黄、深灰、浅灰、杂紫、紫红英	抗压强度：86～239MPa　光泽度：大于90	桂林
海浪、秋景、雾花	抗压强度：140MPa　抗折强度：24 MPa　吸水率：0.16%　抗剪强度：20MPa	山西
咖啡、奶油、雪花	抗压强度：58～110MPa　抗弯强度：13～16MPa　密度：2.75～1.82 g/cm²	江苏
雪浪、球景、晶白、虎皮	抗压强度：91～102MPa　抗折强度：14～19 MPa　吸水率：1.07～1.31%	湖北
汉白玉	抗压强度：153MPa　抗折强度：19 MPa	北京
雪花白	抗压强度：80MPa　抗折强度：16.9 Mpa	山东
苍山白玉	抗压强度：133MPa　抗折强度：11.9 Mpa	云南
杭灰、红奶油、余杭白、莱阳绿	抗压强度：128MPa　抗折强度：12 Mpa　吸水率：0.16%	杭州

表5-3　天然大理石饰面板名称、规格(mm)、花色

名称	规格	花色
孔雀绿	400×400×20	绿色
丹东绿	400×400×20	浅绿色
雪花白	各种规格均有	白色
汉白玉	100×100×20以上	白色
棕红	600×300×20	棕红
济南青	各种规格均有	正黑
白浪花	305×152×20	海水波浪花色彩
云灰	各种规格均有	灰色
大青花	不定型	浅蓝色、黑色相间
乳白红纹	600×600×20	白底红线
翠雪	500×300×20	白色

表5-4　天然大理石板材规格 （mm）

长(mm)	宽(mm)	厚(mm)	长(mm)	宽(mm)	厚(mm)
300	150	20	1200	900	20
300	300	20	305	152	20
400	200	20	305	305	20
400	400	20	610	610	20
600	600	20	610	305	20
900	600	20	915	762	20
1070	750	20	1067	915	20
1200	600	20			

表5-5　平板允许公差（mm）

产品名称	一级品			二级品		
	长	宽	厚	长	宽	厚
单面磨光板材	0 -1	0 -1	+1 -2	0 -1.5	0 1.5	+2 -3
双面磨光板材	±1	±1	±1	+1 -2	+1 -2	+1 -2

表5-6　平度允许偏差（mm）

平板长度范围	平度允许最大偏差值		角度允许最大偏差值	
	一级品	二级品	一级品	二级品
<400	0.3	0.5	0.4	0.6
≥400	0.6	0.8	0.6	0.8
≥800	0.8	1.0		
≥1000	1.0	1.2		

第三节　天然花岗岩

天然花岗岩是火山岩中分布最广的一种岩石。花岗岩的构造致密、呈整体的均粒状结构。它的主要矿物成分是：石英、长石和少量云母(见图5-2)。

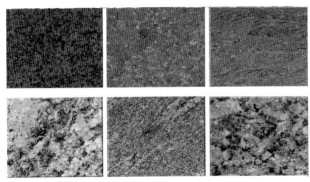

图5-2　天然花岗岩

一、品种与性能

国内部分花岗岩品种的性能见表5-7。

二、花岗岩主要化学成分

花岗岩的主要化学成分见表5-8。

三、天然花岗岩的特点

天然花岗岩具有结构细密、性质坚硬、耐酸、耐腐、耐磨、吸水性小、抗压强度高、耐冻性强(可经受100-200次以上的冻融循环)、耐久性好(一般的耐用年限为75-200年)等特点。

其缺点是自重大，用于房屋建筑会增加建筑物的重量；硬度大，给开采和加工造成困难；质脆，耐火性差，当温度超过800℃以上时，由于花岗岩中所含石英的晶态转变，造成体积膨胀，导致石材爆裂，失去强度；某些花岗石含有微量放射性元素，对人体有害。

天然花岗岩板材规格分为定型和非定型两类，定型板材为正方形和长方形，其定型产品规格见表5-9。

四、花岗岩板材的分类及等级

1.分类

(1)按形状分类:天然花岗石板材按形状可分为普型板材(N)和异型板材(S)两类。

普型板材(N)有正方形和长方形两种；异型板材(S)为其他形状板材。

(2)按表面加工程度分类:天然花岗石板材按表面加工程度可分为细面板、镜面板材、粗面板材三类。细面板材为表面平整、光滑的板材；镜面板材为表面平整、具有镜面光泽的板材；粗面板材为表面不平整、粗糙，具有较规则加工条纹的机刨板、剁斧板、锤击板、烧至板等。

2.等级

按天然花岗石板材规格尺寸允许偏差、平面度允许极限公差、角度允许极限公差及外观质量，可分为优等品(A)、一等品(B)、合格品(C)三个等级。

表5-7　国内部分花岗岩品种的性能

品种	代号	颜色	密度 (t/cm³)	抗压强度 (Mpa)	抗弯强度 (Mpa)	肖氏硬度	磨损量 (cm)	产地
白虎涧	151	粉红色	2.58	137.3	9.2	86.5	2.62	昌平
花岗石	304	浅灰条纹	2.67	202.1	15.7	90.0	8.02	日照
花岗石	306	红灰色	2.61	212.4	18.4	99.7	2.36	崂山
花岗石	359	灰白色	2.67	140.2	14.4	94.0	7.41	牟平
花岗石	431	粉红色	2.58	119.2	8.9	89.5	6.38	汕头
笔山石	601	浅灰色	2.73	180.4	21.6	97.3	12.18	惠安
日中石	602	灰白色	2.62	171.3	17.1	97.8	4.80	惠安
锋白石	603	灰色	2.62	195.6	23.3	103.0	7.89	厦门
白石	605	灰白色	2.61		17.1	91.2	0.31	南安
砻石	606	浅红色	2.61		21.5	94.1	2.93	惠安
石山红	607	暗红色	2.68		19.2	101.5	6.57	同安

表5-8　花岗岩的主要化学成分

化学成分	SiO_2	Al_2O_3	CaO	MgO	Fe_2O_3
含量(%)	67~75	12~17	1~2	1~2	0.5~1.5

表5-9　天然花岗石板材的定型产品规格

长(mm)	宽(mm)	厚(mm)	长(mm)	宽(mm)	厚(mm)	长(mm)	宽(mm)	厚(mm)
300	300	20	600	600	20	915	610	20
305	305	20	610	305	20	1070	750	20
400	400	20	610	610	20	1070	762	20
600	300	20	900	600	20			

表5-10　规格允许公差(mm)

产品名称	粗磨和磨光板材		机刨和剁斧板材	
	一级品	二级品	一级品	二级品
长度公差范围	+0 −1	+0 +2	+0 +2	+0 −3
宽度公差范围	+0 −1	+0 +2	+0 +2	+0 −3
厚度公差范围	±2	+2 −3	+1 −3	+1 −3

天然花岗石板材的技术要求如下：

（1）规格公差

①规格允许公差按表5-10规定。

②双面磨板材，在两块或两块以上拼接时，其接缝处的偏差不得大于1mm。

③机刨和剁斧板材的厚度无具体要求者，其底部带荒不得大于预留灰缝的一半。

④异型板材的线角应符合样板，允许公差为2mm。

（2）平度偏差：平度允许偏差按表5-11规定。

（3）角度偏差：矩形或正方形板材的角度允许偏差按表5-11规定。

五、物理性能

天然花岗岩镜面板材的正面应具有镜面光泽，能清晰地反映出景物；镜面板材的镜面光泽度应不低于75光泽单位或按供需双方协议样板执行；板材的密度不小于2.5g/cm³，吸水率不大于1%，干燥压缩强度不小于60MPa，弯曲强度不小于8MPa。

表5-11 平度允许偏差(mm)

平板长度范围	平度允许最大偏差值	
	一 级 品	二 级 品
<400	0.3	0.5
≥400	0.6	0.8
≥800	0.8	1.0
≥1000	1.0	1.2
角度允许最大偏差值		
<400	0.4	0.6
≥400	0.6	0.8

第四节 人造石材

人造石材一般指人造大理石和人造花岗岩,以人造大理石的应用较为广泛。由于天然石材的加工成本高,现代建筑装饰业常采用人造石材。它具有重量轻、强度高、装饰性强、耐腐蚀、耐污染、生产工艺简单以及施工方便等优点,因而得到了广泛应用。

人造大理石在国外已有40年历史,意大利1948年即已生产水泥基人造大理石花砖,德国、日本、前苏联等国在人造大理石的研究、生产和应用方面也取得了较大成绩。由于人造大理石生产工艺与设备简单,很多发展中国家也已生产人造大理石。

我国20世纪70年代末期才开始由国外引进人造大理石技术与设备,但发展极其迅速,质量、产量与花色品种上升很快。

一、人造石材分类

人造石材按照使用的原材料分为四类:水泥型人造石材、树脂型人造石材、复合型人造石材及烧结型人造石材。

人造大理石之所以能得到较快发展,是因为具有如下一些特点:

(1)容量较天然石材小:一般为天然大理石和花岗石的80%。其厚度一般仅为天然石材的40%,从而可大幅度降低建筑物重量,方便了运输与施工。

(2)耐酸:天然大理石一般不耐酸,而人造大理石可广泛用于酸性介质场所。

(3)制造容易:人造石材生产工艺与设备不复杂,原料易得,色调与花纹可按需设计,也可比较容易地制成形状复杂的制品。

1.水泥型人造石材

它是以水泥为粘结剂,砂为细骨料,碎大理石、花岗岩、工业废渣等为粗骨料,经配料、搅拌、成型、加压蒸养、磨光、抛光等工序而制成。通常所用的水泥为硅酸盐水泥。现在也用铝酸盐水泥作粘结剂,用它制成的人造大理石具有表面光泽度高、花纹耐久、抗风化、耐火性、防潮性都优于一般的人造大理石。这是因为铝酸盐水泥的主要矿物成分:铝酸钙水化生成了氢氧化铝胶体,在凝结过程中,与光滑的模板表面接触,形成氢氧化铝凝胶层;与此同时,氢氧化铝胶体在硬化过程中不断填塞水泥石的毛细孔隙,形成致密结构。所以制品表面光滑,具有光泽且呈半透明状。

2.树脂型人造石材

这种人造石材多是以不饱和聚酯为粘结剂,与石英砂、大理石、方解石粉等搅拌混合,浇铸成型,经固化、脱模、烘干、抛光等工序制成。目前,国内外人造大理石以聚脂型为多。这种树脂的粘度低,易成型,常温固化。其产品光泽性好,颜色鲜亮,可以调节。

3.复合型人造石材

这种石材的粘结剂中既有无机材料,又有有机高分子材料。先将无机填料用无机胶粘剂胶结成型。养护后,再将坯体浸渍于有机单体中,使其在一定条件下聚合。板材制品的底材要采用无机材料,其性能稳定且价格较低;面层可采用聚酯和大理石粉制作,以获得最佳的装饰效果。无机胶结材料可用快硬水泥、白水泥、铝酸盐水泥以及半水石膏等。有机单体可以采用苯乙烯、甲基丙烯酸甲酯、醋酸乙烯、丙烯腈、二氯乙烯、丁二烯等,这些树脂可单独使用或组合起来使用,也可以与聚合物混合使用。

4.烧结型人造石材

这种类型的人造石材的生产工艺与陶瓷的生产工艺相似,是将斜长石、石英、辉石、石粉及赤铁矿粉和高岭土等混合,一般用40%的黏土和60%的矿粉制成泥浆后,采用注浆法制成坯料,再用半干压法成型,经1000℃左右的高温焙烧而成。

二、装饰工程中常用的人造石材

目前在装饰工程中常用的人造石材品种主要有聚酯型人造石材和水磨石、微晶石、蒙特列板。

1.聚酯型人造石材

聚酯型人造石材是以不饱和聚酯为黏结剂,与天然大理石、花岗岩、石英砂、方解石粉及外加剂搅拌混合后，在室温下固结成型，再经脱模和抛光后制成的一种人造石材。

聚酯型人造石材是模仿大理石、花岗岩的表面纹理加工而成，具有类似大理石、花岗岩的机理特点、色泽均匀、结构紧密，这种地面耐磨、耐水、耐寒、耐热。高质量的聚酯型人造石材的物理力学性能等于或优于天然大理石，但在色泽和纹理上不及天然石材美丽自然柔和。聚酯型人造大理石的物理力学性能见表5-12。

表5-12 聚酯型人造大理石的物理力学性能

性 能 项 目	指 标
相对密度（kg/m³）	2100
抗压强度（MPa）	>100
抗弯强度（MPa）	>30
冲击强度（N/cm²）	>20
表面硬度（HS）	>35
表面光泽度（度）	>80～100
吸水率（%）	<0.1

2.水磨石

水磨石是以碎大理石、花岗岩或工业废料渣为粗骨料，砂为细骨料，水泥和石灰粉为粘结剂，经搅拌、成型、蒸养、磨光、抛光后制成的一种人造石材地面材料。

水磨石分预制和现浇两种，由铜条嵌缝并划成各种各样的色彩和花饰的图案。由于掺合料的不同（各色石子或大理石碎片），色彩掺合剂的不同，地面效果也形形色色，具有极强的效果。水磨石地面便于洗刷、耐磨，常用于人流集中的大空间。水磨石的物理力学性能见下表5-13。

3.蒙特列板

由天然矿石粉、高性能树脂和天然颜料聚合而成（见图5-3）。具有仿石质感效果，表面光洁如陶瓷，而且可像木材一样加工，因而上市后被住宅和其他空间的装饰工程广泛应用。

其主要特性有：

（1）表面没有毛细孔，易清洁。

（2）耐污、耐酸、耐腐蚀、耐磨损。损伤可以通过打磨修复，拼接无接缝。

（3）阻燃、无毒。常温下不散发任何气体。

（4）色彩多样，达五十种供选择。

（5）可塑性强，可替代石料、木材加工成装饰柱式、花形栏杆、扶手、线角、各式台面板等。

蒙特列板也可归入人造大理石类。

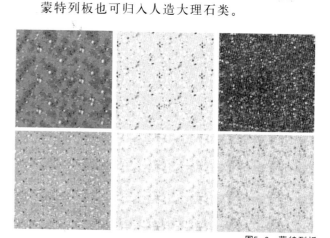

图5-3 蒙特列板

4.微晶石

微晶石（也称微晶玻璃）是一种采用天然无机材料，运用高新技术经过两次高温烧结而成的新型绿色环保高档建筑装饰材料。（见图5-4）具有板面平整洁净，色调均匀一致，纹理清晰雅致，光泽柔和晶莹，色彩绚丽璀璨，质地坚硬细腻，不吸水防污染，耐酸碱抗风化，绿色环保，无放射性毒害等优良素质；这些优良的理化性能都是天然石材所不可比拟的。各种规格不同颜色的平面板、弧形板可用于建筑物的内外墙面、地面、圆柱、台面和家具装饰等任何需要石材建设与装饰的地点。

表5-13 水磨石的物理力学性能

品 种	性 能 指 标				
	颜色	光泽度	抗折强度	抗压强度	角度差
水磨石板	各种颜色		>6MPa	35～45MPa	0.5～0.8mm
彩色水磨石板	深绿 锦墨 桔红色 米黄	40度	5MPa	—	1.0mm

图5-4 微晶石

微晶石也称微晶玻璃、玉晶石、水晶石，是一种采用天然无机材料，运用高新技术经过两次高温烧结而成的新型环保高档建筑装饰材料。

性能优良：比天然石更具理化优势，微晶石是在与花岗岩形成条件相似的高温状态下，通过特殊的工艺烧结而成，质地均匀，密度大、硬度高，抗压、抗弯、耐冲击等性能优于天然石材，经久耐磨，不易受损，更没有天然石材常见的细碎裂纹。

质地细腻：板面光泽晶莹柔和。微晶石既有特殊的微晶结构，又有特殊的玻璃基质结构，质地细腻，板面晶莹亮丽，对于射入光线能产生扩散漫反射效果，使人感觉柔美和谐。

色彩丰富、应用范围广泛：微晶石的制作工艺，可以根据使用需要生产出丰富多彩的色调系列（尤以水晶白、米黄、浅灰、白麻四个色系最为时尚、流行），同时，又能弥补天然石材色差大的缺陷。产品广泛用于宾馆、写字楼、车站、机场等内外装饰，更适宜家庭的高级装修，如墙面、地面、饰板、家具、台盆面板等。

耐酸碱度佳，耐候性能优良：微晶石作为化学性能稳定的无机质晶化材料，又包含玻璃基质结构，其耐酸碱度、抗腐蚀性能都甚于天然石材，尤其是耐候性更为突出，经受长期风吹日晒也不会褪光，更不会降低强度。

卓越的抗污染性，方便清洁维护：微晶石的吸水率极低，几乎为零，多种污秽浆泥、染色溶液不易侵入渗透，依附于表面的污物也很容易清除擦净，特别方便于建筑物的清洁维护。

能热弯变形，制成异性板材：微晶石可用加热方法，制成顾客所需的各种弧形、曲面板，具有工艺简单、成本低的优点，避免了弧形石材大量加工切削、研磨、耗时、耗料、浪费资源等弊端。

不含放射性元素，不伤害身体：微晶石的制作已经人为的剔除了任何含辐射性的元素，不含像天然石材那样可能出现对人体的放射伤害，是现代最为安全的绿色环保型材料。

第五节　　石材的施工方法

一、石材的干挂法

1.墙面修整

如果混凝土外墙表面有局部凸出处影响扣件安装时，须进行凿平修整。

2.弹线

找规矩，弹出垂直线和水平线。根据设计图纸和实际需要弹出安装石材的位置线和分块线。石材安装前要事先用经纬仪打出大角两个面的竖向控制线，最好弹在离大角20cm的位置上，以便随时检查垂直挂线的准确性，保证顺利安装。竖向挂线宜φ0.1～φ0.2的钢丝，下边沉铁随高度而定，一般40m以下高度沉铁重量为8～10kg，上端挂在专用的挂线角钢架上，角钢架用膨胀螺栓固定在建筑物大角的顶端，一定要挂在牢固、准确、不易碰动的地方，要注意保护和经常检查，并在控制线的上、下作出标记。

3.墙面涂防水料

由于板材与混凝土墙身之间不填充砂浆，为了防止因材料性能或施工质量可能造成渗漏，在外墙面上涂刷一层防水剂，以加强外墙的防水性能。

4.打孔

根据设计尺寸和图纸要求，将专用模具固定在台钻上，进行石材打孔。为保证位置准确垂直，要钉一个托架，使石板放在托架上，要打孔的小面与钻头垂直，使孔成型后准确无误，孔深为20mm，孔径为5mm，钻头为4.5mm。由于它关系到板材的安装精度，因而要求钻孔位置正确。

5.固定连接件

在结构上打孔、下膨胀螺栓：在结构表面弹好水平线，按设计图纸及石板料钻扎位置，准确地弹在围护结构墙上并作好标记，然后按点打孔。打孔可使用冲击钻，上φ2.5的冲击钻头，打孔时，先用尖錾子在预先弹好的点上凿一个点，然后用钻打孔，孔深为60～80mm，若遇结构中的钢筋时，可以将孔位在水平方向移动或往上抬高，在连接铁件时利用可调余量再调回。成孔要求与结构表面垂直,成孔后,把孔内的灰粉用小钩勺掏出,安放膨胀螺栓,宜将所需的膨胀螺栓全部安装就位。将扣件固定,用扳手扳紧,安装节点,连结板上的孔洞均呈椭圆形,以便于安装时调节位置。

6.固定板块

底层石板安装:把侧面的连接铁件安好,便可把底层面板靠角上的一块就位。方法是用夹具暂时固定,先将石板侧孔抹胶,调整铁件,插固定钢针,调整面板固定。依次按顺序安装底层面板,待底层面板全部就位后,检查一下各板水平是否在一条线上,如有高低不平的,要进行调整;低的可用木楔垫平;高的可轻轻适当退出点木楔,退到面板上口在一条水平线上为止;先调整好面板的水平与垂直度,再检查松缝,板缝宽应按设计要求,板缝均匀,将板缝嵌紧被衬条,嵌缝高度要高于25cm。其后用1:2.5的白水泥配制的砂浆,灌于底层面板内20cm高,砂浆表面上设排水管。

石板上孔抹胶及插连接钢针,把1:1.5的白水泥环氧树脂倒入固化剂、促进剂,用小棒搅匀,用小棒将配好的胶抹入孔中,再把长40mm的φ4连接钢针通过平板上的小孔插入,直至面板孔,上钢针前检查其有无伤痕,长度是否满足要求,钢针安装要保证垂直。

7.调整固定

面板暂时固定后,调整水平度,如板面上口不平,可在板底的一端下口的连接平钢板上垫一相应的双股铜丝垫,若铜丝粗,可用小锤砸扁,若高,可把另一端下口用以上方法垫一下。调整垂直度,并调整面板上口的不锈钢连接件的距墙空隙,直至面板垂直。

8.顶部板安装

顶部最后一层面板除了按一般石板安装要求外,安装调整后,在结构与石板的缝隙里吊一通长的20mm厚木条,木条上平位置为石板上口下去250mm,吊点可设在连接铁件上,可采用铅丝吊木条,木条吊好后,即在石板与墙面之间的空隙里塞放聚苯板,聚苯板条要略宽于空隙,以便填塞严实,防止灌浆时漏浆,造成蜂窝、孔洞等,灌浆至石板口下20mm作为压顶盖板之用。

9.嵌缝

每一施工段安装后经检查无误,可清扫拼接缝,填入橡胶条,然后用打胶机进行硅胶涂封,一般硅胶只封平接缝表面或比板面稍凹少许即可。雨天或板材受潮时,不宜涂硅胶。

10.清理

清理块板表面,用棉丝将石板擦干净,有胶等其他粘结杂物,可用开刀轻铲、用棉丝沾丙酮擦干净。

二、石材湿挂安装施工

室内装饰中的石材运用很广,宾馆饭店、大型商场、办公楼等公共场所的立面、柱面,经石材装饰后,既实用又美观,是十分理想的主要装饰材料。石材湿挂是常用的一种安装施工方法,也就是灌水泥浆的方法,其石材的选用、切割、运输、验收与干挂的要求基本相同,有区别的是石材使用的厚度不必达到干挂石材的要求。

1.石材湿挂安装施工的设备

(1)根据设计要求,现场核对实际尺寸,将精确尺寸报切割石材码单,并规划施工编号图,石材切割加工须按现场码单及编号图进行分批。现场实际尺寸误差较大的应及时报告原设计单位作适当调整。对于复杂形状的饰面板,要用不变形的板材放足尺寸大样。

(2)对需挂贴石材的基层进行清理,基层必须牢固结实,无松动、洞隙;应具有足够承受石材重量的稳定性和刚度。钢架铁丝网粉刷必须粘接牢固、无缝隙、无漏洞,基层表面应平整粗糙。

(3)在需贴挂基层上拉水平、垂直线或弹线确定贴挂位置,安装施工环境必须无明显垃圾和有碍施工的材料,安装施工现场应有足够的光线和施工空间。

(4)湿挂墙面、柱面上方的吊顶板必须待石材灌浆结束后,方可封板。

(5)有纹理要求的必须进行预拼,对明显的色差应及时撤换,石材后背的玻纤网应去除,以免出现空鼓现象。

2.湿挂石材的安装

(1)湿挂石材应在石材上方端面用切割机开口,采用不锈钢丝或铜丝与墙体连接牢固,每块石材不应少于两个连接点,大于600mm的石材应有两个以上连接点加以固定。

（2）石板固定后应用水平尺检查调整其水平与垂直度，并保持石板与贴挂基体有20～40mm的灌浆空隙。过宽的空隙应事先用砖砌实。石板与基层间可用木质楔体加以固定，防止石材松动。

（3）采用1∶3的水泥砂浆灌注，灌注时要灌实，动作要慢，切不可大量倒入致使石板移动。灌浆时可一边灌、一边用细钢筋捣实，灌浆不宜过满，一般至板口留20mm为好，对灌注时沾在石材表面的水泥砂浆应及时擦除。

（4）石板左右、上下连接处，可采用502胶水或云石胶点粘固定，对湿挂面积较大的墙面，一般湿挂两层后待隔日或水泥砂浆初凝后方能继续安装。

（5）石材湿挂环境温度应控制在5～35℃之间。冬季施工应根据实际情况在水泥砂浆中添加防冻剂，并保持施工后的保温措施；夏季施工，应在灌浆前将墙面充分潮湿后进行，否则容易引起空鼓与脱落。

（6）石材湿挂安装后的缝隙应及时填补并加以保护。

（7）石材湿挂的相拼、线条等较小面积的石材施工也应用不锈钢丝或铜丝与墙体连接，切不能图省力而予以疏忽与轻视。

思考题：

1. 天然大理石与天然花岗岩的特性有何不同？

2. 天然大理石与天然花岗岩饰面板的安装方法有哪些？各应如何进行？

3. 人造石材和天然石材的特性有何不同？

第6章

本章要点
- 白色水泥、彩色水泥、装饰水泥的应用
- 装饰砂浆的组成
- 装饰砂浆的种类及饰面特性

装饰水泥、砂浆

装饰水泥是指白色水泥和彩色水泥。在建筑装饰工程中，常用白水泥、彩色水泥配成水泥色浆或装饰砂浆，或制成装饰混凝土，用于建筑物室内外表面装饰，以材料本身的质感、色彩美化建筑，有时也可以用各种大理石、花岗岩碎屑作为骨料配制成水刷石、水磨石等。

第一节 白水泥

一、白水泥生产制造原理

硅酸盐水泥的主要原料为石灰石、黏土和少量的铁矿石粉，将这几种原料按适当的比例混合磨成生料，生料经均化后送入窑中进行煅烧，得到以硅酸钙为主要成分的水泥熟料，再在水泥熟料中掺入适量的石膏共同磨细得到的水硬性胶凝材料，即硅酸盐水泥。其生产流程如白水泥与普通硅酸盐水泥的生产方法基本相同，严格控制水泥中的含铁量是白水泥生产中的一项主要技术。其工艺要求如下：

（1）严格控制原料中的含铁量。要求生产白色水泥的石灰石质原料中的含铁的质量份数(以Fe_2O_3计)低于0.05%；黏土质原料要选用氧化铁含量低的高岭土(或称为白土)或含铁质较低的砂质黏土；校正性原料有瓷石和石英砂等。

（2）严格控制粉磨工艺中带入的铁质。生产白色水泥时，磨机衬板应用花岗岩、陶瓷或优质耐磨钢制成，研磨体用硅质鹅卵石或高铬铸铁材料制成。铁质输送设备须仔细油漆，以防铁屑混入，降低熟料的白度。

（3）尽量选用灰分小的燃料，最好是无灰分的燃料，如天然气、重油等。

（4）熟料中硅酸三钙的颜色较硅酸二钙白，而且着色氧化物易固溶于硅酸二钙中，所以提高硅酸三钙含量有利于提高水泥的白度。

（5）采取一定的漂白工艺。水泥厂生产白色水泥常用的漂白工艺有两种：一种是将熟料在高温下急速冷却到500～600℃，使熟料中的Fe_2O_3及其他着色元素固溶于玻璃体中，达到使熟料颜色变淡的目的。熟料急冷前的温度越高，漂白作用越好。另一种是在特殊的漂白设备中进行漂白处理，在800～900℃的还原气氛下，熟料中强着色的三价铁还原为着色力弱的二价铁，提高熟料的白度。

（6）为了保证水泥的白度，石膏的白度必须比熟料的白度高，所以一般采用优质的纤维石膏。

（7）提高水泥的粉磨细度，也可提高水泥的白度。一般控制白色水泥的比表面积为350～400m³/kg。

二、白色水泥的白度及等级

国家标准对白色硅酸盐水泥的白度，分为四个等级，见表6-1。

表6-1 白色水泥的白度等级

等级	特级	一级	二级	三级
白度(%)	≥86	≥84	≥80	≥75

三、白色水泥的品质指标

白色水泥的品质指标见表6-2。

表6-2 白色水泥的品质指标

项　目	品　质　指　标					
强度等级	抗压强度(MPa)			抗折强度(MPa)		
	3d	7d	28d	3d	7d	28d
32.5	14.0	20.5	32.5	2.5	3.5	5.5
42.5	18.0	26.5	42.5	3.5	4.5	6.5
52.5	23.0	33.5	52.5	4.0	5.5	7.0
62.5	28.0	42.0	62.5	5.0	6.0	8.0

白水泥分等级	水泥等级	优等品	一等品		合格品	
	对应白度等级	特级	一级	二级	二级	三级
	对应强度等	525 625	425 525	425 525	325 425	325

表6-3 彩色水泥常用的颜料

颜　色	品　种　及　成　分
白	氧化钛(TiO_2)
红	合成氧化铁，铁丹(Fe_2O_3)
黄	合成氧化铁($Fe_2O_3 \cdot H_2O$)
绿	氧化铬(Cr_2O_3)
青	群青［$2(Al_2Na_2Si_3O_{10}) \cdot Na_2SO_4$］、钴青($CoO \cdot n\, Al_2O_3$)
紫	钴［$Co_3(PO_4)_2$］、紫氧化铁(Fe_2O_3的高温烧成物)
黑	炭黑(C)、合成氧化铁($Fe_2O_3 \cdot FeO$)

白水泥具有强度高、色泽洁白、可以配制各种彩色砂浆及彩色涂料的特点，主要应用于建筑装饰工程的粉刷，制造具有艺术性和装饰性的白色、彩色混凝土装饰结构，制造各种颜色的水刷石、仿大理石及水磨石等制品，配制彩色水泥。

第二节　彩色水泥

一、彩色水泥生产方法

彩色水泥生产方法有三种：

(1) 在普通白水泥熟料中加入无机或有机颜料共同进行磨细。常用的无机矿物颜料包括铅丹、铬绿、群青、普鲁士红等。在制造如红色、黑色或棕色等深色彩色水泥时，可在普通硅酸盐水泥中加入矿物颜料，而不一定用白水泥。

(2) 在白水泥生料中加入少量金属氧化物作为着色剂，烧成熟料后再进行磨细。

(3) 将着色物质以干式混合的方法掺入白水泥或其他硅酸盐水泥中进行磨细。

上述三种方法中：第一种方法生产的彩色水泥色彩较为均匀，颜色也浓；第二种方法生产的彩色水泥着色剂用量较少，也可用工业副产品作着色剂，成本较低，但彩色水泥色泽数量有限；第三种方法生产的彩色水泥生产方法较简单，色泽数量较多，但色彩不易均匀，颜料用量较大。

无论用上述哪一种方法生产彩色水泥，它们所用的着色剂必须满足以下要求：

① 不溶于水，分散性好。② 耐候性好，耐光性达七级以上(耐光性共分八级)。③ 抗碱性强，达到一级耐碱性(耐碱性共分七级)。④ 着色力强，颜色浓(着色力是指颜料与水泥等胶凝材料混合后显现颜色深浅的能力)。⑤ 不含杂质。⑥ 不能导致水泥强度显著降低，也不能影响水泥的正常凝结硬化。⑦ 价格便宜。

从上述要求来看，彩色水泥用的着色剂以无机颜料最适宜。彩色水泥经常使用的颜料的掺入量与着色度关系密切，掺量越多，颜色越浓。除此以外，在相同混合条件下，颜料种类不同着色度也不同。如铁丹的粒子较细，所以着色效果也比较好，一般颜料的着色能力与其粒径的平方成反比。

二、彩色水泥的颜料品种

采用无机矿物颜料能较好地满足彩色水泥对颜料的要求。常用的颜料品种见表6-3。

三、装饰水泥的应用

白水泥和彩色水泥主要用在建筑物内外表面的装饰。它既可配制彩色水泥浆，用于建筑物的粉刷，又可配制彩色砂浆，制作具有一定装饰效果的各种水刷石、水磨石、水泥地面砖、人造大理石等。

1.配制彩色水泥浆

彩色水泥浆是以各种彩色水泥为基料,同时掺入适量氯化钙促凝早强剂和皮胶水胶料配制而成的刷浆材料。凡混凝土、砖石、水泥砂浆、混合砂浆、石棉板、纸筋灰等基层,均可使用。

彩色水泥色浆的配制须分头道浆和二道浆两种:头道浆按水灰比0.75、二道浆按水灰比0.65配制。刷浆前将基层用水充分湿润,先刷头道浆,待其有足够强度后再刷二道浆。浆面初凝后,必须立即开始洒水养护,至少养护三天。为保证不发生脱粉(干后粉刷脱落)及被雨水冲掉,还可在水泥色浆中加入占水泥质量1%~2%的无水氯化钙和占水泥质量7%的皮胶液,以加速凝固,增强粘结力。彩色水泥浆的用料配合比见表6-4。

彩色水泥浆还可用白色水泥或普通水泥为主要胶结料,掺以适量的促凝剂、增塑剂、保水剂及颜料配制成水泥色浆,其用途与上述彩色水泥浆相同。

2.配制彩色砂浆

彩色砂浆是以水泥砂浆、混合砂浆、白灰砂浆直接加入颜料配制而成,或以彩色水泥与砂配制而成。

彩色砂浆用于室外装饰,可以增加建筑物的美观。它呈现各种色彩、线条和花样,具有特殊的表面效果。常用的胶凝材料有石膏、石灰、白水泥、

表6-4 彩色水泥浆(刷浆用)的施工方法、注意事项及用料配合比

施 工 方 法			注 意 事 项	用料配合比	
				用料名称	质量比
基层表面处理		被粉刷的基层表面必须彻底清扫、洗刷干净,不得有任何粉尘、污垢、霉菌、砂灰残余、油漆及其他松散物质。	彩色水泥浆施工以后,常发生脱粉(干后粉刷脱面)及被雨水冲掉两种现象。其原因并非彩色水泥质量问题,而是施工方法问题。因彩色水泥是一种水硬性胶凝材料,它的强度在500号以上,用于粉刷,不会不牢。之所以脱粉、被冲,主要原因系水泥浆涂层很薄,所含水分在水泥尚未达到充分硬化以前,即被蒸发尽,以致水泥浆达不到应有强度,粘结力大大降低,因此水泥浆与基层粘结不牢。故施工之前,基层必须充分用水湿润,完工以后,涂层必须严格洒水养护,头道浆必须加大水灰比。这三点非常重要。为了解决彩色水泥浆上述脱粉、被冲两个问题,除须保证基层湿润、涂层养护以外,还可在水泥浆中加入水泥质量1%~2%的无水氯化钙,以加速水泥浆的凝固时间。如再加入水泥浆质量7%的皮胶水以增加水泥浆的粘结力则更理想。	彩色水泥	100
彩色水泥浆配制及施工	配料	配料应由专人负责,严格掌握本表所列用料比例,准确过秤下料。		水 头道浆	75
				二道浆	65
	配浆	配制彩色水泥色浆须分头道浆、二道浆两种。头道浆按水灰比为0.75、二道浆按水灰比为0.65配制。配制时,先以定量水的1/3(约数)加入水泥之中,像冲奶粉那样充分搅拌调成均匀的漆状稠液。然后再将其余2/3的水全部加入,充分搅拌,直至水泥浆完全均匀为止。		无水氯化钙	1~2
				皮胶水	7(按水泥浆质量计)
	沉入度测定	彩色水泥浆配好后,须立即进行沉入度测定。如沉入度与本表规定指标不符,应将水灰比进行调整,重新配浆。配好后用此浆进行施工。		沉入度规定:刷浆用的彩色水泥浆,其沉入度规定如下:用300g锥形稠度仪测定,沉入度应在13cm左右。	
	刷浆	①先将基层用水充分湿润(原因见右栏),湿润时应将半天内拟粉刷的全部面积同时均匀喷水,以免刷浆后色彩不匀。②彩色水泥浆要求稠度较大,刷浆时应用油漆棕刷施工。刷浆时先刷头道浆,头道浆刷毕待有足够强度后再刷二道浆。头、二道浆总厚度约为0.5mm。③二道浆刷毕,浆面初凝后,必须立即开始洒水养护。每日洒4-6遍,至少养护3d。但室内粉刷不须洒水养护,湿度大的地方室外粉刷也不须养护。	防止脱粉的措施	备注:①如使用促凝剂无水氯化钙,应将氯化钙先加水调好,用油漆工用的34孔/平方英寸铜丝罗过筛后,再加入水泥浆内。调氯化钙所用之水,应在"用料配合比"栏内所列水的总用量以内。②彩色水泥用量每100m²刷浆面积约为32-35kg。	
			浮水现象	由于彩色水泥中掺有防水剂,故加水拌合时,水泥有浮水现象。只须充分搅拌,即可将水泥浆拌匀,此现象消失。	

注:彩色水泥刷浆,内外粉刷以及天棚、柱子、装饰等均可使用,但不宜冬季施工,如必须在冬季施工时,应采取保温措施。

普通水泥，或在水泥中掺加白色大理石粉，使砂浆表面色彩更为明朗。集料多用白色、浅色或彩色的天然砂、石屑(大理岩、花岗岩等)、陶瓷碎粒或特制的塑料色粒，有时为使表面获得闪光效果，可加入少量云母片、玻璃碎片或长石等。在沿海地区，也有在饰面砂浆中加入少量小贝壳，使表面产生银色闪光。集料颗粒可分别为1.2mm、2.5mm、5.0mm或10mm，有时也可用石屑代替砂石。彩色砂浆所用颜料必须具有耐碱、耐光、不溶的性质。彩色砂浆表面可进行各种艺术处理，制成水磨石、水刷石、斧剁石、拉假石、假面砖及拉毛、喷涂、滚涂、干粘石、喷粘石、拉条和人造大理石等。

3.配制彩色混凝土

彩色混凝土是以粗骨料、细骨料、水泥、颜料和水按适当比例配合，拌制成混合物，经一定时间硬化而成的人造石材。混凝土的彩色效果主要是由颜料颗粒和水泥浆的固有颜色混合的结果。

彩色混凝土所使用的骨料，除一般骨料外还需使用昂贵的彩色骨料，宜采用白色或彩色大理石、石灰石、石英砂和各种颜色的石屑，但不能掺合其他杂质，以免影响其白度及色彩。

彩色混凝土的装饰效果主要决定于其表面色泽的鲜美、均匀与经久不变。采用如下方法，可有效地防止白霜的产生：

(1)骨料的粒度级配要调整合适；(2)在满足和易性的范围内尽可能减少用水量，施工时尽量使水泥砂浆或混凝土密实；(3)掺用能够与白霜成分发生化学反应的物质(如混合材料、碳酸铵、丙烯酸钙)，或者能够形成防水层的物质(如石蜡乳液)等外加剂；(4)使用表面处理剂；(5)少许白霜会明显污染深色彩色水泥的颜色，所以最好避免使用深色的彩色水泥；(6)蒸汽养护能有效防止水泥制品初始白霜的产生。

第三节　砂浆

凡涂抹在基底材料的表面，兼有保护基层和增加美观作用的砂浆，可统称为抹面砂浆。根据抹面砂浆功能不同，一般抹面砂浆分为普通抹面砂浆、防水砂浆、装饰砂浆和特种砂浆（如绝热、吸声、耐酸、防射线砂浆）等。与砌筑砂浆相比，抹面砂浆的特点和技术要求有：

(1) 抹面层不承受荷载。

(2) 抹面砂浆应具有良好的易和性，容易抹成均匀平整的薄层，便于施工。

(3) 抹面层与基底层要有足够的粘结强度，使其在施工中或长期自重和环境作用下不脱落、不开裂。

(4) 抹面层多为薄层，并分层涂沫，面层要求平整、光洁、细致、美观。

(5) 多用于干燥环境，大面积暴露在空气中。

抹面砂浆的组成材料与砌筑砂浆基本上是相同的。但为了防止砂浆层的收缩开裂，有时需要加入一些纤维材料，或者为了使其具有某些特殊功能需要选用特殊骨料或掺加料。

一、普通抹面砂浆

普通抹面砂浆对建筑物和墙体起到保护作用。它可以抵抗风、雨、雪等自然环境对建筑物的侵蚀，并提高建筑物的耐久性，同时经过抹面的建筑物表面或墙面又可以达到平整、光洁、美观的效果。

常用的普通抹面砂浆有水泥砂浆、石灰砂浆、水泥混合砂浆、麻刀石灰砂浆（简称麻刀灰）、纸筋石灰砂浆（简称纸筋灰）等。

普通抹面砂浆通常分为两层或三层进行施工。底层抹灰的作用是使砂浆与基底能牢固地粘结，因此要求底层砂浆具有良好的易和性、保水性和较好的粘结强度。中层抹灰主要是找平，有时可省略。面层抹灰是为了获得平整、光洁的表面效果。各层抹灰面的作用和要求不同，因此每层所选用的砂浆也不一样。同时不同的基底材料和工程部位，对砂浆技术性能要求也不同，这也是选择砂浆种类的主要依据。

水泥砂浆宜用于潮湿或强度要求较高的部位；混合砂浆多用于室内底层或中层或面层抹灰；石灰砂浆、麻刀灰、纸筋灰多用于室内中层或面层抹灰。水泥砂浆不得涂抹在石灰砂浆层上。

普通抹面砂浆的组成材料及配合比，可根据使用部位及基底材料的特性确定，一般情况下参考有关资料和手册选用。

二、装饰砂浆

装饰砂浆是指涂抹在建筑物内外墙表面，具有美观装饰效果的抹面砂浆。装饰砂浆的底层和中层抹灰与普通抹面砂浆基本相同，但是其面层要选用具有一定颜色的胶凝材料和骨料或者经各种加工处理，使得建筑物表面呈现各种不同的色彩、线条和花纹等装饰效果。

装饰砂浆的组成材料有：

（1）胶凝材料。装饰砂浆所用胶结材料与普通抹面砂浆基本相同，只是灰浆类饰面更多地采用白色水泥或彩色水泥。

（2）集料。装饰砂浆所用集料除普通天然砂外，石碴类饰面常使用石英砂、彩釉砂、着色砂、彩色石碴等。

（3）颜料。装饰砂浆中的颜料应采用耐碱和耐光晒的矿物颜料。

装饰砂浆饰面方式可分为灰浆类饰面和石碴类饰面两大类。

灰浆类饰面主要通过水泥砂浆的着色或对水泥砂浆表面进行艺术加工，从而获得具有特殊色彩、线条、纹理等质感的饰面。其主要优点是材料来源广泛，施工操作简便，造价比较低廉，而且通过不同的工艺加工，可以创造不同的装饰效果。常用的灰浆类饰面有以下几种：

（1）拉毛灰。拉毛灰是用铁抹子或木蟹，将罩面灰浆轻压后顺势拉起，形成一种凹凸质感很强的饰面层。拉细毛时用棕刷粘着灰浆拉成细的凹凸花纹。

（2）甩毛灰。甩毛灰是用竹丝刷等工具将罩面灰浆甩涂在基面上，形成大小不一而又有规律的云朵状毛面饰面层。

（3）搓毛灰。搓毛灰是在罩面灰浆初凝时，用硬木抹子由上至下搓出一条细而直的纹路，也可沿水平方向搓出一条L形细纹路，当纹路明显搓出后即停。这种装饰方法工艺简单、造价低，效果朴实大方，远看有石材经过细加工的效果。

（4）拉条。拉条抹灰是采用专用模具把面层砂浆做出竖向线条的装饰手法。拉条抹灰有细条形、粗条形、半圆形、波形、梯形、方形等多种形式。一般细条形抹灰可采用同一种砂浆级配，多次加浆抹灰拉模而成；粗条形抹灰则采用底、面层两种不同配合比的砂浆，多次加浆抹灰拉模而成。砂浆不得过干，也不得过稀，以能拉动可塑为宜。它具有美观、大方、不易积灰、成本低等优点，并有良好的音响效果；适用于公共建筑门厅、会议厅的局部、影剧院的观众厅等。

（5）假面砖。假面砖是采用掺氧化铁系颜料的水泥砂浆，通过手工操作达到模拟面砖装饰效果的饰面做法。它适合于建筑物的外墙抹灰饰面。

（6）假大理石。假大理石是用掺适当颜料的石膏色浆和素石膏浆按1:10比例配合，通过手工操作，做成具有大理石表面特征的装饰抹灰。这种装饰工艺，对操作技术要求较高，如果做得好，无论在颜色、花纹和光洁度等方面，都接近天然大理石效果。其适用于高级装饰工程中的室内墙面抹灰。

（7）弹涂。弹涂是在墙体表面涂刷一道聚合物水泥色浆后，通过一种电动（或手动）筒形弹力器，分几遍将各种水泥色浆弹到墙面上，形成直径为1-3mm、大小近似、颜色不同、互相交错的圆粒状色点，深浅色点互相衬托，构成一种彩色的装饰面层。这种饰面粘结力好，对基层适应性广泛，可直接弹涂在底层灰上和底基较平整的混凝土墙板、石膏板等墙面上。由于饰面层凹凸起伏不大，加之外罩甲基硅树脂或聚乙烯醇缩丁醛涂料，故耐污染性、耐久性都较好。

常用的石碴类饰面种类有：

（1）水刷石。水刷石是将水泥和石碴按比例配合并加水拌和制成水泥石碴浆，用作建筑物表面的面层抹灰，待其水泥浆初凝后，以硬毛刷蘸水刷洗，或用喷浆泵、喷枪等喷以清水冲洗，冲刷掉石碴浆层表面的水泥浆皮，从而使石碴半露出来，达到装饰效果。

水刷石饰面的材料配比，视石子的粒径有所不同。通常，当用大八厘石碴时，水泥石碴浆比例为1:1；采用中八厘石碴时，为1:1.25；采用小八厘石碴时为1:1.3；而采用石屑时，则水泥:石屑为1:1.5。若用砂作骨料，即成清水砂浆。

（2）水磨石。用普通水泥、白水泥、彩色水泥或普通水泥加耐碱颜料拌和各种色彩的大理石石碴做面层，硬化后用机械反复磨平抛光表面而成。水磨石多用于地面、水池等工程部位。可事先设计图案色彩，磨平抛光后更具艺术效果。水磨石还可制成预制件或预制块，作楼梯踏步、窗台板、柱面、台面、踢脚板、地面板等构件。室内外的地面、墙面、台面、柱面等，也可用水磨石进行装饰。

（3）斩假石。又称为剁假石、斧剁石。砂浆的配制与水刷石基本一致。抹面后待砂浆硬化后，用斧刃将表面剁毛并露出石碴。斩假石的装饰艺术效果与粗面花岗岩相似。

在石碴类饰面的各种做法中，斩假石的效果最好。它既具有貌似真石的质感，又有精工细作的特点，给人以朴实、自然、素雅、庄重的感觉。斩假石饰面存在的问题是费工费力，劳动强度大，施工效率较低。斩假石饰面所用的材料与前述的水刷石等基本相同，不同之处在于骨料的粒径一般较小，通常宜采用石屑(粒径0.5~1.5mm)，也可采用粒径为2mm的米粒石，内掺30%的石屑(粒径0.15~1.0mm)。小八厘的石碴也偶有采用。

斩假石饰面的材料配比，一般采用水泥:白石屑为1:1.5的水泥石屑浆，或采用水泥:石碴为1:1.25的水泥石碴浆(石碴内掺30%的石屑)。为了模仿不同天然石材的装饰效果，如花岗石、青条石等，可以在配比中加入各种彩色骨料及颜料。斩假石饰面一般多用于局部小面积装饰，如勒脚、台阶、柱面、扶手等。

（4）嵌石砂浆。在砂浆表面用一定尺寸的卵石，镶嵌出一定的花纹图案，这种图案也称为马赛克。这种工艺在传统的中国园林如苏州园林的墙面和地面上采用，北京故宫的御花园中的甬路路面，就采用了这种嵌石砂浆。

第四节　施工工艺

一、拉毛抹灰的施工方法

1.找规矩、抹灰饼、充筋

高层建筑应用经纬仪在大角两侧、门窗洞口两边、阳台两侧等部位打出垂直线，做好灰饼；多层建筑可用特制的大线坠从顶层开始，在大角两侧、门窗洞口两侧、阳台两侧吊出垂直线，做好灰饼。这些灰饼为以后抹灰层的依据。

2.抹底层砂浆

底层砂浆采用1:0.5:4的水泥、石灰砂浆或1:0.2:0.3:4的水泥、石膏灰、粉煤灰、混合砂浆，做法同一般抹灰。

3.弹线、分格

按图纸要求进行，并粘贴好分格条。

4.抹拉毛灰与拉毛

常用拉毛灰有纸筋石灰拉毛灰与水泥石灰砂浆拉毛灰两种。抹拉毛灰与拉毛应同时进行，操作方法以一人抹灰，另一人紧跟着拉毛，采用纸筋石灰拉毛灰，厚度为4~20mm，以厚薄均匀为合格。拉毛用硬毛鬃刷在墙上垂直拍拉，拉出毛头；采用水泥砂浆拉毛灰者，拉毛采用白麻缠成的圆形麻刷，将砂浆一点一带，带出均匀的毛疙瘩。

拉毛的成型有粗花、中花、细花与条筋形之分。拉毛灰中掺石灰膏的比例越高，拉毛越细。拉细毛一般掺25%—30%的石灰膏与适量砂子，拉粗毛掺石灰膏重量3%的纸筋。同时，拉毛工具越粗大，则拉毛花也越粗。

不管是拉细毛或粗毛，均应用力均匀，速度一般，对个别拉毛不合要求处，可以补拉1~2次，使之达到要求。

拉出毛头，待稍干，用抹子轻压，可除去毛头棱角。

条筋形拉毛操作方法：

待中层砂浆六七成干时，刮水灰比为0.37~0.40的水泥浆，然后抹水泥石灰砂浆面层，随即用硬毛鬃刷拉细毛面，刷条筋。刷条筋前，先在墙上弹垂直线，线与线的距离以40cm左右为宜，以此作为刷筋的依据。条筋的宽度约20mm，间距约30mm。刷条筋，宽窄不要太一致，应自然带点毛边，条筋之间的拉毛应保持整洁、清晰。

根据条筋的间距和条筋的宽窄，把刷条筋用的刷子鬃毛剪成三条，以便一次刷出三条筋。

5.洒毛灰

洒毛灰是使用茅草、高粱穗、竹条等绑成20cm左右长的茅柴帚蘸罩面砂浆往中层砂浆面上洒，形成大小不一但又具一定规律的毛面。洒毛面层通常用1:1的水泥砂浆洒在带色的中层上，操作时要注意应一次成活，不能补洒，在一个平面上不留接茬。洒毛时，由上往下进行，要用力均匀，每次蘸的砂浆量、洒向墙面的角度与墙面的距离都要保持一致。如几人同时操作时，应先试洒，看每个人的手势是否一样，在墙面形成的毛面是否调和，要使操作人员动作达到基本相同后方可大面积施工。也有的在刷色的中层上，人为不均匀地洒上罩面灰浆，并用抹子轻轻压平，部分也露出有色的底子，形成底色与洒毛灰纵横交错呈云朵状的饰面。

6.冬、雨期施工

外墙面拉毛抹灰在严冬期应停止施工。初冬施工时，应掺入能降低冰点的抗冻剂，如面层涂刷涂料时，应使其所掺入的外加剂与涂料材质相配。

冬期室内进行拉毛施工时，其操作地点温度应在10℃以上，以利施工。

雨期施工应搞好防雨设施，下雨时，严禁在外墙进行拉毛施工。

二、斩假石的施工方法

（1）斩假石施工工艺在抹面层石碴前均同一般抹灰。

（2）凡设计有分格要求者，按设计图弹线、分格、贴分格条。

（3）抹面层石碴。水泥石子浆必须严格按照配合比计量配制，若是彩色假石，必须先按配合比将水泥和颜料干拌(并经2~3次筛)均匀后备用，再按配合比与石子(石粒)拌均匀，一般用1:1.25(水泥、石碴体积比)然后加水搅拌(最好使用机械搅拌)。

抹石子浆面层前，先将底层淋水湿润，抹纯水泥浆一遍(彩色假石为水泥和颜料干拌均匀后制备的水泥浆)，随即抹上石子浆面层，厚度为10mm左右。面层应一次抹完，擀平后要拍打压实，边角无空隙。随即用软毛刷蘸水把表面水泥浆刷掉，做到露面石碴均匀分布，表面平整，线角分明，不得有崩缺、漏石、烂眼等现象。

线条斩假石抹面：首先抹成小于规定尺寸的近似形状，凝固后在其上下墙面上装贴木直尺作引条用(线脚扯模运行的导轨)，抹线脚垫层厚度每次不超过10mm，否则会产生下淌脱底。抹制线脚的扯模有"死模"(单向运行)与活模(往返运行)之分。

室外个别部位的线脚，如较宽大的挑檐与墙面交接处的装饰线，采用死模扯制。

线脚阴角的接角是一项费工较大的工作，不论用死模或活模扯抹各种线脚，当线脚是上大下小成倾斜形状时，扯模只能推进到上部终点，而下部尚有一段就必须用抹具塑抹线条。

这项接角工作还必须由技术熟练的工人担任，费工很大。为使线脚不同厚度的上下口都能用扯模扯到阴角交接顶点，使转角线脚的交接基本上达到吻合状态，以求减少接角工作量，其方法可另制一种接角器(阴角扯模)，按线脚形状用木板制成阴模套板，长约300mm，再按线脚上下高度的厚薄之差，将扯模两端制成上小下大成斜角状，表面按线脚规格满包白铁皮就成。

扯制线脚时，先用扯模扯至离阴角约600~800mm处，将留下的这段改用接角器来扯制，然后只需将阴角交接点修整就成了。这种方法不但省工，而且能保证线脚规格一致，质量要比手工接角好。

斩假石线脚，为与墙面分块取得协调，也应分段。分段用的木线条规格，应与墙面分块用的相同，但其形状须制成与线脚轮廓一致。这种线条的横竖交接可锯成小段来钉合，但弧形曲线部位应先画成实样，然后将木条按实样在线脚曲线凸出部的背面，用细锯锯成多道缝隙，就能将它弯曲成所需的形状。只有这样，才能使木线条平伏地镶贴于线脚垫层上。

线脚假石层扯抹完毕后，应用钢皮镘刀抹压一遍，以增强砂浆的密实性，然后用平面或弧形面的木制抹子左右打磨平整，边缝及接角处应用毛刷蘸水少许将砂浆表面刷光。

水少许将砂浆表面刷光。

花饰斩假石抹面：先在底面绘制花饰图形，然后用钢皮雕塑刀把砂浆塑上，塑形时，每次不能塑得太厚，应与粉刷抹面每次的厚度相近，等塑形完成时，还须压实抹光。

(4)养护：石子浆面层抹完后，次日起应进行淋水养护，以保持湿润为度。养护时间根据气温确定，常温下一般为2~3天。气温较低时应养护4~5天。

(5)弹线：有设计要求时，按设计要求弹出不剁边条范围的线，一般不剁边条宽15~20mm。若分格大，不剁边条可适当加宽。

(6)剁石：经试剁，坯子不脱落便可正式剁。

①斩剁的顺序应由上到下、由左到右进行。先剁转角和四周边缘，后剁中间墙面。转角和四周剁水平纹，中间剁垂直纹。若墙面有分格条时，每剁一行，应随时将上面和竖向分格条取出，并及时用水泥浆将分块内的缝隙、小孔修补平整。

②斩剁时，先轻剁一遍，再盖着前一遍的斧纹剁深痕，用力必须均匀，移动速度一致，不得有漏剁。

③墙角、柱子边缘，宜横剁出边缘横斩纹或留出窄小边条(从边口进30~40mm)不剁。剁边缘时，应用锐利小斧轻剁，防止掉角掉边。

④用细斧剁斩一般墙面时，各格块体的中间部分均剁成垂直纹，纹路应相应平行，上下各行之间均匀一致。

⑤用细斧剁斩墙面雕花饰时，剁纹应随花纹走势而变化，不允许留下横平竖直的斧纹，花饰周围的平面上应剁成垂直纹。

冬期施工：一般只在初冬期间施工，严冬阶段不能施工。砂浆的使用温度不得低于5℃，砂浆硬化前，应采取防冻措施。用冻结法砌筑的墙，应待其解冻后再抹灰。

砂浆抹灰层硬化初期不得受冻。气温低于5℃时，室外抹灰所用的砂浆可掺入能降低冻结温度的外加剂，其掺量应由试验确定。

思考题：

1. 彩色水泥如何配制？
2. 装饰砂浆的主要饰面形式有哪些？
3. 试分析影响砂浆粘结性的主要因素有哪些？
4. 装饰砂浆主要饰面方式有哪些？

墙面装饰材料

第一节　木饰面板

用木材装饰室内墙面，从使用的板材类型上分类，常有两种类型：一类是薄木装饰板，此种板材主要是由原木加工而成，经选材干燥处理后用于装饰工程中；另一类是人工合成木制品，它主要由木材加工过程中的下脚料或废料，经过机械处理，生产出人造材料，两种类型的板材在工程中应用都比较广泛。

一、木胶合夹板

1.胶合板

胶合板是用椴、桦、杨、松、水曲柳、柳桉木、马尾松及部分进口原木，经蒸煮、旋切或刨切成薄片单板，再经烘干、整理、涂胶后，将一定规格的单板配叠成规定的层数，每一层的木纹向必须纵横交错，再经加热后制成的一种人造板材。胶合板是装饰工程中使用最频繁、数量很大的板材，既可以做饰面板的基材，又可以直接用于装饰面板，能获得天然木材的质感（见图7-1）。

胶合板的主要特点：板材幅面大，易于加工；

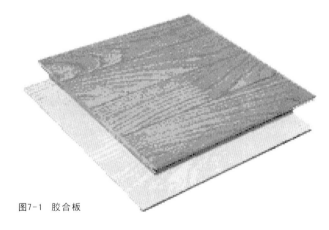

图7-1　胶合板

板材的纵向和横向的抗拉强度和抗剪强度均匀，适应性强；板面平整，吸湿变形小，避免了木材开裂、翘曲等缺陷；板材厚度可按需要加工，木材利用率较高。

胶合板的层数应为奇数，按胶合板的层数，可以分为三夹板、五夹板、七夹板、九夹板，其中最常用的是三夹板和五夹板。胶合板的厚度为2.7、3.0、3.5、4.0、5.0、5.5、6.0……(mm)，自6mm起按1mm递增。厚度小于等于4mm为薄胶合板。胶合板的幅面尺寸见表7-1。

表7-1　普通胶合板的幅面尺寸

宽度（mm）	长度（mm）				
	915	1220	1830	2135	2440
915	915	1220	1830	2135	—
1220	—	1220	1830	2135	2440

表7-2 细木板的尺寸规格、技术性能

长度（mm）						宽度（mm）	厚度（mm）	技术性能
915	1220	1520	1830	2135	2440			
915	—	—	1830	2135	—	915	16 19 22 25	含水率：10%±3% 静曲强度(MPa) 厚度为16mm，不低于15mm； 厚度<16mm，不低于12mm； 胶层剪切强度不低于1Mpa
—	1220	—	1830	2135	2440	1220		

胶合板在室内装饰中可用来作天棚面、墙面、墙裙面、造型面，也可用来作家具的侧板、门板、顶板、底板、脊板以及用厚夹板制成板式家具；胶合板面上可油漆成各种类型的漆面，可裱贴各种墙纸、墙布，可粘贴各种塑料装饰板，可进行涂料的喷涂处理。胶合板特等品主要用于高级建筑装饰、高级家具及其他特殊需要的制品。一等品适用于较高级建筑装饰、高中级家具、各种电器外壳等制品。

2.细木工板

（1）细木板的尺寸规格、技术性能

细木工板属于特种胶合板的一种，芯板用木板拼接而成，两面胶粘一层或二层单板。细木工板按结构不同，可分为芯板条不胶拼的和芯板条胶拼的两种；按表面加工状况可分为一面砂光、两面砂光和不砂光三种；按所使用的胶合剂不同，可分为Ⅰ类胶细木工板、Ⅱ类胶细木工板两种；按面板的材质和加工工艺质量不同，可分为一、二、三等三个等级。

细木工板的尺寸规格和技术性能见表7-2。

（2）细木工板的主要特点

具有轻质、防虫、不腐等优点；采用两次砂光，两次成型的先进生产工艺，使表面平整光滑、表里如一；隔音性能好，幅面大，不易变形。

（3）使用范围

细木工板适用于中、高档次的家具制作，室内装修、隔墙等。

（4）细木工板的养护

①细木工板因其表面较薄，因此严禁硬物或钝器撞击。

②防油污或化学物质长期接触，腐蚀表面。

③保持通风良好，防潮湿、防日晒。

④购买的细木工板条使用时，应在其上横垫三根以上的木方条，高度在5cm以上，把细木工板平放其上，防止变形、翘曲。

二、纤维板

纤维板是以植物纤维为主要原料，经破碎、浸泡、研磨成木浆，再加入一定的胶料，经热压成型、干燥等工序制成的一种人造板材。

纤维板的原料非常丰富。如木材采伐加工剩余物(板皮、刨花、树枝等)、稻草、麦秸、玉米杆、竹材等。

按纤维板的体积密度分为硬质纤维板(体积密度>800kg／m³)、中密度纤维板(体积密度为500~800kg／m³)和软质纤维板(体积密度<500kg／m³)三种；按表面分为一面光板和两面光板两种；按原料分为木材纤维板和非木材纤维板两种。

三、木质人造板

木质人造板是利用木材、木质纤维、木质碎料或其他植物纤维为原料，加胶黏剂和其他添加剂制成的板材。主要品种有：

1.木工板

木工板为现今装修工程和木作家具的主要用材,乃由上下两层夹板,中间为小块木条连接的芯材,因芯材中间有空隙可耐热胀冷缩,遂为木作工作现场施工的主材。木工板在制作上可分为热压及冷压两种。冷压是芯材与夹板胶合,只经过重压,故表面夹板易翘起,尤其是天气不好连续下雨时,若表面夹板翘起就无法再胶合或钉合。热压木工板是经过高热、重压、胶合工序,十分牢固。

因木工板内有木芯材块,不易变形、起翘;不像实木为整体结构或胶合的厚夹板没有中间空隙容易扭曲。木工板冷压与热压价格差很多,但木作工程主要的施工成本是工钱,若用不好的木工板空隙太大,费工较多,且日后无保障易变形,故宜谨慎选用。又木工板因水泡受潮过久表面夹板易脱胶翘起,故应注意放置位置及表面处理。木工板主要尺寸有：1200mm×2400mm,厚度有9mm、12mm、

15mm、19mm、24mm。木工板主要用途为木作家具、隔墙、天花板的底材或结构材，施工时主要为钉着及胶着。

2.竹胶合板

竹胶合板是利用竹材加工余料-竹黄篾，经过中黄起篾、内黄帘吊、经纬纺织、席穴交错、高温高压（130℃、3～4Mpa）、热固胶合等工艺层压而成。其硬度为普通木材的100倍，抗拉强度是木材的1.5倍～2.0倍。具有防水防潮、防腐防碱等特点。常用规格为：1800mm×960mm、1950mm×950mm、2000mm×1000mm，厚度（mm）为：2.5、3.5、4.5、5、6、8.5、13。

3.刨花板

亦称碎料板。是将木材加工剩余物、小径木、木屑等，经切碎、筛选后拌入胶料、硬化剂、防水剂等热压而成的一种人造板材。按密度可分为低密度（450kg/m³）、小密度（550kg/m³）、中密度（750kg/m³）、高密度（1000kg/m³）。刨花板中因木屑、木片、木块结合疏松，故不宜用钉子钉，否则易钉子松动。通常情况下，刨花板用木螺丝或小螺栓固定。刨花板尺寸规格与胶合板相同，常见厚度（mm）为：6、8、10、13、16、19、22、25、30等。

4.木丝板

也叫万利板或木丝水泥板。是利用木材的下脚料，用机器刨成木丝，经过化学溶液的浸透，然后拌和水泥，入模成型加压、热蒸、凝固、干燥而成。主要用作天花板、门板基材、家具装饰侧板、石棉瓦底材、屋顶板用材、广告或浮雕底板。尺寸规格：长度：1800mm～3600mm，宽度：600mm～1200mm，厚度（mm）：4、6、8、10、12、16、20等，自12mm起，按每4mm递增。主要优点及特性：防火性高，本身不燃烧；质量轻，施工时不至因荷重产生危险；具隔热效果；具吸音、隔音效果；表面可任意粉刷、喷漆和调配色彩；不易变质腐烂，耐虫蛀；韧性强，施工简单。

5.蜂巢板

蜂巢板是以蜂巢芯板为内芯板，表面再用两块较薄的面板（传统面材如夹板等），牢固地粘结在芯材两面而成的板材。蜂巢板抗压力强，破坏压力为720kg/m²，导热性低，抗震性好，不变形，质轻，有隔音效果。表面可作防火处理而成防火隔热材。主要用途为：装修基层、活动隔音及厕所隔间、天花板、组合式家具。蜂巢板施工时应特别注意收边处理及表面选材，如处理不当，会失去价值感。

第二节　装饰薄木

装饰薄木是木材经一定的处理或加工后再经精密刨切或旋切、厚度一般小于0.8mm的表面装饰材料。它的特点是具有天然的纹理或仿天然纹理，格调自然大方，可方便地剪切和拼花。装饰薄木有很好的粘结性，可以在大多数材料上进行粘贴装饰，是家具、墙地面、门窗、人造板、广告牌等效果极佳的装饰材料（见图7-2）。

图7-2　装饰薄木

一、装饰薄木的种类和结构

装饰薄木有几种分类方法。按厚度分可分为普通薄木和微薄木，前者厚度在0.5～0.8mm，后者厚度小于0.8mm。按制造方法可分为旋切薄木、半圆旋切薄木、刨切薄木。按花纹可分为径向薄木、弦向薄木。最常见的是按结构形式分类，分为天然薄木、集成薄木和人造薄木。

1.天然薄木

天然薄木是采用珍贵树种，经过水热处理后刨切或半圆旋切而成。它与集成薄木和人造薄木的区别在于木材未经分离和重组，加入其他如胶粘剂之类的成分，是名副其实的天然材料。此外，它对木材的材质要求高，往往是名贵木材。因此，天然薄木的市场价格一般高于其他两种薄木。

2.集成薄木

集成薄木是将一定花纹要求的木材先加工成规格几何体，然后将这些几何体需要胶合的表面涂胶，按设计要求组合，胶结成集成木方。集成木方再经刨切成集成薄木。集成薄木对木材的质地有一定要求，图案的花色很多，色泽与花纹的变化依赖天然木材，自然真实。大多用于家具部件、木门等局部的装饰，一般幅面不大，但制作精细，图案比较复杂。

3.人造薄木

天然薄木与集成薄木一般都需要珍贵木材或质量较高的木材，生产将受到资源限制。因此，出现以普通树种制造高级装饰薄木的人造薄木工艺技术。它是用普通树种的木材单板经染色、层压和模压后制成木方，再经刨切而成。人造薄木可仿制各种珍贵树种的天然花纹，当然也可制出天然木材没有的花纹图案。

二、装饰薄木的树种

制造薄木的树种很多，木的射线粗大或密集，能在径切面或弦切面形成美丽木纹的树种。木材要易于进行切削、胶合和涂饰等加工，阔叶材的导管直径不宜太大，否则制成的薄木容易破碎，胶粘时易于透胶。天然薄木对树种的花纹、色泽、缺陷等要求较高，人造薄木的树种要求则相对较低。

1.天然薄木的树种

我国常用天然薄木的国产树种有：水曲柳、楸木、黄波罗、桦木、酸枣、花梨木、槁木、梭罗、麻栎、榉木、椿木、樟木、龙楠、梓木等。进口材有：柚木、榉木、桃花芯木、花梨木、红木、伊迪南、酸枝木、栓木、白芄、沙比利、枫木、白橡等。我国常用天然薄木树种的材色和花纹介绍如下：

（1）水曲柳：环孔材，心材黄褐色至灰黄褐色，边材狭窄，黄白至浅黄褐色，具光泽，弦面具有生长轮形成的倒"V"形或山水状花纹，径面呈平行条纹，偶有波状纹，类似牡羊卷角状纹理。

（2）酸枣：环孔材，心材浅肉红色至红褐色，边材黄褐色略灰，有光泽。弦面具有生长轮形成的倒"V"形或山水状花纹，径面则呈平行条纹。材色较水曲柳美观，花纹相类似。

（3）拟赤杨：散孔材，材色浅，调和一致，较美观。材色浅黄褐色或浅红褐色略白，具光泽。由生长轮引起的花纹略见或不明显。

（4）红豆杉：材色鲜明，心材色深，红褐至紫红褐或桔红褐色略黄，边材黄白或乳黄色，狭窄，具明显光泽，无特殊气味或滋味。生长轮常不

规则，具伪年轮，旋切板板面由生长轮形成的倒"V"形或山水状花纹较美观。

（5）桦木：材色均匀淡雅，径面花纹好，材色黄白色至淡黄褐色，具有光泽。生长轮明显，常见以浅色薄壁组织带，射线宽，各个切面均易见。径面常由射线形成明显的片状或块状斑纹，即银光花纹，旋切板由生长轮引起的花纹亦可见。

（6）樟木：木材浅黄褐至浅黄褐色略红或略灰，紫樟、阴香樟、卵叶樟等为浅红褐至红褐，光泽明显，尤其径面，新伐材常具明显樟木香气。花纹主要由生长轮引起，呈倒"V"形，仅卵叶樟具有由交错纹理引起的带状花纹。

（7）黄波罗：东北珍贵树种之一。花纹美观，材色深沉，心材深栗褐色或褐色略带微绿或灰，边材黄白色至浅黄色略灰。花纹主要由生长轮形成，弦面上呈倒"V"形花纹，径面上则呈平行条纹。

（8）麻栎：材色花纹甚美，心材栗黄褐色至暗黄褐或略具微绿色，久露大气则转深，有美丽的绢丝光泽。花纹主要因纹理交错，在径面形成有深浅色相间的带状花纹，偶尔因扭转纹或波状纹形成的琴背花纹。弦面具有倒"V"形花纹。

2.人造薄木的树种

人造薄木的树种要求较低，具备以下条件的树种均可作为人造薄木的树种：

（1）纹理通直，质地均匀，易于切削，胶合性能好；

（2）颜色较浅，易于染色和涂饰；

（3）生长迅速，来源广泛，价格低廉。

生长迅速的杨木、桦木、松木、柏木等均可作为人造薄木树种。

三、装饰薄木的制造

1.天然薄木的制造

（1）木方和木段的制备：将原木剖成木方，如何剖制木方是取得优质薄木的关键。一般要求多出径切薄木，少出弦切薄木，并且有较高的出材率。木方剖制的图案有多种，应根据原木的具体情况现场确定。木段的制备是根据刨切薄木的长度将木方截断成所需尺寸。

（2）木方和木段的蒸煮：蒸煮的目的是为了软化木材，增加木材可塑性和含水率，以减少刨或旋切时的切削阻力，并除去木材中一部分油脂等。一般采用水煮方式，蒸煮温度与时间要根据树

种、木材硬度及薄木厚度等进行控制。硬度大则温度较高，薄木厚则蒸煮时间长。

（3）切制：刨切薄木在刨切机上进行。将木方固定在夹持板上，刀具固定在刀架上，二者之中有一方作间歇进给运动，另一方作往复运动，从而自木方上刨切下一定厚度的薄木。旋切薄木是在精密旋切机上进行。旋切所得薄木连续成带状，花纹一般成山水状，在装饰薄木中较少采用旋切制造薄木。

2.集成薄木的制造

（1）单元小木方的加工：按照设计的薄木图案，将木材加工成不同花纹、不同颜色、不同几何尺寸的单元小木方，应保持单元小木方的含水率在纤维饱和点以上，以免小木方产生干缩和变形。一般小木方的加工和拼制集成木方的工序应在高湿度环境中进行，以免水分逸散，不具备此条件时应经常喷水或将小木方浸泡在水中。

（2）小木方配料：根据设计图案的要求将小木方按树种、材色、木纹、材质、几何尺寸等配料。配料时注意，材性相差太大的树种不宜搭配在一起；易开裂的树种应配置在集成木方的内层，不易开裂的树种布置在外周以防止刨成薄木后表面产生裂纹；选择纹理通直的木材，交错纹理及扭曲纹理的应避免使用。配好料的小木方先经蒸煮软化，提高其含水率，然后将拼接面刨光，使拼接面缝隙尽可能小。

（3）含水率调整：集成木方的胶拼用胶一般为湿固化型的聚氨酯树脂，该树脂需要吸收水分来固化。因此，小木方的含水率要调整到20-40%，太湿的要用抹布抹去一些，过干的要喷水。

（4）组坯与陈放：含水率调整好的小木方即可进行涂胶和组坯。胶合面的单面涂胶量为250-300g/m²，根据胶种和环境温度的不同陈放一段时间。

（5）冷压和养护：冷压压力一般为0.5-1.5MPa，加压时间随胶种和气温的不同而变化。冷压后可立即进行蒸煮，也可浸泡在水中进行养护，使集成木方的含水率保持在50%左右。

（6）集成木方刨切：方法与一般的薄木刨切一样。

3.人造薄木制造

人造薄木的制造科技含量较高，从花纹的电脑设计、模具的制作到基材的染色、人造木方的压制等都有较高的技术要求，基本过程简介如下：

（1）单板旋切：人造薄木的基材为木材旋切的单板，旋切的方法与普通胶合板所用的单板相同，水热蒸煮条件根据树种而定。

（2）单板染色：为模仿珍贵树种的色调或创造天然木材没有的花纹色调，一般单板需进行染色，有时在染色前还需先进行脱脂或漂白。染色要求整张、全厚度进行，不能仅为表面染色。单板染色常用酸性染料染色，酸性嫩黄、酸性红、酸性黑等。染色方法有扩散法、减压注入法、减压加压注入法等。染色后的单板经水冲洗，然后干燥至含水率为8-12%。以利于存放。

（3）人造薄木木方制造：木方制造所用胶粘剂根据胶合工艺不同有多种，但均要求有一定的耐水性，且固化后有一定的柔韧性，以免刨切薄木时损伤刀具。常用的有聚氨酯树脂、环氧树脂、脲醛树脂与乳白胶的混合胶等。单板涂胶后，按设计纹理要求将不同色调的染色单板按一定方式层叠组坯，然后根据花纹设计在不同形状的压模中压制。压力和时间的控制根据胶种、环境温度等条件而定。压制后的毛坯方按要求锯制、刨光成人造木方。木方的两端头用聚氯乙烯薄膜封边，以免刨切成薄木后，薄木的水份从端部散失，造成薄木两端破碎。聚氯乙烯薄膜的增塑剂含量为25-40%，采用的胶粘剂为氯丁橡胶胶粘剂。

（4）人造薄木的刨切：人造木方的刨切与普通天然薄木的刨制方法完全一样，根据木方形状与刨切方向不同，可以得到径面纹理、弦面纹理、半径面纹理及其他天然木材所不具有的新颖纹理。

四、装饰薄木的应用

天然薄木和人造薄木目前大量用作刨花板、中密度纤维板、胶合板等人造板材的贴面材料，也用于家具部件、门窗、楼梯扶手、柱、墙地面等的现场饰面和封边。后者的应用往往要将薄木进行剪切和拼花，是家具和室内常见的装饰手法。集成薄木实际上是一种工业化的薄木拼花，设计考究，制作精细，一般幅面不大。主要用于桌面、座椅、门窗、墙面、吊顶等的局部装饰。

第三节　装饰人造板

装饰人造板是利用木质人造板作基材，进行贴面，涂料或其他表面加工而制成的一类装饰人造板材。装饰人造板种类极多，限于篇幅，仅对常见的一些装饰人造板作简单介绍。

一、薄木贴面装饰人造板

薄木贴面是一种高级装饰，它由天然纹理的木材制成各种图案的薄木与人造板基材胶贴而成，装饰自然而真实，美观而华丽。特别是镶嵌薄木所拼成的山、水、动物、诗画、花卉等，产品珍贵，装饰性很强。由于薄木装饰加工工艺不断革新，新产品不断出现，是一种前景广阔的装饰方法，其装饰板材在建筑装饰、家具、车船装修等方面得到广泛应用。薄木贴面装饰板的贴面工艺有湿贴与干贴两种，20世纪80年代大多采用干贴工艺，90年代后期则大多采用湿贴工艺。贴面工艺比较简单，经涂胶后的薄木与基材组坯后经热压或冷压即成为装饰板材。

二、保丽板和华丽板

华丽板（见图7-3）和保丽板实际上是一种装饰纸贴面人造板。华丽板又称印花板，是将已涂有氨基树脂的花色装饰纸贴于胶合板基材上，或先将花色装饰纸贴于胶合板上再涂布氨基树脂。保丽板则是先将装饰纸贴合在胶合板上后再涂布聚酯树脂。该板材表面光亮，色泽绚丽，花色繁多，耐酸防潮，不足之处是表面不耐磨。

图7-3　华丽板

三、镁铝合金贴面装饰板

这种装饰板以硬质纤维板或胶合板作基材，表面胶贴各种花色的镁铝合金薄板（厚度0.12～0.2mm）。该板材可弯、可剪、可卷、可刨，加工

性能好，可凹凸面转角，圆柱可平贴，施工方便，经久耐用，不褪色，用于室内装潢，能获得堂皇、美观、豪华、高雅的装饰效果。

四、树脂浸渍纸贴面装饰板

塑料装饰板，除了用制造好的塑料装饰板贴面外，可将装饰纸及其他辅助纸张经树脂浸渍后直接贴于基材上，经热压贴合而成装饰板，称作树脂浸渍纸贴面板。浸渍树脂有三聚氰胺、酚醛树脂、邻苯二甲酸二丙烯酯、聚酯树脂、鸟粪胺树脂等。塑料装饰板、树脂浸渍纸贴面装饰板木纹逼真，色泽鲜艳、耐磨、耐热、耐水、耐冲击、耐腐蚀，广泛用于建筑、车船、家具的装饰中。

第四节　金属装饰板

一、铝合金装饰板

铝合金装饰板属于现代较为流行的建筑装饰板材，具有质量轻、不燃烧、耐久性好、施工方便、装饰效果好等优点，适用于公共建筑室内外墙面和柱面的装饰。当前的产品规格有开放式、封闭式、波浪式、重叠式条板和藻井式、内圆式、龟板式块状吊顶。颜色有本色、金黄色、古铜色、茶色等。表面处理方法有烤漆和阳极氧化等形式。近年来在装饰工程中用得较多的铝合板材有以下几种：

（1）铝合金花纹板及浅花纹板。铝合金花纹板是采用防锈铝合金坯料，用特殊的花纹轧辊轧制而成的。花纹美观大方，突筋高度适中，不易磨损，防滑性好，防腐蚀性能强，便于冲洗，通过表面处理可以得到各种不同的颜色。花纹板板材平整，裁剪尺寸精确，便于安装，广泛应用于现代建筑的墙面装饰及楼梯、踏板等处。

铝合金浅花纹板是优良的建筑装饰材料之一。其花纹精巧别致，色泽美观大方，同普通铝合金相比，刚度高出20%，抗污垢、抗划伤、抗擦伤能力均有所提高，是我国特有的建筑装饰产品。铝合金浅花纹板对白光反射率达75%～90%，热反射率达85%～95%，在氨、硫、硫酸、磷酸、亚硝酸、浓硝酸、浓醋酸中耐腐蚀性良好，通过电解、电泳除漆等表面处理，可以得到不同色彩的浅花纹板。

（2）铝合金压型板。铝合金压型板重量轻、外形美、耐腐蚀、经久耐用、安装容易、施工速度快，经表面处理可得到各种优美的色彩，是现代广泛应用的一种新型建筑装饰材料，主要用作墙面和屋面。铝合金压型板的断面形状和尺寸（板厚一般为0.5～1.0mm）。

（3）铝合金穿孔板。铝合金穿孔板是用各种铝合金平板经机械穿孔而成。孔形根据需要有圆孔、方孔、长圆孔、长方孔、三角孔、大小组合孔等，这是近年来开发的一种降低噪声并兼有装饰效果的新产品。铝合金穿孔板材质轻、耐高温、耐高压、耐腐蚀、防火、防潮、防震、化学稳定性好、造型美观、色泽幽雅、立体感强。可用于宾馆、饭店、剧场、影院、播音室等公共建筑以及中、高级民用建筑改善音质条件，也可用于各类车间厂房、机房、人防地下室等作为降噪材料。

二、不锈钢装饰板

不锈钢是一种特殊用途的钢材，它具有优异的耐腐性、优越的成型性以及赏心悦目的外表。

不锈钢装饰板根据表面的光泽程度，反光率大小，又分为镜面不锈钢板、亚光不锈钢板和浮雕不锈钢板三种类型。

1.镜面不锈钢板

镜面不锈钢板光亮如镜，其反射率、变形率均与高级镜面相似，与玻璃镜有不同的装饰效果。该板耐火、耐潮、耐腐蚀，不会变形和破碎，安装施工方便。主要用于高级宾馆、饭店、舞厅、会议厅、展览馆、影剧院的墙面、柱面、造型面以及门面、门厅的装饰。

镜面不锈钢板有普通镜面不锈钢板和彩色镜面不锈钢板两种，彩色不锈钢装饰板是在普通不锈钢板上进行技术和艺术加工，成为各种色彩绚丽的不锈钢板。常用颜色有蓝、灰、紫、红、青、绿、金黄、茶色等。

常用镜面不锈钢规格有：1220mm×2440mm×0.8mm、1220mm×2440mm×1.0m、1220mm×2440mm×1.2mm、1220mm×2440mm×1.5mm等。

2.亚光不锈钢板

不锈钢板表面反光率在50%以下者称为亚光板，其光线柔和，不刺眼，在室内装饰中有一种很柔和的艺术效果。亚光不锈钢板根据反射率不同，又分为多种级别。通常使用的钢板，反光率为24%～28%，最低的反射率为8%，比墙面壁纸反射率略高一点。

3.浮雕不锈钢板

浮雕不锈钢板表面不仅具有光泽，而且还有立体感的浮雕装饰。它是经辊压、特研特磨、腐蚀或

雕刻而成。一般腐蚀雕刻深度为0.015～0.5mm，钢板在腐蚀雕刻前，必须先经过正常研磨和抛光，比较费工，所以价格也比较高。

由于不锈钢的高反射性及金属质地的强烈时代感，与周围环境中的各种色彩、景物交相辉映，对空间效应起到了强化、点缀和烘托的作用。

不锈钢装饰，是近几年来较流行的一种建筑装饰方法，它已经从高档宾馆、大型百货商场、银行、证券公司、营业厅等高档场所的装饰，走向了中小型商店、娱乐场所的普通装饰中，从以前的柱面、橱窗、边框的装饰走向了更为细部的装饰，如大理石墙面、木装修墙面的分隔、灯箱的边框装饰等。

三、铝塑板

现代都市，从店面装饰到摩天大楼，俯仰之间都能看到一种新型的金属饰面板—铝塑板又称塑铝板。

1.铝塑板通性

重量轻、可比强度高、隔音防火、易加工成型、安装方便。

2.分类

按涂层分：聚酯、聚酰胺、氟碳。

按常规铝厚分：0.12mm、0.15mm、0.21mm、0.4mm、0.5mm（可按客户要求生产各种厚度）。

按常规产品厚度：1mm、3mm、4mm（可按客户要求生产各种厚度）。

按用途分：内墙板、外墙板及装饰板。

铝塑板是由面板、核心、底板三部分组成。面板是0.2mm铝片上以聚酯作面板涂层，双重涂层结构(底漆+面漆)经烤程序而成；核心是2.6mm无毒低密度聚乙烯材料；底板同样是涂透明保护光漆的0.2mm铝片。通过对芯材进行特殊工艺处理的铝塑板可达到B1级难燃材料等级。

常用的铝塑板分为外墙板和内墙板两种。内墙板是现代新型轻质防火装饰材料，具有色彩多样、重量轻、易加工、施工简便、耐污染、易清洗、耐腐蚀、耐粉化、耐衰变、色泽保持长久、保养容易等优异的性能；而外墙板则比内墙板在弯曲强度、耐温差性导热系数、隔音等物理特性上有着更高要求。氟碳面漆铝塑板因其极佳的耐候性及耐腐蚀性，能长期抵御紫外线、风、雨、工业废气、酸雨及化学药品的侵蚀，并能长期保持不变色、不褪色、不剥落、不爆裂、不粉化等特性，故大量的使用在室外。产品厚度一般在3mm以下。

铝塑板适用范围为高档室内及店面装修、大楼外墙帷幕墙板、天花板及隔间、电梯、阳台、包柱、柜台、广告招牌等。

四、涂层钢板

为了提高普通钢板的防腐蚀性能和表面装饰性能，近年来我国发展了各种彩色涂层钢板。钢板的涂层一般分为有机涂层、无机涂层和复合涂层三类，其中以有机涂层钢板的发展最快。有机涂料可以配制成各种不同的色彩和花纹，故其钢板通常称为彩色涂层钢板。

彩色涂层钢板的原板通常为热轧钢板和镀锌钢板，最常用的有机涂料为聚氯乙烯，此外还有聚丙烯酸酯、环氧树脂、醇酸树脂等。涂层与钢板的结合采用薄膜层压法和涂料涂覆法两种。

根据结构不同，彩色涂层钢板大致可分为以下几种。

1.一般涂层钢板

用镀锌钢板作为基底，在其正面、背面都进行涂层，以保证其耐蚀性能。正面第一层为底漆，通常为环氧底漆，因为它与金属的附着力强。背面也涂有环氧树脂或丙烯酸树脂。第二层(面层)过去用醇酸树脂，一般用聚酯类涂料或丙烯酸树脂涂料。

2.PVC钢板

有两种类型的PVC钢板：一种是用涂布PVC糊的方法生产的，称为涂布PVC钢板；一种是将已成型和印花或压花PVC膜贴在钢板上，称为贴膜PVC钢板。无论是涂布还是贴膜，其表面PVC层均较厚。PVC层是热塑性的，表面可以热加工，例如压花使表面质感丰富。它具有柔性，因此可以进行二次加工，如弯曲等，其耐腐蚀性能也比较好。PVC表面层的缺点是容易老化。为改善这一缺点，现已生产出一种在PVC表面再复合丙烯酸树脂的新的复合型PVC钢板。

3.隔热涂层钢板

在彩色涂层钢板的背面贴上15~17mm的聚苯乙烯泡沫塑料或硬质聚氨酯泡沫塑料，用以提高涂层钢板的隔热、隔声性能。

4.高耐久性涂层钢板

根据氟塑料和丙烯酸树脂有耐老化性能好的特点，用其在钢板表面涂层，能使钢板的耐久性、耐蚀性能提高。

建筑中各种彩色涂层钢板主要用作外墙护墙板，直接用它构成墙体则需做隔热层，此外它还可以用作屋面板、瓦楞板、防水防汽渗透板、耐腐蚀设备、构件，以及家具、汽车外壳、挡水板等。彩色涂层钢板还可以制作成压型板，其断面形状和尺寸与铝合金压型板基本相似。由于它具有耐久性好、美观大方、施工方便等优点，故可以用于工业厂房及公共建筑的墙面和屋面。

五、镁铝曲面装饰板

镁铝曲板是由铝合金箔(或木纹皮面、塑胶皮面、镜面)、硬质纤维板、底层纸与胶粘剂贴合后经深刻等工艺加工的建筑装饰、装修材料。镁铝曲面装饰曲板有瓷白、银白、浅黄、桔黄、墨绿、金红、古铜、黑咖啡等颜色。目前，我国北京、上海、武汉、广州及台湾均有生产：北京生产的镁铝曲板有着色铝箔面、木纹皮面、塑胶皮面、镜面等品种。

1.镁铝曲板的特点

该板能够沿纵向卷曲，还可用墙纸刀分条切割，安装施工方便，可粘贴在弧面上。该板平直光亮，有金属的光泽，并有立体感，并可锯、可钉、可钻，但表面易被硬物划伤，施工时应注意保护。

2.镁铝曲板的用途

该板广泛用于室内装饰的墙面、柱面、造型面，以及各种商场、饭店的门面装饰。因该板可分条开切使用，故可当装饰条、压边条来使用。

3.镁铝曲板的规格品种

该板从色彩上分有古铜、青铜、青铝、银白、金色、绿色、乳白等。从曲板的条宽上分：宽条(25mm)、中宽条(15~20mm)、细条(10~15mm)。镁铝曲板的规格均为1220mm×2440mm，厚度为3.5mm。

第五节　合成装饰板

一、千思板

千思板是由热固树脂和木质纤维高温高压聚合而成的均质高强平板。在压制过程中，采用特殊专利技术，形成一体化着色树脂装饰面层。千思板具有极强的耐候性，无论日照、雨淋(甚至酸雨)，还是潮气都对表面和基材没有任何影响。耐紫外线照射和色彩稳定性完全达到国际灰度级4-5级。

同样，大幅或快速的温度变化也不会影响材料的特性和外观。抗弯强度和弹性的合理组合，使千思板具有很高的耐冲击强度。致密的材料表面使灰尘不易粘附，清洁更为容易。千思板具有极好的耐火特性，它不会融化、滴落或爆炸，并能长时间保持稳定。千思板易于维护，表面和切割边缘都无需油漆或加保护面层。用于加工硬木的标准工具可以用来满足各种加工需求，如切割、钻孔和铣切。

1.千思板的特点

(1)抗撞击：它的表面采用固体均匀、核心加上特殊树脂的面板具有极强的抗撞击性。

(2)易清洗：表面紧密，无渗透，使灰尘不易粘附于其上。用溶剂清洗方便，对颜色不会产生任何影响。

(3)防潮湿：它的核心使用特殊的热固性树脂，因此不会受天气变化和潮气的影响，也不会腐坏或产生霉菌。稳定性及耐用性可与硬木相媲美。

(4)抗紫外线：它防紫外线性能和面板颜色的稳定性能都达到国际标准。

(5)防火性：它表面对燃烧的香烟有极强的防护能力。阻燃，面板不会融化、滴下或爆炸，能长期保持特性。在中国，千思板经国家防火材料检验中心测试，其燃烧性能为GB8624-BI级。

(6)耐化学腐蚀：它具有很强的耐化学腐蚀的特性，如：防酸、防氧化甲苯及类似物质；也同样能防止消毒剂、化学清洁剂及食物果汁、染料的侵蚀。

2.千思板的种类及用途

(1)千思板M(外用)：千思板M是由热固性树脂与木纤维混合，使用独特技术经高温高压加工而成的板材，具有坚固耐用、外表美观的特点。

它的规格主要有：3650mm×1680mm、3050mm×1530mm、2550mm×1860mm三种，厚度有6mm、8mm、10mm、13mm四种。

千思板M具有优异的抗紫外线性能及颜色附着性，特别适用于大楼外墙、广告牌、阳台栏板等室外装修。

(2)千思板A(内用)：千思板A是由热固性树脂与植物纤维使用独特技术经高温高压加工而成的面板，表面是三聚氰胺浸渍装饰层。

它有石英表面和水晶亚光表面两种，主要规格为3050mm×1530mm、2550mm×1860mm,石英表面厚度有6mm、8mm、10mm、13mm四种，水晶亚光表面厚度有6mm、13mm、16mm、20mm四种。

内用千思板A具有的耐刻划及抗撞击的性能，使其特别适用于人行通道、电梯厅、电话间等；它具有的耐磨及易清洗的特点使其特别适用于家具桌面、橱柜面板、接待柜台等；它具有的防潮特点，使其特别适用于盥洗室的洗脸盆面板、隔断及其他湿度较大处如地铁车站等。

(3)千思板T：千思板T具有防静电特点，特别适用于计算机房内墙面装修；适用于各种化学、物理或生物实验室及对面板、台板要求很高的场所。

它的表面是水晶亚光表面，主要规格有：3050mm×1530mm,厚度有13mm、16mm、20mm、25mm四种。

千思板优良的性能及装饰效果，加工、安装容易、维护费用低、使用寿命长、符合环保要求等特点，使其成为室内外装饰的理想材料。

二 、有机玻璃板

有机玻璃是一种具有极好透光率的热塑性塑料，它是以甲基丙烯酸甲酯为主要原料，加入引发剂、增塑料等聚合而成。

有机玻璃的透光率较好，可透过光线的90%，并能透过紫外线光的73.3%，机械强度较高；耐热性、抗寒性及耐气性较好；耐腐蚀性及绝缘性能良好；在一定的条件下，尺寸稳定，并容易成型加工。其缺点是质较脆；易溶于有机溶剂中(如低级酮、脂类及四氯化碳、苯、甲苯、二氯乙烷、二氯乙烯、丙酮、氯仿等)；表面硬度不大，容易擦毛等。有机玻璃在建筑上，主要用作室内高级装饰材料，如扶手的护板、大型灯具罩以及室内隔断等。

有机玻璃分无色透明有机玻璃、有色有机玻璃、珠光玻璃等。

1.无色透明有机玻璃

无色透明有机玻璃是以甲基丙烯酸甲酯为原料，在特定的硅玻璃模或金属模内浇铸聚合而成。无色透明有机玻璃在建筑工程上主要用作门窗玻璃、指示灯罩及装饰灯罩等。

2.有色有机玻璃

有色有机玻璃是在甲基丙烯酸甲酯单体中，配以各种颜料经浇铸聚合而成。有色有机玻璃又分透明有色、半透明有色、不透明有色三大类。

有色有机玻璃在建筑装饰工程中，主要用作装饰材料及宣传牌用。

有色有机玻璃的化学、物理性能与无色透明有机玻璃相同。

3.珠光有机玻璃

珠光有机玻璃系在甲基丙烯酸甲酯单体中，加入合成鱼鳞粉并配以各种颜料经浇铸聚合而成。

珠光有机玻璃，在建筑工程中主要用作装饰材料及作宣传牌用。

珠光有机玻璃的化学、物理性能与无色透明有机玻璃相同。

三、防火板

装饰防火板分无机和有机两种，无机轻质板由水玻璃、珍珠岩粉和一定比例的填充剂混合后压制成型，可按用户要求加工成特殊规格和用胶合板、橡胶、塑料、紫铜皮、铅皮等贴面（见图7-4）。

图7-4 装饰防火板

防火板具有防火、防尘、耐磨、耐酸碱、耐撞击、防水、易保养等特点。不同品质价格相差很多。可分为光面板、雾面板、壁片面板、小皮面板、大皮面板、石皮板。而表面花纹有素面型、壁布型、皮质面、钻石面、木纹面、石材面、竹面、软木纹、特殊设计的图案或整幅画等。色彩有深有浅，有古典的也有现代的，有自然化的也有实用化的，有活泼色也有深沉色，只要搭配得当，十分美观漂亮，具有良好的装饰效果。

木纹颜色的光面和雾面胶板：适用于高级写字楼、客房、卧室内的各式家具的饰面及活动式工装配吊顶，显得华贵大方，而且经久耐用。

皮革颜色的雾面和光面胶板：适用于装饰厨具、壁板、栏杆扶手等表层，易于清洁，又不会受虫蚁损坏。

仿大理石花纹的雾面和光面胶板：适用于铺贴室内墙面、活动地板、厅堂的柜台、墙裙、圆柱和方柱等表面，清雅美观，不易磨损。

细格几何图案及各款条纹杂色的雾面和光面胶板：适用于镶贴窗台板、踢脚板的表面以及防火门扇、壁板、计算机工作台等贴面，款式新颖，别具一格。

第六节　塑料饰面

建筑装饰用塑料制品很多，最常用的是用在屋面、地面、墙面和顶棚的各种板材和块材、波形瓦、卷材、塑料薄膜和装饰部件等。

一、墙面装饰塑料

墙面装饰塑料主要包括塑料装饰板（又称塑料护墙板）和塑料贴面材料，具体分类如下：

1.塑料装饰板

塑料装饰板主要有PVC装饰板、塑料贴面板、有机玻璃装饰板、玻璃钢装饰板和塑料装饰线条等。

PVC装饰板分为硬质板和软质板，硬质板适用于内外墙面，软质板仅适用于内墙墙面。按形式分为波纹板、格子板和异形板。PVC波纹板具有色彩鲜艳、表面平滑，同时又有透明和不透明两种，主要用于外墙装饰，特别适用于阳台栏杆和窗间墙，其鲜明的色彩和漂亮的波纹可使建筑的立面美观、大方、增色不少。PVC格子板表面具有各种立体图案和造型，主要用于商业性建筑、文化体育类建筑的正立面。PVC异型板是利用挤出成型的板材，分为单层异型和中空异型两类，其表面不仅具有各种颜色和图案，而且能起到隔热、隔声和保护墙体的作用，主要用于内墙装饰，其中中空异型板的刚度和保温隔热性均优于单层异型板。

塑料贴面板的面层为三聚氰胺甲醛树脂浸渍过的具有不同色彩图案的特种印花纸，里层为用酚醛树脂过的牛皮纸，经干燥叠合热压而成的热固性树脂装饰层压板。按照用途可分为具有高耐磨性的平面类和耐磨性一般的立面类。这种贴面板颜色艳丽、图案优美、花样繁多，是护墙板、台面和家具理想的贴面材料，也可与陶瓷、大理石、各种合金装饰板、木质装饰材料搭配使用。

玻璃钢是玻璃纤维在树脂中浸渍、粘合、固化而成。玻璃钢材料缠绕或模压成型着色处理后可制成浮雕式平面装饰板或波纹板、格子板等。玻璃钢轻质高强、刚度较大，制成的浮雕美观大方，可制成工艺品，作为装饰板材也具有独特的装饰效果。

塑料装饰线条主要是PVC钙塑线条，它质轻、防霉、阻燃、美观、经济、安装方便。主要为颜色不同的仿木线条，也可制成仿金属线条，作为踢脚线、收口线、压边线、墙腰线、柱间线等墙面装饰。

2．塑料墙纸和墙布

墙纸是目前国内外广泛使用的墙面装饰材料之一。它图案变化多端，色泽丰富，通过印花、压花、发泡可以仿制许多传统材料的外观，如仿木纹、石纹和各种织物。尤其是20世纪60年代以来塑料墙纸的出现，为室内装饰设计提供了极大的方便。塑料墙纸美观、耐用、易清洗、寿命长、施工方便，因而发展十分迅速。

（1）塑料墙纸的技术要求

①装饰效果的主要项目，一般不允许有色差、折印，明显的污点。②色泽耐久性：将试样在老化试验机内经碳棒光照20h后不应有退色、变色现象。③耐摩擦性：用干白布在摩擦机上干摩25次，用湿白布湿摩2次，都不应有明显掉色，即在白布上不应有沾色。④抗拉强度：纵向抗拉强度应达到6.0N/mm²，横向抗拉强度应达到5.0N/mm²。⑤剥离强度：一般来说，以纸与聚氯乙烯层剥离时，不产生分层为合格。

（2）常见的塑料墙纸

纸基塑料墙纸又称普通墙纸，是以80g/m²的纸作基材，涂以100g/m²左右的聚氯乙烯糊状树脂，经印花、压花而成，分为单色印花、印花压花、平光、有光印花等，花色品种多，经济便宜，生产量大，是使用最为广泛的一种墙纸，可用于住宅、饭店等公用、民用建筑的内墙装饰。

发泡墙纸是以100g/m²纸作为基材，上涂PVC糊状树脂300~400g/m²经印花、发泡处理制得。这种发泡墙纸呈富有弹性的凹凸状花纹或图案，色彩多样，立体感强，同时具有吸音作用，但是易脏易积灰，不适合于烟尘较大的场所。

特种墙纸是指具有特种功能的墙纸，包括耐水墙纸、防火墙纸、自粘型墙纸、特种面层墙纸和风景壁画型墙纸等。耐水墙纸采用玻璃纤维毡作为基材，使用于浴室、卫生间的墙面装饰，但是粘贴时应注意接缝处粘牢，否则水渗入可使胶粘剂溶解，从而导致耐水墙纸脱落。防火墙纸采用的100~200g/m²石棉纸作为基材，同时面层的PVC中掺有阻燃剂，使该种墙纸具有很好的阻燃性，此外即使这种墙纸燃烧也不会放出浓烟和毒气。自粘型墙纸的后面有不干胶层，使用时撕掉保护纸便可直接贴于墙面。特种面层墙纸面层采用金属、彩砂、丝绸、麻毛棉纤维等制成，可使墙面产生金属光泽、散射、珠光等艺术效果。风景壁画型墙纸的面层印刷成风景名胜或艺术壁画，常由几幅拼贴而成，适用于装饰厅堂墙面。

第七节　壁纸

壁纸（见图7-5）是室内装饰材料之一，按其特点正确选择品种是改善室内环境的重要手段，归纳起来壁纸有以下作用：

图7-5　壁纸

（1）可根据设计要求制造所需要的气氛，如餐厅需要热闹一点，所以要金光闪闪。会议室则要严肃，室内颜色要深，图案选择要简单严肃。壁纸也可制造一种高雅的气氛，在宴会厅如选用真丝壁纸，能体现高雅华贵。

（2）利用壁纸创造一种特殊效果，如九龙新落成的帝国酒店，内为大水泥柱子，外包木质面纱布底壁纸，再涂上油漆，人们误认为是真的大木柱。

（3）壁纸可用于特殊需要的地方，如医院病房壁会积累微生物，现有一些特种壁纸，或含有可灭菌的化学物质，或特别光滑，不易在上面寄生细菌。

（4）特殊的壁纸还有吸声效果和防火作用。

（5）塑料壁纸易清洁。

（6）在某种情况下可降低建筑造价。墙壁涂乳胶漆与贴壁纸的造价差不多，乳胶漆一年要涂一次，壁纸的使用寿命可在3~5年。

有些壁纸外表与瓷砖一模一样，而且更漂亮，但价格等于瓷砖的1/4。壁纸面不怕水，但接缝处会渗水，水将胶溶解，壁纸就脱落，所以有人主张，卫生间下部用真瓷砖，高处至顶棚下用壁纸。

现在的壁纸一般都是防火的，但各种壁纸的防火级别不同。民用壁纸防火要求不太高，用于宾馆的壁纸防火要求高，壁纸烧着后要没有有毒气体产生。

第八节　装饰墙布

一、装饰墙布的性能要求

1.平挺性能

墙布织物需平挺而有一定弹性，无缩率或缩率较小，尺寸稳定性好，织物边缘整齐平直，不弯曲变形，花纹拼接准确不走样。这些织物本身品质性能的优劣直接影响到裱贴施工的效果。多幅墙布拼接粘贴于墙面后需达到平整一致"天衣无缝"的视觉效应（见图7-6）。

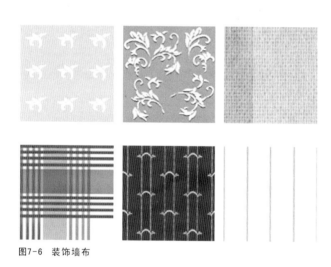

图7-6　装饰墙布

墙布还应具有相当密度与适当厚度，若织物过于稀疏单薄，一些水溶性的粘合剂就可能渗透到织物表面，形成色斑。

2.粘贴性能

墙布必须具备较好的粘贴性，粘贴后织物表面平整，拼缝齐整，无翘起剥离现象产生。墙布粘贴性除要求足够的粘敷牢度，使织物与墙面结合平服牢固外，还应具有重新施工时易于剥离的性能。因为墙布使用一段时间后需更换新的花色品种，这就要求旧墙布在剥脱时方便，易于清除。

3.耐污、易于除尘

墙布大面积暴露于空气中，极易积聚灰尘，易受霉变虫蛀等自然污损。为此要求墙布具有较好的防腐耐污性能，能经受空气中细菌、微生物的侵蚀不发霉，纤维有较强的抗污染能力，日常去污除尘需方便易行，一般以软刷子和真空吸尘器应能有效除尘。有些墙布为达到较好的除尘耐污要求，可作拒水、拒油处理，经处理后不易沾尘，也能进行揩擦清洗，但对墙布的保温性能以及织物表面风格有一定影响。

4.耐光性

墙布虽然装饰于室内，但也经常受到阳光的照射，为了保持织物的牢度和花纹色彩的鲜艳，要求纤维具有较好的耐光性，不易老化变质。染料的化学稳定性好，日光照晒后不褪色。

5.吸音、阻燃性

有些特殊需要的墙布还需具备良好的吸音、阻燃性能。需要纤维材料能吸收声波，使噪音得以衰减；同时利用织物组织结构使墙布表面具有凹凸效应，增强吸音性能。墙布的阻燃防火性则根据不同的环境作出规定。这需将墙布粘贴在假设的墙壁基材上进行试验，根据墙布的发热量、发烟系数、燃烧所产生的气体毒性进行测试判断，以确定阻燃性的优劣。

二、棉纺墙布

棉纺墙布是装饰墙布之一。它是将纯棉平布经过前处理、印花、涂层制作而成。这种墙布强度大，静电小，蠕变小，无味，无毒，吸音，花型繁多，色泽美观大方。用于宾馆、饭店等公共建筑及较高级的民用住宅的装修。可在砂浆、混凝土、石膏板、胶合板、纤维板及石棉水泥板等多种基层上使用。

三、无纺贴墙布

无纺贴墙布是采用棉、麻等天然纤维或涤纶、腈纶等合成纤维，经过无纺成型、上树脂、印花而成的一种新型贴墙材料。这种贴墙布的特点是挺括、有弹性、不易折断、耐老化、对皮肤无刺激作用等，而且色彩鲜艳，粘贴方便，具有一定的透气性和防潮性，能擦洗而不褪色。无纺贴墙布适用于各种建筑物的内墙装饰。其中，涤纶棉无纺贴墙布还具有质地细洁、光滑等特点，尤其适用于高档宾馆及住宅的装修。

四、化纤墙布

化纤墙布是以涤纶、腈纶、丙纶等化纤布为基材，经处理后印花而成。这种墙布具有无毒、无味、透气、防潮、耐磨、无分层等特点。适用于各类建筑的室内装修。花色品种繁多，主要规格为宽820-840mm，厚0.15-0.18mm，每卷长50m。

五、纺织纤维壁纸

（一）特点

由棉、毛、麻、丝等天然纤维及化学纤维制成各种色泽、花式的粗细纱或织物，再与木浆基纸贴合制成。用扁草、竹丝或麻皮条等经漂白或染色再与棉线交织后同基纸贴合制成的植物纤维壁纸也与此类似。贴合胶粘剂可选用PVA或丙烯酸系胶粘剂。

纺织纤维壁纸无毒、吸音、透气，有一定的调湿和防止墙面结露长霉的功效。它的视觉效果好，特别是天然纤维以它丰富的质感具有十分诱人的装饰效果。它顺应现代社会"崇尚自然"的心理潮流，作为一种高级装饰材料在国外已得到广泛应用。

纺织纤维壁纸的规格、尺寸及施工工艺与一般壁纸相同。裱糊时先在壁纸背面用湿布稍揩一下再张贴，不用提前用水浸泡壁纸，接缝对花也比较简便。

（二）生产工艺

纺织纤维壁纸的生产过程包括纱线或织物的纺织和壁纸生产两部分。

1.纱线或织物的纺织

与壁纸生产配套的纺织生产工艺及制品种类多种多样。有利用一些简单设备及手工工艺就能生产的独具特色的编织织物，也有利用新型磨擦纺纱机、气流纺纱机、环锭精纺机、特殊捻线机及织机等生产的多种艺术格调的纱线及织物。尤其是近几年开发生产的许多截面分布不规格、结构不同或色泽各异的花式纱线，诸如结子纱、短纤竹结纱、雪花纱、色蕊、珠圈纱、雪尼尔纱、混色纱等，外形新颖、花色绚丽、种类繁多、富于艺术表现力，使纺织纤维壁纸显示了特殊的魅力。

2.壁纸生产

纺织纤维壁纸生产一般包括纱线及织物预整理、进纸、纱线或织物输入、上胶、复合、加压、热烘、冷却、裁切、卷曲等工艺过程。

纺织纤维壁纸生产时由于复合于基纸上的纱线品种、色泽、粗细及编排方式可任意组合生产出多种产品，而不必像塑料壁纸那样经复杂工艺制造成套花辊才能增加花色品种。因此，纺织纤维壁纸在花样更新上具有灵活机动的特点。

（三）产品性能与标准

纺织纤维壁纸的性能要求与一般壁纸基本相同，但仍然有自己的特点。因此已制定了标准草案，规定的理化性能如下：

（1）耐光色度不低于4级。

（2）耐摩擦色牢度、干摩擦不低于4级，湿磨擦不低于4级。

（3）不透明度不低于90%。

（4）湿润强度纵向不低于4N/1.5cm，横向不低于2N/1.5cm。

（5）甲醛释放不高于2mg/L。

此外，对用户有特殊要求的功能性壁纸产品，可进行阻燃性、耐硫化氢污染、耐水、防污、防霉及可洗性的特殊性能试验。采用麻草、席草、龙须草等天然植物为原料，以手工或其他方式编织成各种图案的织物，再衬以底层材料制作的壁纸，有其特殊的装饰性。

六、平绒织物

平绒织物是一种毛织物，属于绵织物中较高档的产品。这种织物的表面被耸立的绒毛所覆盖，绒毛高度一般为1.2mm左右，形成平整的绒面，所以称为平绒。

平绒织物具有以下特点：①耐磨性较之一般织物要高4~5倍。因为平绒织物的表面是纤维断面与外界接触，避免了布底产生磨擦。②平绒表面密布着耸立的绒毛，故手感柔软且弹性好、光泽柔和，表面不易起皱。③布身厚实，且表面绒毛能形成空气层，因而保暖性好。所以平绒织物很受人们喜爱，常用于日常生活及建筑装饰等方面。

平绒织物根据绒毛的形成方法可分为经平绒和纬平绒两大类。经平绒是将织物的双层从中间割断，形成单层织物，经刷绒等后处理而成；纬平绒是将绒纬割断并经刷绒等后处理而成。经平绒一般绒毛较长，织造工艺复杂，织疵较多，但效率较高，织绒工艺简单；纬平绒质地较薄，手感好，有光泽，但后整理加工工艺较复杂。目前国内生产的平绒织物大多数是经平绒。仅少数厂有纬平绒产品。

1.外观

优良的平绒织物产品外观应达到绒毛丰满直立、平齐匀密、绒面光洁平整、色泽柔和、方向性小、手感柔软滑润、富有弹性等要求。具体要求如下：①绒毛及绒面要平、直、竖、密、匀、洁。②光泽要柔和、均匀、无倒毛闪光。③色泽要纯正、鲜艳、无条花。④手感要柔软、滑润、有弹性。⑤布边要平直、整齐、紧密、两边宽度一样。

2.平绒织物的特征指标

(1) 绒毛截面覆盖率：绒毛截面覆盖率是绒毛截面积的总和与地布总面积的百分数。绒毛截面覆盖率高，表示绒面的丰满程度好。

(2) 绒面绒毛高度：绒面绒毛高度是指割绒后直立于织物表面上单根绒毛的平均高度。绒毛的高度较高时，绒面较直，弹性较差，但绒面比较丰满。

(3) 绒面丰满度：绒面的丰满度是指单位面积地布上的绒毛体积。它包含了绒毛的覆盖率与绒毛高度两个因素。绒面丰满度的单位为"密"。"密"数越高，则绒面越丰满。常见的纬平绒的绒面丰满度在11密左右，经平绒的绒面丰满度在15密左右。

(4) 绒毛固结紧度：绒毛固结紧度是表示绒纱在织物组织中受地经纱和压绒经纱排列挤压的程度。固结紧度越大，则绒毛固结牢度越好，越不容易脱毛。纬平绒的固结紧度用绒纬纱方向的组织紧度来表示，其值等于织物经向紧度加上绒纱与经纱交织点紧度的和。经平绒的绒毛固结紧度则表示绒经纱在织物组织中受纬纱排列挤压的程度。

(5) 绒面覆盖均匀度：绒面覆盖均匀度是用绒面绒毛经纬向间距的比值来表示。它是关系到能否获得良好平绒风格的一个重要指标。绒毛的覆盖均匀度以越接近100%越好。该指标等于100%时，表示绒毛经纬向的间距相等，这时绒面绒毛分布均匀、丰满、无条影，具有良好的平绒风格。

3.平绒织物的应用

平绒织物用于室内装饰主要是外包墙面或柱面及家具的坐垫等部位。为了增加平绒织物的弹性及手感效果，绒布背后常衬以泡沫塑料，其目的是使绒布墙面更加丰满。在构造上，绒布墙面一般由三部分组成：基层固定3mm左右厚的夹板，在夹板上固定1cm厚的泡沫塑料，然后再将绒布用压条固定。为了增加墙面的装饰效果，常用铜压条或不锈钢压条，每隔1-2mm作竖向分割。基层的墙面要干燥，如果背面是潮气较大的房间，在夹板背面还应做防潮处理。在绒布与地面交接部位，多用木踢脚板过渡，用木踢脚板封边。

第九节　施工工艺

一、不锈钢饰面安装

不锈钢饰面安装工程质量要求高，技术难度也比较大，因此在安装前应核对预制件是否与设计图纸相符。

(1) 不锈钢饰面安装一般在完成室内装饰吊顶、隔墙、抹灰、涂饰等分项工程后进行，安装现场应保持整洁，有足够的安装距离和充足的自然或人工光线。

(2) 不锈钢饰面板的规格、尺寸、性能和安装基础层应符合设计要求，饰面板安装工程的预埋件、连接件的数量、规格、位置、连接方法必须符合设计要求。

(3) 不锈钢饰面板粘结剂的使用必须符合国家有关标准。安装前应检查粘结剂的产品合格证书、出产日期和性能检测报告。

(4) 不锈钢饰面板安装基层表面必须平整、无油渍、无灰尘、无缺陷，基层必须牢固。

(5) 采用粘结剂粘结的安装方法，应涂刷均匀、平整，无漏刷。粘贴时用力均匀，用木块垫在饰面板上轻轻敲实粘牢；接缝处应将连接处保护膜撕起，对接应密实、平整、无错位、无叠缝；在胶水凝固前可作细微调整，并用胶带纸、绳等辅助材料帮助固定，但不能随意撕移与变动；对渗出多余的胶液应及时擦除，避免玷污饰面板表面。

(6) 室内温度低于5℃时，不宜安装，严禁用人工温度烘烤粘结剂，以免燃烧引起火灾。

(7) 采用铆接、焊接和扣接的边缘应平直、不留毛边，留缝应符合设计要求，焊接后的打磨抛光应仔细，应保持表面平整无缺陷，接头应尽量安排在不明显的部位。铆接的连接件应完整，往往连接件本身起到很好的装饰效果，扣接的弧形、线条应扣到基层面，固定方法可采用粘结剂，也可直接扣住，但基层设计必须牢固，不宜留较大面积的空隙，不锈钢饰面局部受力后容易变形，造成缺陷。

二、塑铝复合板的施工与安装

现代室内装饰中各种塑铝复合板的应用十分普遍，其千变万化的色彩和质感，可以随意选用。塑铝复合板分室内与室外两大类。

塑铝复合板的安装形式一般可分为粘结法和螺钉连接法，前者用专用粘结剂粘结在平整的木质或石膏板、金属板等基层材料上，后者是固定在钢质或木质的骨架上。

1.塑铝复合板的折板加工步骤

(1)准备平整、洁净的工作台,大小视塑铝复合板折板而定;铝合金方管或硬直尺、手提雕刻机、金属划刀、铅笔、钉、砂纸等。

(2)根据设计要求,确定折板尺度,在塑铝复合板内侧用铅笔画线,并用铝合金方管或硬木直尺顺线将塑铝复合板平整地固定在操作台上,手提雕刻机直刀刀尖对准铅笔线,并与铝合金方管或硬木直尺紧靠,调整后将其固定。

(3)手提雕刻机的雕刻刀径与深度应视塑铝板厚度而定,以刻到下层铝板与中间塑料连接处的2/3为宜,过深会伤及表面铝板,过浅会影响折板角度。

(4)操作时,手握雕刻机要稳,垂直下刀。可先试刀,确定达到预先要求后进行,紧靠金属或木质靠山,推动雕刻机时要用力均匀,推到顶端后,再顺缝槽来回一次,使直角缝顺畅、平滑,然后用刷子及时清除废屑,用对折砂纸顺缝槽来回轻推数下,清除废屑,起掉靠山。

(5)折板时用力要均匀,折到设计要求角度后松手,不可上下多次折动,否则容易开裂影响安装质量。

(6)对折好的塑铝复合板要轻搬轻放,表面保护膜尽量不要破损撕毁。

(7)塑铝复合板适合在装饰工程施工现场进行,但必须保持整洁,具备充足的光线与操作环境。

2.塑铝复合板的安装

(1)安装基层必须符合设计要求,外径尺寸必须与塑铝复合板内径有规定的公差。基层平整、无油渍、无灰尘、无钉头外露;金属骨架或木质骨架应牢固平整。

(2)采用粘结剂粘接法的,在清理基层达到要求后,应在基层表面画线规划;将塑铝复合板内侧和基层表面均匀地刷上粘结剂,用自制的锯齿状刮板将胶液刮平并将多余的胶液去除,要根据粘结剂说明书,达到待干程度后方能粘贴。

(3)根据规划线,粘贴时应两手各持一角,先粘住一角,调整好角度后再粘另一角,确定无误后,逐步将整张板粘贴,并轻轻敲实。尺寸较大的塑铝复合板需两人或两人以上共同完成。室内温度低于5℃时,不宜采用粘结剂粘接法施工。

(4)采用螺钉连接的,应用电钻在拧螺钉的位置钻孔,孔径应根据螺钉的规格决定,再将复合板用自攻螺丝拧紧。螺钉应打在不显眼及次要部位,打密封胶处理的应保持螺钉不外露。缝槽宽度应符合设计要求,密封胶要求与施工同铝板安装方法。

三、天然木质饰面的安装

天然木质饰面板一般作为装饰面贴面,其基层大多数是木质,也可贴在石膏板上和其他基面上。粘结方法:使用木胶、气钉固定、立时得等粘结剂粘结、使用胶水压制和用小钉钉等方法。施工方法如下:

(1)根据设计要求选用相应的木质饰面板,按需要剪裁符合设计要求的面板,裁料一般用美工刀靠直尺,用力均匀划裁,当划至1/2以上深度后,木口可用力合拢使之顺刀痕裂开,裁下的料应用刨子或砂纸刨光或砂光,有特殊要求拼花、拼角的应试拼,符合设计要求后方能贴面。

(2)饰面的基层基础应保持平整,尺寸要符合设计要求,基层应无油渍、灰尘和污垢。

(3)木质饰面用以粘结的木胶应选用符合现行国家质量要求与环保要求的产品,开箱检查应保证无变质,具有产品合格证和控制在有效期内。木胶涂刷要均匀,不得堆积与漏刷,贴面时要按方向顺序贴,同时用压缩气钉固定。

(4)采用立时得等即时贴面的,因粘合后不易调整,所以粘合前必须试合,粘合时要根据各自认定的基准线轻轻粘上一边,然后粘上拍实。立时得刷胶要匀,用带锯齿的平板顺方向刮平,多余的胶水要去除。

(5)为了确保木质饰面板的安装质量要求,有条件的可在使用前采用油漆封底,避免运输、搬运和切割、拼装时污染木质饰面。

四、装饰防火板饰面

装饰防火板分无机和有机两种,无机板是由水玻璃、珍珠岩粉和一定比例的填充剂、颜料混合后压制而成,可根据需要制成各类仿石、仿木、仿金属以及各种色彩的光面、糙面、凹凸面的防火板,其主要特点是抗火、拗滑、不容易磨损,具有良好的装饰效果。

1.装饰防火板饰面的安装

(1)装饰防火板对基层的要求强于普遍木质饰面板,除基层必须无油渍、无灰尘、无钉外露要求外,基层必须是平整的实体面,无宽缝、无凹陷、无空洞。

(2)装饰防火板安装必须满足适当的温度与湿度,一般室内温度低于5℃,高于40℃,连续阴雨和梅雨季节都不宜安装。

(3)装饰防火板只适宜使用立时得类快干型粘合材料作为粘结剂(特殊的压制加工除外)。

(4)装饰防火板贴面时应保持施工现场环境的整洁,上胶要均匀,用锯齿型平板刮平,多余的胶液要去除,被粘基层也应刷同一品种的黏结剂;等饰面板表面的胶液发白稍干后(可用手试,以沾不起来为宜),将防火板饰面对准事先画好的基准线轻轻粘上一边,视正确无误后,一面推住粘结点,一面顺序抹平,边放边推直至全部粘上,然后用硬木块垫在饰面上轻轻敲实粘平,注意如有气泡,应将全部气泡排除后,方能敲紧。

(5)装饰防火板安装后要及时清除饰面表面的胶迹、手迹和油污,并作好遮挡保护。

2.装饰防火板饰面安装的注意事项

(1)装饰防火板较脆,厚度在1mm左右,易碎,因此在搬运中应注意碰撞损角,堆放时应平放、防潮、防重压,单张应轻轻卷起竖放,使用前应平放使其恢复平整。

(2)装饰防火板施工中应注意气泡现象,关键是粘结时空气没有排尽,面积稍大的应两人协调安装,以排除空气、避免气泡起拱、粘贴平服为准。防火板的收边可用板锉,依照转角进行修整,也可采用修边机修整。

(3)装饰防火板用胶水并不是越多越好,关键是要均匀、厚薄要一致,刷胶动作要协调,快慢视胶水挥发程度而定,粘合时应等胶水稍干后进行。

(4)装饰防火板用粘结剂属快干型,粘贴后不易移动调整,因此粘贴前务必试拼或画线作基准,移位后撕下,一般不能重用,应另外配料重贴,所以一定要慎重。

(5)冬季施工胶液挥发较慢,切不可用太阳光等光线或火源烘烤,以防引燃酿成火灾。立时得类型的粘结剂属易燃物品,用后空桶应集中存放处理,切不可现场乱扔或在接近电焊、切割等明火作业场所施工,要保证安装现场有符合消防要求的灭火器材与措施。

(6)装饰防火板适用于室内装饰,室外装饰必须使用室外用防火板,并注意基础防潮、防漏。

五、壁纸的施工要点

(1)基层处理,必须具有一定强度,不松散,不起粉脱落,不潮湿发霉,墙面基本干燥,含水率低于5%。否则,会引起壁纸变黄发霉。同时,要求清除墙面灰头、粗粒凸灰及灰浆。表面脱灰、孔洞等较大的缺陷用砂浆修补平。对麻点、凹坑、接缝、裂缝等较小的缺陷,用底灰修补填平,干固后用砂纸磨平。处理好的底层应该平整光滑,阴阳角线通畅、顺直,无裂痕,无砂眼麻点,无缝隙,无尘埃污物。

(2)基层涂刷清油,裱贴墙面,要满涂一遍清油,要求厚薄均匀,不得有漏刷、流淌等缺陷。其目的是防止基层吸水太快引起胶粘剂脱水过快,而影响壁纸粘结效果。同时也可使胶粘剂涂刷得厚薄均匀,避免纸面起泡现象发生。

(3)墙面弹水平线及垂直线,其目的是使壁纸粘贴后的花纹、图案、线条纵横连贯,故有必要在清油干燥后弹划水平、垂直线,作为操作时的依据标准。遇到门窗等大洞口时,一般以立边分划为宜,便于撺角贴立边。

(4)墙面及壁纸涂刷胶粘剂,根据壁纸规格及墙面尺寸,统筹规划裁纸,按顺序粘贴。墙面上下要预留裁割尺寸,一般每端应多留5cm。当壁纸有花纹、图案时,要预先考虑完工后的花纹、图案、光泽效果,且应对接无误,不要随便裁割。同时应根据壁纸花纹、纸边情况采用对口或搭口裁割拼缝。准备粘贴的壁纸,要先刷清水一遍,再均匀刷胶粘剂一遍,使壁纸充分吸湿伸张后好粘贴。胶底壁纸只需刷水一遍便可。同时墙面也一样刷胶粘剂一遍,厚薄要均匀,比壁纸刷宽2~3cm,胶粘剂不能刷得过多、过厚、起堆,以防溢出,弄脏壁纸。

(5)壁纸的粘贴,首先要垂直,后对花纹拼缝,再用刮板用力抹压平整。原则是先垂直面后水平面,先细部后大面。贴垂直面时先上而下,贴水平面时先高后低。拼贴时,注意阳角处千万不要留缝,由拼缝开始,向外向下,顺序压平、压实。搭接处应密实、拼严,花纹图案应对齐。阴阳角处应增涂胶粘剂1~2遍,以保证牢固。多余的胶粘剂,应顺操作方向,刮挤出纸边,并及时用湿润干净的布抹掉。有的壁纸是忌水或忌浆的,要保持纸面干净、清洁。采用搭口拼缝时,要待胶结剂干到一定程度后,才用刀具裁割壁纸,小心撕去割出部分,再刮压密实。当用刀时,一次直落,力量要适当、均匀,不能停顿,以免出现刀痕搭口。同时也不要重复切割,以免搭口起丝影响美观。

壁纸粘贴后,若发现空鼓、气泡时,可用针刺进放气,再用注射针挤进胶结剂。也可用锋利刀具切开泡面,加涂胶结剂后,再用刮板压平压密实。

(6)成品保护。完成后的墙壁、顶棚,其保护是非常重要的。在流水施工作业中,人为的损坏、污染；施工期间与完工后使用期间的空气湿度与温度变化较大等因素，都会严重影响壁纸的质量。故完工后，应尽量封闭通行或设保护履盖物。一般应注意以下几点：

①为避免损坏、污染，裱贴壁纸尽量放在施工作业的最后一道工序，特别应放在塑料的踢脚板铺贴之后；

②裱贴墙分时空气相对湿度不应过高，一般应低于85%，温度不应剧烈变化；

③在潮湿季节裱贴好的墙工程竣工后应在白天打开门窗，加强通风，夜晚关门闭窗，防止潮湿气体侵袭；

④基层抹灰层宜具一定吸水性，混合砂浆批荡、纸筋灰罩面的基层较为适宜于裱贴壁纸，若用建筑石膏罩面效果更佳，水泥砂浆抹光基层的裱贴效果较差。

思考题：
1. 薄木贴面板有哪些特征？
2. 铝塑板适用范围有哪些？
3. 细木工板规格、技术性能有哪些？
4. 壁纸施工时有哪些技术要点？

第**8**章

本章要点
· 地面装饰材料的种类及用途
· 实木地板和复合地板的区别
· 塑料地板和活动地板的特点
· 地面装饰材料的工艺要求

地面装饰材料

地面作为地坪或楼板的表面，首先起到保护作用，使地坪和楼板坚固耐久。按不同用途的使用要求，地面应具有耐磨、防水、防潮、防滑、易于清扫等特点；在高级宾馆内，还有一定的隔声、吸音、弹性、保温、阻燃和舒适、美观效果。

地面装饰板材按材质分类，有木质地板、竹制地板、复合木地板、塑料地板、橡胶地板等。

第一节 木地板

一、实木地板

据科学研究发现，木材中带有芬多精挥发性物质，具有抵抗细菌、稳定神经、刺激粘膜等功效，对视嗅觉、听触觉有洗涤效果，因此，木材是理想的室内装饰材料。

木地板具有自重轻、弹性好、热导率低、构造简单、施工方便等优点。其缺点是不耐火、不耐腐、耐磨性差等，但较高级的木地板在加工过程中已进行防腐处理，其防腐性、耐磨性有显著的提高，其使用寿命可提高5~10倍。

用作地板的木材，应注意选择抗弯强度较高，硬度适当，胀缩性小，抗劈裂性好，比较耐磨、耐腐、耐湿的木材。杉木、杨木、柳木、七叶树、横木等适于制作轻型地板；铁杉、柏木、红豆杉、桦木、槭木、楸木、榆木等适于制作普通地板；槐木、核桃木、悬铃木、黄檀木和水曲柳等适于制作高级地板（见图8-1）。

图8-1 木地板

1.普通木地板

普通木地板由龙骨、水平撑、地板等部分组成。地板一般用松木或杉木，宽度不大于12cm，厚约2~3cm，拼缝做成企口或错口，直接铺钉在木龙骨上，端头拼缝要互相错开。

木地板铺完后，经过一段时间，待木材变形稳定后再进行刨光、清扫、刷地板漆。木地板受潮容易腐朽，适当保护可以延长其使用年限。

2.硬木地板

硬木地板的构造基本上与普通地板相同，所不同处是地板有两层，下层为毛板，上层为硬木地板。如果要求防潮，则在毛板与硬木地板之间增设一层油纸。硬木地板多数用水曲柳、核桃木、柞木等制成，拼成各种花色图案，如人字纹、方格形或席纹式等。裁口缝硬木地板应采用粘贴法。这种地板施工复杂、成本高，适用于高级住宅房间、室内运动场等。

3.硬质纤维板地板

硬质纤维板地板是利用热压制成3～6mm厚裁剪成一定规格的板材，再按图案铺设而成的地板。这种地板既有树脂加强，又是用热压工艺成型的，因此，质轻高强，收缩性小，克服了木材易于开裂、翘曲等缺点，同时又保持了木地板的某些特性。

4.拼木地板

拼木地板分高、中、低三个档次。高档产品适合于高级、四星级宾馆及大型会场、会议室的室内地面装饰；中档产品适合于办公室、疗养院、托儿所、体育馆、舞厅等装饰；低档产品适合于各类民用住宅装饰。拼木地板的优点如下：

(1)有一定弹性，软硬适中，并有一定的保温、隔热、隔声功能，夏天阴凉宜人，冬季温暖舒适，所以适用于不同气候条件的地区。

(2)容易使地面保持清洁，即使在人流密度大的场合(如宾馆会议室、商场、影剧院)也能保持清洁明亮，这是地毯和塑料地板不能相比的。拼木地板使用寿命长，铺在一般居室内，可用20年以上，可视为永久性装修。

(3)拼木地板的传统施工方法是先作木龙骨，然后在木龙骨上铺一层木条大地板，再在其上铺贴拼木地板。这种做法要耗用大量木材，造价高，而且降低了居室的空间高度。而胶贴拼木地板是利用木材加工过程中产生的短小碎料制成的薄而短的板条，镶拼成见方的地板块，粘贴在水泥地面上而成。这样做可降低工程造价，用适当的投资获得高质量的装饰效果。

(4)款式多样，可铺成多种图案，经刨光、油漆、打蜡后木纹清晰美观，漆膜丰满光亮，易与家具色调、质感浑然协调，给人以自然、高雅的享受。

目前市场上出售的拼木地板条一般为硬杂木，如水曲柳、柞木、榉木、柯木、栲木等。前两种特别是水曲柳木纹美观，但售价高，多用于高档建筑装修。江浙一带多用浙江、福建产的柯木；西南地区多用当地产的带有红色的栲木；北京地区常用的是柞木，产于东北和秦岭。

由于各地气候差异，湿度不同，制木地板条时木材的烘干程度不同，其含水率也有差异，对使用过程中是否出现脱胶、隆起、裂缝有很大关系。北方如用南方产含水率高的木地板，则会产生变形，铺贴困难，或者安装后出现裂纹，影响装饰效果。一般来说，西北地区(包头、兰州以西)和西藏地区，选用拼木地板的含水率应控制在10%以内；华北、东北地区选用拼木地板的含水率应控制在12%以内；中南、华南、华东、西南地区选用拼木地板的含水率应控制在15%以内。一般居民无法测定木材含水率，所以购买时要凭经验判断木地板干湿，买回后放置一段时间再铺贴。

拼木地板分带企口和不带企口六面光两种。带企口地板规格较大较厚，具有拼缝严密、有利于邻板之间的传力、整体性好、拼装方便等优点；不带企口的木板条较薄。而带企口地板的价格是不带企口的2倍。

二、复合木地板

复合木地板是由多层不同材料复合而成的。这种木地板的结构由表层到里层依次是表面高耐磨涂料、着色涂层、高级木材层、合板夹层、缓冲胶层、树脂发泡体层。这种复合木地板既改掉了普通木地板的一些缺点，保持了优质木材具有天然花纹的良好装饰效果，又达了节约优质木材的目的，是目前国内外开发的一种新产品（见图8-2、图8-3）。

图8-2 复合木地板

图8-3 复合木地板在室内的应用

1. 复合地板的主要优点

（1）复合木地板由于底层为弹性吸音材料，所以具有良好的吸音性和耐冲击性。

（2）复合木地板的面层由于用的是天然木材，直接与人体接触，可以防止引起任何过敏性疾病，有利于人体健康。

（3）结构合理，翘曲变形小，无开裂、收缩现象，具有较好的弹性。

（4）板面规格大，安装方便，稳定性好。

（5）复合木地板的面层是天然木材，使室内环境得到改善，使人感到舒适、平稳。

（6）由于复合木地板的面层都用优质木材，有美丽的花纹，装饰效果极佳。

（7）复合木地板表面涂有耐磨地板涂料，耐磨性好。

（8）复合木地板与其他木地板一样能按规格加工，施工方便。

2. 复合木地板的国家标准

表层：①表层常用树种：水曲柳、桦木、山毛榉、栎木（柞木）、榉木、枫木、楸木、樱桃木等。②同一块地板表层树种应一致或材性相当。③表层板条宽度为 50~75mm，厚度为 0.5-4.0mm，偏差 ±0.2mm。

芯层：①芯层常用树种：杨木、松木、泡桐、杉木、桦木、椴木等。②芯层厚度不小于7mm。③芯板条宽度不能大于厚度的6倍。④芯板条之间的缝隙不能大于3mm。⑤芯板条不允许有钝棱、严重腐朽和树脂漏，芯板条中脱落节的孔洞直径如果大于10mm，必须用同一树种的木材进行补洞或用腻子填平。

背板：①背板常用树种为：杨木、松木、桦木、椴木等。②厚度规格为 1.5~2.5mm，偏差 ±0.10mm。

复合木地板的规格有 900×300×11（mm）、900×300×14（mm）两种。

三、竹制地板

竹制地板是采用三年生以上的楠竹(毛竹)，参照木质地板 ISO 国际标准及木质活动板的国家标准，经烘烤、防虫、防霉、胶合热压而成。

竹材是节木、代木的理想材料。毛竹的抗拉强度为 202.9MPa，是杉木的 2.5 倍；抗压强度为 78.7MPa，是杉木的2倍；抗剪强度为 160.6MPa，是杉木的 2.2 倍。此外，毛竹的硬度和抗水性都优于杉木，就物理力学性能而言，以竹代木是完全可行的。竹制地板的优点有以下几个方面：

1. 良好的质地和质感

竹材的组织结构细密，材质坚硬，具有较好的弹性，脚感舒适，装饰自然而大方。

2. 优良的物理力学性能

竹材的干缩湿胀小，尺寸稳定性高，不易变形开裂。同时，竹材的力学强度比木材高，耐磨性好。因此，竹材制成的地板强度和耐磨性高，环境温湿度的变化对其影响小。

3. 别具一格的装饰性

竹材色泽淡雅，色差小，这是竹材最大也是最难得的优点之一。此外，竹材的纹理通直，很有规律，竹节上有点状放射性花纹，有特殊的装饰性。因此，竹地板在地面的装饰大效果与木地板迥然不同。

第二节 塑料地板

塑料地板的优点很多，如装饰效果好，其色彩图案不受限制，能满足各种用途需要，也可模仿天然材料，十分逼真。塑料地板的种类也较多，有适用于公共建筑的硬质地板，也有适用于住宅建筑的软性发泡地板，能满足各种建筑的使用要求，施工铺设和维修保养方便，耐磨性好，使用寿命长，并具有隔热、隔音、隔潮等多种功能，脚感舒适有暖和感。

一、塑料地板的分类

1. 按形状分类

塑料地板按形状可分为块状和卷状两种。块状塑料可拼成各种不同图案，卷状塑料地板具有施工效率高的优点。

2. 按塑料地板的材性分类

塑料地板按材性可分为硬质、半硬质和软质三种。硬质塑料地板的使用效果较差，目前已很少生产；半硬质塑料地板价格较低，耐热性和尺寸稳定性较好；软质塑料地板铺覆好，软质弹性地板具有较好的弹性，有一定的保温吸声作用，脚感效果好。块状塑料地板有半硬质和软质两种，卷材地板均为软质。

3.按使用的树脂分类

生产塑料地板的树脂有聚氯乙烯、氯乙烯、醋酸乙烯、聚乙烯等。目前各国生产的塑料地板绝大部分为聚氯乙烯地板。

4.从结构上分类

塑料地板从结构上可分为单层塑料地板、双层塑料地板(包括双层同质复合塑料地板、双层异质复合塑料地板)、三层塑料地板(包括三层同质复合塑料地板、一、三层同质，二层异质复合塑料地板)、三层异质塑料地板和多层塑料地板。

5.从花色上分类

塑料地板根据花色可以分为单色塑料地板、单色底大理石花纹塑料地板、单色底印花后再覆以透明膜的塑料地板、单色底表面印花的塑料地板、印花在透明膜背面复合单色底板的塑料地板等。

二、塑料地板的结构与性能

目前市场上有多种弹性塑料地板。弹性塑料地板有单层的和多层的。单层的弹性塑料地板多为低发泡塑料地板，一般厚3~4mm，表面压成凹凸花纹，吸收冲击力好，防滑、耐磨，多用于公共建筑，尤其在体育馆应用较多。

弹性多层地板由上表层、中层和下层构成。上表层填料最少，耐磨性好；中层一般为弹性垫层(压成凹形花纹或平面)材料；下层为填料较多的基层。上、中、下层一般用热压法粘结在一起。透明的面层往往是为了使中间垫层的各种花色图案显露出来，以增添艺术效果。面层都是采用耐磨、耐久的材料。发泡塑料垫层凹凸花纹中的凹下部分，是在该处的油墨中添有化学抑制剂，发泡时能抑制局部的发泡作用而减少发泡量，形成凹下花纹，其他材料采用压制成型。

弹性垫层一般采用泡沫塑料、玻璃棉、合成纤维毡，或用合成树脂胶结在一起的软木屑和合成纤维及亚麻毡垫。弹性多层地板立体感和弹性好，不易污染，耐磨及耐烟头烫的性能好，适用于豪华商店和旅馆等。弹性地板类型很多，所用的材料不同时地板的性质和生产工艺也不同，因此原料配比也不同。

三、聚氯乙烯塑料地板

1.聚氯乙烯塑料地板的性能特点

(1)尺寸稳定性

尺寸稳定性是指塑料地板在长期使用后尺寸的变化量。影响这种尺寸稳定性的原因主要有：塑料地板在加工时受到的热应力没有安全松弛，在材料内部还存在一定的内应力，故在使用过程中内应力逐渐松弛，造成尺寸变化；塑料地板中的增塑剂等迁移、挥发会引起尺寸收缩；塑料地板吸收空气中的水分填充了原有空隙，或填料吸潮而膨胀；地面通行时它受到的各种作用力致使塑料地板产生永久变形。

(2)翘曲性

有些塑料地板在长期使用后可能会产生翘曲现象，即四边接缝处向上或向下翘曲。质量均匀的聚氯乙烯塑料地板一般不会发生翘曲。非匀质的塑料地板，即由几层性质不同的材料组成的地板，底面层的尺寸稳定性不同就会发生翘曲。如面层收缩大，四周就向上翘曲，反之就向下翘曲。所以塑料地板发生翘曲后不但影响美观和装饰效果，也影响到正常的使用。

(3)耐凹陷性

耐凹陷性是塑料地板在长期受静止负载后造成凹陷的恢复能力，它表示对室内家具等静止负载的抵抗能力。半硬质塑料地板比软质的或发泡的塑料地板耐凹陷性好。

(4)耐磨性

一般塑料地板的耐磨性好，聚氯乙烯塑料地板的耐磨性与填料加入量有关，填料加入愈多，耐磨性愈好。具有透明聚氯乙烯面层的印花卷材耐磨性最好。

(5)耐热、耐燃和耐烟头性

聚氯乙烯是一种热塑性塑料，受热会软化，耐热性不及一些传统材料。因此，聚氯乙烯塑料地板上不宜放置温度较高的物体，以免变形。

(6)耐污染性和耐刻划性

聚氯乙烯塑料地板的表面比较致密，吸收性很小，耐污染性很好，有色液体、油脂等在表面不会留下永久的斑点，容易擦去。塑料地板表面沾的灰尘也容易清扫干净。

(7)耐化学腐蚀性

耐化学腐蚀性是聚氯乙烯塑料地板的特点之一，不仅对民用住宅中的酒、醋、油脂、皂、洗涤剂等有足够的抵抗力,不会软化或变形、变色,而且在工业建筑中对许多有机溶剂、酸、碱等腐蚀性气体或液体有很好的抵抗力。但芳香族溶剂如二甲苯、甲苯等都会使聚氯乙烯溶解,强酸也会使聚氯乙烯塑料地板中的碳酸钙分解,所以它在工业建筑中必须经过试验后才能确定能否使用。

(8)抗静电性

由于摩擦塑料地板表面会产生静电,静电积聚造成地板表面吸引灰尘;另外静电积聚后产生放电可能引燃易燃物品造成火灾。所以,在存放易燃品的室内应使用防静电的塑料地板。

(9)机械性能

塑料地板是建筑地面的饰面层,不承受结构负载,使用中受到的摩擦力、压力和撕拉力较小,所以对其机械强度要求并不高。一般在塑料地板中掺入较多的填充料,其目的是在不影响使用性能的前提下降低产品成本,而且还能改善其耐燃性、尺寸稳定性等物理性能。

(10)耐久性

塑料地板长期使用后会不同程度地出现老化现象,表现出退色、龟裂。耐老化性能主要取决于材料本身的质量,也与使用环境和保养条件有关。从目前使用实际效果来看,塑料地板使用年限可达20年左右。

2.聚氯乙烯塑料块材地板

(1)单色半硬质塑料地板

这是较早生产的一种塑料地板,国内主要采用热压法生产,适用于各种公共建筑及有洁净要求的工业建筑的楼地面装饰。这种板材表面有一定硬度(但有柔性),脚感好、不翘曲、耐凹陷性好、耐污染性好等特点,但耐刻划性差,机械强度较低。

聚氯乙烯塑料单色地板可以分为素色和杂色拉花两种。杂色拉花的就是在单色的底色上拉出直条的其他颜色花纹,有的类似大理石花纹,所以也有人称为拉大理石花纹地板,花纹的颜色一般是白色、黑色和铁红色。杂色拉花不仅增加装饰效果,同时对表面划伤有遮盖作用。

单色半硬质聚氯乙烯塑料地板块按其结构不同有两种形式:①均质塑料地板,其底面层是均一的,组成相同,一般用新料生产;②复合塑料地板,由两层或三层不同的材料构成,通常面层是新料,底层为回收料。目前还有全部用回收旧料再生的均质塑料地板,因全部采用回收再生料,其色彩也受到回收料的限制,一般只有铁黄色和铁红色等

有限的几种;由于回收料多为软质聚氯乙烯,所以均质塑料地板比较软。

(2)印花聚氯乙烯塑料地板砖

①印花贴膜塑料地板砖。它由面层、印刷层和底层组成。面层为透明聚氯乙烯膜,厚度约0.2mm;底层为加填料的聚氯乙烯树脂,也有的产品用回收的旧塑料。印刷图案有单色和多色两种,表面是单色的,也有的压上桔皮纹或其他花纹,起消光作用。

②压花印花聚氯乙烯地板砖。它表面没有透明聚氯乙烯薄膜;印刷图案是凹下去的,通常是线条、粗点等,使用时沾上油墨不易磨去。其性能除了有压花印花图案外,其余均与单色半硬质塑料地板块相同,其应用范围也基本相同。

③碎粒花纹聚氯乙烯地板砖。它由许多不同颜色(2~3色)的聚氯乙烯碎粒互相粘合而成,因此整个厚度上都有花纹。碎粒的颜色虽然不同,但基本是同一色调,粒度为3~5mm。碎粒花纹地板砖的性能基本上与单色塑料地板块相同,主要特点是装饰性好,碎粒花纹不会因磨耗而丧失,也不怕烟头危害。

④聚氯乙烯水磨石地板砖。它由一些不同色彩的聚氯乙烯碎粒和其周围的"灰缝"构成,碎粒的外形与碎石一样,所以外观很像水磨石,砖的整个厚度上都有花纹。

3.聚氯乙烯塑料卷材地板

(1)软质聚氯乙烯单色卷材地板

这种卷材地板通常是均质的,底层、面层的组成性质相同。有单色的卷材,也有拉大理石花纹的。除表面平滑的外,也有表面压花的,如直线条、菱形花、圆形花等,起防滑作用。其性能如下:

①质地较软,有一定的弹性和柔性。它通常用压延法或挤出法生产,受加工方法限制,填充料加入量较少,增塑剂含量则较高,所以质地较软。

②耐烟头性中等,不及半硬质地板块。

③由于是均质的,表面平伏,所以不会发生翘曲现象。

④耐玷污性和耐凹陷性中等,不及半硬质地板块。

⑤机械强度较高,不易破损。

(2)不发泡聚氯乙烯印花卷材地板

这种卷材地板与印花塑料地板砖的结构相同,也可由三层组成。面层为透明聚氯乙烯膜,起保护印刷图案的作用;中间层为印花层,是一层印花的聚氯乙烯色膜;底层为填料较多的聚氯乙烯树脂,有的产品以回收料为底料,这样可降低生产成本。其表

面一般有橘皮、圆点等压纹,以降低表面的反光,但仍保持一定的光泽。不发泡聚氯乙烯印花卷材地板通常采用压延法生产。其尺寸外观、物理机械性能基本上与软质塑料单色卷材地板的相接近,但其印刷图案的套色精度误差应小于1mm,印花卷材还要有一定的层间剥离强度,且不允许严重翘曲。它可用于通行密度不高、保养条件较好的公共和民用建筑。

(3)印花发泡聚氯乙烯卷材地板

这种印花卷材地板的结构与不发泡印花卷材地板的结构相近,其底层是发泡的,表面有浮雕感,它一般都由三层组成。面层为透明聚氯乙烯膜;中间层为发泡的聚氯乙烯树脂;底层为底布,通常用矿棉纸、玻璃纤维布、玻璃纤维毡、化学纤维无纺布等。有一种发泡印花卷材地板由透明层和发泡层组成无底布。还有一种是底布夹在两层发泡聚氯乙烯树脂层之间的,也称增强型印花发泡卷材地板。

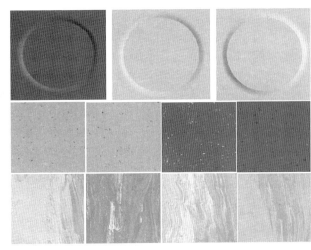

图8-4 橡胶地板

第三节 橡胶地板

橡胶地板是以合成橡胶为主要原料,添加各种辅助材料,经过特殊加工而成的地面装饰材料(见图8-4)。

一、橡胶地板的特点

橡胶地板具有耐磨、抗震、耐油、抗静电、阻燃、易清洗、施工方便、使用寿命长的特点。

二、橡胶地板产品规格和性能

橡胶地板有各种颜色,形状多样,有圆形、粒状、漏状形等见表8-1。

三、橡胶地板的用途

橡胶地板色彩繁多,适用于体育场、车站、购物中心、学校、娱乐设施、公共建筑、百货商店、电梯厅等。

表8-1 橡胶地板的产品规格和性能

名称	说明和特点	规格	技术性能	
			项目	指标
彩色橡胶地板	采用丁腈橡胶为主要原料,合氯高聚物为改性剂经特殊加工而成,产品具有良好的耐臭氧、耐天候、耐燃、耐火、不易附着尘埃等特点。		拉伸强度(MPa)	8.5
			扯断伸长率(%)	370
			硬度(邵尔A)(度)	80
			阻燃性氧指数	24
			撕裂强度(kN/M)	22.078
			耐热老化(70℃,96h)	无变化
			拉伸强度变化率(%)	+8
			拉断伸长率变化率%	-6
圆形橡胶铺地砖	以合成橡胶为主要原料,经特殊加工而成。具有良好的耐磨、耐候、耐震、易清洗等特点。	300mm×300mm		
粒状橡胶门厅踏垫		300mm×300mm	扯断强度(MPa)	>7.0
			扯断伸长率(%)	>350
			老化系数	>0.8
漏孔形橡胶铺地材料		350mm×350mm	扯断强度(MPa)	4.0
			扯断伸长率(%)	>350
			永久变形(%)	<0.8

表8-1　续

名称	说明和特点	规格	技术性能	
			项　目	指　标
彩色橡胶地板（豪迪牌）	彩色橡胶地板与配套专用胶粘剂组成的新型铺地材料。具有阻燃性好、色彩鲜艳、抗震、耐油、耐磨、耐老化、抗静电、易清洗、且施工方便、无污染、使用寿命长等特点。尤为突出的是地板表面凸出的花纹，具有防滑、降噪、弹性好等特点。	300mm×300mm×(2.5-3mm) DY(M)-01砖红 DY(M)-02米色 DY(M)-03奶白 DY(M)-04浅绿 DY(M)-05紫色 DY(M)-06黑色 DY(M)-07烟灰 DY(M)-08深绿 DY(M)-09天蓝色 DY(M)-10橙色 注：D-地板 　　Y-凸圆形 　　M-梅花形	硬度(邵尔A)(度) 回弹性(%) 阻燃性 撕裂强度(kN/m) 耐热老化(70℃，24h)	85±5 >10 难燃 >10 无变化

第四节　活动地板

　　活动地板，又称装配式地板。它是由各种规格型号和材质的面板块、行条、可调支架等组合拼装而成。

　　活动地板与基层地面或楼面之间所形成的架空空间，不仅可满足敷设纵横交错的电缆和各种管线的需要，而且通过设计，在架空地板的适当部位设置通风口(通风百页或通风型地板)，还可满足静压送风等空调方面的要求。

一、特点

　　1.产品表面平整、坚实、耐磨、耐烫、耐老化、耐污染、性能优越。

　　2.具有高强度、防静电多种型号，产品质量可靠，性能稳定。

　　3.安装、调试、清理、维修简便，可随意开启、检查和拆迁。

　　4.抗静电升降活动地板还具有优良的抗静电能力、下部串通、高低可调、尺寸稳定、装饰美观和阻燃。

二、用途

　　适用于邮电部门、大专院校、工矿企业的电子机房、试验室、控制室、调度室、广播室等以及有空调要求的会议室、高级宾馆、客厅、自动化办公室、军事指挥室、电视发射台地面卫星站机房、微波通讯站机房和防尘、防静电要求的场所。

三、产品规格和技术性能

　　活动地板的产品规格和技术性能，见表8-2。

第五节　地毯

　　地毯是一种高级地面装饰品，有悠久的历史，也是一种世界通用的装饰材料之一。它不仅具有隔热、保温、吸音、挡风及弹性好等特点，而且铺设后可以使室内具有高贵、华丽、悦目的氛围。所以，它是自古至今经久不衰的装饰材料，广泛应用于现代建筑和民用住宅（见图8-5）。

图8-5　地毯

表8-2　活动地板的产品规格和技术性能

名　称	说　明	规格(mm)	技　术　性　能		
SJ-6型，升降地板	是由可调支架、行条及面板组成。面板底面用合金铝板，四周由2.5#角钢锌板作加强，中间由玻璃钢浇制成空心夹层，表面由聚酯树脂加抗静电剂、填料制成的抗静电塑料贴面。	品种：有普通抗静电地板、特殊抗静电地板面板 尺寸：600×600 支架可调范围：250-350	电性能： 表面电阻率(Ω) 体积电阻率(Ω·m) 放电时间常数J(S) 电荷半衰期$T^{0.5}$(s)	普通抗静电板 10^8-10^9 10^6-10^7 2.65×10^{-8} 195×10^{-7}	特殊抗静电板 10^6-10^7 10^4-10^8 3.5×10^{-7} 2×10^{-7}
			力学性能： 集中荷载：3000N(变形<2mm) 均布荷载：6000N/m²(变形<2mm)		
活动地板	是由铝合金复合石棉塑料贴面板块、金属支座等组成。塑料贴面板块分防静电和不防静电两种。支座由钢铁底座、钢螺杆和铝合金托组成。	面板尺寸： 450×450×36 465×465×36 500×500×36 支座可调范围：250-400	面板剥离强度(MPa)：5 防静电固有电阻：(Ω) $1.0\times10^6\sim1.0\times10^{10}$		
抗静电铝合金活动地板	面板块：铸铝合金表面粘中软塑料 支架：铝合金、铸铁制造。	外型尺寸： 50.0×50.0×32 每块重量：≥7kg	均布荷载(N/m²)：≤1200 集中荷载(N)：300 防静电固有电阻值(Ω)：$10^6\sim10^{10}$		
复合活动铝地板		450×450×40 每块重量：2.7kg	均布荷载(N/m²)：200 集中荷载(N)：500 抗静电(Ω)：(FFD-83型)10^9以下 摩擦电压(V)：0~10		
钢制活动地板	面板块为塑料地板，支架行条由优质冷轧钢板制造。	50.0×50.0 450×450 重量24kg/m² 地板高度： 150(可调节) 30.0(可调节)	均布荷载(N/m²)：≤1600 集中荷载(N)：≤500 系统电阻值(Ω)：$10^8\sim10^{12}$ 表面起电电压(V)：>10		
抗静电铝合金活动地板		面板尺寸： 500×500×30 配套支架：150-400			

地毯按材质分为纯毛地毯、混纺地毯、化纤地毯和塑料地毯。按编织方法可分为手工织地毯、机织地毯、刺绣地毯及无纺地毯等。手工羊毛地毯按装饰花纹图案可分为北京式地毯、美术式地毯、彩花式地毯、素凸地毯等。"京"、"美"、"彩"、"素"四大类图案是我国高级羊毛地毯的主流和中坚，是中华民族文化的结晶，是我国劳动人民高超技艺的真实写照。装饰花纹图案可分为北京式地毯、美术式地毯、彩花式地毯、素凸地毯等。"京"、"美"、"彩"、"素"四大类图案是我国高级羊毛地毯的主流和中坚，是中华民族文化的结晶，是我国劳动人民高超技艺的真实写照。

一、地毯的分类与等级

1.地毯的分类

根据ZBW 56003-88《地毯产品分类命名》的规定，地毯产品根据构成毯面加工工艺不同可分为手工类地毯和机制类地毯。手工类地毯即以人手和手工工具完成毯面加工的地毯，又可分为手工打结地毯、手工簇绒地毯、手工绳条编结地毯、手工绳条缝结地毯等。

地毯按照材质又可分为纯毛地毯、混纺地毯、化纤地毯、塑料地毯、橡胶地毯、剑麻地毯等。其中纯毛地毯采用羊毛为主要原料，具有弹力大、拉力强、光泽好的优点，是高档铺地装饰材料；剑麻地毯是植物纤维地毯的代表，耐酸碱、耐磨、无静电，主要在宾馆、饭店等公共建筑或家庭中使用。

2. 地毯的等级

根据地毯的内在质量、使用性能和适用场所将地毯分为6个等级。

(1) 轻度家用级：适用于不常使用的房间。

(2) 中度家用或轻度专业使用级：可用于主卧室和餐室等。

(3) 一般家用或中度专业使用级：起居室、交通频繁部分楼梯、走廊等。

(4) 重度家用或一般专业使用级：家中重度磨损的场所。

(5) 重度专业使用级：家庭一般不用，用于客流量较大的公用场合。

(6) 豪华级：通常其品质至少相当于3级以上，毛纤维加长，有一种豪华气派。

地毯作为室内陈设不仅具有实用价值，还具有美化环境的功能。地毯防潮、保暖、吸音与柔软舒适的特性，能给室内环境带来安适、温馨的气氛。在现代化的厅堂宾馆等大型建筑中，地毯已是不可缺少的实用装饰品。随着社会物质、文化水平的提高，地毯以其实用性与装饰性的和谐统一也已步入一般家庭的居室之中。

二、地毯的基本功能

(1) 保暖、调节功能

地毯织物大多由保温性能良好的各种纤维织成，大面积地铺垫地毯可以减少室内通过地面散失的热量，阻断地面寒气的侵袭，使人感到温暖舒适。测试表明，在装有暖气的房内铺以地毯后，保暖值将比不铺地毯时增加12%左右。

地毯织物纤维之间的空隙具有良好的调节空气湿度的功能，当室内湿度较高时，它能吸收水分；室内较干燥时，空隙中的水分又会释放出来，使室内湿度得到一定的调节平衡，令人舒爽怡然。

(2) 吸音功能

地毯的丰厚质地与毛绒簇立的表面具备良好的吸音效果，并能适当降低噪声影响。由于地毯吸收音响后，减少了声音的多次反射，从而改善了听音清晰程度，故室内的收录音机等音响设备，其音乐效果更为丰满悦耳。此外，在室内走动时的脚步声也会消失，减少了周围杂乱的音响干扰，有利于形成一个宁静

的居室环境。

(3) 舒适功能

人们在硬质地面上行走时，脚掌着力于地以及地面的反作用力，使人感觉不舒适并容易疲劳。铺垫地毯后，由于地毯为富有弹性纤维的织物，有丰满、厚实、松软的质地，所以在上面行走时会产生较好的回弹力，令人步履轻快，感觉舒适柔软，有利于消除疲劳和紧张。

在现代居室中，由于钢材、水泥、玻璃等建筑材料的性质生硬与冷漠，使人们十分注意如何改变它们，以追求触觉与视觉的柔软感和舒适度。地毯的铺垫给人们以温馨，起着极为重要的作用。

(4) 审美功能

地毯质地丰满，外观华美，铺设后地面能显得端庄富丽，获得极好的装饰效果。生硬平板的地面一旦铺了地毯便会满室生辉，令人精神愉悦，给人一种美感的享受。

地毯在室内空间中所占面积较大，决定了居室装饰风格的基调。选用不同花纹、不同色彩的地毯，能造成各具特色的环境气氛。大型厅堂的庄严热烈，学馆会室的宁静优雅，家居房舍的亲切温暖，地毯在这些不同居室气氛的环境中扮演了举足轻重的角色。

三、地毯的性能要求

地毯既是一种铺地材料，也是一种装饰织物，因此对地毯织物的性能要求就兼具这两方面的内容。

(1) 坚牢度

地毯需承受的压力很大，家具器物的压置，人们频繁走动时的踩踏，使纤维常处于疲劳状态，因此要求地毯具有良好的耐磨、耐压性能。绒头需有较好的回弹力及较高的密度，不易倒伏。日常清洁地毯灰尘多数用吸尘器等电动机具吸附，因此地毯的纤维和组织结构编结都需具有一定的牢度，不易脱绒。

地毯长时间暴露于空气中，因光合作用尤其是阳光的照晒，色泽会受影响，所以在纤维色牢度方面也有一定的标准和要求。

2. 保暖性

地毯的保暖性能是由它的厚度、密度以及绒面使用的纤维类型来决定的。地毯由无数簇立的绒头或绒圈形成厚实柔软的绒面，绒头、绒圈长而密，蓬松度好的地毯保暖性尤佳。在选用纤维时要考虑其保暖性，合成纤维的保暖性一般都优于天然纤维，而天然纤维中羊毛又优于蚕丝、麻。此外，地毯的保暖性同

地毯下面有否衬垫物以及衬垫的结构也有很大关系，故使用衬垫物能加强地毯的保暖性能。

（3）舒适性

地毯的舒适性主要指行走时的脚感舒适性。这里包括纤维的性能、绒面的柔软性、弹性和丰满度。天然纤维在脚感舒适性方面比合成纤维好，尤其是羊毛纤维，柔软而有弹性，举步舒爽轻快。化纤地毯一般都有脚感发滞的缺陷。绒面高度在10～30mm之间的地毯柔软性与弹性较好，丰满而不失力度，行走脚感舒适。绒面太短虽耐久性好，步行容易，但缺乏松软弹性，脚感欠佳。

4.吸音隔音性

地毯需具有良好的吸音、隔音性能，这就要求在确定纤维原料、毯面厚度与密度时进行认真的选择，考虑吸音率的大小，以满足不同环境需达到的吸音、隔音性能要求。剧院、大型会议厅等场所十分注重音响质量，力求避免噪音侵扰，对地毯的吸音、隔音性能要求较高，一般居家使用则适当掌握即可。

（5）抗污性

地毯使用时呈大面积暴露状态，人们经常行走其上，休憩其间，尘埃杂物极易污损地毯，因此要求地毯有不易污染、易去污清洗的性能。家庭居室使用的地毯更需耐污并便于进行日常清扫。

地毯还需具备较好抗菌、抗霉变、抗虫蛀的性能，尤其是以羊毛纤维制织的地毯在温度、湿度较高的环境中使用，极易霉蛀，因此需进行防蛀性处理，以确保地毯的良好性能与使用寿命。

（6）安全性

地毯的安全性包括抗静电性与阻燃性两个方面。

人们在地毯上行走时，鞋底与绒面摩擦后易产生静电，一旦手指与金属物体接触，会有一种轻微的电击感。静电也使毯面绒头易于沾尘，并产生缠脚的感觉，这对化纤地毯来说尤为明显。为此目前正在研究抗静电的一些方法，如在绒头纤维中混入金属纤维、炭素与导电性纤维材料，或将极细微的炭黑混入地毯背面的胶剂内，这样可防止、减轻静电的产生。

现代的地毯需具有阻燃性，燃烧时低发烟并无毒气。目前羊毛地毯阻燃性较好，而合成纤维制作的地毯都极易燃烧熔化。改善合纤地毯阻燃性能所采取的方法是在合纤生产过程中的聚合体阶段，使与具有阻燃性的共聚物反应，然后纺丝，这种方法在腈纶纤维生产中应用较多。在聚合体阶段添加阻燃剂，然后纺丝，这一方法在涤纶纤维生产中应用

较多。上述的方法均可提高合纤地毯的阻燃性能。

四、地毯的主要技术性质

（1）耐磨性

地毯的耐磨性用耐磨次数来表示。即地毯在固定压力下磨至背衬露出所需要的次数。耐磨次数愈多，表示耐磨性愈好。耐磨性的优劣与所用材质、绒毛长度及道数有关。耐磨性是反映地毯耐久性的重要指标。

（2）弹性

地毯的弹性是指地毯经过一定次数的碰撞（动荷载）后厚度减少的百分率。由表3-3可见纯毛地毯的弹性好于化纤地毯，而丙纶地毯的弹性不及腈纶地毯。

（3）剥离强度

剥离强度是衡量地毯面层与背衬复合强度的一项性能指标，也是衡量地毯复合后耐水性指标。我国上海地区化纤地毯的干燥剥离强度在0.1MPa以上，超过了日本同类产品。

（4）粘合力

粘合力是衡量地毯绒毛固着在背衬上的牢固程度的指标。

（5）抗老化性

抗老化性主要是对化纤地毯而言。这是因为化学合成纤维在空气、光照等因素作用下会发生氧化，使性能下降。通常是用经紫外线照射一定时间后，化纤地毯的耐磨次数、弹性及色泽的变化情况加以评定。

（6）抗静电性

化纤地毯使用时易产生静电，产生吸尘和难清洗等问题，严重时，人有触电的感觉。因此化纤地毯生产时常掺入适量抗静电剂。抗静电性用表面电阻和静电压来表示。

第六节　地面装饰材料施工工艺

一、实木地板施工铺设方法

实木地板施工铺设方法主要用龙骨铺设法，其铺设方法为：

1.基础部分

（1）测定三个方面含水率

①地面含水率≤20%

②7%≤地板含水率≤当地城市平均含水率

③龙骨的含水率应≤12%

（2）选择龙骨规格

① 一般选用30×50mm落叶松、白松、杉木等，其他规格可根据房间要求定。

② 指接实木龙骨比整根实木龙骨更加稳定，可优先采用。

（3）确定龙骨排列间距

根据地板尺寸和房间尺寸确定龙骨排列间距，必须注意两龙骨间距小于350mm，每根龙骨两钉间距应小于400mm，且在距两龙骨两端头的150mm内应有钉子固定。

（4）防潮膜的铺设

防潮膜应铺设在龙骨上，注意两膜应相互重叠100mm，并在接口处用宽胶带胶封好，还要在墙四周上折50mm以上。

2.面层部分

（1）面层铺设时首先应注意在墙四周预留伸缩缝，与地板铺设同方向之侧预留3mm，横向之侧留5-10mm。

（2）两地板之间应留伸缩缝。

（3）注意地板两端头接缝应落在龙骨上，每根龙骨上的地板一定要着钉，如果地板较宽的（如100mm宽度以上）应在地板公榫端头中间加固钉子。

（4）全部铺装完后，应将地板表面打扫干净，打一次地板专用防护蜡。

二、固定地毯的施工工艺

（1）基层处理：铺设地毯的基层，一般是水泥地面，也可以是木地板或其他材质的地面。要求表面平整、光滑、洁净，如有油污，须用丙酮或松节油擦净。如为水泥地面，应具有一定的强度，含水率不大于8%，表面平整偏差不大于4mm。

（2）弹线、套方、分格、定位：要严格按照设计图纸对各个不同部位和房间的具体要求进行弹线、套方、分格，如图纸有规定和要求时，则严格按图施工。如图纸没个体要求时，应对称找中并弹线，便可定位铺设。

（3）地毯剪裁：地毯裁剪应在比较宽阔的地方集中统一进行。一定要精确测量房间尺寸，并按房间和所用地毯型号逐一登记编号。然后根据房间尺寸、形状用裁边机断下地毯料，每段地毯的长度要比房间长出2cm左右，宽度要以裁去地毯边缘线后的尺寸计算。弹线裁去边缘部分，然后以手推裁刀从毯背裁切，裁好后卷成卷编上号，放入对号房间

里，大面积房厅应在施工地点剪裁拼缝。

（4）钉倒刺板挂毯条：沿房间或走道四周踢脚板边缘，用高强水泥钉将倒刺板钉在基层上(钉朝向墙的方向)，其间距约40cm左右。倒刺板应离开踢脚板面8~10mm，以便于钉牢倒刺板。

（5）铺设衬垫：将衬垫采用点粘法刷107胶或聚醋酸乙烯乳胶，粘在地面基层上，要离开倒刺板10mm左右。衬垫一般采用海绵波纹衬底垫料，也有用杂毯毡垫。

（6）铺设地毯：首先缝合地毯，将裁好的地毯虚铺在垫层上，然后将地毯卷起，在拼接处缝合。缝合完毕，用塑料胶纸贴于缝合处，保护接缝处不被划破或钩起，然后将地毯平铺，用弯针在接缝处做绒毛密实的缝合。然后拉伸与固定地毯，先将地毯的一条长边固定在倒刺板上，毛边掩到踢脚板下，用地毯撑子拉伸地毯。拉伸时，用手压住地毯撑子，用膝撞击地毯撑子，从一边一步一步推向另一边。如一遍未能拉平，应重复拉伸，直至拉平为止。然后将地毯固定在另一条倒刺板上，掩好毛边。长出的地毯，用裁割刀割掉。一个方向拉伸完毕，再进行另一个方向的拉伸，直至四个边都固定在倒刺板上。如用胶粘剂粘结固定地毯，此法一般不放衬垫(多用于化纤地毯)，先将地毯拼缝处衬一条10mm宽的麻布带，用胶粘剂糊粘，然后将胶粘剂涂在基层上，适时粘结、固定地毯。此法分为满粘和局部粘结两种方法，宾馆的客房和住宅的居室可采用局部粘结，公共场所宜采用满粘。

铺粘地毯时，先在房间一边涂刷胶粘剂后，铺放已预先裁割的地毯，然后用地毯撑子向两边撑拉，再沿墙边刷两条胶粘剂，将地毯压平掩边。

（7）细部处理及清理，要注意门口压条的处理和门框、走道与门厅、地面与管根、暖气罩、槽盒、走道与卫生间门坎、楼梯踏步与过道平台、内门与外门、不同颜色地毯交接处和踢脚板等部位地毯的套割、固定和掩边工作，必须粘结牢固，不应有显露、后找补条等破活。地毯铺完毕，固定收口条后，应用吸尘器清扫干净，并将毯面上脱落的绒毛等彻底清理干净。

思考题：

1.复合地板的特点有哪些？

2.实木地板和复合地板有哪些区别？

3.橡胶地板的用途有哪些？

4.地毯特性及应用是什么？

第 **9** 章

顶棚装饰材料

第一节　　装饰石膏板

一、纸面石膏板

以半水石膏和护面纸为主要原料，掺加适量纤维、胶粘剂、促凝剂、缓凝剂，经料浆配制、成型、切割、烘干而成的轻质薄板，即称纸面石膏板（见图9-1）。

图9-1　纸面石膏板

1.纸面石膏板的性能

纸面石膏板主要用于建筑物内隔墙，有普通纸面石膏板、耐水纸面石膏板和耐火纸面石膏板三类。普通纸面石膏板是以重磅纸为护面纸。耐水纸面石膏板采用耐水的护面纸，并在建筑石膏料浆中掺入适量耐水外加剂制成耐水芯材。耐火纸面石膏板的芯材是在建筑石膏料浆中掺入适量无机耐火纤维增强材料后制作而成。耐火纸面石膏板的主要技术要求是在高温明火下燃烧时，能在一定时间内保持不断裂。国家标准GB11979-89规定：耐火纸面石膏板遇火稳定时间，优等品不小于30min，一等品不小于25min，合格品不小于20min。

2.纸面石膏板常用形状及品种规格

（1）形状：普通纸面石膏板的棱边有五种形状，即矩形(代号PJ)、45°倒角形(代号PD)、楔形(代号PC)、半圆形(代号PB)、圆形(代号PY)。

（2）产品规格有：长1800、2100、2400、2700、3000、3300和3600mm七种规格；宽900mm和1200 mm两种规格；厚9、12和15 mm。此外，纸面石膏板还有厚度为18 mm的产品，耐火纸面石膏板还有18、21和25 mm厚的产品。纸面石膏板品种很多，且规格、性能各异，见表9-1。

表9-1　纸面石膏板的规格、性能及用途

品　名	规　格 长(mm)宽(mm)厚(mm)	技术性能	用途
普通纸面 石膏板	2400～3300×(900 ～1200)×(9～18)	耐水极限：5～10min 含水率：<2% 导热系数[W／(m·K)]：0.167～0.18 单位面积重量(g／cm²)：<9.5<12<25	用于墙面和顶棚 的基面板
圆孔形纸 面石膏装 饰吸声板 （龙牌）	600×600×9～12 孔径：6 孔距：18 开孔率：8.7%	质量：≤9～12kg／m² 挠度：板厚12mm，支座间距40mm 纵向：≤1.0mm 横向：≤0.8mm	用于顶棚或墙面 的表面装饰
长孔形纸 面石膏装 饰吸声板 （龙牌）	600×600×9～12 孔长：70 孔宽：2 孔距：13 开孔率：5.5%	断裂荷载：支座间距40mm 9mm厚板：横向：≥400N 　　　　　纵向：≥150N 12mm厚板：横向：≥600N 　　　　　纵向：≥180N	
耐水纸面 石膏板	长：2400，2700，3000 宽：900，1200 厚：12，15，18。	吸水率：<5%	卫生间、厨房衬板
耐火纸画 石膏板	900×450×9 900×450×12 900×600×9 900×600×12 1200×450×9 1200×450×12 1200×600×9 1200×600×12	燃烧性能：A₂级不燃 含水率：≤2% 导热系数：0.186～0.206W／(m·K) 隔声指数：9mm厚为26dB 　　　　　12mm厚为28dB 钉入强度：9mm厚为1.0MPa 　　　　　12mm厚为1.2MPa	用于防火要求较 高的建筑室内顶 棚和墙画基面板

（3）纸面石膏板的特点

①施工安装方便，节省占地面积。纸面石膏板的可加工性好，可锯、可刨、可钻、可贴，施工灵活方便。用石膏板作内隔墙还可便于室内管线敷设及检修。采用石膏板作墙体材料，可节省墙体占地面积，增加建筑空间利用率。

②耐火性能良好。纸面石膏板的芯材由建筑石膏水化而成，所以石膏板中石膏是以 $CaSO_4·2H_2O$ 的结晶形态存在。一旦发生火灾，石膏板中的二水石膏就会吸收热量进行脱水反应。当石膏芯材所含结晶水并未完全脱出和蒸发完毕之前，纸面石膏板板面温度不会超过140℃，这一良好的防火特性可以为人口疏散赢得宝贵时间，同时也延长了防火时间。

③隔热保温性能。纸面石膏板的导热系数只有普通水泥混凝土的9.5%，是空心粘土砖的38.5%。如果在生产过程中加入发泡剂，石膏板的密度会进一步降低，其导热系数将变得更小，保温隔热性能就会更好。

④膨胀收缩性能。纸面石膏板的线膨胀系数很小，加上石膏板又在室温下使用，所以它的线膨胀系数可以忽略不计。但纸面石膏板的干缩湿胀现象相对而言比较大。把纸面石膏板放置于100℃的湿饱和蒸汽中1h，其长度伸胀率为0.09%。当然，石膏板很少用于这种环境条件。

⑤特殊的"呼吸"功能

由于纸面石膏板是一种存在大量微孔结构的板材，放在自然环境中，由于其多孔体的不断吸湿与解潮的变化，即"呼吸"作用，维持着动态平衡。它的质量随环境温湿度的变化而变化，这种"呼吸"功能的最大特点，是能够调节居住及工作环境的湿度，创造一个舒适的小气候。

（4）纸面石膏板的用途

普通纸面石膏板或耐火纸面石膏板，一般用作吊顶的基层，故必须作饰面处理。纸面石膏装饰吸声板用作装饰面层，纸面石膏板适用于住宅、宾馆、商店、办公楼等建筑的室内吊顶及墙面装饰。但在厕所、厨房以及空气相对湿度经常大于70%的潮湿环境中使用时，必须采用相应的防潮措施。

二、装饰石膏板

以建筑石膏为主要原料，掺入适量纤维增强材料和外加剂，与水一起搅拌成均匀料浆，经浇注成型，干燥而成的不带护面纸的装饰板材，称为装饰石膏板。

1.规格

装饰石膏板形状为正方形，其棱边断面形式有直角形和45°倒角形两种。根据板材正面形状和防潮性能的不同，石膏装饰板的规格尺寸有：500mm×500 mm×9 mm；600 mm×600 mm×11 mm。

产品标记顺序为：产品名称、板材分类代号、板的边长及标准号。例如：边长为600mm的防潮孔板，其标记为：装饰石膏板FK500 GB9777。

2.装饰石膏板的特点

装饰石膏板具有轻质、强度较高、绝热、吸声、防火、阻燃、抗震、耐老化、变形小、能调节室内湿度等特点，同时加工性能好，可进行锯、刨、钉、粘贴等加工，施工方便，工效高，可缩短施工工期。

3.装饰石膏板的用途

（1）普通装饰吸声石膏板：适用于宾馆、礼堂、会议室、招待所、医院、候机室、候车室等作吊顶或平顶装饰用板材，以及安装在这些室内四周墙壁的上部，也可用作民用住宅、车厢、轮船房间等室内顶棚和墙面装饰。

（2）高效防水装饰吸声石膏板：主要用于对装饰和吸声有一定要求的建筑物室内顶棚和墙面装饰，特别适用于环境湿度大于70%的工矿车间、地下建筑、人防工程及对防水有特殊要求的建筑工程。

（3）吸声石膏板：适用于各种音响效果要求较高的场所，如影剧院、电教馆、播音室的顶棚和墙面，以同时起消声和装饰作用。

第二节　矿棉装饰吸声板

一、矿棉装饰吸声板的性能

矿棉装饰吸声板具有吸音、防火、隔热的综合性能，而且可制成各种色彩的图案与立体形表面，是一种室内高级装饰材料(见图9-2)。其性能见表9-2。

图9-2　地毯矿棉装饰吸声板

表9-2　矿棉装饰吸声板的产品规格、技术性能

名　称	规格　长（mm）宽（mm）厚（mm）	技术性能　项　目	指　标	生产厂家
矿棉吸声板	596×596×12 596×596×15 596×596×18 496×496×12 496×496×15	板重(kg/m²) 抗弯强度(MPa) 导热系数[W/(m·K)] 吸湿率(%) 吸声系数 燃烧性能	450～600 ≥1.5 0.0488 ≤5 0.2～0.3 自熄	北京市建材制品总厂
矿棉吸声板	600×300×9(12、15) 600×500×9(12、15) 600×600×9(12、15) 600×1000×9(12、15)	板重(kg/m²) 抗弯强度(MPa) 导热系数[W/(m·K)] 含水率(%) 吸声系数 工作温度(℃)	<500 1.0～1.4 0.0488 ≤3 0.3～0.4 400	武汉市新型建材制品总厂
矿棉装饰吸声板	滚花：300×600×9～15 597×597×12～15 600×600×12 375×1800×15 立体：300×600×12～19 浮雕：303×606×12	板重(kg/m²) 抗折强度(MPa) 导热系数[W/(m·K)] 吸水率(%) 难燃性	470以下 厚9mm：1.96 厚12mm：1.72 厚15mm：1.60 0.0815 9.6 一级	北京市矿棉装饰吸声板厂

表9-2续

名 称	规格 长（mm）宽（mm）厚（mm）	技术性能		生产厂家
		项 目	指 标	
矿棉吸声板	明、暗架平板： 300×300×18 600×600×18 跌级板： 600×600×18 600×600×22.5 该产品还有细致花纹板、细槽板、沟槽板、条状板等，有多种颜色	板重(kg/m²) 耐燃性 吸声系数 反光度系数	450～600 一级 0.5～0.75 0.83	阿姆斯壮世界工业有限公司

二、矿棉装饰吸声板特点

矿棉装饰吸声板具有吸声、防火、隔热、保温、美观、大方、质轻、施工简便等特点。

无论在剧场、会议室或任何地方，我们所听到的任何声音，都是由两部分组成，即直接声音和间接声音。当音波射到物质表面时，部分音量被吸收，部分穿透而过，其余则被反射到房间里。普通表面坚硬的装饰材料，如胶合板、玻璃等，差不多都不吸收声音能量，大部分音量都被反射房间里。矿棉吸声板则能吸收大量的声音能量，而只将很小部分反射回房间里。反射声音在原有声音静止后，仍然在房间持续一段时间，称为余音。不同房间对余音时间长短的要求都不同，如会议室需要较短的余音时间。余音时间的长短，主要视房间里吸声材料面积及其吸声系数而决定。吸声系数(NRC)是材料对四种音频250Hz、500Hz、1000Hz及2000Hz吸收比率的平均值。一般要达到NRC～0.5才可被称为吸声材料。

三、矿棉装饰吸声板用途

矿棉装饰吸声板用于影剧院、会堂、音乐厅、播音室、录音室的墙面、顶棚等，可以控制和调整室内的混响时间，消除回声，改善室内的音质，提高语言清晰度。用于旅馆、医院、办公室、会议室、商场以及吵闹场所，如工厂车间、仪表控制间等，可以降低室内噪声级，改善生活环境和劳动条件。

第三节　玻璃棉装饰材料吸声板

玻璃棉装饰材料吸声板是以玻璃棉为主要原料，加入适量的胶粘剂、防潮剂、防腐剂等，经热压成型加工而成。为了保证具有一定的装饰效果，表面基本上有两种处理办法：一是贴上塑料面纸；二是在其表面喷涂，喷涂往往做成浮雕形状，其造型有大花压平、中花压平及小点喷涂等图案。

一、玻璃棉装饰吸声板特点及用途

玻璃棉装饰吸声板具有质量小、吸声、防火、隔热、保温、美观大方、施工方便等优点，适用于宾馆、门厅、电影院、音乐厅、体育馆、会议中心等。

二、玻璃棉装饰吸声板规格及性能

玻璃棉装饰吸声板规格及性能见表9-3。

第四节　钙塑泡沫装饰板

一、钙塑泡沫装饰吸声板的特点

（1）表面的形状、颜色多种多样，质地轻软，造型美观，立体感强，犹如石膏浮雕。

（2）钙塑泡沫装饰吸声板具有质轻、吸声隔热、耐水及施工方便等特点。

（3）表面可以刷漆，满足对色彩的要求。

（4）吸声效果好，特别是穿孔钙塑泡沫装饰吸声板，不仅能保持良好的装饰效果，也能达到很好的音响效果。

（5）钙塑泡沫装饰吸声板温差变形小，且温度指标稳定，耐破、耐撕裂性能好，有利于抗震。

二、钙塑泡沫装饰吸声板的用途

适用于影剧院、大会堂、医院、商店及工厂的室内顶棚的装饰和吸声。

三、钙塑泡沫装饰吸声板的规格和产品

钙塑泡沫装饰吸声板的规格、特性、产地见表9-4。

第五节　金属微穿孔吸声板

金属微穿孔吸声板是根据声学原理，利用各种不同穿孔率的金属板起到消除噪声的作用。材质根

据需要选择，有不锈钢板、防锈铝板、电化铝板、镀锌铁板等。孔型根据需要有圆孔、方孔、长圆孔、长方孔、三角孔、大小组合孔等不同的孔型。

一、金属微穿孔吸声板特点及用途

金属微穿孔吸声板具有材质轻、强度高、耐高温、耐高压、耐腐蚀、防火、防潮、化学稳定性好等特点。造型美观、色泽幽雅、立体感强、装饰效果好、安装方便。可用于宾馆、饭店、剧院、影院、播音室等公共建筑和有音质要求的其他民用建筑。也可用于各类车间厂房、机房、人防地下室等作为降低噪声措施。

二、金属微穿孔吸声板规格及性能

金属微穿孔吸声板规格及性能见表9-5。

表9-3 玻璃棉装饰吸声板规格及性能

名　称	规　格(mm)	性　能	
		导热系数 (W/m·K)	吸声系数 (Hz/吸声系数)
玻璃纤维棉吸声板	300×300×(10、18、20)	0.047～0.064	500～400/0.7
硬质玻璃棉吸声板	500×500×50		
硬质玻璃棉装饰吸声板	300×400×16 400×400×16 500×500×30		
船形玻璃棉悬挂式吸声板	1000×1000×20		
离心玻璃棉空间消声板	1000×600×8		

表9-4 钙塑泡沫装饰吸声板的规格、特性及产地

品　名	规　格(mm)	特　性	产　地
高发泡钙塑天花板	500×500×6		
钙塑泡沫天花板	500×500×6 (11种花色品种)		
钙塑泡沫装饰板	普通板 500×500	堆密度：<250kg/m³ 抗压强度：≥0.6MPa 抗拉强度：≥0.8MPa 延伸率：≥50% 吸水性：≤0.05kg/m² 耐温性：-30℃～+60℃ 导热系数：0.072W/m·K 难燃性：离火自熄<25s 吸声系数： 空腔125Hz～4000Hz/0.08～0.17 空腔内放棉125Hz～4000Hz/0.09～0.07	陕西、天津、上海等地
钙塑泡沫装饰板	难燃板 500×500	堆密度≤300Kg/m³ 抗压强度：≥0.35MPa 抗拉强度：≥1.0MPa 延伸率：≥60% 吸水性：≤0.01Kg/m² 耐温性：-30℃～+80℃ 导热系数：0.079W/m.K 难燃性：离火自熄<25s 吸声系数： 空腔125Hz～4000Hz/0.08～0.17 空腔内放玻棉：125Hz～4000Hz/0.19～0.07	陕西、上海、四川、黑龙江等地
钙塑装饰吸声板	500×500×6 500×500×8 500×500×10 有20种花纹 333×337×6 333×333×8 333×333×10	堆密度210Kg/m³ 抗压强度：0.62MPa 抗拉强度：0.42MPa 吸水性：0.86% 导热系数：0.05W/m.K 吸声系数：125Hz～4000Hz/0.08～0.11	

表9-5　金属微穿孔吸声板的规格及性能

名　称	性能和特点	规格(mm)
穿孔平面式吸声体	材质：防锈铝合金LF21 板厚：1 mm 孔径：φ6 孔距：10 噪系数：1.16 工程使用降噪效果：4～6dB 吸声系数：(Hz／吸声系数) (厚度：75mm) 125/0.13 250/1.04 500/1.18 1000/1.37 2000/1.04 4000/0.97	495×495×(150～100)
穿孔块体式吸声体	材质：防锈铝合金LF21 板厚：1mm 孔径：φ6 孔距：10 降噪系数：2.17 工程使用降噪效果：4～8dB(A) 吸声系数：(Hz／吸声系数) (厚度：75 mm) 125/0.22　250/1.25　500/2.34 1000/2.63 2000/2.54 4000/2.25	750×500×100
铝合金穿孔压花吸声板	材质：电化铝板 孔径：φ6～8 板厚：0.8～1mm 穿孔率：1～5、20～28 工程使用降噪效果：4～8dB	500×500 1000×1000

第六节　铝合金天花板

铝合金天花板是由铝合金薄板经冲压成形，具有轻质高强、色泽明快、造型美观、安装简便等优点，是目前国内外流行的装饰材料(见图9-3)。

图9-3　铝合金天花板

一、铝合金天花板的表面处理

由于铝合金天花板暴露在空气中，易发生氧化反应，因此表面要经过特殊处理，使其表面产生一道薄膜，从而达到保护与装饰的双重作用。目前采用较多的是阳极氧化膜及漆膜。

阳极氧化膜是将铝板经过特殊工艺处理，在铝材表面制取一道比天然氧化膜厚得多的氧化膜层。它经过氧化、电解着色、封孔处理等工序，在型材表面产生一层光滑、细腻、具有良好附着力及表面硬度及色彩的氧化膜，目前常用的色彩有古铜色、金色、银白色、黑色等。

氧化膜的厚度和质量是评判铝合金板质量的一项重要技术指标。

漆膜就是在型材表面刷一层漆，形成一层保护膜。为了使铝合金表面的漆膜牢固，必须对型材表面进行清洗、打磨、氧化等工序，然后再进行烤漆或其他涂饰。

二、铝板天花板

选用0.5～1.2mm铝合金板材，经下料、冲压成型、表面处理等工序生产的方形板称为铝板天花板。

表9-6　铝板天花板的规格及品种

品　种	规　格	产品说明
明架铝质天花板	600mm×600mm，300mm×1200mm，400mm×1200mm，400mm×1500mm，800mm×800mm，850mm×850mm的有孔、无孔板	静电喷涂冲孔板背面贴纸
暗架铝质天花板	600mm×600mm，500mm×500mm，300mm×300mm，300mm×600mm平面、冲孔立体菱形、圆形、方形等	
暗架天花板	各种图样的5600mm×600mm，300mm×300mm，500mm×500mm的有孔或无孔板，厚度0.3～1.0mm	表面喷塑冲孔内贴无纺纸
明架天花板	各种图样的5600mm×600mm，300mm×300mm，500mm×500mm的有孔或无孔板，厚度0.3～1.0mm	
铝质扣板天花板	6000mm；4000mm；3000mm；2000mm的平面有孔、无孔挂片板	表面喷塑
铝质长扣天花板	100×3000mm，　200mm×3000mm，300mm×3000mm的平板、孔板、菱形花板	喷涂烤漆阳极化加工

铝板天花有明架铝质天花、暗架铝质天花和插入式铝质扣板天花三种。

(1) 明架铝质天花板采用烤漆龙骨(与石膏板和矿棉板的龙骨通用)作骨架，具有防火、防潮、重量轻、易于拆装、维修天花内的线管方便、线条清晰、立体感强、简洁明亮等特点。

(2) 暗架铝质天花板是一种密封式天花板，龙骨隐藏在面板后，不仅具有整体平面及线条简洁的效果，又具有明架天花板装拆方便的结构特点，而且还可根据现场尺寸加工，确保装饰板块及线条分布整体效果相协调。

(3) 插入式铝质扣板天花板是采用铝合金平板或冲孔板经喷涂或烤漆或阳极化加工而成的一种长条插口式板，具有防火、防潮、重量轻、安装方便、板面及线条的整体性及连贯性强的特点，可以通过不同的规格或不同的造型达到不同的视觉效果。

铝合金天花板适用于商场、写字楼、电脑房、银行、车站、机场、火车站等公共场所的顶棚装饰，也适用于家庭装修中卫生间、厨房的顶棚装饰。铝板天花板的规格及品种见表9-6。

第七节　顶棚材料的施工工艺

一、木龙骨吊顶

1.放线

放线是技术性较强的工作，是吊顶施工中的要点。放线包括：标高线、顶棚造型位置线、吊挂点布局线、大中型灯位线。

(1)确定标高线：定出地面的地平基准线。原地坪无饰面要求，基准线为原地平线。如原地坪需贴石材、瓷砖等饰面，则需根据饰面层的厚度来定地平基准线。即原地面加上饰面粘贴层。将定出的地坪基准线画在墙边上。

(2)确定造型位置线，对于较规则的建筑空间，其吊顶造型位置可先在一个墙面量出竖向距离，以此画出其他墙(样)面的水平线，即得吊顶位置外框线，而后逐步找出各局部的造型框架线。

(3)确定吊点位置：对于平顶天花板，其吊点一般是按每平方米布置一个，在顶棚上均匀排布。对于有叠级造型的吊顶，应注意在分层交界处布置吊点，吊点间距0.8-1.2m。较大的灯具也应该安排吊点来吊挂。

2.木龙骨处理

对吊顶用的木龙骨进行筛选，将其中腐蚀部分、斜口开裂、虫蛀等部分剔除。

对工程中所用的木龙骨均要进行防火处理，一般将防火涂料涂刷或喷于木材表面，也可把木材放在防火涂料槽内浸渍。

3.木龙骨拼装

木质天花吊顶的龙骨架，通常于吊装前，在地面进行分片拼接。其目的是节省工时、计划用料、方便安装。方法如下：

确定吊顶骨架面上需要分片或可以分片安装的位置和尺寸，根据分片的平面尺寸选取龙骨纵横型材(经防腐、防火处理后已晾干)。

先拼接组合大片的龙骨骨架，再拼接小片的局部骨架。拼接组合的面积不可过大，不大于10m，否则不便吊装。

4.安装吊点紧固件

常用的吊点紧固件有三种安装方式：

(1)用冲击电钻在建筑结构底面打孔。

(2)用射钉将角铁等固定在建筑底面上。射钉直径必须大于φ5mm。

(3)用预埋件进行吊点固定，预埋件必须是铁板、铁条等钢件。

5.固定沿墙龙骨

沿吊顶标高线固定沿墙木龙骨，一般是用冲击钻在标高线以上10mm处墙面打孔，孔径12mm，孔距0.5m~0.8m，孔内塞入木楔，将沿墙龙骨钉固于墙内木楔上。该方法主要适用于砖墙和混凝土墙面。沿墙木龙骨的截面尺寸应与天花顶木龙骨尺寸一样。沿墙木龙骨固定后，其底边与吊顶标高线一致。

6.龙骨吊装

(1)分片吊装。

(2)龙骨架与吊点固定。

(3)叠级吊顶的上下平面龙骨架连接。

7.调平

各个分片连接加固完毕后，在整个吊顶面下拉出十字交叉的标高线，来检查吊顶平面的整体平整度。

8.覆罩面材料

选用板材应考虑质量轻、防火、吸声、隔热、保温、调湿等要求，但更主要的是牢固可靠，装饰效果好，便于施工和检修拆装。

(1)罩面板的接缝

罩面板材可分为两种类型，一种是基层板，在板的表面再做其他饰面处理。另一种是板的表面已经装饰完毕，将板固定后，装饰效果已经达到。面层罩面板材接缝是根据龙骨形式和面层材料特性决定的。

① 对缝(密缝)：板与板在龙骨处对接，此时板多为粘、钉在龙骨上，缝处易产生不平现象，需在板上间距不超过200mm钉钉，或用胶粘剂粘紧，并对不平进行修整。如石膏板对缝，可用刨子刨平。对缝作法多用于裱糊、喷涂的面板。

② 凹缝(离缝)：在两板接缝处利用面板的形状和长短做出凹缝，凹缝有V形和矩形两种。由板的形状形成的凹缝可不必另加处理；利用板的厚度形成凹缝中可刷涂颜色，以强调吊顶线条和立体感，也可加金属装饰板条增加装饰效果。凹缝应不小于10mm。

③ 盖缝(离缝)：板缝不直接露在外，而用次龙骨(中、小龙骨)或压条盖住板缝，这样可避免缝隙宽窄不均现象，使板面线型更加强烈。

(2)罩面板与木龙骨连接

罩面板与木龙骨连接主要有钉接和粘结两种。

① 钉接：用铁钉或螺钉将罩面板固定于木龙骨，一般用铁钉，钉距视面板材料而异，适用于钉接的板材有石棉水泥板、钙塑板、胶合板、纤维板、铝合金板、木板、矿棉吸声板、石膏板等。

② 粘结：用各种胶粘剂将板材粘结于龙骨或其他基层板材上。如矿棉吸声板可用1:1水泥石膏粉、适量107胶，随调随用，成团状粘贴；钙塑板可用401胶粘贴在石膏板基层上。

若采用粘钉结合的方式，则连接更为牢靠。

二、轻钢龙骨纸面石膏板吊顶

1.吊杆安装

吊杆主要用于连接龙骨与楼板的承重结构，其结构形式要与龙骨的规格、材料及工场现场的要求相适应，吊杆由膨胀管、螺杆(吊杆、吊筋)、吊钩、螺栓、螺帽组成，安装时用电锤打孔，孔径要与固定螺栓相符合。埋铁膨胀管（也可用射钉穿孔），将螺杆或吊筋固定于膨胀管上拧紧，在螺杆或吊筋下部装上吊钩，配好螺栓。另外，还可以采用预埋吊杆、吊筋，这主要适用于现浇楼板。

2.龙骨安装

吊杆吊钩固定以后，就可以穿主龙骨。主龙骨卡在吊钩中，用螺栓固定主龙骨，当主龙骨的长度不够时，可用插件延伸主龙骨长度。

主龙骨与主龙骨的行间距离不能大于1200mm。当主龙骨固定以后，可以安装次龙骨。次龙骨的安装与主龙骨呈垂直状，用次龙骨吊挂件(见构成方格状后，横竖并不在一个平面上，为便于安装罩面材料，需使用小龙骨(横撑龙骨)。在安装小龙骨时，在龙骨两头装上挂插件，以使连接次龙骨。

在龙骨与墙体的连接处可以用边龙骨，边龙骨也可以用木方替代，将次龙骨固定在边龙骨或者木方边上，使顶棚与墙体紧密连在一起。

3.龙骨安装施工要点

以U型龙骨安装为例，先参照施工设计图纸，校对现场尺寸同设计是否相符，检查建筑结构和管道安装的情况，如有出入或问题要与设计者协商解决。施工第一步，是弹线定位，根据设计要求将吊顶标高线弹到墙面然后将封口材料固定到墙面或柱面上。标高线弹好后，应参照图纸并结合现场的具体情况，将龙骨吊点位置确定到楼板底面上，要根据顶部造型确定吊点轴线，也就是确定主龙骨位置间距。不同龙骨断面及吊点间距，都与主龙骨之间距离有影响。对各种吊顶、龙骨之间距离和吊点之间距离一般要控制在1.0~1.2m以内。吊杆的安装方法前面已经叙述，按吊杆安装方法进行。这里要提一下U型轻钢龙骨吊杆不宜使用铅丝，而要用φ6~φ8mm的钢筋(钢筋要拉直处理)，或用同样粗细的螺杆。然后按龙骨安装方法将龙骨悬挂在吊杆上，穿好龙骨后，要进行整体调整，调整方法是拉线，校准龙骨架的平整度，大面积平顶还须考虑在中心部位要吊出适当的起拱度。

4.龙骨安装完毕后要进行认真检查，符合要求后才能安装罩面板。对安装完毕的轻钢龙骨架，特别要检查对接和连接处的牢固性，不得有虚接、虚焊现象。

安装罩面板同木龙骨一样可以安装各种类型的罩面板，轻钢龙骨一般均与纸面石膏板相配使用，下面以纸面石膏板为例，介绍覆面板的施工方法。

(1)纸面石膏板的罩面钉装：装饰工程施工及验收规范(辽GJ73-91)对纸面石膏板的安装有明确规定，要求板材应自由状态下就位固定，以防止出现弯棱、凸鼓等现象。纸面石膏板的长边(包封边)，应沿纵向次龙骨铺设。板材与龙骨固定时，应从一块板的中间向板的四边循序固定，不得采用在多点上同时作业的做法。

用自攻螺钉铺钉纸面石膏板时，钉距以150~170mm为宜，螺钉应与板面垂直。自攻螺钉与纸面石膏板边的距离：距包封边(长边)以10~15mm为宜；距切割边(短边)以15~20mm为宜。钉头略埋入板面，但不能致使板材纸面破损。在装钉操作中如出现有弯曲变形的自攻螺钉时，应予剔除，在相隔50mm的部位另安装自攻螺钉。纸面石膏板的拼接缝处，必须是安装在宽度不小于40mm的C型龙骨上；其短边必须采用错缝安装，错开距离应不小于300mm。安装双层石膏板时，面层板与基层板的接缝也应错开，上下层板各自的接缝不得同时落在同一根龙骨上。

(2)嵌缝处理：纸面石膏板拼接缝的嵌缝材料主要有两种：一是嵌缝石膏粉，二是穿孔纸带。嵌缝石膏粉的主要成分是石膏粉加入缓凝剂等。嵌缝及填嵌钉孔等所用的石膏腻子，由嵌缝石膏粉加入适量清水(嵌缝石膏粉与水的比例为1：0.6)，静置5~6min后经人工或机械调制而成，调制后应放置30min再使用。注意石膏腻子不可过稠，调制时的水温不可低于5℃，若在低温下调制应使用温水；调制后不可再加石膏粉，避免腻子中出现结块和渣球。穿孔纸带即是打有小孔的牛皮纸带，纸带上的小孔在嵌缝时可保证石膏腻子多余部分的挤出。纸带宽度为50mm。使用时应先将其置于清水中浸湿，这样做有利于纸带与石膏腻子的粘合。此外，另有与穿孔纸带起着相同作用的玻璃纤维网格胶带，其成品已浸过胶液，具有一定的挺度，并在一面涂有不干胶。它有着较牛皮纸带更优异的拉结作用，在石膏板板缝处有更理想的嵌缝效果，故在一些重要部位可采用它以取代穿孔牛皮纸带，以防止板缝开裂的可能性。玻纤维格胶带的宽度一般为50mm，价格高于穿孔纸带。

思考题：

1.纸面石膏板有哪些技术性能？

2.在顶棚材料中，哪些装饰板的吸声效果好？

3.在什么场所选用金属穿孔吸声板？

参考书目
REFERNCES

1. 《建筑装饰材料》 赵斌主编 天津科学技术出版社 1997年

2. 《建筑装饰工程施工》李永盛 丁洁民 主编 同济大学出版社 1999年

3. 《最新建筑高级装饰实用全书》（上） 中国建材工业出版社 1998年

4. 《建筑装饰材料》 陈宝盛编 中国建材工业出版社 2003年

5. 《建筑装修装饰材料》中国机械工业教育协会组编 机械工业出版社 2001年

6. 《建筑装饰材料》 曹文达编著 中国电力出版社 2003年

7. 《建筑装饰工程材料》李永盛 丁洁民 主编 同济大学出版社 1999年

8. 《最新建筑高级装饰实用全书》（中） 中国建材工业出版社 1998年

9. 《室内施工工艺与管理》 平安国主编 高等教育出版社 2003年

10. 《建筑装饰材料》符芳主编 东南大学出版社 1994年

11. 《新编实用建筑手册》杨嗣信等编 北京出版社 1998年

附：材料应用图例

天然大理石及其应用

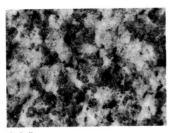

虎皮黄

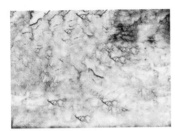

玛瑙石

英国棕

孔雀绿

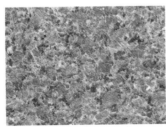

枫叶红

紫罗红

黑白根

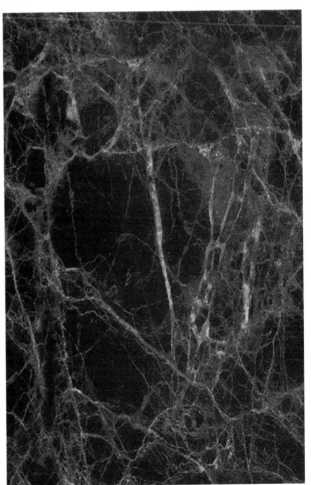

咖啡网纹

文化石及其应用

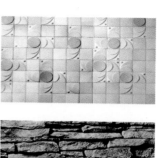

陶瓷锦砖及其应用

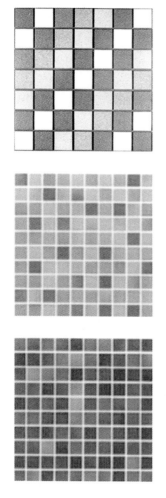

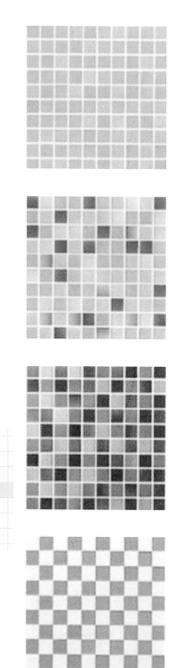

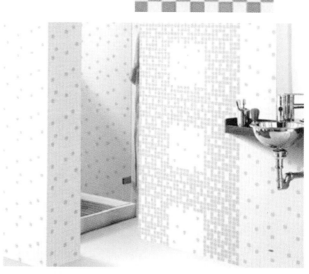

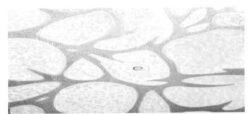

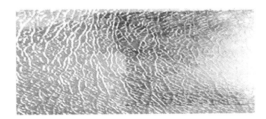

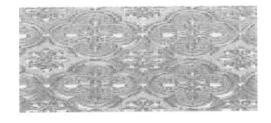

各种木质纹理

秦柚

胡桃木

梧桐木

榉木

赤杨山

山毛榉

橡木

橡木

枫木

相思木

直纹樱桃木

紫檀

樱桃木

白胡桃

橡木

矿棉板用于室内吊顶

白钢的应用

塑铝板用于外墙

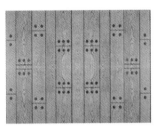

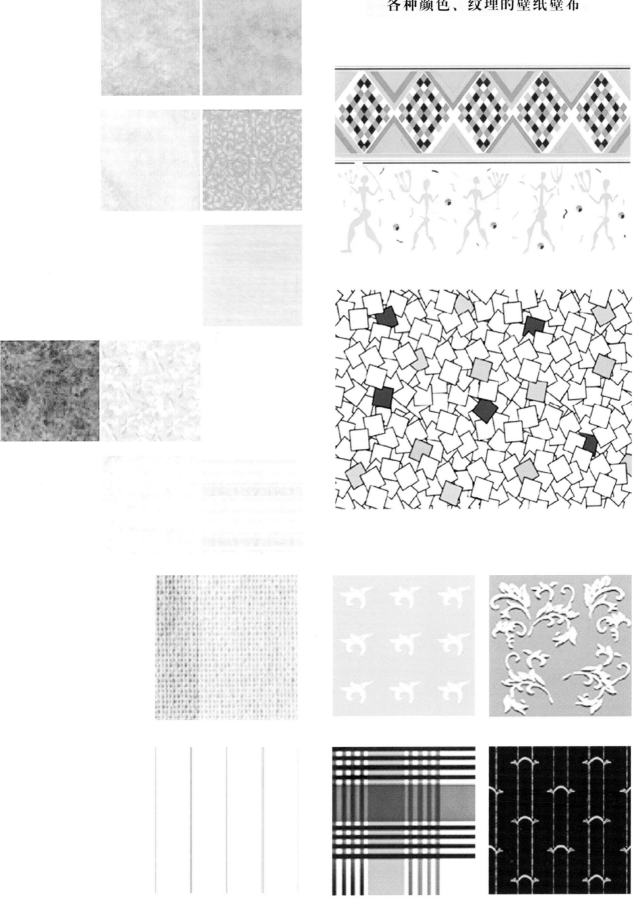

各种颜色、纹理的壁纸壁布

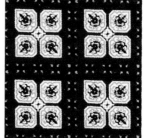

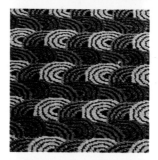

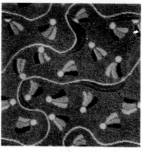